产品检验技术系列

食品检验技术

河南省产品质量监督检验院　**组织编写**
徐艳秋　**主　编**

中国质检出版社
中国标准出版社
北 京

图书在版编目（CIP）数据

食品检验技术/徐艳秋主编 . —北京：中国质检出版社，2013.10
ISBN 978 - 7 - 5026 - 3838 - 2

Ⅰ.①食…　Ⅱ.①徐…　Ⅲ.①食品检验　Ⅳ.①TS207

中国版本图书馆 CIP 数据核字（2013）第 117127 号

中国质检出版社
中国标准出版社　出版发行
北京市朝阳区和平里西街甲 2 号（100013）
北京市西城区三里河北街 16 号（100045）
网址：www.spc.net.cn
总编室：(010)64275323　发行中心：(010)51780235
读者服务部：(010)68523946
中国标准出版社秦皇岛印刷厂印刷
各地新华书店经销

*

开本 787×1092　1/16　印张 24.75　字数 592 千字
2013 年 10 月第一版　2013 年 10 月第一次印刷

*

定价 **68.00** 元

编　委　会

前　　言

　　在食品安全越来越受到关注的今天，人们不仅要求食品营养丰富、美味可口，更需要安全卫生。因此，加强食品检验和食品质量监督就显得十分重要。《食品检验技术》全面、系统地对食品检验的相关要求及实验技术进行了阐述。全书共分为9章，第一章基础化学知识，第二章食品检验样品的采集及预处理，第三章食品标签和感官检验，第四章食品理化指标的检验，第五章食品添加剂的检验，第六章食品中卫生指标的检验，第七章食品微生物的检验，第八章非食用物质检测方法，第九章快速检测方法。

　　全书内容翔实，既有对理论性内容的阐述，又有实践经验的总结，特别是增加了近年来在食品检验上的一些新方法、新技术，有些则是近几年国内外食品检验技术方面的科研成果，可供食品检验机构、食品企业及有关食品质量与安全管理方面的人员参考使用。

　　本书的编写得到了各方面的支持，在此一并表示感谢。

　　由于水平有限，加之时间仓促，书中不妥或错误之处在所难免，敬请读者批评指正。

编　者

2013 年 7 月

目 录

第一章　基础化学知识 ……………………………………………… 1

　　第一节　食品检验的安全知识 ……………………………………… 1

　　第二节　化学检验的方法 …………………………………………… 6

　　第三节　化学检验的标准 …………………………………………… 22

　　第四节　化验室玻璃容器、量器及用具的使用及洗涤 …………… 26

　　第五节　化验室用水及常见溶液 …………………………………… 44

第二章　食品检验样品的采集及预处理 ……………………… 50

　　第一节　食品检验抽样 ……………………………………………… 50

　　第二节　食品样品的预处理、制备及保存 ………………………… 53

第三章　食品标签和感官检验 ………………………………… 56

　　第一节　食品标签检验 ……………………………………………… 56

　　第二节　食品感官检验 ……………………………………………… 62

第四章　食品理化指标的检验 ………………………………… 134

　　第一节　食品中水分的检验 ………………………………………… 134

　　第二节　食品灰分的检验 …………………………………………… 138

　　第三节　食品中酸度的检验 ………………………………………… 140

　　第四节　食品中碳水化合物的测定 ………………………………… 144

　　第五节　食品中脂类的测定 ………………………………………… 149

　　第六节　食品中蛋白质的测定 ……………………………………… 153

　　第七节　反式脂肪酸的测定 ………………………………………… 155

第五章　食品添加剂的检验 …………………………………… 157

　　第一节　概述 ………………………………………………………… 157

　　第二节　食品中苯甲酸、山梨酸的测定方法 ……………………… 158

　　第三节　食品中环己基氨基磺酸钠的测定方法 …………………… 163

　　第四节　食品中合成着色剂的测定方法 …………………………… 169

　　第五节　食品中亚硝酸盐与硝酸盐的测定方法 …………………… 176

第六章　食品中卫生指标的检验 ……………………………… 189

　　第一节　油脂中酸价、过氧化值和羰基价的测定 ………………… 189

第二节　食品中铅的测定 ··· 197

第三节　食品中总汞及有机汞的测定 ··· 209

第四节　食品中总砷及无机砷的测定 ··· 222

第五节　食品中铜的测定方法 ··· 236

第六节　食品中黄曲霉毒素 B_1 的测定 ··· 240

第七节　食品中六六六、滴滴涕残留量的测定 ···································· 251

第八节　食品中有机磷农药残留量的测定 ·· 256

第九节　畜禽肉中 16 种磺胺类药物残留量的测定 ································· 258

第十节　水产品中喹乙醇代谢物残留量的测定 ···································· 263

第十一节　水产品中孔雀石绿和结晶紫残留量的测定 ······························ 265

第十二节　动物源产品中喹诺酮类残留量的测定 ·································· 268

第十三节　动物源性食品中氯霉素类药物残留量的测定 ···························· 272

第十四节　动物源性食品中硝基呋喃类药物代谢物残留量检测方法 ·················· 276

第七章　食品微生物的检验 ··· 281

第一节　微生物基础知识 ··· 281

第二节　灭菌和消毒 ··· 283

第三节　培养基制备技术 ··· 285

第四节　接种、分离纯化和培养技术 ·· 288

第五节　染色技术 ··· 294

第六节　显微技术 ··· 298

第七节　微生物常规鉴定技术 ··· 301

第八节　菌落总数测定 ··· 307

第八章　非食用物质检测方法 ··· 313

第一节　食品中苏丹红的测定方法 ··· 313

第二节　食品中孔雀石绿的测定方法 ··· 315

第三节　奶制品中三聚氰胺的测定方法 ··· 321

第四节　牛奶中硫氰酸盐的测定方法 ··· 326

第五节　食品中富马酸二甲酯的测定方法 ·· 328

第六节　乳及乳制品中舒巴坦敏感 β－内酰胺酶类药物测定方法 ···················· 330

第七节　火锅底料、调料中罂粟壳生物碱成分的测定方法 ·························· 332

第八节　食品中甲醛次硫酸钠的测定方法 ·· 334

第九节　进出口动物源性食品中乌洛托品的测定方法 ······························ 336

第十节　食品中碱性橙染料的测定方法 ·· 339

第十一节　食品中硼酸的测定方法 ··· 342

第十二节　进出口食品中罗丹明 B 的测定方法 ··································· 346

第十三节　食品中碱性嫩黄的测定方法 …………………………………………… 350

第九章　快速检测方法 …………………………………………… 353

第一节　概述 ………………………………………………………… 353

第二节　微生物的快速检测方法 …………………………………… 355

第三节　农残的快速检测方法 ……………………………………… 368

第四节　理化快速检测方法 ………………………………………… 374

第五节　兽药的快速检测 …………………………………………… 379

第一章　基础化学知识

第一节　食品检验的安全知识

在化学实验中,经常使用各种化学药品和仪器设备,以及水、电、煤气,还会经常遇到高温、低温、高压、真空、高电压、高频和带有辐射源的实验条件和仪器,若缺乏必要的安全防护知识,会造成生命和财产的巨大损失。所以化学实验安全知识及防护教育是非常重要的。

一、化学试剂、药品的正确使用及安全防护

(1)开启易挥发液体试剂的瓶塞时,瓶口不能对着眼睛,以免瓶内蒸汽喷出造成伤害。

(2)使用危险药品要特别谨慎小心,严守操作规程。实验后的残渣、废液应倒入指定容器内,特别是有毒危险品,应处理后倒入废液缸。

(3)使用可燃气体时,要严禁烟火。若需点燃,则必须检查气体的纯度。

(4)浓酸、浓碱具有腐蚀性,要防止将它们沾在皮肤或衣物上。废酸应倾入酸缸,禁止往酸缸中倾倒碱液,防止酸碱中和放出大量的热引发危险。

(5)活泼金属钠、钾等不要与水接触或暴露在空气中,应保存在煤油内,取用时要用镊子。

(6)白磷有剧毒,并能烧伤皮肤,切勿与人体接触;在空气中易自燃,应保存在水中,取用时要用镊子。

(7)有机溶剂易燃,使用时一定要远离火源,用后应把瓶塞塞严,放在阴凉的地方。当因有机溶剂引起着火时,应立即用沙土或湿布扑灭,火势较大可用灭火器,但不可用水扑救。

(8)汞是化学化验室的常用物质,易挥发,毒性大,进入人体内不易排出,易形成积累性中毒;高汞盐(如 $HgCl_2$)0.1g~0.3g 可致人死命;室温下汞的蒸汽压为 0.0012mmHg,比安全浓度标准大 100 倍。

汞的安全使用:1)化验室要通风良好;手上有伤口,切勿接触汞;汞不能直接露于空气中,其上应加水或其他液体覆盖;任何剩余量的汞均不能倒入下水槽中;2)储汞容器必须是结实的厚壁器皿,且器皿应放在瓷盘上;装汞的容器应远离热源;3)若汞掉在地上、台面或水槽中,应尽可能用吸管将汞珠收集起来,再用能形成汞齐的金属片(Zn,Cu,Sn 等)在汞掉溅处多次扫过,最后用硫磺粉覆盖,使汞变成硫化汞。

(9)有些废液不能互相混合,如:过氧化物与有机物;硝酸盐和硫酸;硫化物和酸类;MnO_2、$KMnO_4$、$KClO_3$ 等不能与浓盐酸混合;挥发性酸与不挥发性酸;易燃品和氧化剂;磷和强碱(产生 PH_3);亚硝酸盐和酸类(产生亚硝酸)。

二、仪器使用安全事项

（1）试管装液体时，不应超过容积的 1/2，若需加热，则不应超过 1/3。加热时要用试管夹，加热前先把外壁擦干，再使其均匀受热，以防炸裂；加热时，试管与台面夹角为 45°，不要对着人，更不得对着试管口观察；先加热试管中液体的中上部，再将加热部位慢慢下移，最后加热液体下部，并不断摇动试管，以使管内液体受热均匀，防止局部过热，液体喷出；加热固体时，管口略向下倾斜，铁夹夹在距管口 1/3 处。用酒精灯的外焰加热，不能使试管底部接触灯芯，以防引起试管破裂。

（2）烧杯加热前，外壁擦干，垫石棉网；用玻璃棒搅拌时，不要触碰杯壁。

（3）烧瓶加热前，外壁擦干，垫石棉网；加热时用铁架台固定，液体的量应为容量的 1/3～2/3 之间；煮沸、蒸馏时要加几粒沸石或碎瓷片。

（4）坩埚可放在铁三角架的泥三角上用火焰直接加热，加热时用坩埚钳均匀转动，取放时也要用坩埚钳夹持。夹持高温坩埚时，应将坩埚钳适当预热。

（5）酒精灯的酒精量不超过容积的 2/3，否则燃烧过程中，酒精受热膨胀，造成溢出，发生事故；也不得少于容积的 1/3，否则灯壶内酒精蒸气过多，易引起爆炸；严禁用燃着的酒精灯去点燃另一酒精灯，严禁向燃着的酒精灯添加酒精，严禁用嘴吹灭酒精灯。灯颈若有炸纹，应停止使用。使用过程中，严禁摇晃酒精灯。酒精灯燃着的时间不宜过长，否则灯体过热，可能引起爆炸。万一酒精灯倒翻，酒精洒在桌面上引起燃烧时，应立即用湿布盖住火焰或撒沙土扑灭。

（6）在容易引起玻璃器皿破裂的操作中，如减压处理、加热容器等，要戴上安全眼镜。用"柔和"的本生（Bunsen）灯火焰加热玻璃器皿，可避免因局部过热而使玻璃破碎。移取热的玻璃器皿时应戴上隔热手套。

（7）不要使用有缺口或裂缝的玻璃器皿，这些器皿轻微用力就会破碎，应弃于破碎玻璃收集缸中。拿取大的试剂瓶时，不要只取颈部，应用一只手托住底部，或放在托盘架中。

（8）连接玻璃管或将玻璃管插在橡胶塞中时，要戴厚手套。塞子不要塞的太紧，否则难以拔出。如果需要严格密封，可使用带有橡胶塞或塑料塞的螺口瓶。破碎的玻璃器皿要小心地彻底清除，戴上厚手套用废纸包起来，丢在指定的废物缸里。

（9）化学实验常用到高压储气钢瓶和一般受压的玻璃仪器，使用不当，会导致爆炸，需掌握有关常识和操作规程。

1）气体钢瓶的识别（颜色相同的要看气体名称）：

氧气瓶	天蓝色；	氢气瓶	深绿色；
氮气瓶	黑色；	纯氩气瓶	灰色；
氦气瓶	棕色；	压缩空气瓶	黑色；
氨气瓶	黄色；	二氧化碳气瓶	黑色。

2）高压气瓶的安全使用：

气瓶应专瓶专用，不能随意改装；气瓶应存放在阴凉、干燥、远离热源的地方，易燃气体气瓶与明火距离不小于 5m；氢气瓶最好隔离；气瓶搬运要轻要稳，放置要牢靠，固定在特定位置；各种气压表一般不得混用；氧气瓶严禁油污，注意手、扳手或衣服上的油污；气瓶内气体不可用尽,以防倒灌;开启气门时应站在气压表的一侧,禁止将头或身体对准气瓶总阀,以防万一阀门或气压表冲出伤人。

(10)使用辐射源仪器的安全防护。

化学化验室的辐射,主要是指 X 射线,长期反复接受 X 射线照射,会导致疲倦,记忆力减退,头痛,白血球降低等。

防护的方法就是避免身体各部位(尤其是头部)直接受到 X 射线照射,操作时需要屏蔽,屏蔽物常用铅、铅玻璃等装置。

三、常见实验中事故分析

1. 氧气实验中发生的事故

(1)研磨氯酸钾和二氧化锰的混合物时,若混有可燃物,如纸屑、硫粉、木屑等可能发生爆炸,所以氯酸钾和二氧化锰不能在纸上混合。

(2)把木炭粉误作二氧化锰与氯酸钾共同研磨发生爆炸。

(3)高锰酸钾加热分解制取氧气时,若高锰酸钾不纯,可能发生爆炸。

2. 氢气实验中发生的事故

制取氢气装置发生爆炸事故的主要原因有:

(1)装置气密性差。

(2)检验纯度的操作方法不当。

(3)发生剧烈碰撞或遇到明火。

3. 氯气实验中发生的事故

(1)在刷洗制取氯气的装置或盛氯气的容器时,未先排气而直接用水冲洗,致使大量氯气逸出使人中毒。

(2)因操作不当,使氯气与氢气、氯气与甲烷等混合,在未经引爆的情况下发生爆炸。

4. 使用氨气时发生的事故

由于室温过高在打开氨水瓶塞时,氨气和氨水同时喷出,造成事故。

5. 使用浓硫酸发生的事故

(1)稀释浓硫酸时,不按操作规程进行操作,将水倾入盛浓硫酸的容器中,造成暴沸致伤。

(2)高锰酸钾、氯酸钾等强氧化剂与浓硫酸相遇可以发生爆炸。

6. 使用银氨溶液发生的事故

银氨溶液或其废液及生成物若不及时处理,存放时间较长,会析出叠氮化银沉淀(AgN_3),这种沉淀哪怕是用玻璃棒刮擦也会分解而发生猛烈的爆炸。此外配制银氨溶液时氨水不能过量;银镜实验时必须用水浴加热,不能在火焰上直接加热。

7. 苛性钠灼伤

固体苛性钠接触皮肤,使皮肤灼伤;砸碎苛性钠时,注意勿使粉粒崩入眼内,造成眼睛灼伤;苛性钠溶液接触伤口,易造成伤口长期不能愈合。

8. 气体还原金属氧化物实验发生事故

一般是加热金属反应物前未通入足量的还原性气体(如 H_2、CO),空气未排净而造成爆炸。

9. 实验操作不慎造成事故

（1）连接玻璃导管时，因操作不慎造成割伤。

（2）加热时，因热溶液溅出造成烫伤。

（3）电气设备因绝缘不良，造成触电。

（4）在明火上加热挥发性可燃液体造成火灾等。

四、化学化验室的防护及应急措施

1. 防火、防爆

（1）化验室内严禁吸烟，使用一切加热工具均应严格遵守操作规程；防止煤气管、煤气灯、气瓶漏气，使用完各类气源（如煤气等）后，一定要把阀门关好；离开化验室时应同时检查是否关闭自来水和切断电源。

（2）转移、分装或使用易燃性液体溶解其他物质时，附近不能有明火。若需点火，应先进行排风，使可燃性蒸汽排出。

（3）用剩下的钠、钾、白磷等易燃物和氧化剂（如 $KMnO_4$、$KClO_3$、Na_2O_2 等），以及一些易燃易挥发的有机物，不可随便丢弃，以免发生火灾。

（4）化验室不得存放如乙醚、酒精、丙酮、二硫化碳、苯等易燃的有机溶剂过多，不可随意倒入下水道，以免集聚引起火灾；金属钠、钾、铝粉、电石、黄磷以及金属氢化物要注意使用和存放，不可与水直接接触。

（5）一旦发生火灾，要迅速而冷静地切断火源和电源，尽快采取有效地灭火措施。可根据不同情况，选用水、沙、泡沫、CO_2 或 CCl_4 灭火器进行灭火。

钾、钠、钙粉、镁粉、铝粉、电石、PCl_3、PCl_5、过氧化钠、过氧化钡、磷化钙等化学药品，与水易发生剧烈反应，放出氢气、氧气等引起火灾，所以不能用水扑救；比水轻的有机溶剂也不能用水灭火，否则会扩大燃烧面积；酒精及其他易燃有机溶液小面积失火，应迅速用湿抹布、湿衣服扑盖；钠、磷等失火应用沙土扑盖。反应器内物质燃烧的处理：敞口器皿可用石棉布等盖灭；蒸馏加热时，若因冷凝效果不好，易燃蒸汽在冷凝器顶端着火，禁止用塞子或其他物件堵住冷凝管口，以防爆炸，应先停止加热，再行扑灭。

（6）化学药品的爆炸分为支链爆炸和热爆炸。氢、乙烯、乙炔、苯、乙醇、乙醚、丙酮、乙酸乙酯、一氧化碳、水煤气和氨气等可燃性气体与空气混合至爆炸极限，一旦有热源诱发，极易发生支链爆炸；过氧化物、高氯酸盐、叠氮铅、乙炔铜、三硝基甲苯等易爆物质，受震或受热可能发生热爆炸。

对于支链爆炸，主要是防止可燃性气体或蒸汽散失在室内空气中，保持室内通风良好。当大量使用可燃性气体时，应严禁使用明火和可能产生电火花的电器；对于预防热爆炸，强氧化剂和强还原剂必须分开存放，使用时轻拿轻放，远离热源。

2. 防触电

化验室常用电为频率 $50Hz$，$200\,V$ 的交流电。人体通过 $1mA$ 的电流，便有发麻或针刺的感觉，$10mA$ 以上人体肌肉会强烈收缩，$25mA$ 以上则呼吸困难，就有生命危险；直流电对人体也有类似的危险。

为防止触电,应做到:

(1)操作时不能用湿手接触电器,也不可把电器弄湿,若不小心弄湿了,应等干燥后再用。

(2)修理或安装电器时,应先切断电源;电源裸露部分应有绝缘装置,电器外壳应接地线;不能用试电笔去试高压电;不应用双手同时触及电器,防止触电时电流通过心脏。

(3)若出现触电事故,应先切断电源或拔下电源插头,若来不及切断电源,可用绝缘物挑开电线,在未切断电源之前,切不可用手去拉触电者,也不可用金属或潮湿的东西挑电线。若触电者出现休克现象,要立即进行人工呼吸,并请医生治疗。

3. 防中毒

大多数化学药品都有不同程度的毒性。有毒化学药品可通过呼吸道、消化道和皮肤进入人体而发生中毒现象。如 HF 侵入人体,将会损伤牙齿、骨骼、造血和神经系统;烃、醇、醚等有机物对人体有不同程度的麻醉作用;三氧化二砷、氰化物、氯化汞等是剧毒品,吸入少量会致死。

防毒注意事项:

(1)实验前应了解所用药品的毒性、性能和防护措施;禁止将任何药品放入口中尝试味道;闻气体应“招气入鼻”,即用手轻拂气体,把气体扇向鼻孔(少量),且不可把鼻子凑到容器上。

(2)使用有毒气体(如 H_2S,Cl_2,Br_2,NO_2,HCl,HF)应在通风橱中进行操作。化验室内应装有换气设备,并设有通风橱,有毒气产生或有烟雾产生的实验应在通风橱内进行,尾气应用适当试剂吸收,防止污染空气;拆卸有毒气的实验装置时,也应在通风橱内进行。

(3)仪器中的反应物应倾倒出来后再清洗。有毒物质不准倒入水槽里,要倒在废液缸中统一处理。用后剩余的有毒物质要妥善保管,不可随意乱放。

(4)有机溶剂能穿过皮肤进入人体,应避免直接与皮肤接触;皮肤破损后决不能接触有毒物质,以免有毒物质经伤口侵入人体造成中毒。

(5)实验操作要规范,实验完毕应用冷水洗净手、脸后再离开化验室。不宜用热水洗,因热水会使皮肤毛孔扩张,有毒物质容易渗入。

(6)苯、四氯化碳、乙醚、硝基苯等蒸气久吸,会使人嗅觉减弱,必须警惕。剧毒药品如汞盐、镉盐、铅盐等应妥善保管。

4. 防割伤

化学化验室里有大量的玻璃仪器,它们容易破损造成割伤,在使用玻璃仪器时要谨慎操作,做好以下预防措施:

(1)使用玻璃仪器前,要检查有无破损,有破损的仪器就不要使用。安装和拆卸时要防止折断,不要使仪器勉强弯曲,要使仪器呈自然状态。玻璃仪器放置在高处时,一定要用铁夹夹紧或垫有弹性衬垫。

(2)连接玻璃仪器与橡胶管或胶塞时,一定要用布包住玻璃仪器,一般是左手拿被插入仪器,右手拿插入仪器,慢慢地顺时针旋转插入(注意要朝一个方向旋转,勿使管口对着掌心),插入前要先蘸些水。

(3)使用小刀切割塞子、橡胶管等材料时要谨慎操作,以防割伤。

5.防止烫伤、灼伤和烧伤

防止烫伤、灼伤和烧伤时要注意：

(1)不用手直接拿取正在加热的仪器,玻璃仪器要等冷却以后再拿取。

(2)热瓷制仪器要用坩埚钳夹取,热的玻璃或瓷制仪器不能放在桌面上,防止破裂及烧坏桌面,正确的做法是放在石棉网上。

(3)给液体加热或稀释浓酸、浓碱时,要遵守相关操作规程。

(4)除了高温以外,液氮、强酸、强碱、强氧化剂、溴、磷、钠、钾、苯酚、醋酸等物质都会灼伤皮肤;应注意不要让皮肤与之接触,尤其防止溅入眼中。

五、化验室中常见伤害的救护

(1)强酸、浓酸洒在实验台上,先用 Na_2CO_3 或 $NaHCO_3$ 中和,再用水冲洗干净;沾在皮肤上,应先用干抹布擦去,用水冲洗,然后用3%或0.5%碳酸氢钠溶液清洗,最后再用水冲洗;溅在眼睛中,切不要用手揉,应立即用水冲洗,然后用5%稀 $NaHCO_3$ 或2%醋酸淋洗,再请医生处理。

(2)强碱、浓碱洒在实验台上,先用稀醋酸中和,再用水冲洗干净;沾在皮肤上,应先用大量水冲洗,再涂上硼酸溶液;溅在眼睛中,切不要用手揉。用水洗净后再用硼酸溶液淋洗。

(3)皮肤不慎沾上液溴腐蚀,应立即擦去,再用苯或甘油洗涤伤处,最后用水冲洗。

(4)皮肤不慎沾上氢氟酸腐蚀,应先用大量冷水冲洗,再以碳酸氢钠溶液冲洗,然后用甘油氧化镁糊剂涂在纱布上包扎。

(5)皮肤不慎沾上苯酚腐蚀,先用乙醇洗涤,再用水冲洗。

(6)烫伤或灼伤:烫伤后切勿用水冲洗,一般烫伤可在伤口上擦烫伤膏或用浓高锰酸钾溶液擦揩至皮肤变为棕色(也可用95%的酒精轻涂伤口,不要弄破水泡),再涂上凡士林或烫伤膏。被磷灼伤后可用硝酸银溶液或硫酸铜溶液、高锰酸钾溶液洗涤伤处,然后进行包扎,切勿用水冲洗;被沥青、煤焦油等有机物烫伤后,可用浸透二甲苯的棉花擦洗,再用羊脂涂敷。

(7)误吞毒物:常用的解毒方法是引起呕吐,给中毒者服催吐剂,如肥皂水、芥末和水或给以面粉和水、鸡蛋白、牛奶、食用油等缓和刺激,随后用手指伸入喉部引起呕吐。注意:磷中毒的人不能喝牛奶。

(8)吸入毒气:中毒很轻时,通常只要把中毒者移到空气新鲜的地方,保温静息就可获救。必要时给中毒者吸入氧气,但切勿随便使用人工呼吸。若吸入少量溴蒸气、氯气、氯化氢等,可吸入少量酒精和乙醚的混合蒸气以解毒。

第二节 化学检验的方法

一、化学检验的方法分类

根据定量化学检验原理、检验对象及组分含量,以及试样用量的不同,有不同的化学检验方法的分类,如表1-1所示。

表 1-1

方法分类依据	化学检验方法		
原理和操作方法	化学分析法	滴定分析法	酸碱滴定法 沉淀滴定法 配位滴定法 氧化还原滴定法
		重量分析法	沉淀重量法 气化法(挥发法) 电解重量法
	仪器分析法	光学分析法 电化学分析法 色谱分析法	
对象	无机分析法和有机分析法		
组分的含量	常量组分分析法、微量组分分析法和痕量组分分析法		
试样的用量	常量分析法、半微量分析法、微量分析法和超微量分析法		
任务	例行分析法、快速分析法和仲裁分析法		
操作程序	分别测定法、系统分析法和连续测定法		

1. 化学分析法

化学分析法是以化学反应为基础的分析方法。主要有滴定分析法和重量分析法。

(1)滴定分析法

滴定分析法是根据滴定过程中与被测组分反应所需滴定剂(标准溶液)的体积和浓度确定待测组分含量的一种化学检验方法。滴定分析法可分为酸碱滴定法、沉淀滴定法、配位滴定法、氧化还原滴定法。

(2)重量分析法

重量分析法是化学检验方法中最经典的方法,通常根据反应产物的质量来确定被测组分的含量。重量分析法可分为沉淀重量法、气化法(挥发法)、电解重量法。

2. 仪器分析法

仪器分析法是以物质的物理性质和物理化学性质为基础的分析方法,也称为物理分析法或物理化学分析法。因为这类化学检验方法都要用到较特殊的仪器设备,所以通常称为仪器分析法。主要分为光学分析法、电化学分析法、色谱分析法。

(1)光学分析法

光学分析法是以物质的光学性质为基础的化学检验方法。主要有分子光谱法(如比色法、紫外可见分光光度法、红外光谱法、分子荧光及磷光分析法等)、原子光谱法(如原子吸收光谱法、原子发射光谱法)、激光拉曼光谱法、化学发光分析法等。

(2)电化学分析法

电化学分析法是以物质的电化学性质为基础的化学检验方法。主要包括电位分析法、电导分析法、电解分析法、库仑分析法和极谱法等。

（3）色谱分析法

色谱分析法是以物质的物理及化学性质为基础的一种分离与分析相结合的化学检验方法。主要有气相色谱法、液相色谱法和离子色谱法等。

近年来，随着科学技术的发展，质谱法、核磁共振波谱法、X射线、电子显微镜分析法及毛细管电泳等仪器分析法已成为强大的化学检验手段。

仪器分析法具有快速、灵敏、自动化程度高和分析结果信息量大等特点，适用于微量组分的分析，能较理想地完成化学分析法所不能解决的检测任务，所以备受人们的青睐。但仪器分析设备一般都比较精密、复杂、昂贵，且操作要求严格；试样的处理、试液的配制、分析方法准确性的校验等，仍需要通过化学法完成。因此，化学分析法是基础，仪器分析法是发展方向。两种方法必须互为补充、相互配合，以满足灵敏、准确、自动化、快速的现代化学检验的要求。

3. 无机分析法和有机分析法

无机分析法的对象是无机化合物，有机分析法的对象是有机化合物。无机化合物的种类繁多，在无机分析法中通常要求鉴定试样是由哪些元素、离子、原子团或化合物所组成，及各组分的含量多少。在有机分析法中，虽然组成有机化合物的元素种类不多，但由于有机化合物的结构复杂，其种类已达千万种以上，故检测方法不仅有元素分析，还有官能团分析和结构分析。

4. 常量组分分析法、微量组分分析法和痕量组分分析法

按被测组分含量分类，可将化学检验方法分为常量组分分析法（质量分数＞1％）、微量组分分析法（质量分数为0.01％～1％）和痕量组分分析法（质量分数＜0.01％）。

5. 常量分析法、半微量分析法、微量分析法和超微量分析法

按照所取试样的量分类，可将化学检验方法分为常量分析法（固体试样质量＞0.1g，液体试样质量＞10mL）、半微量分析法（固体试样质量为0.01g～0.1g，液体试样质量为1mL～10mL）、微量分析法（固体试样质量为0.1mg～10mg，液体试样质量为0.01mL～1mL）和超微量分析法（固体试样质量＜0.1mg，液体试样质量＜0.01mL）。

6. 例行分析法、快速分析法和仲裁分析法

例行分析法又称常规分析法，是一般化学检验室对日常生产中的原材料和产品所进行的分析检验。

快速分析法主要为控制生产的正常进行所做的分析检验。这种分析检验要求速度快，准确度达到一定要求便可。

仲裁分析法是当不同检验单位对同一试样得出不同的化学检验结果，并由此发生争议时，由权威机构用公认的标准方法进行的准确分析，用于裁判原化学检验结果的准确性。仲裁分析法对化学检验的方法和结果都要求有较高的准确度。

7. 分别测定法、系统分析法和连续测定法

分别测定法是对试样中待测的某一组分单独称样进行测定的化学检验方法。常用于试样中指定的某一组分的测定。

系统分析法是称取一份试样制成溶液，然后根据各被测组分的含量分别取一定量的试液进行的测定。可用于一种试样中多种组分的测定。

连续测定法是用同一试液逐次测定各个组分的化学检验方法。

二、常用的化学检验方法

化学检验中常用的化学分析法为滴定分析法和重量分析法。

滴定分析法是用滴定管将标准溶液滴加到被测物质溶液中,直到标准溶液与被测物质恰好反应完全,根据标准溶液的浓度及滴定消耗的体积、被测物质的摩尔质量,计算被测物质的含量的方法。依据反应的类型可分为酸碱滴定法、沉淀滴定法、配位滴定法及氧化还原滴定法。

重量分析法又叫称量分析法,是将被测组分与试样中其他组分分离,转化为一定的称量形式后进行称量,根据称得的物质的质量计算被测组分的含量。依据被测组分的分离方法可分为沉淀重量法、气化法及电解重量法。其中沉淀重量法应用较多。

下面对酸碱滴定法、沉淀滴定法、配位滴定法、氧化还原滴定法及沉淀重量法分别进行详细介绍。

1. 酸碱滴定法(中和法)

以酸碱中和反应为基础的容量分析法称为酸碱中和法(亦称酸碱滴定法)。其原理是以酸(碱)滴定液,滴定被测物质,以指示剂或仪器指示终点,根据消耗滴定液的浓度和毫升数,可计算出被测物质的含量。

反应式: $H^+ + OH^- \rightleftharpoons H_2O$

（1）酸碱指示剂

常用的酸碱指示剂是一些有机弱酸或弱碱,它们在溶液中能或多或少地电离成离子,而且在电离的同时,本身的结构也发生改变,并且呈现不同的颜色。

弱酸指示剂　$HIn \rightleftharpoons In^- + H^+$
　　　　　　酸式色　　碱式色

弱碱指示剂　$InOH \rightleftharpoons In^+ + OH^-$
　　　　　　碱式色　　酸式色

以弱酸指示剂为例,指示剂的变色范围是:$pH = pK_{HIn} \pm 1$。

式中表示,pH 值在 $pK_{HIn}+1$ 以上时,溶液指示剂只显碱式的颜色;pH 在 $pK_{HIn}-1$ 以下时,溶液指示剂只显酸式的颜色。pH 在 $pK_{HIn}-1$ 到 $pK_{HIn}+1$ 之间,我们才能看到指示剂的颜色变化情况。

影响指示剂变色范围的因素主要有两方面:一方面是影响指示剂常数 K_{HIn} 的数值,因而移动了指示剂变色范围的区间。这方面的因素如温度、溶剂的极性等,其中以温度的影响较大。另一方面就是对变色范围宽度的影响,如指示剂用量、滴定程序等。

1)温度:指示剂的变色范围和 K_{HIn} 有关,而 K_{HIn} 与温度有关,故温度改变,指示剂的变色范围也随之改变。因此,一般来说,滴定应在室温下进行。如果必须在加热时进行,则对滴定液的标定也应在同样条件下进行。

2)指示剂的用量:对于双色指示剂,如甲基红,指示剂用量少一些为佳,因为从指示剂变色的平衡关系($HIn \rightleftharpoons In^- + H^+$)可以看出,如果溶液中指示剂的浓度小,则在单位体积溶液中 HIn 为数不多,加入少量滴定液即可使之几乎完全变为 In^-,因此颜色变化灵敏;反之,指示剂浓度大时,发生同样的颜色变化所需滴定液的量也较多,致使终点时颜色变化不敏锐。

同理,对于单色指示剂,指示剂用量偏少时,终点变色敏锐。但如用单色指示剂滴定至一定 pH,则需严格控制指示剂的浓度。因为一种单色指示剂,其酸式色 HIn 无色,碱式色 In⁻ 离子有色,故颜色深度仅决定于[In⁻]:

$$[In^-]=\frac{K_{HIn}}{[H^+]}[HIn]$$

若氢离子浓度维持不变,在指示剂的变色范围内,溶液的颜色深度随指示剂浓度的增加而加强。因此,用单色指示剂,如酚酞滴定至一定 pH 值,必须使终点时溶液中指示剂浓度与对照溶液中的浓度相同。

此外,指示剂本身是弱酸或弱碱,也要消耗一定量的滴定液。因此,一般来说,指示剂用量少一些为佳,但也不宜太少,否则,由于人的辩色能力的限制,也不容易观察到颜色的变化。

3)滴定程序:由于深色较浅色明显,所以当溶液由浅色变为深色时,肉眼容易辨认出来。例如,以甲基橙为指示剂,用碱滴定酸时,终点颜色的变化是由橙红变黄,它就不及用酸滴定碱时终点颜色的变化由黄变橙红来得明显。所以用甲基橙为指示剂时,滴定的次序通常是用酸滴定碱。同样的,用碱滴定酸时,一般采用酚酞为指示剂,因为终点由无色变为红色比较敏锐。

(2)混合指示剂

在某些酸碱滴定中,pH 突跃范围很窄,使用一般的指示剂不能判断终点,此时可使用混合指示剂,它能缩小指示剂的变色范围,使颜色变化更明显。

(3)滴定突跃

在滴定过程中,pH 值的突变称为滴定突跃。突跃所在的 pH 范围称为滴定突跃范围。

滴定突跃是选择指示剂的依据。凡是变色范围全部或一部分在滴定突跃范围内的指示剂都可用来指示滴定的终点。

滴定突跃是滴定终点的依据,当滴定到接近等当点时,必须小心滴定,以免超过终点,使滴定失败。

(4)滴定误差

指示剂误差:指示剂颜色的改变(即滴定终点)不是恰好与等当点符合。要减小指示剂误差,指示剂要选择适当,终点的颜色也要掌握好。

滴数误差:由于从滴定管滴下的液滴不是很小的,因此滴定不可能恰好在等当点时结束,一般都是超过一些。当然,液滴愈小,超过愈少。因此,当滴定接近终点时,要注意放慢滴定速度,特别是最后几滴,最好是半滴半滴地加,以免超过终点过多。

此外,滴定液的浓度、指示剂的用量等,对滴定误差也有影响。

(5)滴定液的配制、标定

1)盐酸滴定液

间接法配制,用基准无水碳酸钠标定,以甲基红-溴甲酚绿混合指示液指示终点。

2)硫酸滴定液

间接法配制,按照盐酸滴定液项下的方法标定。

3）氢氧化钠滴定液

间接法配制，用基准邻苯二甲酸氢钾标定，以酚酞指示液指示终点。置聚乙烯塑料瓶中，密封保存；塞中有2孔，孔内各插入1支玻璃管，1支管与钠石灰管相连，1支管供吸出本液使用。

（6）注意事项

1）配制时须在常温下进行。

2）用浓盐酸配制各种不同浓度的滴定液和试液时，应在通风橱内操作。

3）用浓硫酸配制各种不同浓度的滴定液和试液时，应将浓硫酸缓缓倒入纯化水中，边倒边搅拌，严禁将水倒入浓硫酸中。

4）基准碳酸钠，应在270℃～300℃干燥至恒重，以除去水分和碳酸氢钠，温度不宜过高，以防碳酸钠分解。已干燥好的碳酸钠应避免与空气接触，以防吸潮。

5）以基准碳酸钠标定盐酸或硫酸滴定液，接近终点时加热2min，以去除溶液中的二氧化碳。

6）配制氢氧化钠滴定液必须先配成饱和溶液，静置数日，利用碳酸盐在其中溶解度小，沉淀后除去。

7）氢氧化钠饱和液及氢氧化钠滴定液须置聚乙烯塑料瓶中贮藏，如果保存在玻璃容器中很易被硅酸盐所污染，另外氢氧化钠能腐蚀玻璃。

8）所用的指示液，变色范围必须在滴定突跃范围内。

9）要按规定量加入指示液，因指示液本身具有酸性或碱性，能影响指示剂的灵敏度。

（7）适用范围

1）直接滴定

酸类：强酸、K_a（K_a为离解常数）大于10^{-8}的弱酸、混合酸、多元酸可用碱滴定液直接滴定。

碱类：强碱、K_b（K_b为离解常数）大于10^{-8}的弱碱可用酸滴定液直接滴定。

盐类：一般来说，强碱弱酸盐，如其对应的弱酸的K_a小于10^{-7}，可以直接用碱滴定液滴定；强酸弱碱盐，如其对应的弱碱的K_b小于10^{-7}，可直接用酸滴定液滴定。

2）间接滴定

有些物质具有酸性或碱性，但难溶于水，这时可先加入准确过量的滴定液，待反应完全后，再用另一滴定液回滴。有些物质本身没有酸碱性或酸碱性很弱不能直接滴定，但是它们可与酸或碱作用或通过一些反应产生一定量的酸或碱，就可用间接法测定其含量。

（8）允许差

本法的相对偏差不得超过0.3%。

2. 氧化还原滴定法

以氧化还原反应为基础的容量分析法称为氧化还原滴定法。氧化还原反应是反应物间发生电子转移。

$$还原剂\,1-ne \Longleftrightarrow 氧化剂\,1$$
$$氧化剂\,2+ne \Longleftrightarrow 还原剂\,2$$
$$还原剂\,1+氧化剂\,2 \Longleftrightarrow 氧化剂\,1+还原剂\,2$$

氧化还原反应按照所用氧化剂和还原剂的不同,常用的方法有碘量法、高锰酸钾法、铈量法和溴量法等。

（1）碘量法

碘量法是利用碘分子或碘离子进行氧化还原滴定的容量分析法。碘量法的反应实质是碘分子在反应中得到电子,碘离子在反应中失去电子。

半反应式：
$$I_2 + 2e \rightleftharpoons 2I^-$$
$$2I^- - 2e \rightleftharpoons I_2$$

1）滴定方式

$I_2/2I^-$ 电对的标准电极电位大小适中,即 I_2 是不太强的氧化剂,I^- 是不太弱的还原剂。

a）凡标准电极电位低于 $E^0_{I_2/2I^-}$ 的电对,它的还原形便可用 I_2 滴定液直接滴定（当然突跃范围须够大）,这种直接滴定的方法,叫做直接碘量法。

b）凡标准电极电位高于 $E^0_{I_2/2I^-}$ 的电对,它的氧化形可将加入的 I^- 氧化成 I_2,再用 $Na_2S_2O_3$ 滴定液滴定生成的 I_2 量。这种方法,叫做置换滴定法。

c）有些还原性物质可与过量 I_2 滴定液起反应,待反应完全后,用 $Na_2S_2O_3$ 滴定液滴定剩余的 I_2 量,这种方法叫做剩余滴定法。

2）滴定反应条件

a）直接碘量法只能在酸性、中性及弱碱性溶液中进行。如果溶液的 $pH > 9$,就会发生下面副反应：
$$I_2 + 2OH^- \rightarrow I^- + IO^- + H_2O$$
$$3IO^- \rightarrow IO_3^- + 2I^-$$

b）间接碘量法是以下面反应为基础：
$$I_2 + 2e \rightleftharpoons 2I^-$$
$$2S_2O_3^{2-} - 2e \rightarrow S_4O_6^{2-}$$
$$\overline{I_2 + 2S_2O_3^{2-} \rightarrow 2I^- + S_4O_6^{2-}}$$

这个反应须在中性或弱酸性溶液中进行;在碱性溶液中有下面副反应发生：
$$Na_2S_2O_3 + 4I_2 + 10NaOH \rightarrow 2Na_2SO_4 + 8NaI + 5H_2O$$

在强酸性溶液中,$Na_2S_2O_3$ 能被酸分解：
$$S_2O_3^{2-} + 2H^+ \rightarrow S\downarrow + SO_2\uparrow + H_2O$$

如果在滴定时注意充分振摇,避免 $Na_2S_2O_3$ 局部过剩,则影响不大。

c）应用置换法测定不太强的氧化剂的含量时,为了促使反应进行完全,常采取增加 I^- 浓度以降低 $E_{I_2/2I^-}$ 值,或将生成的 I_2 用有机溶剂萃取除去以降低 $E_{I_2/2I^-}$ 值,还可增加 H^+ 浓度以提高氧化剂的 E 值。

3）碘量法的误差

来源于碘具有挥发性,碘离子易被空气所氧化。

4）指示剂

I_2 自身指示剂:在 100mL 水中加 1 滴碘滴定液,即显能够辨别得出的黄色。

淀粉指示剂:淀粉溶液遇 I_2 即显深蓝色,反应可逆并极灵敏。

淀粉指示剂的性质及注意事项:

a)温度升高可使指示剂灵敏度降低。

b)若有醇类存在,灵敏度降低。

c)直链淀粉能与 I_2 结合成蓝色络合物;支链淀粉只能松动的吸附 I_2,形成一种红紫色产物。

d)I_2 和淀粉的反应,在弱酸性溶液中最为灵敏。若溶液的 pH<2,则淀粉易水解成糊精,而糊精遇 I_2 呈红色,此红色在间接滴定法时,达终点亦不易消失;若溶液的 pH>9,则 I_2 因生成 IO^- 而不显蓝色。

e)大量电解质存在能与淀粉结合而降低灵敏度。

f)若配成的指示剂遇 I_2 呈红色,便不能用。配制时,加热时间不宜过长,并应迅速冷却以免其灵敏性降低。淀粉溶液易腐败,最好现用现配。

g)使用淀粉指示剂时应注意加入时间,对于直接碘量法,在酸度不高的情况下,可在滴定前加入。对于间接碘量法则须在临近终点时加入,因为当溶液中有大量碘存在时,碘被淀粉表面牢固地吸附,不易与 $Na_2S_2O_3$ 立即作用,致使终点迟钝。

5)滴定液的配制与标定

碘滴定液:采用间接法配制,用基准三氧化二砷标定,以甲基橙指示液指示终点,置玻璃塞的棕色玻璃瓶中,密闭,阴凉处保存。

硫代硫酸钠滴定液:采用间接法配制,用基准重铬酸钾标定,以淀粉指示液指示终点。

6)注意事项

a)碘在水中很难溶解,加入碘化钾不但能增加其溶解度,而且能降低其挥发性。实践证明,碘滴定液中含有 2%~4% 的碘化钾,即可达到助溶和稳定的目的。

b)为了去掉碘中的微量碘酸盐杂质,以及中和硫代硫酸钠滴定液中配制时作为稳定剂而加入的 Na_2CO_3,配制碘滴定液时常加入少许盐酸。

c)为防止碘液中存在少量未溶解的碘,配好后的碘液用 3 号~4 号垂熔玻璃漏斗需过滤,不能用滤纸过滤。

d)碘滴定液应贮存于棕色具塞玻璃瓶中,在暗凉处避光保存。碘滴定液不可与软木塞、橡胶管或其他有机物接触,以防碘浓度改变。

e)三氧化二砷为剧毒化学药品,用时要注意安全。

f)由于碘在高温时更易挥发,所以测定时室温不可过高,并应在碘瓶中进行。

g)由于碘离子易被空气所氧化,故凡是含有过量 I^- 和较高酸度的溶液在滴定碘前不可放置过久,且应密封、避光。

h)配制硫代硫酸钠滴定液所用的纯化水须煮沸并冷却,可驱除水中残留的二氧化碳和氧,杀死嗜硫菌等微生物,然后加入少量无水碳酸钠,使溶液呈弱碱性。

i)硫代硫酸钠液应放置1个月后再过滤和标化,因硫代硫酸钠中常含有多硫酸盐,可与 OH^- 反应生成硫代硫酸盐使硫代硫酸钠液浓度改变。

j)发现硫代硫酸钠滴定液混浊或有硫析出时,不得再使用。

k)直接滴定法反应要在中性、弱碱性或酸性溶液中进行。

l)淀粉指示液的灵敏度随温度的升高而下降,故应在室温下放置和使用。

m)剩余滴定法淀粉指示液应在近终点时加入,否则将有较多的碘被淀粉胶粒包住,使蓝色褪去很慢,妨碍终点观察。

n)淀粉指示液应在冷处放置,使用时应不超过1周。

7)适用范围

碘量法分直接碘量法和间接碘量法。间接碘量法又分剩余滴定法和置换滴定法。

凡能被碘直接氧化的药物,均可用直接滴定法。凡需在过量的碘液中和碘的定量反应,剩余的碘用硫代硫酸钠回滴,都可用剩余滴定法。凡被测物能直接或间接定量地将碘化钾氧化成碘,用硫代硫酸钠液滴定生成的碘,均可间接测出其含量。

8)允许差

本法的相对偏差不得超过0.3%。

(2)高锰酸钾法

以高锰酸钾液为滴定剂的氧化还原法称为高锰酸钾法。其原理是在酸性条件下高锰酸钾具有强的氧化性,可与还原剂定量反应。

半反应式: $MnO_4^- + 8H^+ + 5e \rightleftharpoons Mn^{2+} + 4H_2O$

溶液的酸度以控制在1mol/L～2mol/L为宜。酸度过高,会导致$KMnO_4$分解;酸度过低,会产生MnO_2沉淀。调节酸度须用H_2SO_4;HNO_3也有氧化性,不宜用;HCl可被$KMnO_4$氧化,也不宜用(MnO_4^-氧化Cl^-的反应并不是很快,可是,当有Fe^{2+}存在时,Fe^{2+}便促进MnO_4^-氧化Cl^-这一副反应的速度。这种现象叫做诱导作用,或叫做产生了诱导反应)。

在微酸性、中性和弱碱性溶液中:

$MnO_4^- + 2H_2O + 3e \rightleftharpoons MnO_2 + 4OH^-$

1)指示剂

高锰酸钾自身指示剂:$KMnO_4$的水溶液显紫红色,每100mL水中只要有半滴0.1mol/L $KMnO_4$就会呈现明显的红色,而Mn^{2+}在稀溶液中几乎无色。

用稀高锰酸钾滴定液(0.002mol/L)滴定时,为使终点容易观察,可选用氧化还原指示剂。用邻二氮菲为指示剂,终点由红色变浅蓝色,用二苯胺磺酸钠为指示剂,终点由无色变紫色。

2)滴定液的配制与标定

高锰酸钾滴定液用间接法配制,用基准草酸钠标定;高锰酸钾自身指示剂,置玻璃塞的棕色玻璃瓶中,密闭保存。

3)注意事项

a)配制高锰酸钾液应煮沸15min,密塞放置2日以上,用玻璃垂熔漏斗过滤,摇匀,再标定使用。因高锰酸钾中常含有二氧化锰等杂质,水中的有机物和空气中的尘埃等还原性物质都会使高锰酸钾液的浓度改变。

b)高锰酸钾和草酸钠在开始反应时速度很慢,应将溶液加热至65℃,不可过高,高于90℃会使部分草酸分解。

c)为使反应正常进行,溶液应保持一定的酸度。酸度不足,反应产物可能混有二氧化锰沉淀;酸度过高,会促使草酸分解,开始滴定酸度应在0.5mol/L～1mol/L。

d)配制好的高锰酸钾滴定液,应贮存于棕色玻璃瓶中,避光保存。

e)在30s内,溶液颜色不褪为滴定终点。因为空气中的还原性气体和尘埃落于溶液中,也能分解高锰酸钾,使其颜色消失。

f)用稀高锰酸钾滴定液(0.002mol/L)滴定时,为使终点容易观察,可选用氧化还原指示剂。用邻二氮菲为指示剂,终点由红色变浅蓝色,用二苯胺磺酸钠为指示剂,终点由无色变紫色。

4)适用范围

a)在酸性溶液中,可用高锰酸钾滴定液直接测定还原性物质。

b)Ca^{2+}、Ba^{2+}、Zn^{2+}、Cd^{2+} 等金属盐可使之与 $C_2O_4^{2-}$ 形成沉淀,再将沉淀溶于硫酸溶液,然后用高锰酸钾滴定液滴定置换出来的草酸,从而测定金属盐的含量。

c)以草酸钠滴定液或硫酸亚铁滴定液配合,采用剩余回滴法,可测定一些强氧化剂。

5)允许差

本法的相对偏差不得超过 0.3%。

3. 配位滴定法(络合滴定法)

以络合反应为基础的容量分析法,称为络合滴定法。其基本原理是乙二胺四乙酸二钠液(EDTA)能与许多金属离子定量反应,形成稳定的可溶性络合物,依此,可用已知浓度的 EDTA 滴定液直接或间接滴定,用适宜的金属指示剂指示终点。根据消耗的 EDTA 滴定液的浓度和毫升数,可计算出被测物的含量。

(1)滴定方式

1)直接滴定法

$$Me^{n+} + H_2Y^{2-} \rightleftharpoons MeY^{(n-4)} + 2H^+$$

与金属离子化合价无关,均以 1:1 的关系络合。

2)回滴定法

$$Me^{n+} + H_2Y^{2-}(定量过量) \rightleftharpoons MeY^{(n-4)} + 2H^+$$
$$H_2Y^{2-}(剩余) + Zn^{2+} \rightleftharpoons ZnY^{2-} + 2H^+$$

3)间接滴定法

利用阴离子与某种金属离子的沉淀反应,再用 EDTA 滴定液滴定剩余的金属离子,间接测出阴离子含量。

(2)滴定条件

在一定酸度下能否进行络合滴定要用络合物的表观稳定常数来衡量。一般来说,K'_{MY} 要在 10^8 以上,即 $\lg K'_{MY} \geq 8$ 时,才能进行准确滴定。

1)络合滴定的最低 pH 值

$$\lg\alpha = \lg K_{MY} - 8$$

在滴定某一金属离子时,经查表,得出相应的 pH 值,即为滴定该离子的最低 pH 值。

2)溶液酸度的控制

在络合滴定中不仅在滴定前要调节好溶液的酸度,在整个滴定过程中都应控制在一定酸度范围内进行,因为在 EDTA 滴定过程中不断有 H^+ 释放出来,使溶液的酸度升高,因此,在络合滴定中,加入一定量的缓冲溶液可以控制溶液的酸度。

在 pH<2 或 pH>12 的溶液中滴定时,可直接用强酸或强碱控制溶液的酸度。在弱酸性溶液中滴定时,可用 HAc-NaAc 缓冲系(pH3.4~5.5)或六次甲基四胺$(CH_2)_6N_4$-HCl 缓冲系(pH5~6)控制溶液的酸度。在弱碱性溶液中滴定时,常用 $NH_3 \cdot H_2O$-NH_4Cl 缓冲系(pH8~11)控制溶液的酸度。但因 NH_3 与许多金属离子有络合作用,对络合滴定有一定的影响。

3)水解及其他副反应的影响

酸度对金属离子也有影响,酸度太低,金属离子会水解生成氢氧化物沉淀,使金属离子浓度降低,同样也降低了络合能力。

4)其他络合剂对络合滴定的影响

金属离子的络合效应系数(β)

$$\beta = \frac{C_M}{[M]}$$

(3)指示剂

1)金属指示剂应具备的条件

a)指示剂与金属离子形成的络合物应与指示剂本身的颜色有明显的差别。

b)金属离子与指示剂形成的有色络合物必须具有足够的稳定性,一般要求 $K_{MIn} > 10^4$。如果 MIn 不够稳定则在接近等当点时就有较多的离解,使终点过早出现,颜色变化也不敏锐。

c)MIn 的稳定性应比 MY 的稳定性差,稳定常数值至少要差 100 倍以上,亦即 $K_{MY}/K_{MIn} > 10^2$。否则在稍过等当点时不会立即发生置换反应使溶液变色,要在过量较多的 EDTA 时才能发生置换。这样就使终点过迟出现,变色也不敏锐,有拖长现象。

2)封闭现象与掩蔽作用

封闭现象:有的指示剂与某些金属离子生成极稳定的络合物,其稳定性超过了 MY 的稳定性。例如,铬黑 T 与 Fe^{3+}、Al^{3+}、Cu^{2+}、Co^{2+}、Ni^{2+} 生成的络合物非常稳定,用 EDTA 滴定这些离子时,即使过量较多的 EDTA 也不能把铬黑 T 从 M-铬黑 T 的络合物中置换出来。因此,滴定这些离子不能用铬黑 T 作指示剂。即使在滴定 Mg^{2+} 时,如有少量 Fe^{3+} 杂质存在,在等当点时也不能变色,或终点变色不敏锐有拖长现象。这种现象称为封闭现象。

掩蔽作用:为了消除封闭现象可加入某种试剂,使封闭离子不能再与指示剂络合以消除干扰,这种试剂就称为掩蔽剂。这种作用就称为掩蔽作用。

在络合滴定中,常用的掩蔽剂有 NH_4F 或 NaF、NaCN 或 KCN、羟胺或抗坏血酸、三乙醇胺、酒石酸、乙酰丙酮等。

3)常用的金属指示剂

a)铬黑 T:与二价金属离子形成的络合物都是红色或紫红色的。该指示剂只有在 pH7~11 范围内使用,才有明显的颜色变化。根据实验,最适宜的酸度为 pH9~10.5。铬黑 T 常用作测定 Mg^{2+}、Zn^{2+}、Pb^{2+}、Mn^{2+}、Cd^{2+}、Hg^{2+} 等离子的指示剂。

b)钙试剂(铬蓝黑 R、钙紫红素):与 Ca^{2+} 形成粉红色的络合物,常用作在 pH12~13 时滴定 Ca^{2+} 的指示剂,终点由粉红色变为纯蓝色,变色敏锐。

c)钙黄绿素:指示剂在酸中呈黄色,碱中呈淡红色,在 pH<11 时有荧光,在 pH>12 时不显荧光而呈棕色。常用作在 pH>12 时测定 Ca^{2+} 的指示剂,终点时黄绿色荧光消失。

d）二甲酚橙：在 pH＞6 时呈红紫色；pH＜6 时呈柠檬黄色，与 2 价～4 价金属离子络合呈红色，因此常在酸性溶液中使用。例如，在 pH1～3 的溶液中用作测定 Bi^{3+} 的指示剂，在 pH5～6 的溶液中，滴定 Pb^{2+}、Zn^{2+}、Cd^{2+}、Hg^{2+} 及稀土元素的指示剂，终点由红变黄，变色敏锐。

e）邻苯二酚紫：在 pH1.5～6 时呈黄色，与两个金属离子形成的络合物都显蓝色。特别适用于在 pH1.5～2 时滴定 Bi^{3+}，终点由蓝色经紫红变为黄色。

（4）滴定液的配制与标定

乙二胺四醋酸二钠滴定液采用间接法配制，用基准氧化锌标定，以铬黑 T 为指示剂。置玻璃塞瓶中，避免与橡皮塞、橡皮管等接触。

锌滴定液采用间接法配制，用乙二胺四醋酸二钠滴定液标定，以铬黑 T 为指示剂。

（5）注意事项

1）酸度对络合反应平衡、金属离子水解、EDTA 解离度有影响，为此要调好酸度，并加入适宜的缓冲液，否则将直接影响测定结果。

2）金属指示剂为有机染料，本身具有颜色。与金属离子络合生成另一种颜色指示终点，但指示剂本身的颜色在不同 pH 溶液中有不同颜色，故必须按规定控制滴定溶液的 pH 值。

3）当有干扰离子存在时，必须设法排除干扰，否则不能选用本法。

4）利用酸度对络合物稳定常数的影响，可调节滴定溶液的 pH，有选择的测定共存离子中的某种金属离子。也可加入掩蔽剂或沉淀剂，消除共存离子的干扰。

5）滴定速度要适宜，近终点时 EDTA 滴定液要逐滴加入，并充分振摇，以防终点滴过。

6）EDTA 滴定液应于具玻璃塞瓶中保存，避免与橡皮塞、橡皮管等接触。

（6）适用范围

EDTA 可直接或间接测定 40 多种金属离子的含量，也可间接测定一些阴离子的含量。在药物分析上，用于测定无机和有机金属盐类物。

（7）允许差

本法的相对偏差不得超过 0.3%。

4. 沉淀滴定法——银量法

以硝酸银液为滴定液，测定能与 Ag^+ 反应生成难溶性沉淀的一种容量分析法。其原理是以硝酸银液为滴定液，测定能与 Ag^+ 生成沉淀的物质，根据消耗滴定液的浓度和毫升数，可计算出被测物质的含量。

反应式：$$Ag^+ + X^- \rightarrow AgX\downarrow$$

X^- 表示 Cl^-、Br^-、I^-、CN^-、SCN^- 等离子。

（1）指示终点的方法

1）铬酸钾指示剂法

原理：用 $AgNO_3$ 滴定液滴定氯化物、溴化物时采用铬酸钾作指示剂的滴定方法。滴定反应为：

$$\text{终点前　} Ag^+ + Cl^- \rightarrow AgCl\downarrow$$
$$\text{终点时　} 2Ag^+ + CrO_4^{2-} \rightarrow Ag_2CrO_4\downarrow（砖红色）$$

根据分步沉淀的原理，溶度积（K_{sp}）小的先沉淀，溶度积大的后沉淀。由于 AgCl 的溶

解度小于 Ag_2CrO_4 的溶解度,当 Ag^+ 进入浓度较大的 Cl^- 溶液中时,AgCl 将首先生成沉淀,而 $[Ag^+]^2[CrO_4^{2-}]<K_{sp}$,$Ag_2CrO_4$ 不能形成沉淀;随着滴定的进行,Cl^- 浓度不断降低,Ag^+ 浓度不断增大,在等当点后发生突变,$[Ag^+]^2[CrO_4^{2-}]>K_{sp}$,于是出现砖红色沉淀,指示到达滴定终点。

滴定条件:

a)终点到达的迟早与溶液中指示剂的浓度有关。为达到终点恰好与等当点一致的目的,必须控制溶液中 CrO_4^{2-} 的浓度。每 50mL~100mL 滴定溶液中加入 5%(W/V) K_2CrO_4 溶液 1mL 就可以了。

b)用 K_2CrO_4 作指示剂,滴定不能在酸性溶液中进行,因指示剂 K_2CrO_4 是弱酸盐,在酸性溶液中 CrO_4^{2-} 依下列反应与 H^+ 离子结合,使 CrO_4^{2-} 浓度降低过多,在等当点不能形成 Ag_2CrO_4 沉淀。

$$2CrO_4^{2-}+2H^+ \rightleftharpoons 2HCrO_4^- \rightleftharpoons Cr_2O_7^{2-}+H_2O$$

也不能在碱性溶液中进行,因为 Ag^+ 将形成 Ag_2O 沉淀:

$$Ag^++OH^- \rightarrow AgOH$$
$$2AgOH \rightarrow Ag_2O\downarrow+H_2O$$

因此,用铬酸钾指示剂法,滴定只能在近中性或弱碱性溶液(pH6.5~10.5)中进行。如果溶液的酸性较强可用硼砂、$NaHCO_3$ 或 $CaCO_3$ 中和,或改用硫酸铁铵指示剂法。

滴定不能在氨性溶液中进行,因 AgCl 和 Ag_2CrO_4 皆可生成 $[Ag(NH_3)_2]^+$ 而溶解。

主要应用:本法多用于 Cl^-、Br^- 的测定。

2)硫酸铁铵指示剂法

原理:在酸性溶液中,用 NH_4SCN(或 KSCN)为滴定液滴定 Ag^+,以 Fe^{3+} 为指示剂的滴定方法。滴定反应为:

终点前　$Ag^++SCN^- \rightarrow AgSCN\downarrow$

终点时　$Fe^{3+}+SCN^- \rightarrow Fe(SCN)^{2+}$(淡棕红色)

卤化物的测定可用回滴法,需向检品溶液中先加入定量过量的 $AgNO_3$ 滴定液,以 Fe^{3+} 为指示剂,用 NH_4SCN 滴定液回滴剩余的 $AgNO_3$,滴定反应为:

终点前　Ag^+(过量)$+X^- \rightarrow AgX\downarrow$

　　　　Ag^+(剩余量)$+SCN^- \rightarrow AgSCN\downarrow$

终点时　$Fe^{3+}+SCN^- \rightarrow Fe(SCN)^{2+}$(淡棕红色)

这里需指出,当滴定 Cl^- 到达等当点时,溶液中同时有 AgCl 和 AgSCN 两种难溶性银盐存在,若用力振摇,将使已生成的 $Fe(SCN)^{2+}$ 络离子的红色消失。因 AgSCN 的溶解度小于 AgCl 的溶解度。当剩余的 Ag^+ 被滴定完后,SCN^- 就会将 AgCl 沉淀中的 Ag^+ 转化为 AgSCN 沉淀而使重新释出。

$$AgCl \rightleftharpoons Ag^++Cl^-$$
$$\downarrow$$
$$Ag^++SCN^- \rightleftharpoons AgSCN$$

这样,在等当点之后又消耗较多的 NH_4SCN 滴定液,造成较大的滴定误差。

滴定条件及注意事项：

为了避免上述转化反应的进行，可以采取下列措施：

a)将生成的 AgCl 沉淀滤出，再用 NH_4SCN 滴定液滴定滤液，但这一方法需要过滤、洗涤等操作，手续较繁。

b)在用 NH_4SCN 滴定液回滴之前，向待测 Cl^- 溶液中加入 $1mL\sim3mL$ 硝基苯，并强烈振摇，使硝基苯包在 AgCl 的表面上，减少 AgCl 与 SCN^- 的接触，防止转化。此法操作简便易行。

c)利用高浓度的 Fe^{3+} 作指示剂（在滴定终点时使浓度达到 $0.2mol/L$），实验结果证明终点误差可减少到 0.1%。

3)吸附指示剂法

原理：用 $AgNO_3$ 液为滴定液，以吸附指示剂指示终点，测定卤化物的滴定方法。

吸附指示剂是一些有机染料，它们的阴离子在溶液中很容易被带正电荷的胶态沉淀所吸附，而不被带负电荷的胶态沉淀所吸附，并且在吸附后结构变形发生颜色改变。

若以 Fl^- 代表荧光黄指示剂的阴离子，则变化情况为：

终点前　Cl^- 过量　　（AgCl)Cl^- ┊ M^+

终点时　Ag^+ 过量　　（AgCl)Ag^+ ┊ X^-

(AgCl)Ag^+ 吸附 Fl^-　（AgCl)Ag^+ ┊ Fl^-

　　　　（黄绿色）　　　　　（微红色）

为了使终点颜色变化明显，应用吸附指示剂时需要注意以下几个问题：

a)吸附指示剂不是使溶液发生颜色变化，而是使沉淀的表面发生颜色变化。因此，应尽可能使卤化银沉淀呈胶体状态，具有较大的表面。为此，在滴定前应将溶液稀释并加入糊精、淀粉等亲水性高分子化合物以形成保护胶体。同时，应避免大量中性盐存在，因为它能使胶体凝聚。

b)胶体颗粒对指示剂离子的吸附力，应略小于对被测离子的吸附力，否则指示剂将在等当点前变色。但对指示剂离子的吸附力也不能太小，否则等当点后也不能立即变色。滴定卤化物时，卤化银对卤化物和几种常用的吸附指示剂的吸附力的大小次序为 $I^->$ 二甲基二碘荧光黄$>Br^->$ 曙红$>Cl^->$ 荧光黄，因此，在测定 Cl^- 时不能选用曙红，而应选用荧光黄为指示剂。

c)溶液的 pH 应适当，常用的吸附指示剂多是有机弱酸，而起指示剂作用的是它们的阴离子。因此，溶液的 pH 应有利于吸附指示剂阴离子的存在。也就是说，电离常数小的吸附指示剂，溶液的 pH 就要偏高些；反之，电离常数大的吸附指示剂，溶液的 pH 就要偏低些。

d)指示剂的离子与加入滴定剂的离子应带有相反的电荷。

e)带有吸附指示剂的卤化银胶体对光线极敏感，遇光易分解析出金属银，在滴定过程中应避免强光照射。

(2)形成不溶性银盐的有机化合物的测定

巴比妥类化合物，在其结构中的亚胺基受两个羰基影响，上面的 H 很活泼，能被 Ag^+ 置换生成可溶性银盐，而它的二银盐不溶于水，利用这一性质可进行测定。

（3）滴定液的配制与标定

硝酸银滴定液用间接法配制，用基准氯化钠标定，以荧光黄指示液指示终点。置玻璃塞的棕色玻璃瓶中，密闭保存。

硫氰酸铵滴定液采用间接法配制，用硝酸银滴定液标定，以硫酸铁铵指示液指示终点。

（4）注意事项

1）用铬酸钾指示剂法，必须在近中性或弱碱性溶液（pH6.5～10.5）中进行滴定。因铬酸钾是弱酸盐，在酸性溶液中，CrO_4^{2-} 与 H^+ 结合，降低 CrO_4^{2-} 浓度，在等当点时不能立即生成铬酸银沉淀；此法也不能在碱性溶液中进行，因银离子、氢氧根离子生成氧化银沉淀。

2）应防止氨的存在，氨与银离子生成可溶性 $[Ag(NH_3)_2]^+$ 络合物，干扰氯化银沉淀生成。

3）硫酸铁铵指示剂法应在稀硝酸溶液中进行，因铁离子在中性或碱性介质中能形成氢氧化铁沉淀。

4）为防止沉淀转化（$AgCl + SCN^- \rightleftharpoons AgSCN + Cl^-$），硫酸铁铵指示剂法加硝酸银滴定液沉淀后，应加入 5mL 邻苯二甲酸二丁酯或 1mL～3mL 硝基苯，并强力振摇后再加入指示液，用硫氰酸铵滴定液滴定。

5）滴定应在室温进行，温度高，红色络合物易褪色。

6）滴定时需用力振摇，避免沉淀吸附银离子，过早到达终点。但滴定接近终点时，要轻轻振摇，减少氯化银与 SCN^- 接触，以免沉淀转化。

7）吸附指示剂法，滴定前加入糊精、淀粉，形成保护胶体，防止沉淀凝聚使吸附指示剂在沉淀的表面发生颜色变化，易于观察终点。滴定溶液的 pH 值应有利于吸附指示剂的电离，随指示剂不同而异。

8）吸附指示剂法选用指示剂应略小于被测离子的吸附力，吸附力大小次序为 I^-＞二甲基二碘荧光黄＞Br^-＞曙红＞Cl^-＞荧光黄。

9）滴定时避免阳光直射，因卤化银遇光易分解，使沉淀变为灰黑色。

10）有机卤化物的测定，由于有机卤化物中卤素结合方式不同，多数不能直接采用银量法，必须经过适当处理，使有机卤素转变成卤离子后再用银量法测定。

（5）适用范围

1）铬酸钾指示剂法：在中性或弱碱性溶液中用硝酸银滴定液滴定氯化物、溴化物时采用铬酸钾指示剂的滴定方法。

2）硫酸铁铵指示剂法：在酸性溶液中，用硫氰酸铵液为滴定液滴定 Ag^+，采用硫酸铁铵为指示剂的滴定方法。

3）吸附指示剂法：用硝酸银液为滴定液，以吸附指示剂指示终点测定卤化物的滴定方法。

（6）允许差

本法的相对偏差不得超过 0.3%。

5. 沉淀重量法

（1）操作分析过程

沉淀重量法是利用试剂与被测组分反应，生成难溶化合物沉淀，经过溶解、沉淀、过滤、洗涤、烘干或灼烧、称量,最后由称得的质量计算被测组分含量。

其主要操作过程为:

1)溶解:根据试样的性质选择适当的溶剂,将试样制成溶液,对于不溶于水的试样,一般采用酸溶法、碱溶法或熔融法。

2)沉淀:加入适当的沉淀剂,与待测组分迅速定量反应生成难溶化合物沉淀即"沉淀形式"。

3)过滤和洗涤:过滤使沉淀与母液分开,根据沉淀性质的不同,过滤沉淀时常采用无灰滤纸或玻璃砂芯坩埚。洗涤沉淀是为了除去不挥发的盐类杂质和母液;洗涤时要选择适当的洗液,以防沉淀溶解或形成胶体。洗涤沉淀要采用少量多次的洗法。

4)烘干和灼烧:烘干可除去沉淀中的水分和挥发性物质,同时使沉淀组成达到恒定。烘干的温度和时间应随沉淀不同而异。灼烧除去沉淀中的水分和挥发性物质外,还可使初始生成的沉淀在高温下转化为组成恒定的沉淀。灼烧温度一般在 800℃ 以上。以滤纸过滤的沉淀,常置于瓷坩埚中进行烘干和灼烧。若沉淀需加氢氟酸处理,应改用铂坩埚。使用玻璃砂芯坩埚过滤的沉淀,应在电烘箱中烘干。

5)称量到达恒重:烘干或灼烧后称量的物质称为"称量形式",称得"称量形式"的质量即可计算分析检验结果。不论沉淀是烘干或灼烧,其最后称量必须达到恒重。即沉淀反复烘干或灼烧经冷却称量,直至两次称量的质量相差不大于 0.2mg。

(2)沉淀重量法对沉淀的要求

对"沉淀形式"的要求:

a)沉淀溶解度要小,以保证被测组分沉淀完全,沉淀溶解损失不超过 0.0002g。

b)沉淀必须纯净,不应混进沉淀剂或其他杂质。

c)沉淀要易于过滤和洗涤。因此,在进行沉淀操作时,要控制沉淀条件,得到颗粒大的晶形沉淀,对定形沉淀,尽可能获得结构紧密的沉淀。

d)沉淀要便于转化为合适的"称量形式"。

对"称量形式"的要求:

a)组成必须与化学式相符合。

b)必须很稳定。

c)相对分子质量要尽可能大,而被测组分在"称量形式"中的含量应尽可能小。这样可以增大称量的质量,减少称量的相对误差。

(3)影响沉淀溶解度的因素

1)同离子效应

沉淀反应达到平衡后,若加入过量的沉淀剂,增大与沉淀组成相同的离子的浓度,以减小沉淀的溶解度。这一效应称为同离子效应。

2)盐效应

在难溶电解质的饱和溶液中,加入其他易溶强电解质,使难溶电解质的溶解度比同温度时在纯水中的溶解度增加的现象,称为盐效应。

3)酸效应

溶液的酸度对沉淀溶解度的影响,称为酸效应。

4)配位效应

在进行沉淀反应时,若溶液中存在能与沉淀的离子形成配合物质的配位剂,则反应向沉淀溶解的方向进行,沉淀溶解度会增大,这种现象称为配位效应。

在沉淀重量法中,加入过量的沉淀剂,利用同离子效应,可以减小沉淀的溶解度。但沉淀剂不能过量太多。否则会产生盐效应,使沉淀的溶解度增大。对弱酸盐沉淀,要控制溶液的酸度,以避免酸效应的影响。选择辅助试剂时,要注意配位效应对沉淀溶解度的影响。

(4)影响沉淀纯度的因素

引起沉淀不纯的原因主要有共沉淀现象和后沉淀现象。

在进行沉淀反应时,溶液中某些可溶性杂质会同时被沉淀带下而混杂于沉淀中,这种现象称为共沉淀。共沉淀现象包括表面吸附、吸留和包藏、形成混晶,主要是由于表面吸附引起的。

沉淀析出之后,在沉淀与母液一起放置的过程中,溶液中某些杂质离子可能慢慢沉淀到原沉淀上,这种现象称为后沉淀。

在沉淀过程中,当沉淀剂的浓度比较大、沉淀剂加入比较快时,沉淀迅速,则先被吸附在沉淀表面的杂质离子,来不及离开沉淀表面而被包藏在沉淀内部,这种现象称为吸留现象。

当杂质离子与沉淀的构晶离子的半径相近,晶体结构相似时,它们就会生成混晶。

在沉淀重量法中,要合理选择沉淀剂,控制沉淀条件,防止共沉淀现象和后沉淀现象的发生,以得到容易过滤和洗涤的纯净沉淀物。

第三节　化学检验的标准

一、标准的基本知识

1. 标准的基本概念

标准是对重复性事物和要领所做的统一规定,是以科学技术和实践经验的综合成果为基础,经有关方面协商一致,由主管机构批准,以特定形式发布,作为共同遵守的准则和依据。

统一是标准的本质。标准的统一是建立在各方协商一致基础上的。有的标准是具有强制性的,必须严格遵守。标准的统一是相对的,不同级别的标准在不同的范围内统一,不同类别的标准从不同角度、不同侧面进行统一。但这种统一并不意味着全部统死。统一只是限定范围,有时要标准中规定几种可供选择的情况,但这只是一定条件下的统一。标准的作用在于科学地、合理地、有效地统一。如果客观事物不需要这种统一,标准就失去了存在的意义。

2. 标准的分类

根据标准协调统一的范围及适用范围的不同,可分为以下六类:

（1）国际标准

由共同利益国家间的合作与协商制定，是为大多数国家所承认的，具有先进水平的标准。如国际标准化组织（ISO）所制定的标准及其所公布的其他国际组织（如国际计量局）制定的标准。

（2）区域性标准

局限在几个国家和地区组成的集团使用的标准。如欧盟制定和使用的标准。

（3）国家标准

指在全国范围内使用的标准。对需要全国范围内统一的技术要求，应当制定成国家标准。我国的国家标准由国务院标准化行政主管部门编制计划，组织草拟，统一审批、编号和发布，以保证国家标准的科学性、权威性和统一性。国家标准分为强制性国家标准和推荐性国家标准。

（4）行业标准

全国性的各行业范围内统一的标准。对没有国家标准而又需要在全国某个行业范围内统一的技术要求，可以制定成行业标准。我国的行业标准是由国务院有关行政主管部门制定实施，并报国务院标准化行政主管部门备案，是专业性较强的标准。行业标准可分为强制性行业标准和推荐性行业标准。国家标准是国家标准体系的主体，在相应的国家标准实施后该项行业标准即行废止。

（5）地方标准

对没有国家标准和行业标准而又需要在某个省、自治区、直辖市范围内统一要求所制定的标准。地方标准由省、自治区、直辖市标准化行政主管部门统一编制计划、组织制定、审批、编号和发布，并报国务院标准化行政主管部门备案。在国家标准或行业标准实施后，该项地方标准即行废止。地方标准分为强制性地方标准和推荐性地方标准。

（6）企业标准

指由企业制定的对企业范围内需要协调、统一的技术要求、管理要求和工作要求所制定的标准。企业标准是企业组织生产经营活动的依据。企业标准是由企业制定，由企业法人代表或法人代替授权的主管领导批准、发布，由法人代表授权的部门统一管理。

国家标准、行业标准和地方标准中的强制性标准，企业必须严格执行。推荐性标准企业一经采用就具有了强制的性质，因此应严格执行。

标准中又可分为综合标准、产品标准、化学检验方法标准等。

（1）综合标准

包括质量控制和技术管理标准。如 GB/T 8170—2008《数值修约规则与极限数值的表示和判定》；GB/T 4883—2008《数据的统计处理和解释　正态样本离群值的判断和处理》；GB/T 601—2002《化学试剂　标准滴定溶液的制备》等。

（2）产品标准

以产品和原料为对象制定的标准，是对产品结构、规格、质量、物化指标和检验方法等所作的技术规定。它是产品生产、检验、验收、使用、维修以及国内外贸易的技术依据和合同的支撑文件。产品标准包括的内容有适用范围、产品的品种、规格、等级、主要物化性能、使用特性、试验检测方法和验收规则以及包装、贮运、标志等。

（3）化学检验方法标准

又称分析方法标准或试验方法标准。这类标准有基础标准与通用方法。如化工产品的密度、相对密度测定通则，食品中水分、蛋白质、脂肪等含量的测定、食品中微量元素的测定，以及各种仪器分析法通则。还有大量的产品如钢铁、有色金属、水泥、各种无机及有机化工产品的检验方法。

化学检验方法标准包括适用范围、方法概要、使用仪器、材料、试剂、标准样品、测定条件、试验步骤、结果计算、精密度等技术规定。

标准方法是经过试验论证，取得充分可靠的数据的成熟方法，而不一定是技术上最先进、准确度最高的方法。制定一个标准方法经历时间较长，花费较大代价，因而其制定总是落后于需要。标准化组织每隔几年对已有的标准进行修订，颁布一些新的标准。因此使用标准方法时要注意是否已有新标准替代旧标准。应及时使用新的标准方法。此外，测试中是否采用标准方法要根据化学检验的目的和要求而定。

3. 标准的代号和编号

（1）国家标准的代号与编号

强制性国家标准的代号为"GB"（"国标"汉语拼音的首字母）；推荐性国家标准的代号为"GB/T"（"T"为"推"的汉语拼音的首字母）。

国家标准的编号由国家标准的代号，国家标准发布的顺序号和审批年号构成。审批年号可以是两位或四位数字，当审批年号后有括号时，括号内的数字为该标准进行重新确认的年号。

（2）行业标准的代号与编号

各行业标准的代号由国务院标准化行政管理部门规定了 28 个，其中商业行业标准代号为 SB，化工行业标准代号为 HG，轻工行业标准代号为 QB。

行业标准的编号由行业标准的代号、顺序号和年号组成。

（3）地方标准的代号与编号

强制性地方标准的代号由汉语拼音字母"DB"加上省、自治区、直辖市行政区划代码前两位数再加斜线组成，若加"T"后，则组成推荐性地方标准代号。例如：河南省行政区划代码为 410000，河南省强制性地方标准代号为 DB 41，其推荐性地方标准代号为 DB 41/T。

地方标准的编号由地方标准代号、顺序号和年号三部分组成。

（4）企业标准的代号与编号

企业标准代号为"Q"。某企业的企业标准的代号由企业标准代号 Q 加斜线，再加企业代号组成，即 Q/×××。企业代号可用汉语拼音字母或阿拉伯数字，或两者兼用组成。其编号由该企业的企业标准代号、顺序号和年号三部分组成。

二、化学检验的标准物质

在化学检验中，为了保证其结果具有一定的准确度，并具有可比性和一致性，必须使用标准物质校准仪器、标定溶液浓度和评价化学检验方法。在考核化学检验人员监控测量过程中应用标准物质。

1. 标准物质概念

1992 年国际标准化组织标准物质委员会(REMCO/ISO)颁布的国际标准,对标准物质和有证标准物质的定义为:

(1)标准物质(reference material,RM)是具有一种或多种足够均匀并已经很好地确定了其特性量值的物质或材料。标准物质可以是纯的或混合的气体、液体或固体。

(2)有证标准物质(certified reference material,CRM)是有证书的标准物质,其一种或多种特性量值是用建立了计量溯源性的方法测定的,确定的每个特性量值均附有一定置信水平的不确定度。

标准物质已有近百年的发展历史,至今已有上万个品种,应用遍及世界。我国已有2107 个品种的标准物质(其中一级标准物质 1093 种),用于校准仪器,评价测量方法或确定物料的量值等。

2. 标准物质的分类与分级

(1)标准物质的分类

我国按标准物质的属性和应用领域将标准物质分为 13 大类:钢铁成分分析标准物质、有色金属及金属中气体成分分析标准物质、建材成分分析标准物质、核材料成分分析与放射性测量标准物质、高分子材料特性测量标准物质、化工产品成分分析标准物质、地质矿产成分分析标准物质、环境化学分析与药品成分分析标准物质、临床化学分析与药品成分分析标准物质、食品成分分析标准物质、煤炭石油成分分析和物理特性测量标准物质、工程技术特性测量标准物质、物理特性与物理化学特性测量标准物质。

(2)标准物质的分级

我国将标准物质分为一级标准物质和二级标准物质,它们都有符合有证标准物质的定义。

一级标准物质是用绝对测量法或两种以上不同大批量的准确可靠的方法定值,若只有一种定值方法,可采取多个化验室合作定值。它的不确定度具有国内最高水平,均匀性良好,在不确定度范围之内,稳定性在一年以上,具有符合标准物质技术规范要求的包装形式。一级标准物质由国务院计量行政部门批准、颁布并授权生产。其代号是以"国家级标准物质"的汉语拼音中的首字母"GBW"表示。

二级标准物质是用与一级标准物质进行比较测量的方法或一级标准物质的定值方法定值,其不确定度和均匀性未达到一级标准物质的水平,稳定性在半年以上,能满足一般测量的需要,包装形式符合标准物质技术规范的要求。二级标准物质由国务院计量行政部门批准、颁布并授权生产,它的代号是以"国家级标准物质"的汉语拼音中的首字母"GBW"加上二级的汉语拼音中二字的首字母"E"并用小括号即"GBW(E)"表示。

3. 标准物质在化学检验中的应用

(1)用于校准化学检验仪器

理化测试仪器及成分分析仪器,如酸度计、电导仪、量热计、色谱仪等都属于相对测量的仪器,在制造时需要进行刻度校准,即用标准物质的特定值决定仪表的显示值。如 pH 标准缓冲特配制 pH 标准缓冲溶液进行定位,然后测定未知样品的 pH。电导仪需用已知电导率的标准氯化钾溶液来校准电导率常数。成分分析仪器要用已知浓度的标准物质仪器。

(2)用于评价化学检验方法

采用与被测样品组成相似的标准物质,以同样的化学检验方法进行处理,测定样品的回收率,比加入简单的纯品测定回收率的方法更简便可靠。其方法是选择与样品的演讲水平、准确度水平、化学组成和物理形态相近的标准物质与样品做平行测定,如果标准物质的分析结果与证书上所给的保证值一致,则表明分析测定过程不存在明显的系统误差,样品的分析结果可靠,可近似地将精密度作为分析结果的准确度。

(3)用做工作标准

仪器分析大多是通过工作曲线,建立被测物质的量和某物理量的线性关系,来求得测定结果的。过去,化学检验工作者大多采用自己配制的标准溶液制作工作曲线。由于各化验室使用的试剂纯度、称量和容量仪器的可靠性、操作者技术熟练程度等的不同,影响测定结果的可比性。而采用标准物质做工作曲线,使分析结果建立在同一基础上,使数据更为可靠。

在测量仪器、测量条件都正常的情况下,用与被测基体和含量接近的标准物质与样品交替进行测定,测出被测物的结果。

(4)提高合作实验的化学检验精密度

在多个化验室进行合作实验时,由于各化验室条件不同,使合作实验的数据发散性较大。比如,各化验室外的工作曲线的截距和斜率的数值不同,如果采用同一标准物质,用标准物质的保证值和实际测定值求得该化验室外的修正值,以此校正各自的数据,可提高化验室间测定的再现性,从而提高精密度。

(5)用于化学检验的质量保证

可用标准物质考核、评价化学检验工作者和化验室的工作质量,作质量控制图,使共同任务的检测工作的测量结果处于质量控制中。

(6)用于制订化学检验标准方法、产品质量监督检验、技术仲裁

在拟定测试方法时,需要对各种方法作比较试验,采用标准物质可以评价方法的优劣。在制订标准方法和产品标准时,为了求得可靠的数据,使用标准物质做工作标准。

产品质量监督检验机构为确保其出具的数据的公正性与权威性,采用标准物质评价其测定结果的准确度及进行其检验能力的监视。

在商品质量检验、化学检验仪器质量评定、污染源分析监测等工作中,当发生争议时,需要用标准物质作为仲裁的依据。

第四节 化验室玻璃容器、量器及用具的使用及洗涤

化验室所用仪器种类很多,各种不同的化验室还用到一些特殊的仪器,本节主要介绍一般在食品检验中通用的仪器知识。

一、常用玻璃仪器

常用玻璃仪器的规格、用途、使用注意事项见表 1-2。

表 1-2

名称	规格	主要用途	使用注意事项
烧杯	有一般型和高型、有刻度和无刻度；容积(mL)：10，15，25，50，100，250，400，500，1000，2000	配制溶液、溶解样品；还可作简易水浴；有时可作滴定反应器	加热时应置于石棉网上，使其受热均匀，一般不可烧干；反应液体不超过容积的 2/3，加热液体不超过容积的 1/3
具塞三角瓶、锥形瓶	有具塞及无塞；容积(mL)：50，100，250，500，1000	作反应容器，如加热处理试样时，可避免液体大量蒸发；作滴定容器，有利于振荡；可用于储存溶液	滴定时所盛溶液不超过容积的 1/3；其他要求同烧杯；磨口锥形瓶加热时要打开具塞，非标准磨口要保持原配塞
碘瓶	具有配套的磨口塞容积(mL)：50，100，250，500，1000	碘量法或其他生成挥发性物质的定量分析	同锥形瓶
烧瓶	有平底、圆底；长颈、短颈；细口、磨口；圆形、茄形、梨形；二口、三口等；容积(mL)：250，500，1000	可在常温和加热条件下作反应容器或液体蒸馏容器；平底，因平底烧瓶不耐压，不可用作减压蒸馏，只可用圆底烧瓶；多口的可装配温度计、搅拌器、加料管，与冷凝管连接	反应物料或液体不超过容积的 2/3，但不可太少；隔石棉网或各种加热浴加热，避免直火加热；圆底烧瓶放置时，其下应有木环或石棉环，以免翻滚损坏
量筒、量杯	上口大、下口小的为量杯；上下口直径一样大的为量筒；有具塞及无塞等种类；容积(mL)：5，10，25，50，100，250，500，1000，2000 等	粗略地量取一定体积的液体	不能加热；不能在其中配制溶液或作反应容器；不可量取热的液体，更不能在烘箱中烘烤；操作时要沿壁加入或倒出溶液
移液管、吸量管	有分刻度线直管的为移液管；单刻度线大肚型的为吸量管；有完全流出式和不完全流出式；容积(mL)：1，2，5，10，15，20，25，50，100 等	准确地量取一定体积的液体或溶液	不能加热；上端和尖端不可磕破；具体操作及注意事项见后面详细讲解
容量瓶	带有磨口塞或塑料塞；有量入式和量出式之分；容积(mL)：5，10，25，50，100，200，250，500，1000，2000 等	配制准确浓度的标准溶液或被测溶液	非标准的磨口塞要保持原配；漏水的不能用；不能在烘箱内烘烤，不能用直火加热，可水浴加热；具体操作及注意事项见后面详细讲解

续表1-2

名称	规格	主要用途	使用注意事项
滴定管（25mL、50mL、100mL）	有玻璃活塞的为酸式滴定管；有橡皮滴头的为碱式滴定管；用聚四氟乙烯制成的，则无酸碱之分；有无色及棕色；还有微量滴定管；容积（mL）：5，10，25，50，100；微量滴定管容积（mL）：1，2，3，4，5，10等	用于准确测量液体或溶液的体积；用于容量分析滴定仪器；微量滴定管用于微量或半微量分析滴定操作	活塞要原配；漏水的不能使用；不能加热；不能长期存放溶液；微量滴定管只有活塞式。具体操作及注意事项见后面详细讲解
培养皿	规格以玻璃底盖外径（cm）表示	存放固定药品；用作菌种培养繁殖	不可加热；盖子若是磨口配套的，不可互换；不用时洗净，在磨口处垫上纸条
称量瓶	分扁形和高形两种；规格以外径（cm）×高（cm）表示	扁形用作测定干燥失重或在烘箱中烘干基准物；高形用于称量基准物、样品	不可加热；烘烤时，不可盖紧磨口塞；磨口塞要原配，不可互换；不用时洗净，在磨口处垫上纸条
试剂瓶	有广口、细口；磨口、非磨口瓶；无色、棕色等种类；容积（mL）：30，60，125，250，500，1000，2000，10000，20000	细口瓶存放液体试剂；广口瓶存放固体试剂；棕色瓶用于存放见光易分解和不稳定的试剂	不能加热；不能在瓶内配制在操作过程放出大量热量的溶液；磨口塞要保持原配，使用过程不能弄乱、弄脏塞子；放碱液要用橡皮塞或软木塞；瓶上标签要完好，倾倒时要对着手心
滴瓶及滴管	有无色和棕色两种，滴管上配有橡皮胶帽；容积（mL）：30，60，125	盛放需滴加的液体或溶液	滴管不可吸得太满，不可倒置，保证液体不进入胶帽；滴管要专用，不得弄乱、弄脏。使用滴管吸取有毒溶液时要小心，松开胶头之前一定要将管尖移离溶液，吸入的空气可防止液体溢散
漏斗	有短颈、长颈、粗颈、无颈等种类；规格以口径（mm）表示：长颈：口径（mm）：50，60，75，管长150mm；短颈：口径（mm）：50，60，管长90mm，120mm；锥体均为60°	用于过滤沉淀；倾注液体导入小口容器中；粗颈漏斗可用于转移固体试剂；长颈漏斗用于定量分析，还可用于装配气体发生器	不可用火加热，过滤的液体也不可太热；过滤时，漏斗颈尖端要紧贴容器内壁；长颈漏斗在气体发生器作加液时，其尖端要插入液面下
分液漏斗、滴液漏斗	有球形、梨形、筒形、锥形等；规格以容积（mL）表示：50，100，250，500，1000等；有玻璃活塞或聚四氟乙烯活塞	互不相溶的液-液分离；用于萃取分离和富集（多用梨形）；在气体发生器中作加液用（多用球形及滴液漏斗）	不可用火直接加热；磨口旋塞必须原配，不可互换；进行萃取时，振荡初期应放气数次；作滴液加料到反应器中时，其尖端要在反应液面下

续表1-2

名称	规格	主要用途	使用注意事项
试管	按质料分为硬质和软质试管;还可分为普通试管和离心试管;普通试管有平口、翻口;有刻度、无刻度;有支管、无支管;具塞、无塞等;对离心试管也有具刻度及无刻度。无刻度试管以直径(mm)×长度(mm)表示其大小规格。有刻度试管规格以其容积(mL)表示	常用作颜色试验、少量试剂的沉淀反应的容器及装培养基,便于操作及观察;可用于收集少量气体;离心试管可用在离心机中	普通试管可直接在火焰上加热,硬质的可加热至高温,但不能骤冷;离心管只能水浴加热;反应液体不超过容积的1/2,加热液体不超过容积的1/3;加热液体时,试管与桌面成45°;加热固体时,管口略向下倾斜,管口不可对人,必要时要不断振荡,使其受热均匀
(纳氏)比色管	用无色优质玻璃制成;规格以环线刻度指示容量(mL)表示	用于溶液的比色、比浊分析	不可加热;非标准磨口塞必须原配;注意保持管壁透明,不可用毛刷擦洗;比色时要选用质量、口径、厚薄、形状完全相同的,并在白色背景平面上比色
冷凝管	有直形、球形、蛇形、空气冷凝管等多种;还有标准磨口的冷凝管;外套管长(cm):320,370,490	用于冷却蒸馏出的液体;蛇形管适用于冷凝低沸点液体蒸汽;空气冷凝管用于冷凝沸点150℃以上的液体蒸汽;球形的冷却面积大,加热回流最适用	不可骤冷骤热;注意从下口进冷却水,上口出水,开始进水时需缓慢,水流不可太大;装配仪器时,先装冷却水胶管,再装仪器
抽滤瓶、布氏漏斗、吸滤管或吸滤瓶	布氏漏斗有瓷制或玻璃制品,规格以直径(cm)表示;吸滤瓶以容积(mL)表示大小;过滤管以直径(mm)×管长(mm)表示规格;磨口以容积(mL)表示大小	连接到水冲泵或真空系统中进行晶体或沉淀的减压过滤	属于厚壁容器,能耐负压;不可直接用火加热;漏斗和吸滤瓶大小要配套,滤纸直径要略小于漏斗内径;过滤前,先抽气,结束时先断开抽气管与滤瓶连接处再停抽气,以防止液体倒吸
表面皿	直径(cm):45,60,75,90,100,120	盖在蒸发皿上或烧杯上,防止液体测出或落入灰尘。也可用作称取固体药品的容器	不可直接用火加热;作盖用时直径要略大于所盖容器;用作称量试剂时,要事先洗净、干燥
垂熔(砂芯)玻璃漏斗、坩埚	容积(mL):35,60,140,500;滤板1号~6号	重量分析中过滤需烘干称量的沉淀	必须抽滤;不能骤冷骤热;不能过滤氢氟酸、碱等;用毕立即洗净
洗瓶	有玻璃和塑料两种,大小以容积(mL)表示	装纯化水洗涤仪器或装洗涤液洗涤沉淀	不可装自来水;塑料制品不可加热;可以自制

续表1-2

名称	规格	主要用途	使用注意事项
干燥器	分普通干燥器和真空干燥器两种；内径(cm)：150，180，210；有无色及棕色	保持烘干或灼烧过的物质的干燥；也可干燥少量制备的产品；存放试剂防止吸潮	底部放变色硅胶或其他干燥剂，要及时更换；盖子磨口处涂适量凡士林，同时要注意防止盖子滑动打碎；不可将温度过高的物品放入，放入热的物体后，要时时开盖，以免盖子跳起或冷却后打不开盖子；对真空干燥器接真空系统抽去空气，干燥效果更好
标准磨口组合仪器	有蒸馏头、加料管、应接管、接头和塞子等	蒸馏头、加料管用于蒸馏反应与温度计、蒸馏瓶、冷凝管连接；应接管用于承接蒸馏出来的冷凝液体；接头及塞子可用连接不同规格的磨口	磨口处必须洁净；不涂润滑剂，但接触强碱溶液时，应涂润滑剂；安装时不可受歪斜压力；要按所需装置配齐购置；用后要洗净，不可使磨口处发生黏结而无法拆开

　　所有配制液和储存液都要有清楚的标记，包括相应的危险性信息(最好用橙色危险警告标签标记)。容器的密封方法要合适，如用塞子或封口胶密封。为了防止试剂降解，溶液应存放在冰箱中，但使用前要恢复到室温。含有有机成分的溶液容易滋生微生物(除非溶液有毒或已灭菌)，因此，用放置很久的溶液试剂做出来的实验结果不可靠。

　　计量仪器的选择应根据量取液体的体积大小而定，同时要考虑量取的准确度和量取的次数(见表1-3)。

表1-3

计量仪器	最佳量程	准确度	重复测量是否方便
滴管	$30\mu L \sim 2mL$	低	极方便
量筒	$5mL \sim 2000mL$	中等	方便
容量瓶	$5mL \sim 2000mL$	高	方便
滴定管	$1mL \sim 100mL$	高	极方便
移液管/移液器	$5\mu L \sim 25\mu L$	高*	极方便
微量注射器	$0.5\mu L \sim 50\mu L$	高	方便
称量	任何量度	较高	不方便
锥形瓶/烧杯	$25mL \sim 5000mL$	极低	方便

*要求正确校准和使用。

移取某些液体要注意：

1）高粘度的液体难以分液，转移时需要一定时间。

2）有机溶剂挥发快，造成测量不准确，因此操作要迅速，快速密封容器。

3）易产生泡沫的溶液（如蛋白质和去污剂溶液）较难量取和分液；因此操作宜慢忌快，避免形成气泡。

4）悬浮液（如细胞培养物）容易形成沉淀，移取前要充分混匀。

1. 常用的玻璃量器

定量分析中常用的玻璃量器（简称量器）有滴定管、吸管、容量瓶（简称量瓶）、量筒和量杯等。

量器按准确度和流出时间分成 A、A2、B 三种等级（所谓流出时间是指量器内全量液体通过流液嘴自然流出的时间）。A 级的准确度比 B 级一般高一倍。A2 级的准确度界于 A、B 之间，但流出时间与 A 级相同。量器的级别标志，过去曾用"一等""二等"或"＜Ⅰ＞""＜Ⅱ＞"或"＜1＞""＜2＞"等表示，无上述字样符号的量器，则表示无级别的，如量筒、量杯等。

（1）移液管和吸量管

移液管和吸量管都是用于准确移取一定体积溶液的量出式玻璃量器（量器上标有"Ex"字）。移液管是一根细长而中间膨大的玻璃管，在管的上端有一环形标线，膨大部分标有它的容积和标定时的温度。常用的移液管有 10mL、25mL 和 50mL 等规格。移液管的读数部分管径小，其准确性较高，其缺点只能用于量取某一定量的溶液。吸量管是用于移取非固定量的溶液，可以准确量取所需要的刻度范围内某一体积的溶液，其准确度差一些。一般只用于量取小体积的溶液。常用的吸量管有 1mL、2mL、5mL、10mL 等规格。

吸量管在使用前要看清刻度，有些吸量管卸出液体时从整刻度到零，有些则是从零到整刻度。有的刻度终止于管尖的肩部，有的则需将管尖的液体吹出或靠重力移出。为了安全，严禁用嘴吹吸移液管。

移液管的操作方法：

1）第一次用洗净的移液管吸取溶液时，应先用滤纸将尖端内外的水吸净，否则会因水滴引入而改变溶液的浓度。然后用所要移取的溶液将移液管洗涤 2 次～3 次，以保证移取的溶液浓度不变。方法是吸入溶液至刚入膨大部分，立即用右手食指按住管口（不要使溶液回流，以免稀释），将移液管横过来，用两手的拇指及食指分别拿住移液管的两端，转动移液管并使溶液布满全管内壁，当溶液流至距上管口 2cm～3cm 时，将管直立，使溶液由尖嘴放出，弃去。

2）用移液管自容量瓶中移取溶液时，一般用右手的拇指和中指拿住颈标线上方，将移液管插入溶液中，移液管不要插入溶液太深或太浅，太深会使管外粘附溶液过多，太浅会在液面下降时吸空。左手拿洗耳球，排除空气后紧按在移液管口上，慢慢松开手指使溶液吸入管内，移液管应随容量瓶中液面的下降而下降。

3）当管口液面上升到刻线以上时，立即用右手食指堵住管口，将移液管提离液面，然后使管尖端靠着容量瓶的内壁，左手拿容量瓶，并使其倾斜 30°。略微放松食指并用拇指和中指轻轻转动管身，使液面平稳下降，直到溶液的弯月面与标线相切时，按紧食指。取出移液管，用干净滤纸擦拭管外溶液，把准备承接溶液的容器稍倾斜，将移液管移入容器中，使管垂直，管尖靠着容器内壁，松开食指，使溶液自由的沿器壁流下，待下降的液面静止后，再等待

15s,取出移液管。

4)管上未刻有"吹"字的,切勿把残留在管尖内的溶液吹出,因为在校正移液管时,已经考虑了末端所保留溶液的体积。

吸量管的操作方法与移液管相同。

（2）容量瓶

容量瓶是常用的测量容纳液体体积的一种量入式量器。（量器上标有"In"字），主要用途是配制准确浓度的溶液或定量地稀释溶液。其容量定义为:在 20℃时,充满至刻度线所容纳水的体积,以毫升计。

容量瓶是细颈梨形平底玻璃瓶,由无色或棕色玻璃制成,带有磨口玻璃塞或塑料塞,颈上有一标线。常用容量瓶有 25mL、50mL、100mL、250mL、500mL 等规格。

容量瓶使用前要检查瓶口是否漏水:加自来水至标线附近,盖好瓶塞后,用左手食指按住塞子,其余手指拿住瓶颈标线以上部分,右手用指尖托住瓶底,将瓶倒立 2min,如不漏水,将瓶直立,转动瓶塞 180°后,再倒立 2min 检查,如不漏水,才可使用。将塞子用橡皮筋系在瓶颈上,以防磨口塞粘污或搞错。

用容量瓶配制标准溶液时,将准确称取的固体试样置于小烧杯中,加水或其他溶剂溶解固体试样,然后将溶液定量转入容量瓶中。

定量转移溶液时,右手拿玻璃棒,左手拿烧杯,使烧杯嘴紧靠玻璃棒,而玻璃棒则悬空伸入容量瓶口中,棒的下端靠在瓶颈内壁上,使溶液沿玻璃棒和内壁流入容量瓶中。烧杯中溶液流完后,将烧杯沿玻璃棒轻轻上提,同时将烧杯直立,再将玻璃棒放回烧杯中。用洗瓶以少量蒸馏水吹洗玻璃棒和烧杯内壁 3 次～4 次,将洗出液定量转入容量瓶中。然后加水至容量瓶的 2/3 容积时,拿起容量瓶,按同一方向摇动,使溶液初步混匀,此时不要倒转容量瓶。最后继续加水至距离标线 1cm 处,等待 1min～2min 使附在瓶颈内壁的溶液流下后,用滴管滴加蒸馏水至弯月面下缘与标线恰好相切。盖上干的瓶塞,用左手食指按住塞子,其余手指拿住瓶颈标线以上部分,右手用指尖托住瓶底,将瓶倒转并摇动,再倒转过来,使气泡上升到顶,如此反复多次,使溶液充分混合均匀。

用容量瓶稀释溶液时,用移液管移取一定体积的溶液于容量瓶中,加水至标度刻线。

容量瓶使用原则:

1)热溶液应冷却至室温后,才能稀释至标线,否则可造成体积误差。

2)需避光的溶液应以棕色容量瓶配制。容量瓶不宜长期存放溶液,应转移到磨口试剂瓶中保存。

3)容量瓶及移液管等有刻度的精确玻璃量器,均不宜放在烘箱中烘烤。

4)容量瓶如长期不用,磨口处应洗净擦干,并用纸片将磨口隔开。

（3）滴定管

滴定管是滴定时用来准确测量流出的操作溶液体积的量器（量出式仪器）。根据其容积、盛放溶液的性质和颜色可分为常量滴定管、半微量滴定管或微量滴定管、酸式滴定管和碱式滴定管、无色滴定管和棕色滴定管。

常量滴定管:用于常量分析,常用容积为 50mL 和 25mL 的滴定管,其最小刻度为 0.1mL,最小刻度间可估计到 0.01mL

　　半微量滴定管或微量滴定管:常用的是容积为 10mL、5mL、2mL 和 1mL,最小刻度分别为 0.05mL 和 0.02mL,特别适用于电位滴定。

　　酸式滴定管:其下端带有玻璃旋塞,用于盛放酸性及氧化性溶液。

　　碱式滴定管:其下端连接一橡皮管,内放一玻璃珠,以控制溶液的流出,橡皮管下端再连接一尖嘴玻璃管。碱式滴定管用于盛放碱性及无氧化性溶液,凡是能与橡皮起反应的溶液如高锰酸钾、碘和硝酸银等氧化性溶液,都不能装入碱式滴定管。

　　无色滴定管:用于盛放在空气中稳定的无色溶液,如 NaOH、HCl 等溶液。

　　棕色滴定管:用来盛放见光易分解的溶液,如 $AgNO_3$、$Na_2S_2O_3$、$KMnO_4$ 溶液。

　　滴定管的使用:

　　1)滴定管的准备

　　酸式滴定管使用前应检查玻璃活塞转动是否灵活,是否漏水。

　　为了使玻璃活塞转动灵活,避免漏液和操作困难,必须在塞子与塞槽内壁涂少许凡士林。涂凡士林的方法是将活塞取出,用滤纸将活塞及活塞槽内的水擦干净。用手指蘸少许凡士林在活塞的两端涂上薄薄一层,在活塞孔的两旁少涂一些,以免凡士林堵住活塞孔。将活塞直接插入活塞槽中,向同一方向转动活塞,直至活塞中油膜均匀透明。转动活塞时,应有一定的向活塞小头部分方向挤的力,以免来回移动活塞,使孔受堵。最后将橡皮圈套在活塞的小头沟槽上。

　　试漏的方法是先将活塞关闭,在滴定管内充满水,将滴定管夹在滴定管夹上。放置 2min,观察管口及活塞两端是否有水渗出,液面是否下降;将活塞转动 180°,再放置 2min,看是否有水渗出。若前后两次均无水渗出,活塞转动也灵活,即可使用。否则应将活塞取出,重新涂凡士林后再使用。若出口管尖端或活塞口被凡士林堵塞,可将其插入热水中片刻,再打开旋塞,使管内水突然流下(可借助洗耳球),将软化的凡士林冲出,并重新涂油、试漏。

　　碱式滴定管使用前应检查橡皮管是否老化、变质;玻璃珠是否适当,玻璃珠过大,则不便操作,过小,则会漏水。

　　2)滴定操作

　　a)操作溶液的装入

　　先将操作溶液摇匀,使凝结在瓶壁上的水珠混入溶液。用该溶液润洗滴定管 2 次～3 次,每次 10mL～15mL,双手拿住滴定管两端无刻度部位,在转动滴定管的同时,使溶液流遍内壁,再将溶液由流液口放出,弃去。混匀后的操作液应直接倒入滴定管中,不可借助于漏斗、烧杯等容器来转移。

　　b)管嘴气泡的检查及排除

　　滴定管充满操作液后,应检查管的出口下部尖嘴部分是否充满溶液,如果留有气泡,需要将气泡排除。

　　酸式滴定管排除气泡的方法是:右手拿滴定管上部无刻度处,并使滴定管倾斜 30°,左手迅速打开活塞,使溶液冲出管口,反复数次,即可达到排除气泡的目的。

　　碱式滴定管排除气泡的方法是:将碱式滴定管垂直地夹在滴定管架上,左手拇指和食指捏住玻璃珠部位,使胶管向上弯曲并捏挤胶管,使溶液从管口喷出,即可排除气泡。

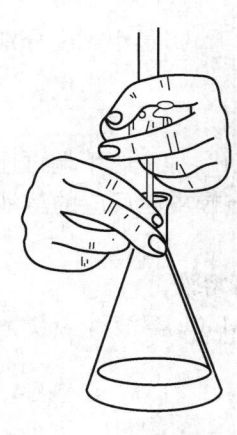

图 1-1

c）滴定管的操作

滴定的姿势如图 1-1 所示,以左手的大拇指,食指和中指控制旋塞,而无名指、小指抵住旋塞下部,右手持锥形瓶使瓶底向同一方向作圆周运动(或用玻璃棒搅拌烧杯中的溶液)。若使用碱式滴定管,则用左手的大拇指和食指捏挤玻璃珠外面的胶管(注意不要捏挤玻璃珠的下部,以免空气进入而形成气泡,影响读数),使之与玻璃珠之间形成一条可控制的缝隙,即可节制液体的流出。

滴定操作通常在锥形瓶内进行。滴定时,用右手拇指、食指和中指拿住锥形瓶,其余两指辅助在下侧,使瓶底离滴定台高约 2cm～3cm,滴定管下端伸入瓶口内约 1cm,左手握滴定管,边滴加溶液,边用右手摇动锥形瓶,使滴下去的溶液尽快混匀。摇瓶时,应微动腕关节,使溶液向同一方向旋转。滴定和振摇溶液要同时进行,不要脱节。

为了防止溶液滴至外面,滴定管下端应伸入锥形瓶口内或在烧杯口内。

有些样品宜于在烧杯中滴定,将烧杯放在滴定台上,滴定管尖嘴伸入烧杯左后约 1cm,不可靠壁,左手滴加溶液,右手拿玻璃棒搅拌溶液。玻璃棒作圆周搅动,不要碰到烧杯壁和底部。滴定接近终点时所加的半滴溶液可用玻璃棒下端轻轻沾下,再浸入溶液中搅拌。注意玻璃棒不要接触管尖。

d）半滴的控制和吹洗

使用半滴溶液时,轻轻转动活塞或捏挤胶管,使溶液悬挂在出口管嘴上,形成半滴,用锥形瓶内壁将其沾落,再用洗瓶吹洗。

3）滴定时应注意事项

a）最好每次滴定都从零刻度开始,或接近零刻度的任一刻度开始,这样可减少滴定误差。滴定时要观察滴落点周围颜色的变化,不要去看滴定管上的刻度变化。

b）滴定过程中左手不要离开活塞而任溶液自流,控制适当的滴定速度,溶液的流出不要太快(不快于 3 滴/s-4 滴/s),否则易超过终点。在快到终点时溶液应逐滴(甚至半滴)滴下。滴加半滴的方法是使液滴悬挂管尖而不让液滴自由滴下,再用锥形瓶内壁将液滴擦下,然后用洗瓶吹入少量水,将内壁附着的溶液洗下去,或用玻璃棒将液滴引入烧杯中。

c）滴定时所用操作溶液的体积应不超过滴定管的容量,因为多装一次溶液就要多读二次读数,从而使误差增大。

d）滴定管的读数方法

读数时将滴定管从滴定管架上取下,用右手拇指和食指捏住滴定管上部无刻度处,使滴定管保持垂直,然后再读数。

注入溶液或放出溶液后,需等待 1min～2min,使附着在内壁上的溶液流下来再读数。

滴定管内的液面呈弯月形,无色和浅色溶液读数时,视线应与弯月面下缘实线的最低点相切,即读取与弯月面相切的刻度;深色溶液读数时,视线应与液面两侧的最高点相切,即读取视线与液面两侧的最高点呈水平处的刻度。

使用"蓝带"滴定管时液面呈现三角交叉点,读取交叉点与刻度相交之点的读数。

读数必须读到毫升小数后第 2 位,即要求估计到 0.01mL。

4)滴定管用后的处理

滴定管用毕后,把其中剩余溶液倒出,并用水洗净,然后用纯水充满滴定管,并用盖子盖住管口,或用水洗净后倒置在滴定管架上。

(4)移液器

移液器是生化与分子生物学化验室常用的小件精密设备,移液器能否正确使用,直接关系到实验的准确性与重复性,同时关系到移液器的使用寿命,下面以连续可调的移液器为例说明移液器的使用方法。

移液器由连续可调的机械装置和可替换的吸头组成,不同型号的移液器吸头有所不同,化验室常用的移液器根据最大吸用量有 $2\mu L$、$10\mu L$、$20\mu L$、$200\mu L$、1mL、5mL、10mL 等规格。

移液器的正确使用包括以下几个方面:

a)根据实验精度选用正确量程的移液器(使用可根据移液器生产厂家提供的吸量误差表确定)。当取用体积与量程不一致时,可通过稀释液体,增加吸收体积来减少误差。

b)移液器的吸量体积调节:移液器调整时,首先调至取用体积的 1/3 处,然后慢慢调至所需的刻度,调整过程中动作要轻缓,切勿超过最大或最小量程。

c)吸量:将吸头套在移液器的吸杆上,有必要时可用手辅助套紧,但要防止由此可能带来的污染;然后将吸量按钮按至第 1 挡(first stop),将吸嘴垂直插入待取液体中,深度以刚浸没吸头尖端为宜,然后慢慢释放吸量按钮以吸取液体;释放所吸液体时,先将吸头垂直接触在受液容器壁上,慢慢按压吸量按钮至第 1 挡,停留 1s～2s 后,按至第 2 挡(second stop)以排出所有液体。

d)吸头的更换:性能优良的移液器具有卸载吸头的机械装置,轻轻按卸载按钮,吸头就会自动脱落。

注意事项:

a)连续可调移液器的取用体积调节要轻缓,严禁超过最大或最小量程;

b)在移液器吸头中含有液体时禁止将移液器水平放置,平时不用时置移液器于架上;

c)吸取液体时,动作应轻缓,防止液体随气流进入移液器的上部;

d)在吸取不同的液体时,要更换吸头;

e)移液器要进行定期校准,一般由专业人员来进行。

(5)注射器

使用注射器时应把针头插入溶液,缓慢拉动活塞至所需刻度处。检查注射器有无吸入气泡。排出液体时要缓慢,最后将针尖靠在器壁上,移去末端黏附的液体。微量注射器在使用前和使用后应在醇溶剂中反复推拉活塞,进行清洗。注射器针尖里的液体是排不出的,该"死体积"占据注射器正常溶剂的 4%,解决这一问题的方法是取样后,在针尖中吸入惰性物质(如硅酮油)。另外,也可使用拉杆占据针尖的注射器(仅用于极微量液体的移取)。

二、常用其他器皿和用具

常用其他器皿和用具的规格、用途、使用注意事项见表1-4。

表 1-4

名称	规格	主要用途	使用注意事项
蒸发皿	有瓷、石英、铂等制品；规格以口径（mm）或容积（mL）表示	蒸发或浓缩溶液，也可作反应器，还可用于灼烧固体	能耐高温，但不宜骤冷；一般放在铁环上直接用火加热，但须在预热后再提高加热强度
坩埚	有瓷、石墨、铁、镍、铂等材质制品；规格以容积（mL）表示	熔融或灼烧固体	根据灼烧物质的性质选用不同材质的坩埚；耐高温，但不宜骤冷；铂制品使用要遵守专门的说明
研钵	有玻璃、瓷、铁、玛瑙等材质；规格以口径（mm）表示	研磨固体试剂及试样等用；不能研磨与玻璃作用的物质	不能撞击；不能烘烤
点滴板	上釉瓷板，分黑、白两种	用于点滴反应，观察沉淀生成的颜色	—
水浴锅	有铜、铝等材质制品	用作水浴加热	选择好圈环，使受热器皿浸入锅中2/3；注意补充水，防止烧干
三脚架	铁制品，有大、小；高、低之分	放置加热器	必须受热均匀的受热器先垫上石棉网；要保持平稳
石棉网	由铁丝编成，涂上石棉层，有大小之分	承放受热容器，使加热均匀	不要浸水或扭拉，以免损坏石棉；石棉致癌，已逐渐用高温陶瓷代替
泥三角	由铁丝编成，上套耐热瓷管，有大小之分	坩埚或小蒸发直接加热的承放者	灼烧后不要滴上冷水，保护瓷管；选择泥三角的大小要使放在上面的坩埚露在上面的部分不超过本身高度的1/3
坩埚钳	铁、铜合金制成，表面镀铬	夹取高温下的坩埚及盖	必须先预热再夹取
药匙	由骨、塑料、不锈钢等材料制成	取固体试剂	根据需要选用合适大小的药匙。取量少时，用小端；用完后洗净擦干，再取另一种试剂
漏斗架	木制，曲螺丝可调节固定上棋逢对手的位置	过滤时上面承放漏斗，下面放置滤液承接容器	—
铁架台、铁圈及铁夹	铁架台用高（cm）表示。铁圈以直径（cm）表示。铁夹又称自由夹，有十字夹、双钳、三钳、四钳等类型；也有铝、铜制品	固定仪器或放置容器，铁环可代替漏斗架使用	固定仪器时，要使其重心落在铁架台底座中部，保证稳定；夹持仪器不宜过紧或过松，以仪器不转动为宜

续表 1 - 4

名称	规格	主要用途	使用注意事项
夹子	由木、钢丝制成	夹持试管加热	要夹在试管上部；要从试管底部套上或取下
试管夹	有铁、铜制品；常用有弹簧夹和螺旋夹两种	夹在胶管上以沟通、关闭流体的通路，或控制调节流量	—
毛刷	有试管刷、滴定管刷和烧杯刷等；规格以大小和用途表示	洗刷仪器	毛刷不耐碱，不能常时间浸在碱溶液中，洗刷仪器时，小心顶端戳破仪器

三、玻璃皿和塑料皿的选择

(1)活性。塑料器皿易着火，易溶于有机溶剂，在相对低温时易变形，长期暴露在紫外线下会变化。有些增塑剂会从塑料中滤出，并显示生物活性。玻璃能够吸收离子及其他分子，然后释放到溶液中，特别是碱性溶液。

(2)刚性和弹性。由于塑料容器用久了会变形，因此一般不用于计量液体。玻璃器皿比塑料器皿易于破碎，这在使用时特别要小心。

(3)阻光度。玻璃和塑料在 EMR 光谱的 UV 范围内都有光吸收，因此在某些情况下，如紫外分光光度测定时要用石英比色杯。

(4)废弃。塑料器皿比较便宜，经化学或微生物污染后常被废弃。

四、常用玻璃器皿和塑料器皿的洗涤和干燥

实验中所使用的玻璃仪器及塑料器皿清洁与否，直接影响实验结果，往往由于器皿的不清洁或被污染而导致较大的实验误差，甚至会出现相反的实验结果。仪器洗涤是否符合要求，对检验结果的准确和精密度均有影响。因此，实验器皿的洗涤清洁工作是十分重要的基本操作，是做好实验的前提及实验成败的关键之一。不同的分析工作有不同的仪器洗净要求，我们以一般定量化学分析为主介绍仪器的洗涤方法。

1. 洗涤液的种类及使用范围

最常用的洗涤液有肥皂、肥皂液（特制商品）、合成洗涤剂（如洗衣粉）、去污粉、洗液（清洁液）、有机溶剂等。

肥皂、肥皂液、合成洗涤剂、去污粉用于可以用刷子直接刷洗的仪器，如烧杯、三角瓶、试剂瓶等非计量及非光学要求的玻璃仪器，也可用于滴定管、移液管、量瓶等计量玻璃仪器的洗涤，但不能用毛刷刷洗。洗液多用于不便于用刷子洗刷的仪器，如滴定管、移液管、比色管、玻璃垂熔漏斗、凯氏烧瓶容量瓶、蒸馏器等特殊要求与形状的仪器，也用于洗涤长久不用的器具和刷子刷不下的结垢。用洗液洗涤仪器，是利用洗液本身与污物起化学反应的作用，将污物去除。因此需要浸泡一定的时间进行充分的作用；有机溶剂是针对特定某种油腻型

的污物,借助有机溶剂能溶解油脂的作用来进行清除,或借助某些有机溶剂能与水混合而又挥发快的特性,冲洗一下带水的仪器而不必洗去。如甲苯、二甲苯、汽油等可以洗油垢,酒精、乙醚、丙酮可以冲洗刚洗净而带水的仪器。常用的配制洗液有:

　　a)0.5%去垢剂溶液(常用洗涤液)。

　　b)铬酸洗液(又称重铬酸钾(或钠)-浓硫酸洗涤液,简称洗液)广泛用于玻璃仪器的洗涤。

　　c)浓 HCl(工业用)常用于洗去水垢或某些无机盐沉淀。

　　d)浓 HNO_3 常用于洗涤除去金属离子。

　　e)$1mol \cdot L^{-1}KOH$ 溶液。

　　f)$8mol \cdot L^{-1}$尿素洗涤液(pH1.0)适用于洗涤盛蛋白质溶液及血样的器皿。

　　g)$10^{-3}mol \cdot L^{-1}EDTA$ 溶液用于除去塑料容器内壁污染的金属离子。

　　h)5%～10%磷酸三钠($Na_3PO_4 \cdot 12H_2O$)溶液用于洗涤油污物。

　　i)氢氧化钾(KOH)的乙醇溶液和含有高锰酸钾的氢氧化钠(NaOH)溶液,适用于清除容器内壁污垢,但这两种强碱性洗涤液对玻璃仪器的侵蚀性很强,故洗涤时间不宜过长,使用时应小心谨慎。

　　j)有机溶剂丙酮、乙醇、乙醚等可用于洗脱油脂、脂溶性染料等污痕。二甲苯可洗脱油漆类污垢。

2. 部分洗涤液的制备及使用注意事项

洗涤液简称洗液,根据不同的要求有各种不同的洗液。

(1)强酸氧化剂洗液

强酸氧化剂洗液是用重铬酸钾($K_2Cr_2O_7$)和浓硫酸(H_2SO_4)配成。$K_2Cr_2O_7$ 在酸性溶液中,有很强的氧化能力,对玻璃仪器侵蚀作用小。所以这种洗液在化验室内使用最广泛。

浓度从 5%～12%的重铬酸钾溶液都有配制。配制方法大致相同:取一定量的重铬酸钾($K_2Cr_2O_7$)(工业品即可),在研钵中研细,将此细粉先用约 1 倍～2 倍的水加热溶解,稍冷后,将所需体积数的浓硫酸(H_2SO_4)徐徐加入 $K_2Cr_2O_7$ 溶液中(千万不能将水或溶液加入 H_2SO_4 中),边倒边用玻璃棒搅拌,冷却后装入洗液瓶备用。新配制的洗液为红褐色,氧化能力很强。当洗液用久后变为黑绿色,即说明洗液无氧化洗涤力。

例如,配制 500mL 12%的洗液。取 60g 工业品 $K_2Cr_2O_7$ 置于 100mL 水中(加水量不是固定不变的,以能溶解为度),加热溶解,冷却,徐徐加入浓 340mL H_2SO_4,边加边搅拌,冷却后装瓶备用。

说明:

　　a)硫酸遇水能产生强烈放热反应,故需等重铬酸钾溶液冷却后,再将硫酸缓缓加入,边加边搅拌,不能相反操作,以防发生爆炸。

　　b)此洗液专供清洁玻璃器皿之用。重铬酸钾与浓硫酸相遇时产生具有强氧化作用的铬酐;浓硫酸是一个含氧酸,在高浓度时具有氧化作用,加热时作用更为显著。所以铬酐越多,硫酸越浓,清洁效力越好。

　　c)用清洁液清洁玻璃仪器之前,最好先用水冲洗仪器,洗去大部分有机物,尽可能使玻璃仪器空干,这样可减少清洁液消耗和避免稀释而降低效果。

d)本品可重复使用,但溶液呈绿色时已失去氧化效力,不可再用,但能够更新再用。更新方法是将废液滤出杂质后,不断搅拌缓慢加入高锰酸钾粉末,每升约 6g～8g,至反应完毕,溶液呈棕色为止。静置使其沉淀,倾取上清液,在 160℃ 以下加热,使水分蒸发,得到浓稠状、棕黑色液体,放冷,再加入适量浓硫酸,混匀,使析出的重铬酸钾溶解,备用。

e)硫酸具有腐蚀性,配制时宜小心,注意不能溅到身上,以防"烧"破衣服和损伤皮肤。

f)用铬酸清洁液洗涤仪器,是利用其与污物起化学反应的作用,将污物洗去,故要浸泡一定时间,一般放置过夜(根据情况);有时可加热一下,使有充分作用的机会。废洗液水不要倒在水池里和下水道里,会腐蚀水池和下水道,应倒在废液缸中,缸满后倒在垃圾里,如果无废液缸,倒入水池时,要边倒边用大量的水冲洗。

(2)碱性洗液

碱性洗液用于洗涤有油污物的仪器,用此洗液是采用长时间(24h 以上)浸泡法,或者浸煮法。从碱洗液中捞取仪器时,要戴乳胶手套,以免烧伤皮肤。

常用的碱洗液有碳酸钠液(Na_2CO_3,即纯碱)、碳酸氢钠(Na_2HCO_3,即小苏打)、磷酸钠(Na_3PO_4,即磷酸三钠)、磷酸氢二钠(Na_2HPO_4)等。

(3)碱性高锰酸钾洗液

用碱性高锰酸钾作洗液,作用缓慢,适用于洗涤有油污的器皿。配制方法:取高锰酸钾($KMnO_4$)4g 加少量水溶解后,再加入 100mL 10％氢氧化钠。

(4)纯酸纯碱洗液

根据器皿污垢的性质,直接用浓盐酸(HCL)或浓硫酸(H_2SO_4)、浓硝酸(HNO_3)浸泡或浸煮器皿(温度不宜太高,因纯酸的刺激性太强)。纯碱洗液多采用 10％以上的浓烧碱($NaOH$)、氢氧化钾(KOH)或碳酸钠(Na_2CO_3)溶液浸泡或浸煮器皿(可以煮沸)。

(5)有机溶剂

带有脂肪性污物的器皿,可以用汽油、甲苯、二甲苯、丙酮、酒精、三氯甲烷、乙醚等有机溶剂擦洗或浸泡。但用有机溶剂作为洗液浪费较大,能用刷子洗刷的大件仪器尽量采用碱性洗液。只有无法使用刷子的小件或特殊形状的仪器才使用有机溶剂洗涤,如活塞内孔、移液管尖头、滴定管尖头、滴定管活塞孔、滴管、小瓶等。

(6)洗消液

检验致癌性化学物质的器皿,为了防止对人体的侵害,在洗刷之前应使用对这些致癌性物质有破坏分解作用的洗消液进行浸泡,然后再进行洗涤。

在食品检验中经常使用的洗消液有 1％或 5％次氯酸钠($NaOCl$)溶液、20％HNO_3 和 2％$KMnO_4$ 溶液。

1％或 5％$NaOCl$ 溶液对黄曲霉素有破坏作用。用 1％$NaOCl$ 溶液对污染的玻璃仪器浸泡半天或用 5％$NaOCl$ 溶液浸泡片刻后,即可达到破坏黄曲霉毒素的作用。配法:取漂白粉 100g,加水 500mL,搅拌均匀,另将工业用 80g Na_2CO_3 溶于温水 500mL 中,再将两液混合,搅拌,澄清后过滤,此滤液含 $NaOCl$ 为 2.5％;若用漂粉精配制,则 $NaCO_3$ 的重量应加倍,所得溶液浓度约为 5％。如需要 1％$NaOCl$ 溶液,可将上述溶液按比例进行稀释。

20％HNO_3 溶液和 2％$KMnO_4$ 溶液对苯并(a)芘有破坏作用,被苯并(a)芘污染的玻璃仪器可用 20％HNO_3 浸泡 24h,取出后用自来水冲去残存酸液,再进行洗涤。被苯并(a)芘污染的乳胶手套及微量注射器等可用2%$KMnO_4$溶液浸泡2h后,再进行洗涤。

3. 玻璃仪器的清洗

（1）初用玻璃仪器的洗涤

新购置的玻璃仪器表面常附着有游离的碱性物质,可先用去垢剂(0.5%水溶液)或肥皂水洗刷,再用自来水洗净。然后浸泡1%～2%HCl溶液中过夜,次日取出用自来水充分冲洗,最后再用蒸馏水漂洗数次,置烘箱内烘干或倒置晾干备用。

（2）使用过的玻璃仪器的洗涤

1）一般玻璃仪器洗涤

许多污染物(包括有机物及金属离子等)易粘附于玻璃容器的内壁上,故每次使用均需及时清洗。通常情况下先用自来水冲洗至无污物,再用去垢剂洗涤或浸泡于0.5%去垢剂水溶液中,将器皿内外(特别是内壁)仔细刷洗后,用自来水充分洗净,最后用蒸馏水漂洗数次,置烘箱(或微波炉)烘干或倒置在清洁处晾干备用。凡洗净的玻璃器皿,其壁上不沾有水珠,否则表示尚未洗净,应按上述方法重新洗涤。量具玻璃仪器不能烘烤,只能晾干或风干。

对于进行高灵敏度的分析及检测实验所用的器皿,除用上述方法清洗外,还需采用其他特殊洗涤方法彻底清除污染物,使器皿洗得十分洁净是非常必要的。一般是把玻璃器皿浸泡于铬酸洗液中4h～6h或过夜,再分别用自来水充分冲洗和蒸馏水漂洗,烘干或晾干备用。通过洗液处理的玻璃器皿,在其器壁上的有机污物会被完全清除。如有必要还可用浓HNO_3洗涤及处理玻璃器皿,最后用蒸馏水充分漂洗,这样将使器壁上污染的金属离子得以清除。进行荧光分析时,玻璃仪器应避免使用洗衣粉洗涤(因洗衣粉中含有荧光增白剂,会给分析结果带来误差)。

具有传染性样品的容器,如病毒、传染病患者的血清等玷污的容器,应先进行消毒处理后再进行清洗。盛过毒物的容器,特别是剧毒药品和放射性同位素物质的容器,必须经过专门处理,确知没有残余毒物或放射性存在方可进行清洗。

2）移液管(吸量管)的洗涤

移液管每次使用后需及时用流水冲洗或浸泡于冷水中,特别是吸取粘滞性较大的液体(全血、血浆、血清等)后应立即用流水充分冲洗,以免物质干涸和堵塞移液管。通常使用过的移液管经自来水冲洗后,可浸泡于0.5%去垢剂溶液中或铬酸洗液中过夜(不少于4h),然后分别用自来水充分冲洗和蒸馏水漂洗,晾干备用。

3）玻璃比色皿和石英比色皿的清洗

比色皿使用后应立即用蒸馏水充分冲洗,倒置在清洁处晾干备用。所有比色皿均可用0.5%去垢剂溶液洗涤,必须用脱脂棉小心地清洗,然后用大量蒸馏水充分漂洗干净,倒置晾干。但不能用氢氧化钾的乙醇溶液及其他强碱洗涤液清洗比色皿,因这样会导致比色皿严重腐蚀。

4）塑料器皿的洗涤

聚乙烯塑料制品容器在生物化学化验室中的应用与日俱增,因此塑料器皿的清洗也是非常重要的。新购买的塑料器皿一般先用自来水清洗后,应以8mol·L^{-1}尿素溶液(pH1.0)洗涤,再用蒸馏水漂洗。随后用1mol·L^{-1}KOH溶液洗涤,再用蒸馏水漂洗。然后用10^{-3}mol·L^{-1}EDTA溶液洗涤,以除去污染的金属离子,最后用双蒸馏水充分漂洗,倒置晾干备用。经过上述洗涤步骤处理的器皿,每次使用后可用 0.5%去垢剂溶液洗涤,再分别用自来水充分冲洗和蒸馏水漂洗,晾干后即可使用。如果必要也可按碱→尿素→EDTA洗涤顺序处理,以除去器皿上的污染物。

多数塑料器皿可在烘箱中干燥,但温度不宜过高,硝酸纤维制品离心管不能置烘箱中干燥,因硝酸纤维是一种易爆物。

4. 玻璃仪器的干燥

做实验经常要用到的仪器应在每次实验完毕后洗净干燥备用。不同实验对干燥有不同的要求,如一般定量分析用的烧杯、锥形瓶等仪器洁净即可使用,而用于食品分析的仪器很多要求是干燥的,有的要求无水痕,有的要求无水。应根据实验要求对仪器进行干燥。

(1)晾干

不急等用的仪器,可在蒸馏水冲洗后在无尘处倒置控去水分,然后自然干燥。可用安有木钉的架子或带有透气孔的玻璃柜放置仪器。

(2)烘干

洗净的仪器控去水分,放在烘箱内烘干,烘箱温度为 105℃～110℃,烘 1h 左右。也可放在红外灯干燥箱中烘干。称量瓶等在烘干后要放在干燥器中冷却和保存。带实心玻璃塞的及厚壁仪器烘干时要慢慢升温且温度不可过高,以免破裂。量器不可放入烘箱中烘干。硬质试管可用酒精灯加热烘干,要从底部烤起,把管口向下,以免水珠倒流把试管炸裂,至无水珠后把试管口向上赶净水气。

(3)热(冷)风吹干

对于急于干燥的仪器或不适于放入烘箱的较大的仪器可用吹干的办法。通常用少量乙醇、丙酮(或最后再用乙醚)倒入已控去水分的仪器中摇洗,然后用电吹风机吹,开始用冷风吹 1min～2min,当大部分溶剂挥发后,可吹入热风至完全干燥,再用冷风吹去残余蒸气,不使其又冷凝在容器内。

5. 微生物实验玻璃器皿的灭菌方法

微生物实验中对所用器皿不仅要求洁净,而且要求无菌,主要的灭菌方法有:

(1)湿热灭菌法

在同样的温度下,湿热的杀菌效果比干热好,其原因有:

1)蛋白质凝固所需的温度与其含水量有关,含水量愈大,发生凝固所需的温度愈低。

2)湿热灭菌过程中蒸汽放出大量潜热,加速提高湿度。因而湿热灭菌比干热所需温度低,如在同一温度下,则湿热灭菌所需时间比干热要短。

3)湿热的穿透力比干热大,在中心也能达到灭菌温度,故湿热比干热效果好。

湿热灭菌法有:

a)煮沸法:在水中煮沸 5min,能杀死一般细菌繁殖体。许多细菌芽胞则需煮沸 5h～6h才死亡。在水中加入 2%碳酸钠,可提高其沸点到 105℃。既可杀灭细菌的芽胞,又能防止金属器皿生锈。

b)流通蒸汽灭菌法:利用 100℃左右的水蒸汽进行消毒,一般采用流通蒸汽灭菌器(其原理相当于我国的蒸笼),加热 15min～40min,可杀死细菌繁殖体。消毒物品的包装不宜过大、过紧,以利于蒸汽穿透。

c)间歇灭菌法:利用反复多次的流通蒸汽,以达到灭菌的目的。一般用流通蒸汽灭菌器,加热 15min～30min,可杀死其中的细菌繁殖体;但芽胞尚有残存。取出后放 37℃孵箱中过夜,使芽胞发育成繁殖体,次日再蒸一次,如此连续三次以上。本法适用于不耐高温的营养物(如血清培养基)的灭菌。

d)巴氏消毒法(pasteurization):利用热力杀死液体中的病原菌或一般的杂菌,同时不致严重损害其质量的消耗方法。61.1℃～62.8℃加热半小时,或 71.7℃加热 15s～30s。常用于消毒牛奶和酒类等。

e)高压蒸汽灭菌法:压力蒸汽灭菌是在专门的压力蒸汽灭菌器中进行的,是热力灭菌中使用最普遍、效果最可靠的一种方法。其优点是穿透力强,灭菌效果可靠,能杀灭所有微生物。目前使用的压力灭菌器可分为两类:下排气式压力灭菌器和预真空压力灭菌器。适用于耐高温、耐水物品的灭菌。

(2)干热灭菌法

干热灭菌比湿热灭菌需要更高的温度与较长的时间。

a)干烤:利用干烤箱,160℃～180℃加热 2h,可杀死一切微生物,包括芽胞菌。主要用于玻璃器皿、瓷器等的灭菌。

b)烧灼和焚烧:烧灼是直接用火焰杀死微生物,适用于微生物化验室的接种针等不怕热的金属器材的灭菌。焚烧是彻底的消毒方法,但只限于处理废弃的污染物品,如无用的衣物、纸张、垃圾等。焚烧应在专用的焚烧炉内进行。

c)红外线:红外线辐射是一种 $0.77\mu m～1000\mu m$ 波长的电磁波,有较好的热效应,尤以 $1\mu m～10\mu m$ 波长的热效应最强,亦被认为一种干热灭菌。红外线由红外线灯泡产生,不需要经空气传导,所以加热速度快,但热效应只能在照射到的表面产生,因此不能使一个物体的前后左右均匀加热。红外线的杀菌作用与干热相似,利用红外线烤箱灭菌所需的温度和时间亦同于干烤。多用于医疗器械的灭菌。

人受红外线照射较长会感觉眼睛疲劳及头疼;长期照射会造成眼内损伤。因此,工作人员应戴能防红外线伤害的防护镜。

d)微波:微波是一种波长为 1mm～1m 左右的电磁波,频率较高,可穿透玻璃、塑料薄膜与陶瓷等物质,但不能穿透金属表面。微波能使介质内杂乱无章的极性分子在微波场的作用下,按波的频率往返运动,互相冲撞和磨擦而产生热,介质的温度可随之升高,因而在较低的温度下能起到消毒作用。一般认为其杀菌机理除热效应以外,还有电磁共振效应,场致力效应等的作用。消毒中常用的微波有 2450MHz 与 915MHz 两种。微波照射多用于食品加工。在医院中可用于检验室用品、非金属器械、无菌病室的食品食具、药杯及其他用品的消毒。

微波长期照射可引起眼睛的晶状混浊、睾丸损伤和神经功能紊乱等全身性反应,因此必须关好门后才开始操作。

五、使用玻璃仪器容易出现的问题

1. 玻璃仪器洗涤方面的问题

(1)玻璃仪器的清洗是检验工作的第一步。在实际工作中,许多人往往忽视了在检验前和完毕后对所用玻璃器具的清洁检验工作。以至器具内壁严重挂有水珠、污垢、沉淀干涸粘附于内壁等,无法清洗净,直接影响数据的准确性。

(2)一般化学质量检验的品种多、项目杂,不可能检验每一个指标就固定使用一套专用仪器,通常是交替使用,而对所使用的仪器又不经过严格清洗或清洁度检验。必然引起试剂间的交替污染,影响检验结果的准确性。

(3)不了解容量量具与非容量量具性质和洗涤方法的不同,均使用去污粉刷洗,造成量具的容量不准确,影响测定结果的准确性。

2. 玻璃容器加热方面的问题

(1)忽视或根本弄不清哪些仪器能否加热,如选用量筒、量杯、容量瓶、试剂瓶直接加热,而没有选用烧杯、烧瓶、三角瓶等反应容器,出现差错,甚至造成检验事故。

(2)加热玻璃容器时,不将容器放在石棉网上,而直接将容器置于电炉中,以至容器受热不均匀,发生爆裂。

(3)使用过程中,温度变化过于剧烈,如在高温时骤冷或将灼热玻璃容器直接放置台面上,未放置在石棉网上,导致容器破裂,试剂散失,影响检验工作的正常进行。

(4)实际工作中,干燥器的使用不正确、不规范。如对需要准确称量的加热器具应烘干取出稍冷后(约30s),放入干燥器中冷至室温,进行称量(30min即可)。温热的器具应该放入干燥器时,应先将盖留一缝隙,稍等几分钟再盖严;挪动干燥器时,不应该只端下部,而应按住盖子挪动以防盖子滑落,造成不必要的损失。

3. 玻璃容器的选择和使用方面的问题

(1)不能正确区分酸式滴定管与碱式滴定管及其性能。不根据滴定时标准溶液的用量,正确选用不同型号的滴定管。如标液用量不到10mL仍用50mL滴定管,标液用量超过25mL仍用25mL滴定管,分多次加入,引起较大误差。

(2)不按规则正确使用容量瓶。如长期使用容量瓶贮存溶液,尤其是碱性溶液会侵蚀瓶壁使瓶塞粘住,无法打开,应及时倒入相应的试剂瓶中保存。

(3)不按规定定期校正容量瓶、滴定管、移液管等计量量具。有时其标值与真实体积不相符合,造成体积误差,从而引起系统误差。一般每半年校正一次。

(4)不熟悉各种量器的容量允差和标准容量等级,不同类型的容量允差不同,导致选择量器不当造成量器本身引起的误差。通常要求准确地量取一定体积的溶液时,采用移液管和吸量管,不能用量筒、量杯等其他量具而引起误差。

4. 有关玻璃仪器基本操作方面的问题

(1)盛放试剂时,不了解试剂瓶的性质、用途及注意事项。如不遵循固体试剂盛放广口瓶,液体试剂盛放细口瓶,酸性物质用玻璃塞,碱性物质用橡皮塞,见光易分解的物质(如$AgNO_3$)用棕色瓶等原则。取用试剂时,不按照规定将瓶塞倒放在操作台上,致使试剂污染。

(2)使用称量瓶称取试样时,不将称量瓶先在105℃烘干,冷却恒重后取用;干燥好的称量瓶用手直接拿来,而不是用干燥洁净的纸条套在称量瓶上来取用,影响称量结果的准确性。

(3)在滴定管中装入标准溶液时,借助漏斗或其他容器引起标准溶液浓度改变或污染。

每次测定前不将液面调节在"0.00"的位置,滴定开始和结束后不按规定等 1min～2min 使附着在内壁上的溶液流下来以后读数,造成体积误差。滴定时速度过快,使溶液成流水状放出,甚至接近终点时,速度也不减慢致使滴定过终点造成检验误差。读数时(无色或浅色溶液)不使眼睛的视线和管内溶液凹液面的最低点保持水平;有色溶液不使眼睛的视线与滴定管内溶液面两侧的最高点呈水平处等,造成体积误差。

(4)第一次用洗净的移液管吸取溶液时,未用滤纸将尖端内外的水吸净,然后用所移取的溶液将移液管洗涤 2 次～3 次。移取溶液时,应用右手大拇指和中指拿住颈标线上方,将移液管插入溶液中,不能太深也不能太浅,太深会使管外沾附溶液过多,影响量取溶液体积的准确性;太浅往往会产生空吸。取出移液,切勿把残留在尖的溶液吹出,因为在校正移液管时,已经考虑了末端所保留溶液的体积,否则就造成体积误差,影响结果的准确度。

第五节　化验室用水及常见溶液

化学检验工作每天都离不开试剂和溶液,经常要用水或其他溶剂将化学试剂配制成所需规格的溶液。因此,合理的选择溶剂及化学试剂,正确地配制溶液,妥善地保管试剂和溶液,是化学检验人员必须具备的基本技能。

一、化验室用水

化验室中洗涤仪器、溶解样品及配制溶液等均需用水。天然水和自来水中常含有氯化物,碳酸盐、硫酸盐、泥沙及少量有机物等杂质,影响化学检验结果的准确度。因此,作为化学检验用水,必须选用一定的方法净化,达到国家标准规定才能使用。

1. 化验室检验用水的规格

GB/T 6682—2008《分析化验室用水规格和试验方法》中详细规定了化验室用水规格,其规格见表 1-5。

表 1-5

名　称	一级	二级	三级
pH 值范围(25℃)	—	—	5.0～7.5
电导率(25℃)/(mS/m)	≤0.01	≤0.10	≤0.50
可氧化物质(以 O 计)/(mg/L)	—	≤0.08	≤0.4
吸光度(254nm,1cm 光程)	≤0.001	≤0.01	—
蒸发残渣(105℃±2℃)含量/(mg/L)	—	≤1.0	≤2.0
可溶性硅(以 SiO_2 计)含量/(mg/L)	≤0.01	≤0.02	—

注1:由于在一级水、二级水的纯度下,难于测定其真实的 pH 值,因此,对一级水、二级水的 pH 值范围不做规定。

注2:由于在一级水的纯度下,难于测定可氧化物质和蒸发残渣,对其限量不做规定。可用其他条件和制备方法来保证一级水的质量。

2. 化验室检验用水的储存及选用

经过各种纯化方法制得的各种级别的化学检验用水,纯度越高要求储存的条件越严格,成本也越高,应根据不同化学检验方法(如化学分析和仪器分析、常量分析和痕量分析等)的要求合理的储存和选用。表 1-6 列出了国家标准中规定的各级水的制备方法、贮存条件及使用范围。

表 1-6

级别	制备与贮存	使用
一级水	可用二级水经过石英设备蒸馏或离子交换混合床处理后,再经 0.2μm 微孔滤膜过滤制取,不可贮存,使用前制备	有严格要求的分析检验,包括对颗粒有要求的试验,如高效液相色谱分析用水
二级水	含有微量的无机物、有机物或胶态杂质。可用多次蒸馏或离子交换等方法制取,贮存于密闭、专用聚乙烯容器中	无机痕量分析检验等试验,如原子吸收光谱分析用水
三级水	可用蒸馏或离子交换等方法制取,贮存于密闭、专用聚乙烯容器中,也可用密闭的专用容器贮存	一般化学分析检验

注:贮存水的新容器在使用前需用盐酸溶液(20%)浸泡 2 天~3 天,再用待贮存的水反复冲洗,然后注满,浸泡 6h 以上方可使用。

3. 化验室检验用水的制备

制备化验室用水的原料水,应当是饮用水或比较纯净的水。如有污染,则必须进行预处理。制备纯水常用的方法有三种。

(1)蒸馏法

蒸馏法是目前广泛采用的制备化验室用水的方法,是根据水与杂质沸点的不同,将自来水(或其他天然水)用蒸馏器蒸馏而得到的。该方法操作简单,成本低廉,能除去水中非挥发性杂质即无机盐类,但不能除去易溶于水的气体。该蒸馏水要贮存在不受离子污染的容器,如有机玻璃、聚乙烯或石英容器中。

(2)离子交换法

用离子交换树脂分离出水中的杂质离子而制得纯水的方法称为离子交换法。该方法是将作为原料的自来水或一次蒸馏水,流过预先处理好的氢型阳离子交换树脂,则水中的金属离子与树脂上的 H^+ 进行交换,金属离子留在树脂上,同时 H^+ 进入水中。含有阴离子的水再流过预先处理好的氢氧型阴离子交换树脂,则阴离子与树脂上的 OH^- 被交换下来,与 H^+ 结合成水而流出。

经离子交换处理过的水,除去了绝大部分阴阳离子,因此称为去离子水。这种方法具有出水纯度高,操作技术简便,产量大,成本低等优点,适用于各种规模的化验室,其缺点是设备较复杂,制备的水含有微生物和一些有机杂质。

(3)电渗析法

电渗析法是在离子交换技术基础上发展起来的一种膜分离技术。它是在外电场的作用下,利用阴阳离子交换膜对溶液中离子的选择性透过而使杂质离子自水中分离出来,从而制得纯水的方法。

　　目前生产的电渗析器操作简便,能自动运行,出水稳定,脱盐率在90%以上。若作为离子交换法的前级使用,较单独使用离子交换法节约费用50%～90%。

二、化学试剂

1. 试剂的规格与分类

化学试剂根据其用途可分为一般化学试剂和特殊化学试剂。

(1)一般化学试剂

根据国家标准,一般化学试剂按其纯度可分为以下四级:

a)一级品即优级纯,又称保证试剂(guaranteed reagent)(符号 G. R.),我国产品用绿色标签作为标志,这种试剂纯度很高,适用于精密分析及科学研究工作,亦可作基准物质用。

b)二级品即分析纯,又称分析试剂(analytical reagent)(符号 A. R.),我国产品用红色标签作为标志,纯度较一级品略差,适用于多数实验分析,如配制滴定液,用于鉴别及杂质检查等。

c)三级品即化学纯(chemical pure)(符号 C. P.),我国产品用蓝色标签作为标志,纯度较二级品相差较多,适用于教学或精度要求不高的分析测试工作和无机、有机化学实验。

d)四级品即实验试剂(laboratorial reagent)(符号 L. R.),我国产品用棕色或黄色标签作为标志,杂质含量较高,纯度较低,在分析工作常用辅助试剂(如发生或吸收气体,配制洗液等)。

(2)特殊化学试剂

a)基准试剂的纯度相当于(或高于)一级品,含量一般在 99.95%～100.05%,可作为定量化学检验的基准物,可精确称量后直接配制标准溶液。

b)高纯试剂杂质含量低,主体含量与优级纯试剂相当,而且规定检验的杂质项目比同种优级纯或基准试剂多 1 倍～2 倍,通常杂质量控制在 10^{-9}～10^{-6} 数量级的范围内。高纯试剂主要用于微量分析中试样的分解及试液的制备。

高纯试剂多属于通用试剂(如 HCl,$HClO_4$,$NH_3 \cdot H_2O$,$NaCO_3$,H_3BO_3)。目前只有少数高纯试剂颁布了国家标准,其他产品一般执行企业标准,在产品的标签上标有"特优"或"超优"试剂字样。

c)光谱纯试剂(符号 S. P.)杂质的含量用光谱分析法已测不出,主要用作光谱分析中的标准物质。

d)分光光度纯试剂要求在一定波长范围内没有或很少有干扰物质,用作分光光度法的标准物质。

e)色谱试剂与制剂包括色谱用的固体吸附剂、固定液、载体、标样等。"色谱试剂"和"色谱纯试剂"是不同概念的两类试剂。前者是指使用范围,即色谱中使用的试剂,后者是指其纯度高,杂质含量用色谱分析法测不出或低于某一限度,用作色谱分析的标准物质。

f)生化试剂用于各种生物化学检验。

2. 试剂的选用

化学试剂的纯度越高,其生产或提纯过程越复杂,价格越贵,如基准试剂和高纯试剂的价格要比普通试剂高数倍乃至数十倍。应根据化学检验的任务、方法、对象的含量及对检验结果准确度的要求,合理地选用相应级别的试剂。

化学试剂选用的原则是在满足检验要求的前提下,选择试剂的级别应尽可能低,既不要超级别而造成浪费,也不能随意降低试剂级别而影响检验结果。

试剂的选择要考虑以下几点:

(1)测定分析中用间接法配制的标准溶液,应选择分析纯试剂配制,再用基准试剂标定。在某些情况下,如对分析检验结果要求不是很高的实验,也可用优级纯或分析纯代替基准试剂作标定。

(2)在仲裁分析中,一般选择优级纯和分析纯试剂。在进行痕量分析时,应选用优级纯试剂以降低空白值和避免杂质干扰。

(3)仪器分析实验中一般选用优级纯或专用试剂,测定微量成分时应选用高纯试剂。

(4)试剂的级别高,分析检验用水的纯度及窗口的洁净程度要求也高,必须配合使用,方能满足实验的要求。

(5)在分析检验方法标准中一般规定,不应选用低于分析纯的试剂。此外,由于进口化学试剂的规格、标志与我国化学试剂现行等级标准不甚相同,使用时应参照有关化学手册加以区分。

3. 化学试剂的贮存与管理

化学试剂如保管不善则会发生变质。变质试剂不仅是导致分析检验误差的主要原因,而且还会使分析检验工作失败,甚至会引起事故。因此必须了解导致化学试剂变质的原因,妥善保管化学试剂。

(1)影响化学试剂变质的因素

空气的影响:空气中的氧易使还原性试剂氧化而变质;强碱性试剂会吸收二氧化碳而变成碳酸盐;水分可以使某些试剂潮解、结块;纤维、灰尘能使某些试剂还原、变色等。

温度的影响:试剂变质的速度与温度有关。夏季高温会加快某些不稳定试剂的分解;冬季严寒会促使甲醛聚合而沉淀变质。

光的影响:日光中的紫外线能加速某些试剂的化学反应而使其变质(如银盐、碘和溴的钾、钠、铵盐和某些酚类试剂)。

杂质的影响:不稳定试剂的纯净与否对其变质情况的影响不容忽视。如纯净的溴化汞不受光的影响,而含有微量的溴化亚汞或有机物杂质的溴化汞见光易变黑。

贮存期的影响:不稳定试剂在长期贮存后会发生歧化、聚合、分解或沉淀等变化。

(2)化学试剂的贮存

一般化学试剂应贮存在通风良好、干燥、洁净的房间里,防止污染或变质。要远离火源,并注意防止温湿度的干扰、灰尘和其他物质的污染。

1)固体试剂应保存在广口瓶中,液体试剂盛放在细口瓶或滴瓶中;见光易分解的试剂如硝酸银、高锰酸钾、双氧水、草酸等应盛放在棕色瓶中,并置于暗处;容易侵蚀玻璃而影响试剂纯度的如氢氟酸、氟化钠、氟化钾、氟化铵、氢氧化钾等,应保存在塑料瓶中或涂有石蜡的玻璃瓶中。盛碱的试剂瓶要用橡皮塞,不能用磨口塞,以防瓶口被碱溶解。

2)吸水性强的试剂,如无水碳酸钠、苛性碱、过氧化钠等应严格用蜡密封。

3)剧毒试剂如氰化物、砒霜、氢氟酸、氯化汞等,应设专人保管,经一定的审批手续取用,以免发生事故。

4)易相互作用的试剂,如蒸发性的酸与氨,氧化剂与还原剂应分开存放。易燃的试剂如乙酸、乙醚、苯、丙酮与易爆炸的试剂如高氯酸、过氧化氢、硝基化合物等,应分开存放在阴凉通风,不受阳光直接照射的地方。性质相抵触的化学试剂严禁同室存放。

5)特种试剂如金属钠应浸没在煤油中;白磷要浸在水中保存。

三、常见溶液

1. 体积百分比浓度

定义:用溶质(液态)的体积占全部溶液体积的百分比来表示的浓度,叫做体积百分比浓度。

如体积百分比浓度是 60% 的乙醇溶液,表示 100mL 溶液里含有乙醇 60mL,也可以说将 60mL 乙醇溶于水配成 100mL 乙醇溶液。

乙醇的体积百分比浓度是商业上表示酒类浓度的方法。白酒、黄酒、葡萄酒等酒类的"度"(以°标示),就是指酒精的体积百分比浓度。例如:60%(V/V) 的酒写成 60°。

体积百分比浓度属应废弃的量,应用体积分数(φ)代替。物质 B 的体积分数 φ_B 是物质 B 的体积跟混合物的体积比。例如,把 60mL 酒精溶于水,配成 100mL 酒精溶液,该溶液的体积分数是 0.60。

2. 体积比浓度

用两种液体配制溶液时,为了操作方便,有时用两种液体的体积比表示浓度,叫做体积比浓度。例如,配制 1∶4 的硫酸溶液,就是指 1 体积硫酸(一般指 98%,密度是 1.84g/cm³ 的 H_2SO_4)跟 4 体积的水配成的溶液。体积比浓度只在对浓度要求不太精确时使用。

3. 质量摩尔浓度

溶质 B 的质量摩尔浓度(m_B)用溶液中溶质 B 的物质的量除以溶剂的质量来表示。它在 SI 单位中表示为摩尔每千克(mol/kg)。

质量摩尔浓度常用来研究难挥发的非电解质稀溶液的性质,如蒸气压下降、沸点上升、凝固点下降和渗透压。

4. 质量浓度

用 1L 溶液里所含溶质的克数来表示的溶液浓度,叫做质量浓度。例如,在 1L 氯化钠溶液中含有氯化钠 150g,氯化钠溶液的质量浓度就是 150g/L。质量浓度常用于电镀工业中配制电镀液。

5. 波美度(°Bé)

是表示溶液浓度的一种方法。把波美比重计浸入所测溶液中,得到的度数叫波美度。

波美度以法国化学家波美(Antoine Baume)命名。波美是药房学徒出身,曾任巴黎药学院教授。他创制了液体比重计——波美比重计。

波美比重计有两种:一种叫重表,用于测量比水重的液体;另一种叫轻表,用于测量比水轻的液体。当测得波美度后,从相应化学手册的对照表中可以方便地查出溶液的质量百分比浓度。例如,在 15℃测得浓硫酸的波美度是 66°Bé,查表可知硫酸的质量百分比浓度是 98%。

　　波美度数值较大,读数方便,所以在生产上常用波美度表示溶液的浓度(一定浓度的溶液都有一定的密度或相对密度)。

第二章　食品检验样品的采集及预处理

第一节　食品检验抽样

一、食品抽样的一般要求

由于食品种类繁多,有罐头类食品、有乳制品、蛋制品和各种小食品(糖果、饼干类)等。另外食品的包装类型也很多,有散装的(如粮食),袋装的(如食糖),桶装(蜂蜜),听装(罐头、饼干),木箱或纸盒装(禽、兔和水产品)和瓶装(酒和饮料类)等。食品采集的类型也不一样,有的是成品样品,有的是半成品样品,有的还是原料类型的样品,尽管商品的种类不同,包装形式也不同,但是采取的样品一定要具有代表性。

食品检验抽样必须遵守两个原则:一是采集的样品要均匀、有代表性,能反应全部被测食品的组分、质量和卫生状况;二是采样过程中要设法保持原有的理化指标,防止成分逸散或带入杂质。同时要关注检验样品感官性质上有无变化,食品的一般成分有无缺陷,加入的添加剂等外来物质是否符合国家标准,食品的成分有无搀假现象,食品在生产运输和储藏过程中有无重金属,有害物质和各种微生物的污染以及有无变化和腐败现象。

二、食品抽样通用要求

1. 确定样本数

确定抽取份样数对食品抽样检验是否具有代表性关系重大,目前各种食品标准中,对于包装食品,确定样本数的方法大致有几种

(1)根据批量的大小,按 $n = \sqrt{总件数/2}$;

(2)根据批量按百分比确定,如按批量的 5% 取样;

(3)固定样本大小,如碳酸饮料随机抽取 18 瓶作为样品;

(4)根据具体的批量,给出具体的样本数。对于固体散装食品,可根据具体存放情况,决定适当的份样数,如堆放的粮食、饲料,应从上、中、下各层不同部位选取若干点,每点抽取一定数量的样品;液态食品可预先将样品搅拌均匀后抽取一定样品,如植物油、酒精等,难以搅拌均匀的,可于上、中、下及四角各部位取出一定量的样品,如奶油等。

2. 确定份样量

小包装食品,一个分装即作为一个份样;大包装食品,如一袋粮食、一袋白砂糖、一桶油等,应根据批内食品的粒度大小、对抽样精度的影响、检验项目的需要、抽样的费用等因素,确定份样量。

从同一批中抽取份样,应使用适当抽样器,尽量保持抽取的份样质量相同。

3. 确定样品份数

抽取的样品数量应能反映该批食品的质量和满足检验项目的需要。通常将样品分成一式三份,供检验、复验、备查或仲裁。一般散装样品每份不少于 0.5kg。

4. 样品的抽取

为保证抽样的代表性,样品的抽取通常采用随机取样的方法。随机取样就是在抽取样品的过程中保证检查批中的所有单位产品都有相同的被抽取出的概率。当然,在实践中要想绝对保证取样的随机性是十分困难的,这是由于影响取样随机性的因素既多又复杂,难以完全控制的缘故。

(1)颗粒状样品(粮食、粉状食品)对于这些样品采样时应从某个角落,上、中、下各取一类,然后混合,用四分法得平均样品。

(2)半固体样品(如蜂蜜、稀奶油)用采样器从上、中、下分别取出检样混合后得平均样品。

(3)液体样品先混合均匀,用吸法分层取样每层取 500mL,装入瓶中混匀得平均样品。

(4)小包装的样品,对于小包装的样品是连包装一起取(如罐头、奶粉)一般按生产班次取样,取样数为 1/3000,尾数超过 1000 的方取 1 罐,但是每天每个品种取样数不得少于 3 罐。

(5)鱼、肉、果蔬等组成不均匀的样品,根据我们检验的目的,我们可对各个部分(如肉,包括脂肪、肌肉部分、蔬菜包括根、茎、叶等)分别采样经过捣碎混合成为平均样品。如果分析水对鱼的污染程度,只取内脏即可。

(6)对于均匀固体物料有完整包括的(袋、桶、箱):

1)采样件数 $=\sqrt{总件数/2}$。

2)确定采样部位(具体袋、桶、箱,随机＋代表性抽样)。

3)扦样,将双套回转取样管插入包装中,回转 180 取出样品,每包装分上、中、下三层取样和扦样。

4)将检样混合→原始样品。

5)用"四分法"将原始样分成→平均样品($\geq$0.5kg)。

(7)对于均匀固体物流的散堆样品:

1)划分等体积层。

2)每层取四角及中心位样品。

3)检样→原始样品→平均样品。

(8)对于均匀固体物料的稠状半固体物料(奶油、果酱、动物油脂):

1)采样件数 $=\sqrt{总件数/2}$。

2)抽取检样(分上、中、下层)。

3)检样→原始样品→平均样品。

(9)对于液体物料(乳、油),包装体积不太大的:

1)采样件数 $=\sqrt{总件数/2}$。

2)混合后取样→检样、混合、缩分、检样、原始样品、平均样品。

大桶装或池装用虹吸法取四角及中心,混合、缩分、检样、原始样品、平均样品。

(10)对于组织不均匀固体食品,由于不均匀更应注意代表性:

1)肉类:根据要求及目的而定,按比例从不同部位取样,混合后代表该只动物。从同一部位取样,混合后代表某一部位的情况。

2)水产品:小鱼、小虾等随机取样,捣碎、混合、缩分→平均样品。

3)果蔬:体积小的(如葡萄)随机取样,捣碎、混合、缩分→平均样品,体积大的(如西瓜)按成熟程度,个体大小组成,比例选取若干个体,取代表性部分,按生长轴纵剖分为 4 份或 8 份,再取对角线 2 份,碎分混合、缩分→平均样品。

对于体积膨松叶菜类(白菜):分别抽取一定代表性的包装(筐、捆)中一定数量。

对于小包装食品(罐头、奶粉、瓶装饮料),按批号或班次连同包装一起来采样。

4)罐头:一般按 1/3000 取样量,每班≥3 罐/听。

5)袋装奶粉:取样量 1/1000,每批号≥2 件。肉类、鱼类、果品、蔬菜等食品,其本身各部位极不均匀,个体大小及成熟程度差异很大,对这类食品更应该注意取样的代表性,应分别采取不同部位的少量样品,捣碎、混合均匀、缩分至适量后,作为试样。有的检验项目还可在不同部位分别取样,分别测定。

(11)无菌取样:

对于需要进行微生物检验的食品,应采取无菌取样。无菌取样的目的是为了保证所取的样品微生物状态不发生改变。无菌取样应注意以下问题:

1)采样必须在无菌操作下进行。采样用具如探子、铲子、匙、采样器、试管、广口瓶、剪刀和开罐器等,必须是灭菌的。

2)样品种类为袋、瓶和罐装时,应取完整未开封的。如果样品很大,则需用无菌采样器取样,并将样品混合均匀。

3)样品为冷冻食品,应保持在冷冻状态下保存,非冷冻食品需在 0℃~5℃中保存。

4)采样数量根据不同种类的食品按标准具体规定。

5)样品送到食品卫生微生物检验室应越快越好,一般不超过 3h。如果路途遥远,可将不需冷冻样品保持在 0℃~5℃环境中,如需保持冷冻状态,则需保存在泡沫塑料隔热箱内(箱内有干冰可维持在 0℃以下)。

5. 食品检验抽样注意事项

(1)采样数量:一般每份样品≥0.5kg。根据要求不同,可适当增加数量为:供检、复检、备查三份。

(2)一切采样工具应保持清洁。

(3)防止将非样品物带入样品中。

(4)设法保持样品原有微生物状况和理化指标(不污染、不变化)。

(5)易变化的样品,应及时分析检验。

(6)样品器具上应贴标签表明名称、日期、地点、批号、方法、数量、分析项目、采样人。

抽取样品后应认真填写抽样记录,内容包括抽样地点、日期、产品批号、采样方法、数量、检验目的、项目、样品信息、抽样基数等,并由抽样人和被抽样单位代表签字(盖章)。交易验收检验和监督检验还应该结合索取卫生许可证、生产许可证及检验合格证或化验单,注意食品的保存条件、外观、包装容器等情况,做好有关记录。

第二节　食品样品的预处理、制备及保存

一、食品样品的预处理

食品的成分复杂,往往以复杂的结合态存在,必须采取适当的方法进行分离、排除干扰组分,有些组分含量极低,必须在测定前先进行浓缩,这些测定前对样品进行的前处理称为样品的预处理。

样品的预处理过程要排除干扰因素,完整保留被测组分,并使被测组分浓缩,以获得理想测定结果,所以样品的预处理是食品分析过程中的重要环节。

预处理的方法有 6 种:有机物破坏法、溶剂提取法、蒸馏法、色层分离法、化学分离法、浓缩法。应根据食品种类、分析对象、被测组分理化性质、含量及分析方法,确定预处理方法。

1. 有机物破坏法

主要用于测定食品中无机元素及被测组分,可转化为无机物状态的成分,主要有干法和湿法。

(1)干法灰化(灼烧法):用高温灼烧破坏样品中的有机物的方法。不加或加入少量试剂,空白值很低,可处理较多样品,可以富集被测组分,降低检测下限;分解彻底,操作简单。但是所需时间长;可能会造成挥发元素损失或坩埚吸留,降低被测组分和回收率。可以根据组分的性质采取适宜的灰化温度和加入助灰化剂的方法阻止。

(2)湿法消化(简称消化法):向样品中加入强氧化剂,并加热消煮,使样品中的有机物质完全分解、氧化,呈气态逸出,待测成分转化为无机物状态存在于消化液中,供测试用。常用的强氧化剂有浓硫酸、浓硝酸、高氯酸、高锰酸钾和过氧化氢等。分解速度快,所需时间短,可减少损失及容器吸留。产生大量的有害气体,需要看管。试剂用量大,空白值偏高。常用法:硝酸-高氯酸-硫酸法和硝酸-硫酸法。

2. 溶剂提取法

溶剂提取法,又称溶剂萃取法。利用样品中组分在某一溶剂中溶解度的差异,将各组分完全或部分分离的方法。常用于维生素、重金属、农药以及黄曲霉毒素等的测定。分为浸提法(震荡浸提、捣碎和索氏抽提法)和溶剂萃取法。

此法常用于测定维生素、重金属、农药、黄曲霉毒素。

3. 蒸馏法

利用液体混合物中各组分挥发度不同所进行分离的方法。可除去干扰成分,可用于待测组分蒸馏逸出,收集蒸馏出液进行分析。包括常压蒸馏、减压蒸馏、水蒸气蒸馏。

4. 色层分离法

色层分离法又称色谱分离法。根据原理不同,可分为吸附色谱分离、分配色谱分离、离子交换色谱分离。

5. 化学分离法

(1)沉淀分离法

是一种利用沉淀反应进行分离的方法。在试样中加入沉淀剂,使被测组分或干扰成分

沉淀下来,经过滤或离心分离。例如测纯蛋白,可加入重金属,使蛋白质下降,再测其沉淀的氮量,即为纯蛋白。

(2)掩蔽法

是一种利用掩蔽剂与干扰成分作用,使干扰成分转变为不干扰测定状态。利用这种方法,可不经分离干扰成分而消除干扰作用,简化分析步骤。

(3)磺化法

这是处理油脂或含油脂样品时使用的方法。浓 H_2SO_4＋脂肪→磺化物(亲水性)不再被非或弱极性有机溶剂所溶解,从而达到分离净化的目的。只限于在强酸介质稳定的样品(如六六六、DDT 等农药)。

(4)皂化法

用热 $KOH+CH_3CH_2OH$ 溶液处理以除脂肪等干扰杂质的影响。

6. 浓缩法

样品处理液中的待测组分浓度较低,不能满足测定要求时,为提高被测组分浓度,需要对处理液进行浓缩。有常压浓缩法和减压浓缩法。

二、食品样品的制备

用一般抽样方法取得的样本往往数量过多,颗粒过大,组织不均匀,因此,需要对样本进行初步粉碎、混合、缩分,再将缩分后的样品粉碎至检验要求的细度。这项工作称为试样的制备,其目的是为了保证制得的试样能代表全部样品的情况并满足检验对样品的要求。食品检验取样一般取可食部分,以所检验的样品计算。

试样制备的方法因食品类型的不同而异。

1. 固体样品

含水分较低、硬度较大的固体样品,如冰糖,若粒度过大,应粉碎至较小颗粒,然后将全部样品混合均匀,用四分法将样品缩分至 0.5kg,再研磨至检验规定的细度。

水分含量较高,质地较软的样品,如果蔬类,先用水洗去泥砂,除去表面附着的水分,依一般食用习惯,取可食部分,切碎、充分混匀(可按检验方法规定制成匀浆);水分较少,韧性较强的食品,如肉类,可用绞肉机将其绞碎,并混合均匀。

2. 液体、浆体

一般将样品充分搅拌混合均匀即可。

3. 互不相溶的液体

应先将两互不相溶的液体分离,再分别取样测定。

4. 特殊样品

水果罐头在捣碎前应先清除果核,肉禽罐头应先剔除骨头、刺及调味品(如葱、胡椒等)后再捣碎。

制备试样常用的工具有研钵、粉碎机、绞肉机、搅拌机及高速组织捣碎机等。

样品制备的目的,在于保证样品十分均匀,使我们在分析时候,取任何部分都能代表全部被测物质的成分,根据被测物质的性质和检测要求,制备方法有下面几种:

(1)摇动或搅拌(液体样品、浆体、悬浮液体)(用玻璃棒、电动搅拌器、电磁搅拌);

（2）切细或搅碎（固体样品）；

（3）研磨或用捣碎机（对于带核、带骨头的样品，在制备前应该先取核、取骨、取皮，目前一般都用高速组织捣碎机进行样品的制备）。

三、食品样品的保存

采取的样品，为了防止其水分或挥发性成分散失以及其他待测成分含量的变化，应在短时间内进行分析，尽量做到当天样品当天分析。冷冻食品应保持原冷冻状态等等。样品应尽快进行检验，如不能及时检验，应妥善保存。一般情况下，即时分析，防止水分、挥发性成分散失，防止待测组分含量发生变化、分解、发酵等。易腐败变质的样品应保存在 0℃～5℃ 冰箱，易发生光解的需避光保存（维生素 B_1、胡萝卜素、黄曲霉 B_1 等）。存放样品，按日期、批号、编号摆放，以便查找。

理化检验后的样品应保留一个月，以备需要时复检。易变质的食品不予保留。保存时应加封并尽量保持原状。

微生物检验的样品，一般阳性样品，发出报告后 3 天（特殊情况可适当延长）始能处理；进口食品的阳性样品，需保存 6 个月，方能处理。阴性样品可及时处理。

要特别关注样品在保存时可能发生的变化：

（1）吸水或失水

原来含水量高的易失水，反之则吸水，含水量高的易发生霉变，细菌繁殖快，保存样品用的容器有玻璃、塑料、金属等，原则上保存样品的容器不能同样品的主要成分发生化学反应。

（2）霉变

特别是新鲜的植物性样品，易发生霉变，当组织有损坏时更易发生褐变，因为组织受伤时，氧化酶发生作用，变成褐色，对于组织受伤的样品不易保存，应尽快分析。

例如：茶叶采下来时，先脱活（杀青）即加热，脱去酶的活性。

（3）细菌

为了防止细菌，最理想的方法是冷冻，样品的保存理想温度为 −20℃，有的为了防止细菌污染可加防腐剂，例如甲醛，牛奶中可加甲醛作为防腐剂，但量不能加的过多，一般是 1 滴/100mL～2 滴/100mL 牛奶。

第三章　食品标签和感官检验

第一节　食品标签检验

食品生产者通过食品标签向消费者显示或说明食品的特征及性能,以引导消费者消费,促进商品销售。随着产品质量立法的不断完善及产品标识的标准化管理,食品标签的检验也是食品检验的一项内容。

一、食品标识管理规定

1. 食品标识的概念

食品标识是针对食品所规定的产品标识,食品标识具有产品标识的一般属性,也有自己的特性,首先,我们要将食品标识当作一般产品标识,同时注意其特殊性。

产品标识是指表明产品名称、产地、生产厂厂名、厂址、产品的主要成分含量、其他质量状况、保存期限等信息情况的表述和指示。产品标识由生产者提供,目的是给产品的销售者、消费者及用户提供有关产品的真实信息,帮助他们了解产品的内在质量,所执行的标准,说明产品的使用、保养等注意事项,起到指导消费的作用。

一般情况下,产品标识有以下几种:产品质量检验合格证明、产品名称、生产厂厂名和厂址、产品的规格、等级、所含成分的含量及名称、生产日期、安全使用期、失效日期、警示说明、警示标志。产品的标识可以标注在产品上,也可以标注在产品的包装上。

(1)食品标识

国家质量监督检验检疫总局 2007 年 102 号令(总局 2009 年 123 号令修改)规定:"食品标识是指粘贴、印刷、标记在食品或者其包装上,用以表示食品名称、质量等级、商品量、食用或者使用方法、生产者或者销售者等相关信息的文字、符号、数字、图案以及其他说明的总称。"

(2)标识和标签

标识和标签是在不同的法律和标准中的相同表述。法律一般称为标识,如《产品质量法》;标准一般称为标签,如 GB 7718—2011《食品安全国家标准　预包装食品标签通则》。

(3)标识和标签的区别

标识是文字、图形、符号等信息和意思表示,标签是标识的载体。因此文字上有:标注标识,加贴标签;没有标注标签。立法时,统一使用标识这一名词,统一标识和标签为一个概念。统一其含义,既包括意思表示,又包括其载体。

2. 食品标识标注的基本要求

《中华人民共和国产品质量法》统一规范了产品标识标注的基本要求。102 号令进行细

化。明确了标注产品标识的具体要求,主要有:

(1)食品必须有食品标识

食品或者其包装上应当附加标识,但是按法律、行政法规规定可以不附加标识的食品除外。

法律规定,除裸装食品和其他根据产品的特点难以附加标识的裸装产品外,产品应当具有标识。食品或者其包装最大表面面积小于 $10cm^2$ 时,其标识可以仅标注食品名称、生产者名称和地址、净含量以及生产日期和保质期。但是,法律、行政法规规定应当标注的,依照其规定。

(2)食品标识标注的位置

食品标识应当附加在食品或者其包装上。食品标识应当直接标注在最小销售单元的食品或者其包装上。一般标注在包装上;如能符合卫生安全,也可标注在食品上。执法和检查判定:最小销售单元的食品和其包装上的标识总和完整,即为合法。

(3)真实性要求

食品标识的内容应当真实准确、通俗易懂、科学合法。包括食品名称、配料表、添加剂。

(4)食品标识不与食品及包装分离

食品标识不得与食品或者其包装分离。

(5)食品标识应当易于识读

食品标识应当清晰醒目,标识的背景和底色应当采用对比色,使消费者易于辨认、识读。

(6)食品标识所用文字、字体

食品标识所用文字应当为规范的中文,可以同时使用汉语拼音、少数民族文字、外文,但应当与中文有对应关系,注册商标除外。所用外文不得大于相应的中文。食品标识中强制标注内容的文字、符号、数字的高度不得小于 1.8mm。

在一个销售单元的包装中含有不同品种、多个独立包装的食品,每件独立包装的食品标识应当按照规定进行标注。

透过销售单元的外包装,不能清晰地识别各独立包装食品的所有或者部分强制标注内容的,应当在销售单元的外包装上分别予以标注,但外包装易于开启识别的除外;能够清晰地识别各独立包装食品的所有或者部分强制标注内容的,可以不在外包装上重复标注相应内容。

3. 食品标识标注内容

关于食品标识的具体内容依据 GB 7718—2011 执行。

二、GB 7718—2011《食品安全国家标准　预包装食品标签通则》的基本知识

食品标签是指预包装食品容器上的文字图形、符号以及一切说明物。

食品是关系到人们健康、安全的商品。食品标签的标注内容应该规范、正确,既发挥商品标签的功能,又保护消费者的健康和利益及生产者的合法权益。

(一)食品标签应当标注的一般内容及要求

GB 7718—2011 是规范食品标签的通用标准,该标准对在我国境内销售的预包装食品标签的基本原则、标注内容和标注要求作了规定。

1. 基本原则

(1)应符合法律、法规的规定,并符合相应食品安全标准的规定。

(2)应清晰、醒目、持久,应使消费者购买时易于辨认和识读。

(3)应通俗易懂、有科学依据,不得标示封建迷信、色情、贬低其他食品或违背营养科学常识的内容。

(4)应真实、准确,不得以虚假、夸大、使消费者误解或欺骗性的文字、图形等方式介绍食品,也不得利用字号大小或色差误导消费者。

(5)不应直接或以暗示性的语言、图形、符号,误导消费者将购买的食品或食品的某一性质与另一产品混淆。

(6)不应标注或者暗示具有预防、治疗疾病作用的内容,非保健食品不得明示或者暗示具有保健作用。

(7)不应与食品或者其包装物(容器)分离。

(8)应使用规范的汉字(商标除外)。具有装饰作用的各种艺术字,应书写正确,易于辨认。可以同时使用拼音或少数民族文字,拼音不得大于相应汉字;可以同时使用外文,但应与中文有对应关系(商标、进口食品的制造者和地址、国外经销者的名称和地址、网址除外)。所有外文不得大于相应的汉字(商标除外)。

(9)预包装食品包装物或包装容器最大表面面积大于 $35cm^2$ 时,强制标示内容的文字、符号、数字的高度不得小于 $1.8mm$。

(10)一个销售单元的包装中含有不同品种、多个独立包装可单独销售的食品,每件独立包装的食品标识应当分别标注。

(11)若外包装易于开启识别或透过外包装物能清晰地识别内包装物(容器)上的所有强制标示内容或部分强制标示内容,可不在外包装物上重复标示相应的内容;否则应在外包装物上按要求标示所有强制标示内容。食品标签的所有内容,不得以错误的、引起误解的或欺骗性的方式描述或介绍食品。

2. 食品标签必须标注的内容

(1)直接向消费者提供的预包装食品标签标示内容

直接向消费者提供的预包装食品标签标示应包括食品名称、配料表、净含量和规格、生产者和(或)经销者的名称、地址和联系方式、生产日期和保质期、贮存条件、食品生产许可证编号、产品标准代号及其他需要标示的内容。

1)食品名称

应在食品标签的醒目位置,清晰地标示反映食品真实属性的专用名称。当国家标准、行业标准或地方标准中已规定了某食品的一个或几个名称时,应选用其中的一个或等效的名称。无国家标准、行业标准或地方标准规定的名称时,应使用不使消费者误解或混淆的常用名称或通俗名称。标示"新创名称""奇特名称""音译名称""牌号名称""地区俚语名称"或"商标名称"时,应在所示名称的同一展示版面标示食品真实属性的专用名称;当"新创名称""奇特名称""音译名称""牌号名称""地区俚语名称"或"商标名称"含有易使人误解食品属性的文字或术语(词语)时,应在所示名称的同一展示版面邻近部位使用同一字号标示食品真实属性的专用名称。当食品真实属性的专用名称因字号或字体颜色不同易使人误解食品属性时,也应使用同一字号及同一字体颜色标示食品真实属性的专用名称;为不使消费者误解或混淆食品的真实属性、物理状态或制作方法,可以在食品名称前或食品名称后附加相应的词或短语。如干燥的、浓缩的、复原的、熏制的、油炸的、粉末的、粒状的等。

2)配料表

预包装食品的标签上应标示配料表,配料表中的各种配料应按食品名称的要求标示具体名称,食品添加剂按照 GB 2760—2011《食品安全国家标准 食品添加剂使用标准》的要求标示名称。配料表应以"配料"或"配料表"为引导词。当加工过程中所用的原料已改变为其他成分(如酒、酱油、食醋等发酵产品)时,可用"原料"或"原料与辅料"代替"配料""配料表",并按相关标准相应条款的要求标示各种原料、辅料和食品添加剂。加工助剂不需要标示。各种配料应按制造或加工食品时加入量的递减顺序——排列;加入量不超过 2% 的配料可以不按递减顺序排列。如果某种配料是由两种或两种以上的其他配料构成的复合配料(不包括复合食品添加剂),应在配料表中标示复合配料的名称,随后将复合配料的原始配料在括号内按加入量的递减顺序标示。当某种复合配料已有国家标准、行业标准或地方标准,且其加入量小于食品总量的 25% 时,不需要标示复合配料的原始配料。食品添加剂应当标示其在 GB 2760—2011 中的食品添加剂通用名称。食品添加剂通用名称可以标示为食品添加剂的具体名称,也可标示为食品添加剂的功能类别名称并同时标示食品添加剂的具体名称或国际编码(INS 号)(标示形式见 GB 2760—2011 附录 B)。在同一预包装食品的标签上,应选择 GB 2760—2011 附录 B 中的一种形式标示食品添加剂。当采用同时标示食品添加剂的功能类别名称和国际编码的形式时,若某种食品添加剂尚不存在相应的国际编码,或因致敏物质标示需要,可以标示其具体名称。食品添加剂的名称不包括其制法。加入量小于食品总量 25% 的复合配料中含有的食品添加剂,若符合 GB 2760—2011 规定的带入原则且在最终产品中不起工艺作用的,不需要标示。在食品制造或加工过程中,加入的水应在配料表中标示。在加工过程中已挥发的水或其他挥发性配料不需要标示。可食用的包装物也应在配料表中标示原始配料,国家另有法律法规规定的除外。

3)配料的定量标示

如果在食品标签或食品说明书上特别强调添加了或含有一种或多种有价值、有特性的配料或成分,应标示所强调配料或成分的添加量或在成品中的含量。如果在食品的标签上特别强调一种或多种配料或成分的含量较低或无时,应标示所强调配料或成分在成品中的含量。食品名称中提及的某种配料或成分而未在标签上特别强调,不需要标示该种配料或成分的添加量或在成品中的含量。

4)净含量和规格

净含量的标示应由净含量、数字和法定计量单位组成(标示形式见 GB 2760—2011 附录 C)。应依据法定计量单位,按以下形式标示包装物(容器)中食品的净含量:

a)液态食品:用体积升(L)(l)、毫升(mL)(ml),或用质量克(g)、千克(kg);

b)固态食品:用质量克(g)、千克(kg);

c)半固态或黏性食品:用质量克(g)、千克(kg)或体积升(L)(l)、毫升(mL)(ml)。

净含量应与食品名称在包装物或容器的同一展示版面标示。容器中含有固、液两相物质的食品,且固相物质为主要食品配料时,除标示净含量外,还应以质量或质量分数的形式标示沥干物(固形物)的含量(标示形式参见 GB 2760—2011 附录 C)。同一预包装内含有多个单件预包装食品时,大包装在标示净含量的同时还应标示规格。规格的标示应由单件预包装食品净含量和件数组成,或只标示件数,可不标示"规格"二字。单件预包装食品的规格即指净含量(标示形式参见 GB 2760—2011 附录 C)。

5)生产者、经销者的名称、地址和联系方式

应当标注生产者的名称、地址和联系方式。生产者名称和地址应当是依法登记注册、能够承担产品安全质量责任的生产者的名称、地址。有下列情形之一的,应按下列要求予以标示:

a)依法独立承担法律责任的集团公司、集团公司的子公司,应标示各自的名称和地址。

b)不能依法独立承担法律责任的集团公司的分公司或集团公司的生产基地,应标示集团公司和分公司(生产基地)的名称、地址;或仅标示集团公司的名称、地址及产地,产地应当按照行政区划标注到地市级地域。

c)受其他单位委托加工预包装食品的,应标示委托单位和受委托单位的名称和地址;或仅标示委托单位的名称和地址及产地,产地应当按照行政区划标注到地市级地域。

d)依法承担法律责任的生产者或经销者的联系方式应标示以下至少一项内容:电话、传真、网络联系方式等,或与地址一并标示的邮政地址。

e)进口预包装食品应标示原产国国名或地区区名(如香港、澳门、台湾),以及在中国依法登记注册的代理商、进口商或经销者的名称、地址和联系方式,可不标示生产者的名称、地址和联系方式。

6)日期标示

应清晰标示预包装食品的生产日期和保质期。如日期标示采用"见包装物某部位"的形式,应标示所在包装物的具体部位。日期标示不得另外加贴、补印或篡改(标示形式参见 GB 2760—2011 附录 C)。当同一预包装内含有多个标示了生产日期及保质期的单件预包装食品时,外包装上标示的保质期应按最早到期的单件食品的保质期计算。外包装上标示的生产日期应为最早生产的单件食品的生产日期,或外包装形成销售单元的日期;也可在外包装上分别标示各单件装食品的生产日期和保质期。应按年、月、日的顺序标示日期,如果不按此顺序标示,应注明日期标示顺序(标示形式参见 GB 2760—2011 附录 C)。

7)贮存条件

预包装食品标签应标示贮存条件(标示形式参见 GB 2760—2011 附录 C)。

8)食品生产许可证编号

预包装食品标签应标示食品生产许可证编号,标示形式按照相关规定执行。

9)产品标准代号

在国内生产并在国内销售的预包装食品(不包括进口预包装食品)应标示产品所执行的标准代号和顺序号。

10)其他标示内容

a)辐照食品:经电离辐射线或电离能量处理过的食品,应在食品名称附近标示"辐照食品"。经电离辐射线或电离能量处理过的任何配料,应在配料表中标明。

　　b)转基因食品：转基因食品的标示应符合相关法律、法规的规定。

　　c)营养标签：特殊膳食类食品和专供婴幼儿的主辅类食品，应当标示主要营养成分及其含量，标示方式按照 GB 13432—2004《预包装特殊膳食用食品标签通则》执行。其他预包装食品如需标示营养标签，标示方式参照相关法规标准执行。

　　d)质量(品质)等级：食品所执行的相应产品标准已明确规定质量(品质)等级的，应标示质量(品质)等级。

　　(2)非直接提供给消费者的预包装食品标签标示内容

　　非直接提供给消费者的预包装食品标签应按照上述(1)项下的相应要求标示食品名称、规格、净含量、生产日期、保质期和贮存条件，其他内容如未在标签上标注，则应在说明书或合同中注明。

　　(3)标示内容的豁免

　　酒精度大于或等于 10% 的饮料酒、食醋、食用盐、固态食糖类、味精的预包装食品可以免除标示保质期。当预包装食品包装物或包装容器的最大表面面积小于 $10cm^2$ 时(最大表面面积计算方法见 GB 2760—2011 附录 A)，可以只标示产品名称、净含量、生产者(或经销商)的名称和地址。

　　(4)推荐标示内容

　　批号(根据产品需要，可以标示产品的批号)、食用方法(根据产品需要，可以标示容器的开启方法、食用方法、烹调方法、复水再制方法等对消费者有帮助的说明)、致敏物质(GB 2760—2011 的规定)。

三、食品标签的检验

　　食品标签检验属于食品感官检验的内容。

　　食品标签的检验依据是 GB 7718—2011、GB 28050—2011、《食品标识管理规定》及相应产品标准。

　　GB 7718—2011、《食品标识管理规定》是强制性标准。除《预包装食品标签通则》(GB 7718—2011)、食品标识管理规定的一般规定外，有具体产品标签标准的，如《饮料酒标签标准》、《特殊营养食品标签》等，还应符合其相应规定。如饮料酒还需标明酒精度、原汁量[如啤酒须标注原麦汁浓度(含量)，果酒(包括葡萄酒)须标注原果汁含量]、产品类型或糖度(如产品类型：浓香型、干白等)。特殊营养食品[包括婴幼儿食品、营养强化食品、调整营养素的食品(如低糖食品、低钠食品、低谷蛋白食品)等]还应标注产品在保质期内所能保证的热量数值和营养素含量，在食品名称中标明食用对象，食用方法等。产品标准中对标签有专门规定的，还应符合其规定。

　　检验时除检查标签上标注的内容是否齐全外，还应检查其标注是否正确，是否有虚假行为。如制造者名称、地址不能只标"中国制造"；日期标注顺序应为年、月、日；生产日期是否标注；所用计量单位应为国家法定计量单位；产品标准的标注是否正确等等。检验人员应具备一定的食品知识，才能辨认出配料表所标注内容是否正确、真实。

第二节　食品感官检验

食品是一类特殊商品,长期以来,人们习惯于根据自身感觉器官的感觉,来判断、评价及选择食品,食品的消费过程在一定程度上是感官愉悦的享受过程。因此,食品留给人的第一印象即是感官印象。

食品感官检测的方法可以分为分析型感官检测和嗜好型感官检测两种。

分析型感官检测是以人的感觉作为测定仪器,把评价的内容按感觉分类,逐项评分,用来测定食品的特性或差别的感官评价方法。这种评价方法与食品的物理、化学性质有着密切的关系。

嗜好型感官检测是根据消费者的嗜好程度评价食品特性的方法。对食品的美味程度、口感的内容不加严格明确要求,只由参加品尝人的随机感觉决定。这种评价结果往往还受参加者的饮食习惯、个人嗜好、环境、生理等的影响,最后的结果反映参加者的个人喜好。

在食品工业生产中,这种感官印象也是最基础的品质控制、品质评价的方法。不少食品的质量鉴定,常常依赖于这种感官检验。如酒类产品及茶叶的品评,这种评价,是最原始的感官检验。

食品的感官检验,是根据人的感觉器官对食品的各种质量特征的"感觉",如味觉、嗅觉、视觉、听觉等,用语言、文字、符号或数据进行记录,再运用概率统计原理进行统计分析,从而得出结论,对食品的色、香、味、形、质地、口感等各项指标做出评价的方法。

感官检验是食品分析中特有的实验方法,因为对食品质量的全面评估,不仅包括对内在成分的要求,而且还应有能被消费者接受的风味与结构形态。虽然感官指标在食品分析中不作为唯一的质量标准,但却是食品质量标准中不可缺少的内容。尤其对某些食品指标的确认作用是任何形式都难以替代的。因此,感官检验自然形成了食品检验中的一个重要组成部分,而且居于食品检验中的首位。只有首先在感官特征上为消费者所接受,后续的各种检验才有意义。

一、感官检验内容

在识别食品的感官属性时,我们通常按照下面的顺序进行:

1)外观——视觉;
2)气味/香味/芳香——嗅觉;
3)浓度/黏度与质构——触觉;
4)风味——味觉;
5)咀嚼时的声音——听觉。

1. 视觉

通过被检验物对视觉器官的反映来对其进行评价的方法称为视觉检验。在感官检验中,视觉检验占有首要位置,几乎所有产品的检验都离不开视觉检验。视觉检验即用肉眼观察食品的外观、形态、特征。如观察色泽可判断水果、蔬菜的成熟状况和新鲜程度;通过观察透光度可以判断饮料的清澈与浑浊程度,据此判断食品是否受到了污染或变质。视觉检验应以自然光为主要光源,以避免有些检验因灯光给食品造成假象,给视觉检验带来错觉。检验时应从外往里检验,先检验整体外形,如罐装食品有无鼓罐或凹罐现象;软包装食品是否有胀袋现象等,再检验内容物,然后再给予评判。

2. 嗅觉

通过被检验物对嗅觉器官的反映来进行评价的方法称为嗅觉检验。嗅觉是指食品中含有挥发性物质的微粒子浮游于空气中,经鼻孔刺激嗅觉神经所引起的感觉。人的嗅觉非常灵敏,有时用一般方法和仪器不能检测出来的轻微变化,用嗅觉检验可以发现。如鱼、肉蛋白质的最初变质和油脂氧化,其理化指标的变化不明显,但通过嗅觉可以觉察到有氨味和哈喇味。气味是由食品中散发出来的挥发性物质,它受温度的影响较大,温度低时挥发慢,气味轻;反之则气味浓。因此在进行嗅觉检验时,可把样品稍加热,或取少许样品于洁净的手掌上摩擦,再嗅验。液态食品可滴在清洁的手掌上摩擦,以增加气味的挥发,识别畜肉等大块食品时,可将一把尖刀稍微加热刺入深部,拔出后立即嗅闻气味。另外嗅觉器官长时间受气味浓的物质刺激会出现嗅觉疲劳,敏感性降低,因此,检验时可按淡气味到浓气味的顺序进行,在鉴别前禁止吸烟。检验一段时间后,应适当休息片刻为宜。

3. 触觉

通过被检物对触觉感受器官的反映进行评价的方法称为触觉检验。触觉检验主要是借助手、皮肤的触及与口感来检验食品的弹性、韧性、脆性、黏性、稠度等,以鉴别其质量。例如,对肉类,根据它的硬度和弹性可判断其品质和新鲜程度;对饴糖和蜂蜜,根据用手揉搓时的润滑感鉴定其稠度,评价动物油脂的品质时,常须鉴别其稠度等。在感官测定食品硬度(稠度)时,要求温度应在 15℃～20℃ 之间,因为温度的升降会影响到食品状态的改变。

4. 味觉

通过被检物对味觉器官的反映来评价食品的方法称为味觉检验。味觉是由舌面和口腔内味觉细胞(称为味蕾)产生的,基本味觉有酸、甜、苦、咸四种,其余味觉都是由基本味觉组成的混合味觉。味觉还与嗅觉、触觉等其他感觉有联系。味蕾的灵敏度与食品的温度有密切关系,味觉检验的最佳温度为 20℃～40℃,温度过高会使味蕾麻木,温度过低亦会降低味蕾的灵敏度。味觉检验前不要吸烟或吃刺激性较强的食物,以免降低味觉器官的灵敏度。检验时取少量被检食品放入口中,细心品尝,然后吐出,用温水漱口。若连续检验几种样品,同样以先淡后浓的检验顺序进行,并且每品尝一种样品后,都要用温水漱口,以减少相互影响。对已有腐败迹象的食品,不要进行味觉检验。

因为食品中的可溶性物质溶于唾液或液态食品直接刺激舌面的味觉神经,才发生味觉。当对某中食品的滋味发生好感时,则各种消化液分泌旺盛而食欲增加。味觉神经在舌面的分布并不均匀。舌的两侧边缘是普通酸味的敏感区,舌根对于苦味较敏感,舌尖对于甜味和咸味较敏感,但这些都不是绝对的,在感官评价食品的品质时应通过舌的全面品尝方可决定。

味道与呈味物质的组合以及人的心理也有微妙的相互关系。味精的鲜味在有食盐时尤其显著,是咸味对味精的鲜味起增强作用的结果。另外还有与此相反的削减作用,食盐和砂糖以相当的浓度混合,则砂糖的甜味会明显减弱甚至消失。当尝过食盐后,随即饮用无味的水,也会感到有些甜味,这是味的变调现象。另外还有味的相乘作用,例如在味精中加入一些核苷酸时，会使鲜味有所增强。

在选购食品和感官鉴别其质量时，常将滋味分类为甜、酸、咸、苦、辣、涩、浓、淡、碱味及不正常味等。

5. 听觉

声音是一个次要的感官属性，但也不能忽视。它主要产生于食品的咀嚼过程。通常情况下，通过测量咀嚼时产生声音的频率、强度和持久性，尤其是频率与强度有助于鉴评员的整个感官印象。

二、感官检验要求

由于感官检验的测定依赖于检验人员的感觉器官，所以首要的检验条件是对检验人员的要求，其次对检验化验室以及检验样品的处理也应有所规定。

1. 检验人员要求

参加感官分析的检验人员必须具有一定的分析知识和基本生理条件，并经过专业培训和对感官技能的测试。

(1)感官检验人员基本条件

1)年龄在20～50岁之间，男女不限。

2)对烟酒无嗜好，无食品偏爱习惯。

3)健康状况良好，感觉器官健全，具有良好的分辨能力。

4)对感觉内容与程度有确切的表达能力。

(2)检验人员的技能测试

1)味觉鉴别能力的测试：分别用砂糖溶液、柠檬酸溶液、咖啡因溶液、食盐溶液测试检验人员对甜、酸、苦、咸四种基本味觉的鉴别能力，再进行嗅觉测试。

2)嗅觉鉴别能力的测试：要求能准确辨认出丁酸、醋酸、香草香精、草莓香精、柠檬香精的气味。

3)辨别能力的测试：以上两项测试均合格者，再按二点辨别法测试、分辨不同浓度样品的微细差别的能力。如对味觉中的甜味测试可使用20g/L白砂糖溶液与30g/L白砂糖溶液；酸味可选用0.4g/L柠檬酸溶液和0.5g/L柠檬酸溶液进行辨别。对嗅觉测试可选择牛奶与牛奶加酸奶酪香精(0.004%)进行辨别。

2. 感官化验室要求

依据GB/T 13868—2009《感官分析 建立感官分析化验室的一般导则》，感官检验化验室应远离其他化验室，要求安静、隔音和整洁，不受外界干扰，无异味，具有令人心情舒畅的自然环境，利于注意力集中。另外根据感官检验的特殊要求，化验室应有三个独立的区域，即样品准备室、检验室和集中工作室。

(1)样品准备室：用于准备和提供被检验的样品。样品准备室应与检验室完全隔开，目的是不让检验员见到样品的准备过程。准备室的大小与设施格局取决于检验的项目内容，此外室内应设有排风系统。

(2)检验室：用于进行感官检验。检验室大小可按参加人员数量与例行分析规模而定。

检验区一般要求：

1)位置:检验区应紧邻样品准备区,以便于提供样品,但两个区域应隔开,以减少气味和噪声等干扰,为避免对检验结果带来偏差,不允许评价员进入或离开检验区时穿过准备区。

2)温度和相对湿度:检验区的温度应可控。如果相对湿度会影响样品的评价时,检验区的相对湿度也应可控。除非样品评价有特殊条件要求,检验区的温度和相对湿度都应尽量让评价员感到舒适。

3)噪声:检验期间应控制噪声。宜使用降噪地板,最大限度地降低因步行或移动物体等产生的噪声。

4)气味:检验区应尽量保持无气味。一种方式是安装带有活性炭过滤器的换气系统,需要时,也可利用形成正压的方式减少外界气味的侵入。检验区的建筑材料应易于清洁,不吸附和不散发气味,检验区内的设施和装置(如地毯、椅子等)也不应散发气味干扰评价。根据化验室用途,应尽量减少使用织物,因其易吸附气味且难以清洗。使用的清洁剂在检验区内不应留下气味。

5)装饰:检验区墙壁和内部设施的颜色应为中性色,以免影响对被检样品颜色的评价。宜使用乳白色或中性浅灰色(地板和椅子可适当使用暗色)。

6)照明:感官评价中照明的来源、类型和强度非常重要。应注意所有房间的普通照明及评价小间的特殊照明。检验区应具备均匀、无影、可调控的照明设施。尽管不要求,但光源应是可选择的,以产生特定照明条件。

进行产品或材料的颜色评价时,特殊照明尤其重要。为掩蔽样品不必要的、非检验变量的颜色或视觉差异,可能需要特殊照明设施。

在消费者检验中,通常选用日常使用产品时类似的照明。检验中所需照明的类型应根据具体检验的类型而定。

7)安全措施:应考虑建立与化验室类型相适应的特殊安全措施,若检验有气味的样品,应配置特殊的通风橱;若使用化学药品,应建立化学药品清洗点;若使用烹调设备,应配备专门的防火设施。无论何种类型的化验室,应适当设置安全出口标志。

(3)集中工作室:用于集中检验和综合讨论。室内应设有利于集中讨论的工作台,以便于检验人员进行集中工作。

3. 样品的准备

(1)样品数量:每种样品应该有足够的数量,使每个检验人员有三次以上的尝试机会,以保证检验结果的可靠性(一般液体样品15mL、固体样品30g)。

(2)样品容器:盛样品的器皿应洁净无异味,容器颜色、大小应该一致。如果条件允许,尽可能使用一次性纸制或塑料制容器,否则应洗净用过的器皿,避免污染。

(3)样品的编号和提供顺序:感官检验是靠主观感觉判断的,从测定到形成概念之间的许多因素(如嗜好、偏爱、经验、广告、价格等)会影响检验结果,为减少这些因素的影响,通常采用双盲法进行检验。即由工作人员对样品进行密码编号,而检验人员不知道编号与具体样品的对应关系,做到样品的编号和顺序随机化。

(4)其他:在样品准备中,还应为检验人员提供漱口水(25℃),用以除去品样后口中余味,便于对下面样品的品尝检验。

三、感官检验方法种类

食品感官检验的方法很多。在选择适宜的检验方法之前，首先要明确检验的目的、要求等。根据检验的目的、要求，及统计方法的不同，常用试验方法有以下六种：

1. 差别试验

差别试验用于分辨样品之间的差别，其中包括 2 个样品或者是多个样品之间的差别试验。差别试验是对样品进行选择性的比较，一般领先于其他试验，在许多方面有广泛的用途。例如在贮藏试验中，可以比较不同的贮藏时间对食品的味觉、口感、鲜度等质量指标的影响。又如在外包装试验中，可以判断哪种包装形式更受欢迎，而成本高的包装形式有时并不一定受消费者欢迎。

差别试验的试验方法有：

(1)2 点比较法

比较两种试样，以此来区别两者或判断其优劣的方法。这是最简单，最基本的方法。可按试验目的分为 2 点识别法和 2 点嗜好法。

2 点识别法是比较 X、Y 两种试样，根据人的感觉排列 X、Y 的顺序，即区别两者的方法。由于 X 和 Y 之间的顺序是客观存在的。当人们的感觉判断的顺序和客观存在的顺序一致时，回答是正确的，否则回答是错误的，因此识别检验只需做单侧检验。2 点识别法一般用于判断评审员的识别能力或者判断 X、Y 之间的差别是否达到能识别的程度等。本法具有准备和实施方便等优点，缺点是结果差错的偶然可能性大。

2 点嗜好法是指比较 X、Y 两种试样后指出自己喜欢哪一种的方法。在嗜好性检验中，评审员指出 X、Y 两种试样中的任何一个均可以，故必须进行双侧检验。本法主要用于市场调查和质量检验。

(2)1∶2 比较法

1∶2 比较法是指先供给试样 X，让评审员记住它的特性(这个试样称明试样)，然后同时供给用暗号表示的试样 X 和 Y(因为评审员事先不知两个试样的内容和特性，故称暗试样)，让评审员判断两个暗试样中哪个是试样 X 的试验。1∶2 比较法一般用于出厂检查验收商品，或用于测定评审员的识别能力，该法比 2 点比较法灵敏度高。

(3)3 点比较法

有 2 个试样 X、Y，把两个相同的试样和一个不同的试样按 XYY、XXY、XYX 等方式组合后供给评审员，让评审员判断其中一个不同的试样的方法叫做 3 点识别法。然后再比较一个试样和剩余的两个相同样，判断喜欢哪一个的方法叫做 3 点嗜好法。因此，3 点比较法只经一次试验，就能同时完成识别和嗜好两个试验。

2. 排列试验

排列试验对某种食品的质量指标，按大小或强弱顺序对样品进行排列，并记上 1，2，3……数字。它具有简单并且能够评判 2 个以上样品的特点。其缺点是排列试验只是一个初步的分辨试验形式，它无法判断样品之间差别大小和程度，只是其试验数据之间进行比较。试验结果的分析常用查表法和方差分析法。

3. 分级试验

分级试验按照特定的分级尺度,对试样进行评判,并给以适当的级值。分级试验是以某个级数值来描述食品的属性。在排列试验中,两个样品之间必须存在先后顺序,而在分级试验中,两个样品可能属于同一级数,也可能属于不同级数,而且它们之间的级数差别可大可小。排列试验和分级试验各有其特点和针对性。分级试验的试验方法主要有评分法、scheffe 一对比较法、模糊数学法等。试验结果的分析常用方差分析法。

4. 阈值试验

阈值试验是通过稀释(样品)确定感官分辨某一指标的最小值。阈值试验主要用于味觉的测定,测定值有:

(1)刺激阈(RL)能够分辨出感觉的最小刺激量叫做刺激阈。刺激阈分为敏感阈、识别阈和极限阈。阈值大小取决于刺激的性质和评价员的敏感度,阈值大小也因测定方法的不同而发生变化。

(2)分辨阈(DL)是感觉上能够分辨出刺激量的最小变化量。用 $+\triangle S$ 或 $-\triangle S$ 来表示刺激量的增加(上)或减少(下),上下分辨阈的绝对值的平均值称平均分辨阈。

(3)主观等价值(DSE)对某些感官特性而言,有时两个刺激产生相同的感觉效果,我们称为等价刺激。例如 10% 的葡萄糖与 6.3% 的蔗糖的刺激等价。阈值试验的试验方法主要有极限法和定常法。

5. 分析或描述试验

描述试验是对样品与标准样品之间进行比较,给出较为准确的描述。描述试验要求试验人员对食品的质量指标用合理、清楚的文字作准确的描述。描述试验有颜色和外表描述、风味描述、质构描述和定量描述。其主要用途有:新产品的研制与开发;鉴别产品间的差别;质量控制;为仪器检验提供感官数据;提供产品特性的永久记录;监测产品在贮藏期间的变化等。因为感官感觉中任何一个器官的机能活动,不仅取决于直接刺激该器官所引起的响应,而且还受到其他感觉系统的影响,即感觉器官之间相互联系、相互作用。所以,食品的感官感觉是不同强度的各种感觉的总和。并且各种不同刺激物的影响性质各不相同,因此,在食品感官检验中,即要控制一定条件来恒定一些因素的影响,又要考虑各种因素之间的互相关联作用。目前常用的分析和描述性检验方法主要有简单描述检验法及定量描述和感官剖面检验法。

(1)简单描述检验法:它是评价员对构成产品特性的各个指标进行定性描述,尽量完整地描述出样品品质的检验方法,描述检验按评价内容可分为风味描述和质地描述。按评价方式可分为自由式描述和界定式描述。自由式描述即评价员可用任意的词汇,对样品特性进行描述,但评价员一般需要对产品特性非常熟悉或受过专门训练;界定式描述则在评价前由评价组织者提供指标检验表,评价员是在指标检验表的指导下进行评价的。该方法多用在食品加工中质量控制,产品贮藏期间质量变化,以及鉴评员培训等情况。最后,在完成鉴评工作后,要由评价小组组织者统计结果,并将结果公布,由小组讨论确定鉴评结果。

(2)定量描述和感官剖面检验法:它是评价员尽量完整地描述食品感官特性以及这些特性强度的检验方法。这种方法多用于产品质量控制、质量分析、判定产品差异性、新产品开发和产品品质改良等方面,还可以为仪器检验结果提供可对比的感官数据,使产品特性可以相对稳定地保存下来。

这种方法依照检验方式的不同可分为一致方法和独立方法。一致方法是在检验中所有的评价员(包括评价小组组长)以一个集体的一部分而工作,目的是获得一个评价小组赞同的综合印象,使描述产品风味特点达到一致、获得同感的方法。在检验过程中,如果不能一次达成共识,可借助参比样来进行,有时需要多次讨论方可达到目的。独立方法是由评价员先在小组内讨论产品的风味,然后由每个评价员单独工作,记录对食品感觉的评价成绩,最后用计算平均值的方法,获得评价结果。无论是一致方法还是独立方法,在检验开始前,评价组织者和评价员应完成以下工作:制定记录样品的特殊目录;确定参比样;规定描述特性的词汇;建立描述和检验样品的方法。

6. 消费者试验

消费者试验是由顾客根据各人的爱好对食品进行评判。生产食品的最终目的是使食品被消费者接受和喜爱。消费者试验的目的是确定广大消费者对食品的态度。主要用于市场调查、向社会介绍新产品、进行预测等。由于消费者一般都没有经过正规培训,个人的爱好、偏食习惯、感官敏感性等情况都不一致,故要求试验形式尽可能简单、明了、易行。

四、食品质量感官鉴别常用的一般术语及其含义

食品感官检验的术语有很多,恰当的感官术语能够准确地描述被检验食品的特性,参见GB/T 10221—2012《感官分析 术语》,常见的感官术语如下:

(1)外观:物质或物体的所有可见特性。

(2)基本味道:独特味道的任何一种酸味/复合酸味、苦味、咸味、甜味、鲜味、其他基本味道(包括碱味和金属味)。

(3)酸味:由某些酸性物质(例如柠檬酸、酒石酸等)的稀水溶液产生的一种基本味道。
复合酸味:由于有机酸的存在而产生的味觉的复合感觉。

注1:某些语言中,复合酸味与酸味不是同义词。

注2:有时复合酸味含有不好的感觉。

(4)苦味:由某些物质(例如奎宁、咖啡因等)的稀水溶液产生的一种基本味道。

(5)咸味:由某些物质(例如抓化钠)的稀水溶液产生的一种基本味道。

(6)甜味:由天然或人造物质(例如蔗糖或阿斯巴甜)的稀水溶液产生的一种基本味道。

(7)碱味:由 pH>7 的碱性物质(如氢氧化钠)的稀水溶液产生的味道。

(8)鲜味:由特定种类的氨基酸或核苷酸(如谷氨酸钠、肌苷酸二钠)的水溶液产生的基本味道。

(9)涩味:由某些物质(例如柿单宁、黑刺李单宁)产生的使口腔皮层或枯膜表面收缩、拉紧或起皱的一种复合感觉。

(10)化学效应:与某物质(如苏打水)接触,舌头产生的刺痛样化学感觉。

(11)灼热:描述口腔中的热感觉。例如乙阵产生温暖感觉、辣椒产生灼热感觉。

(12)刺激性:醋、芥末、山葵等刺激口腔和鼻粘膜并引起的强烈感觉。

(13)化学冷感:由某些物质(如薄荷醇、薄荷、茵香)引起的降温感觉。

(14)物理冷感:由低温物质或溶解时吸热物质(如山梨醇)或易挥发物质(如丙酮、乙醇)

引起的降温感觉。

(15)风味:品尝过程中感受到的嗅觉,味觉和三叉神经觉特性的复杂结合。它可能受触觉的、温度觉的,痛觉的和(或)动觉效应的影响。

(16)异常风味:非产品本身所具有的风味(通常与产品的腐败变质相联系)。

(17)沾染:与该产品无关的外来味道、气味等。

(18)厚味:味道浓的产品。

(19)平味:一种产品,其风味不浓且无任何特色。

(20)乏味:一种产品,其乏味远不及预料的那样。

(21)无味:没有风味的产品。

(22)风味增强剂:一种能使某种产品的风味增强而本身又不具有这种风味的物质。

(23)口感:在口腔内(包括舌头与牙齿)感受到的触觉。

(24)后味、余味:在产品消失后产生的嗅觉和(或)味觉。它有时不同于产品在嘴里时的感受。

(25)芳香:一种带有愉快内涵的气味。

(26)气味:嗅觉器官感受到的感官特性。

(27)特征:可区别及可识别的气味或风味特色。

(28)异常特征:非产品本身所具有的特征(通常于产品的腐败变质相联系)。

(29)外观:一种物质或物体的外部可见特征。

(30)质地:用机械的、触觉的方法或在适当条件下,用视觉及听觉感受器感觉到的产品的所有流变学的和结构上的(几何图形和表面)特征。

(31)稠度:由机械的方法或触觉感受器,特别是口腔区域受到的刺激而觉察到的流动特性。它随产品的质地不同而变化。

(32)硬:描述需要很大力量才能造成一定的变形或穿透的产品的质地特点。

(33)结实:描述需要中等力量可造成一定的变形或穿透的产品的质地特点。

(34)柔软:描述只需要小的力量就可造成一定的变形或穿透的产品的质地特点。

(35)嫩:描述很容易切碎或嚼烂的食品的质地特点。常用于肉和肉制品。

(36)老:描述不易切碎或嚼烂的食品的质地特点。常用于肉和肉制品。

(37)酥:修饰破碎时带响声的松而易碎的食品。

(38)有硬壳:修饰具有硬而脆的表皮的食品。

(39)无毒、无害:不造成人体急性、慢性疾病,不构成对人体健康的危害,或者含有少量有毒有害物质,但尚不足以危害健康的食品。在质量感官鉴别结论上可写成"无毒"字样。

(40)营养素:正常人体代谢过程中所利用的任何有机物质和无机物质。

(41)色、香、味:食品本身固有的和加工后所应当具有的色泽、香气、滋味。

五、谷物类及其制品鉴别

1. 谷类的感官鉴别要点

感官鉴别谷类质量的优劣时,一般依据色泽、外观、气味、滋味等项目进行综合评价。眼睛观察可感知谷类颗粒的饱满程度,是否完整均匀,质地的紧密与疏松程度,以及其本身固有的正常色泽,并且可以看到有无霉变、虫蛀、杂物、结块等异常现象,鼻嗅和口尝则能够体会到谷物的气味和滋味是否正常,有无异臭异味。其中,注重观察其外观与色泽在对谷类作感官鉴别时有着尤其重要的意义。

2. 鉴别稻谷的质量

(1)色泽鉴别

进行稻谷色泽的感官鉴别时,将样品在黑纸上撒成一薄层,在散射光下仔细观察。然后将样品用小型出白机或装入小帆布袋揉搓脱去米壳,看有无黄粒米,如有拣出称重。

良质稻谷:外壳呈黄色,浅黄色或金黄色,色泽鲜艳一致,具有光泽,无黄粒米。

次质稻谷:色泽灰暗无光泽,黄粒米超过 2%。

劣质稻谷:色泽变暗或外壳呈褐色、黑色,肉眼可见霉菌菌丝。有大量黄粒米或褐色米粒。

(2)外观鉴别

进行稻谷外观的感官鉴别时,可将样品在纸上撒一薄层,仔细观察各粒的外观,并观察有无杂质。

良质稻谷:颗粒饱满,完整,大小均匀,无虫害及霉变,无杂质。

次质稻谷:有未成熟颗粒,少量虫蚀粒,生芽粒及病斑粒等,大小不均,有杂质。

劣质稻谷:有大量虫蚀粒、生芽粒、霉变颗粒、有结团、结块现象。

(3)气味鉴别

进行稻谷气味的感官鉴别时,取少量样品于手掌上,用嘴哈气使之稍热,立即嗅其气味。

良质稻谷:具有纯正的稻香味,无其他任何异味。

次质稻谷:稻香味微弱,稍有异味。

劣质稻谷:有霉味、酸臭味、腐败味等不良气味。

3. 鉴别早米与晚米

我国稻谷按栽培季节的不同,将大米分为早米与晚米两类。

(1)早米:由于早稻的生长期短,只有 80 天~120 天,所以生产出来的早米,米质疏松,腹白度较大,透明度较小,缺乏光泽,比晚米吸水率大,粘性小,糊化后体积大。

(2)晚米:由于晚稻的生长期较长,约在 150 天~180 天,并在秋高气爽的时节成熟,有利于营养物质的积累,因此它的晶质特征好,如米质结构紧密,腹白度小或无,透明度较大,富有光泽。晚米中的秕粒和小碎米的数量比早米少。

4. 大米质量的分级与质量特征

我国稻谷根据加工深度的不同,将大米分为四个等级,即特等米,标准一等米、标准二等米和标准三等米。

(1)特等米的背沟有皮,而米粒表面的皮层除掉在 85% 以上,由于特等米基本除净了糙米的皮层和糊粉层,所以粗纤维和灰分含量很低,因此,米的涨性大,出饭率高,食用品质好。

(2)标准一等米的背沟有皮,而米粒面留皮不超过 1/5 的占 80% 以上,加工精度低于特等米。食用品质、出饭率和消化吸收率略低于特等米。

(3)标准二等米的背沟有皮,而米粒面留皮不超过 1/3 的占 75% 以上。米中的灰分和粗纤维较高,出饭率和消化吸收率均低于特等米和标一米。

(4)标准三等米的背沟有皮,而米粒面留皮不超过 1/3 的占 70％以上,由于米中保留了大量的皮层和糊粉层,从而使米中的粗纤维和灰分增多。虽出饭率没有特等米、标准一等米和标准二等米高,但所含的大量纤维素对人体生理功能起到很多的有益功能。

5. 鉴别米粉的质量

米粉又名米粉条,它是用特等米或加工精度高的米为原料,经过洗米、浸泡、磨浆、搅拌、蒸粉、压条、干燥等一系列工序加工制成的米制品。在市场上选购米粉时,其质量的鉴别有以下几个方面:

(1)色泽:洁白如玉,有光亮和透明度的,质量最好;无光泽,色浅白的质量差。

(2)状态:组织纯洁,质地干燥,片形均匀、平直、松散,无结疤,无并条的,质量最好;反之,质量差。

(3)气味:无霉味,无酸味,无异味,具有米粉本身新鲜味的质量最好;反之,质量差。如果有霉味和酸败味重,不得食用。

(4)加热:煮熟后不糊汤、不粘条、不断条,质量最好,这种米粉吃起来有韧性,清香爽口,色、香、味、形俱佳;反之,质量次。

6. 鉴别小米的质量

小米的品质特征是:

(1)色泽均匀一致,富有光润,气味正常,不含杂质,碎米含量不超过 6％。

(2)如果小米色泽混杂,碎米和杂质多,则质量不好。

7. 鉴别小麦的质量

(1)色泽鉴别

进行小麦色泽的感官鉴别时,可取样品在黑纸上撒一薄层,在散射光下观察。

良质小麦:去壳后小麦皮色呈白色、黄白色、金黄色、红色、深红色、红褐色,有光泽。

次质小麦:色泽变暗,无光泽。

劣质小麦:色泽灰暗或呈灰白色,胚芽发红,带红斑,无光泽。

(2)外观鉴别

进行小麦外观的感官鉴别时,可取样品在黑纸上或白纸上(根据品种,色浅的用黑纸,色深的用白纸)撒一薄层,仔细观察其外观,并注意有无杂质。最后取样用手搓或牙咬,来感知其质地是否紧密。

良质小麦:颗粒饱满、完整、大小均匀,组织紧密,无害虫和杂质。

次质小麦:颗粒饱满度差,有少量破损粒、生芽粒、虫蚀粒,有杂质。

劣质小麦:严重虫蚀,生芽,发霉结块,有多量赤霉病粒(被赤霉菌感染,麦粒皱缩,呆白,胚芽发红或带红斑,或有明显的粉红色霉状物,质地疏松。

(3)气味鉴别

进行小麦气味的感官鉴别时,取样品于手掌上,用嘴哈热气,然后立即嗅其气味。

良质小麦:具有小麦正常的气味,无任何其他异味。

次质小麦:微有异味。

劣质小麦:有霉味、酸臭味或其他不良气味。

(4)滋味鉴别

进行小麦滋味的感官鉴别时,可取少许样品进行咀嚼品尝其滋味。

良质小麦:味佳微甜,无异味。

次质小麦:乏味或微有异味。

劣质小麦:有苦味、酸味或其他不良滋味。

8. 鉴别面粉的质量

(1)色泽鉴别

进行面粉色泽的感官鉴别时,应将样品在黑纸上撒一薄层,然后与适当的标准颜色或标准样品做比较,仔细观察其色泽异同。

良质面粉:色泽呈白色或微黄色,不发暗,无杂质的颜色。

次质面粉:色泽暗淡。

劣质面粉:色泽呈灰白或深黄色,发暗,色泽不均。

(2)组织状态鉴别

进行面粉组织状态的感官鉴别时,将面粉样品在黑纸上撒一薄层,仔细观察有无发霉、结块、生虫及杂质等,然后用手捻捏,以试手感。

良质面粉:呈细粉末状,不含杂质,手指捻捏时无粗粒感,无虫子和结块,置于手中紧捏后放开不成团。

次质面粉:手捏时有粗粒感,生虫或有杂质。

劣质面粉:面粉吸潮后霉变,有结块或手捏成团。

(3)气味鉴别

进行面粉气味的感官鉴别时。取少量样品置于手掌中,用嘴哈气使之稍热,为了增强气味,也可将样品置于有塞的瓶中,加入 60℃ 热水,紧塞片刻,然后将水倒出嗅其气味。

良质面粉:具有面粉的正常气味,无其他异味。

次质面粉:微有异味。

劣质面粉:有霉臭味、酸味、煤油味以及其他异味。

(4)滋味鉴别

进行面粉滋味的感官鉴别时,可取少量样品细嚼,遇有可疑情况,应将样品加水煮沸后尝试。

良质面粉:味道可口,淡而微甜,没有发酸、刺喉、发苦、发甜以及外采滋味,咀嚼时没有砂声。

次质面粉:淡而乏味,微有异味,咀嚼时有砂声。

劣质面粉:有苦味,酸味,发甜或其他异味,有刺喉感。

9. 鉴别面筋质的质量

面筋质存在于小的胚乳中,其主要成分是小麦蛋白质中的胶蛋白和谷蛋白,这种蛋白是人体需要的营养素,也是面粉品质的重要质量指标。鉴别面筋质的质量,有以下四个方面的内容。

(1)颜色:质量好的面筋质呈白色,稍带灰色;反之,面筋质的质量就差。

(2)气味:新鲜面粉加工出的面筋质,具有轻微的面粉香味;曼虫害,含杂质多以及陈旧的面粉,加工出的面筋质,则带有不良气味。

(3)弹性:正常的面筋质有弹性,变形后可以复原,不粘手;质量差的面筋质,无弹性,粘手,容易散碎。

(4)延伸性:质量好的软面筋质拉伸时,具有很大的延伸性;质量差的面筋质,拉伸性小,易拉断。

10. 鉴别玉米的质量

(1)色泽鉴别

进行玉米色泽的感官鉴别时,可取玉米样品在散射光下进行观察。

良质玉米:具有各种玉米的正常颜色,色泽鲜艳,有光泽。

次质玉米:颜色发暗,无光泽。

劣质玉米:颜色灰暗无光泽,胚部有黄色或绿色、黑色的菌丝。

(2)外观鉴别

进行玉米外观的感官鉴别时,可取样品在纸上撒一层,在散射光下观察,并注意有无杂质,最后取样品用牙咬观察质地是否紧密。

良质玉米:颗粒饱满完整,均匀一致,质地紧密,无杂质。

次质玉米:颗粒饱满度差,有破损粒、生芽粒、虫蚀粒、未熟粒等,有杂质。

劣质玉米:有多量生芽粒,虫蚀粒,或发霉变质、质地疏松。

(3)气味鉴别

进行玉米气味的感官鉴别时,可取样品于手掌中,用嘴哈热气立即嗅其气味。

良质玉米:具有玉米固有的气味,无任何其他异味。

次质玉米:微有异味。

劣质玉米:有霉味、腐败变质味或其他不良异味。

(4)滋味鉴别

进行玉米滋味的感官鉴别时,可取样品进行咀嚼品尝其滋味。

良质玉米:具有玉米的固有滋味,微甜。

次质玉米:微有异味。

劣质玉米:有酸味、苦味、辛辣味等不良滋味。

11. 鉴别高粱的质量

(1)色泽鉴别

进行高粱色泽的感官鉴别时,可取样品在黑纸上撒一薄层,并在散射光下进行观察。

良质高粱:具有该品种应有的色泽。

次质高粱:色泽暗淡。

劣质高粱:色泽灰暗或呈棕褐色、黑色,胚部呈灰色、绿色或黑色。

(2)外观鉴别

进行高粱外观的感官鉴别时,可取样品在白纸上撒一薄层,借散射光进行观察,并注意有无杂质,最后用牙咬籽粒,观察质地。

良质高粱:颗粒饱满、完整,均匀一致,质地紧密,无杂质,虫害和霉变。

次质高粱:颗粒皱缩不饱满,质地疏松,有虫蚀粒、生芽粒、破损粒,有杂质。

劣质高粱:有大量的虫蚀粒、生芽粒、发霉变质粒。

(3)气味鉴别

进行高粱气味的感官鉴别时,可取高粱样品于手掌中,用嘴哈热气,然后立即嗅其气味。

良质高粱:具有高粱固有的气味,无任何其他的不良气味。

次质高粱:微有异味。

劣质高粱:有霉味、酒味、腐败变质味及其他异味。

(4)滋味鉴别

进行高粱滋味的感官鉴别时,可取少许样品,用嘴咀嚼,品尝其滋味。

良质高粱:具有高粱特有的滋味,味微甜。

次质高粱:乏而无味或微有异味。

劣质高粱:有苦味、涩味、辛辣味、酸味及其他不良滋味。

12. 鉴别小米被染色

在农贸市场上曾发现一些经过染色的小米在出售。所谓染色,是指小米发生霉变,失去食用价值时,投机商将其漂洗之后,再用黄色进行染色,使其色泽艳黄,蒙骗购买者。人们吃了这种染色后的黄色米,会伤害身体。感官鉴别方法如下:

(1)色泽:新鲜小米,色泽均匀,呈金黄色,富有光泽,染色后的小米,色泽深黄,缺乏光泽,看去粒粒色泽一样。

(2)气味:新鲜小米,有一股小米的正常气味,染色后的小米,闻之有染色素的气味,如姜黄素就有姜黄气味。

(3)水洗:新鲜小米,用温水清洗时,水色不黄,染色后的小米,用温水洗时,水色显黄。

13. 鉴别糯米中掺有大米

在农贸市场上,常有投机商在糯米中掺入大米出售,以牟取钱财,坑害消费者。鉴别糯米中掺入大米的感官鉴别方法如下:

(1)色泽:糯米色泽乳白或蜡白,不透明,也有半透明的(俗称阴糯),大米腹白度小,多为透明和半透明的,有光泽。

(2)形态:糯米为长椭圆形,较细长,大米为椭圆形,较圆胖。

(3)质地:糯米硬度较小,大米硬度较大。

(4)米饭:糯米煮成的饭,胶结成团,膨胀不多,但粘性大,光亮透明,大米煮成的饭,粒粒膨大而散开,粘性小。

从以上糯米与大米的品质特征来比较,可识别出糯米中是否掺入大米。

14. 鉴别糯米面中掺有大米面

糯米面又叫糯米粉,大米面也叫大米粉。在糯米面中掺入大米面的现象比较普遍,有的竟将大米面冒充糯米面出售,用大米面年糕冒充糯米面年糕出售。鉴别糯米面中掺入大米面的感官鉴别方法如下:

(1)色泽:糯米粉呈乳白色,缺乏光泽,大米粉色白清亮。

(2)粉粒:用手指搓之,糯米粉粉粒粗,大米粉粉粒细。

(3)水试:糯米粉用水调成的面团,手捏粘性大,大米粉用水调成的面团,手捏粘性小。

15. 鉴别好米中掺有霉变米

市场上出现将发霉的米掺到好米中出售,也有将发霉的米,经漂洗、晾干之后出售,在进口米中也曾发现霉变米。人们吃了霉变米,身体会受到损害。感官鉴别方法如下:

(1)色泽:发了霉的米,其色泽与正常米粒不一样,它呈现出黑、灰黑、绿、紫、黄、黄褐等颜色。

(2)气味:好米的气味正常,霉变米有一股霉气味。

(3)品尝:好米煮成的饭,食之有一股米香味,霉变的米,食之有一股霉味。

谷类是我国人民膳食结构中的主食。但谷类及其制品保管不当就易吸潮变质,食用后会危害人们的身体健康。因此谷类及其制品一经感官鉴别评定了品级后,可按如下原则食用或处理:

(1)经感官鉴别后认定为良质的谷类可以食用、加工和销售。

(2)经感官鉴别评定为次质的谷类应分情况进行具体处理。对于水分含量高的谷类,应及时采取适当的方式使其尽快干燥。对于生虫的应及时熏蒸灭虫。对杂质含量高的谷物,应去除杂质使其达到国家规定的标准。有轻微霉变的谷物,应采取有效的物理或化学方法去除霉粒或霉菌的毒素,达到国家规定标准后方可食用。对于去除霉粒或毒素比较困难的谷类及其制品应改作饲料,制造酒精或作非食品工业原料。

(3)对于经感官鉴别为劣质的谷类,不得供人食用。可以改作饲料、非食品加工原料或予以销毁。

16. 发水大米的鉴别

一般大米水分含量多在 15.5% 以内,用手摸、捻、压、掐等感觉很硬,用手插入大米中光滑易进,手搅动时发出清脆的声音,用齿嗑大米籽粒时,抗压力大,会发出清脆有力的破碎声响。而发水大米的含水量多在 15.5% 以上,有的在 25% 左右,发了水的大米粒形膨胀显得肥实,有光泽,牙嗑时抗压力小,破碎时响声较低,手插入大米中有涩滞和潮湿感,有时拔出手时籽粒易粘在手上。

六、蛋类及蛋制品的鉴别

1. 蛋及蛋制品的感官鉴别要点

鲜蛋的感官鉴别分为蛋壳鉴别和打开鉴别。蛋壳鉴别包括眼看、手摸、耳听、鼻嗅等方法,也可借助于灯光透视进行鉴别。打开鉴别是将鲜蛋打开,观察其内容物的颜色、稠度、性状、有无血液、胚胎是否发育、有无异味和臭味等。

蛋制品的感官鉴别指标主要是色泽、外观形态、气味和滋味等。同时应注意杂质、异味、霉变、生虫和包装等情况,以及是否具有蛋品本身固有的气味或滋味。

2. 鉴别鲜蛋的质量

(1)蛋壳的感官鉴别

1)眼看:即用眼睛观察蛋的外观形状、色泽、清洁程度等。

良质鲜蛋:蛋壳清洁、完整、无光泽,壳上有一层白霜,色泽鲜明。

次质鲜蛋:一类次质鲜蛋的蛋壳有裂纹,格窝现象,蛋壳破损、蛋清外溢或壳外有轻度霉斑等。二类次质鲜蛋的蛋壳发暗,壳表破碎且破口较大,蛋清大部分流出。

劣质鲜蛋:蛋壳表面的粉霜脱落,壳色油亮,呈乌灰色或暗黑色,有油样漫出,有较多或较大的霉斑。

2)手摸:即用手摸蛋的表面是否粗糙,掂量蛋的轻重,把蛋放在手掌心上翻转等。

良质鲜蛋:蛋壳粗糙,重量适当。

次质鲜蛋:一类次质鲜蛋的蛋壳有裂纹、格窝或破损,手摸有光滑感。二类次质鲜蛋的蛋壳破碎,蛋白流出,手掂重量轻,蛋拿在手掌上自转时总是一面向下(贴壳蛋)。

劣质鲜蛋:手摸有光滑感,掂量时过轻或过重。

3)耳听:就是把蛋拿在手上,轻轻抖动使蛋与蛋相互碰击,细听其声,或是手握蛋摇动,听其声音。

良质鲜蛋:蛋与蛋相互碰击声音清脆,手握蛋摇动无声。

次质鲜蛋:蛋与蛋碰击发出哑声(裂纹蛋),手摇动时内容物有流动感。

劣质鲜蛋:蛋与蛋相互碰击发出嘎嘎声(孵化蛋)、空空声(水花蛋)。手握蛋摇动时内容物有晃动声。

4)鼻嗅:用嘴向蛋壳上轻轻哈一口热气,然后用鼻子嗅其气味。

良质鲜蛋:有轻微的生石灰味。

次质鲜蛋:有轻微的生石灰味或轻度霉味。

劣质鲜蛋:有霉味、酸味,臭味等不良气体。

(2)鲜蛋的灯光透视鉴别

灯光透视是指在暗室中用手握住蛋体紧贴在照蛋器的光线洞口上,前后上下左右来回轻轻转动,靠光线的帮助看蛋壳有无裂纹、气室大小、蛋黄移动的影子、内容物的澄明度、蛋内异物,以及蛋壳内表面的霉斑,胚的发育等情况。在市场上无暗室和照蛋设备时,可用手电筒围上暗色纸筒(照蛋端直径稍小于蛋)进行鉴别。如有阳光也可以用纸筒对着阳光直接观察。

良质鲜蛋:气室直径小于11mm,整个蛋呈微红色,蛋黄略见阴影或无阴影,且位于中央,不移动,蛋壳无裂纹。

次质鲜蛋:一类次质鲜蛋的蛋壳有裂纹,蛋黄部呈现鲜红色小血圈。二类次质鲜蛋在透视时蛋黄上呈现血环,环中及边缘呈现少许血丝,蛋黄透光度增强而蛋黄周围有阴影,气室大于11mm,蛋壳某一部位呈绿色或黑色,蛋黄部完整,散如云状,蛋壳膜内壁有霉点,蛋内有活动的阴影。

劣质鲜蛋:透视时黄、白混杂不清,呈均匀灰黄色,蛋全部或大部不透光,呈灰黑色,蛋壳及内部均有黑色或粉红色毫点,蛋壳某一部分呈黑色且占蛋黄面积的1/2以上,有圆形黑影(胚胎)。

(3)鲜蛋打开鉴别

将鲜蛋打开,将其内容物置于玻璃平皿或瓷碟上,观察蛋黄与蛋清的颜色、稠度、性状、有无血液,胚胎是否发育,有无异味等。

1)颜色鉴别

良质鲜蛋:蛋黄、蛋清色泽分明,无异常颜色。

次质鲜蛋:一类次质鲜蛋,颜色正常,蛋黄有圆形或网状血红色,蛋清颜色发绿,其他部分正常。二类次质鲜蛋,蛋黄颜色变浅,色泽分布不均匀,有较大的环状或网状血红色,蛋壳内壁有黄中带黑的粘痕或霉点,蛋清与蛋黄混杂。

劣质鲜蛋:蛋内液态流体呈灰黄色、灰绿色或暗黄色,内杂有黑色霉斑。

2)性状鉴别

良质鲜蛋:蛋黄呈圆形凸起而完整,并带有韧性,蛋清浓厚、稀稠分明,系带粗白而有韧性,并紧贴蛋黄的两端。

次质鲜蛋:一类次质鲜蛋,性状正常或蛋黄呈红色的小血圈或网状直丝。二类次质鲜蛋,蛋黄扩大,扁平,蛋黄膜增厚发白,蛋黄中呈现大血环,环中或周围可见少许血丝,蛋清变得稀薄,蛋壳内壁有蛋黄的粘连痕迹,蛋清与蛋黄相混杂(蛋无异味),蛋内有小的虫体。

劣质鲜蛋:蛋清和蛋黄全部变得稀薄浑浊,蛋膜和蛋液中都有霉斑或蛋清呈胶冻样霉变,胚胎形成长大。

3)气味鉴别

良质鲜蛋:具有鲜蛋的正常气味,无异味。

次质鲜蛋:具有鲜蛋的正常气味,无异味。

劣质鲜蛋:有臭味、霉变味或其他不良气味。

3. 鲜蛋的等级

鲜蛋按照下列规定分为三等三级。等别规定如下:

(1)一等蛋:每个蛋重在 60g 以上。

(2)二等蛋:每个蛋重在 50g 以上。

(3)三等蛋:每个蛋重在 38g 以上。

级别规定如下:

(1)一级蛋:蛋壳清洁、坚硬、完整,气室深度 0.5cm 以上者,不得超过 10%,蛋白清明,质浓厚,胚胎无发育。

(2)二级蛋:蛋壳尚清洁、坚硬、完整,气室深度 0.6cm 以上者,不得超过 10%,蛋白略显明而质尚浓厚,蛋黄略显清明,但仍固定,胚胎无发育。

(3)三级蛋:蛋壳污壳者不得超过 10%,气室深度 0.8cm 的不得超过 25%,蛋白清明,质稍稀薄,蛋黄显明而移动,胚胎微有发育。

4. 鉴别皮蛋(松花蛋)的质量

(1)外观鉴别

皮蛋的外观鉴别主要是观察其外观是否完整,有无破损、霉斑等。也可用手掂动,感觉其弹性,或握蛋摇晃听其声音。

良质皮蛋:外表泥状包料完整、无霉斑,包料剩掉后蛋壳亦完整无损,去掉包料后用手抛起约 30cm 高自然落于手中有弹性感,摇晃时无动荡声。

次质皮蛋:外观无明显变化或裂纹,抛动试验弹动感差。

劣质皮蛋:包料破损不全或发霉,剥去包料后,蛋壳有斑点或破、漏现象,有的内容物已被污染,摇晃后有水荡声或感觉轻飘。

(2)灯光透照鉴别

皮蛋的灯光透照鉴别是将皮蛋去掉包料后按照鲜蛋的灯光透照法进行鉴别,观察蛋内颜色,凝固状态、气室大小等。

良质皮蛋:呈玳瑁色,蛋内容物凝固不动。

次质皮蛋:蛋内容物凝固不动,或有部分蛋清呈水样,或气室较大。

劣质皮蛋:蛋内容物不凝固,呈水样,气室很大。

(3)打开鉴别

皮蛋的打开鉴别是将皮蛋剥去包料和蛋壳,观察内容物性状及品尝其滋味。

1)组织状态鉴别

良质皮蛋:整个蛋凝固、不粘壳、清洁而有弹性,呈半透明的棕黄色,有松花样纹理,将蛋纵剖可见蛋黄呈浅褐色或浅黄色,中心较稀。

次质皮蛋:内容物或凝固不完全,或少量液化贴壳,或僵硬收缩,蛋清色泽暗淡,蛋黄呈墨绿色。

劣质皮蛋:蛋清粘滑,蛋黄呈灰色糊状,严重者大部或全部液化呈黑色。

2)气味与滋味鉴别

良质皮蛋:芳香,无辛辣气。

次质皮蛋:有辛辣气味或橡皮样味道。

劣质皮蛋:有刺鼻恶臭或有霉味。

5. 鉴别咸蛋的质量

(1)外观鉴别

良质咸蛋:包料完整无损,剥掉包料后或直接用盐水腌制的可见蛋壳亦完整无损,无裂纹或霉斑,摇动时有轻度水荡漾感觉。

次质咸蛋:外观无显著变化或有轻微裂纹。

劣质咸蛋:隐约可见内容物呈黑色水样,蛋壳破损或有霉斑。

(2)灯光透视鉴别

咸蛋灯光透视鉴别方法同皮蛋。主要观察内容物的颜色,组织状态等。

良质咸蛋:蛋黄凝结、呈橙黄色且靠近蛋壳,蛋清呈白色水样透明。

次质咸蛋:蛋清尚清晰透明,蛋黄凝结呈现黑色。

劣质咸蛋:蛋清浑浊,蛋黄变黑,转动蛋时蛋黄粘滞,蛋质量更低劣的,蛋清蛋黄都发黑或全部溶解成水样。

(3)打开鉴别

良质咸蛋:生蛋打开可见蛋清稀薄透明,蛋黄呈红色或淡红色,浓缩粘度增强,但不硬固,煮熟后打开,可见蛋清白嫩,蛋黄口味有细沙感,富于油脂,品尝则有咸蛋固有的香味。

次质咸蛋:生蛋打开后蛋清清晰或为白色水样,蛋黄发黑粘固,略有异味,煮熟后打开蛋清略带灰色,蛋黄变黑,有轻度的异味。

劣质咸蛋:生蛋打开或蛋清浑浊,蛋黄已大部分融化,蛋清蛋黄全部呈黑色,有恶臭味,煮熟后打开,蛋清灰暗或黄色,蛋黄变黑或散成糊状,严重者全部呈黑色,有臭味。

6. 鉴别糟蛋的质量

糟蛋是将鸭蛋放入优良糯米酒糟中,经2个月浸渍而制成的食品。其感官鉴别主要是观察蛋壳脱落情况,蛋清、蛋黄颜色和凝固状态以及嗅、尝其气味和滋味。

良质糟蛋:蛋壳完全脱落或部分脱落,薄膜完整,蛋大而丰满,蛋清呈乳白色的胶冻状,蛋黄呈桔红色半凝固状,香味浓厚,稍带甜味。

次质糟蛋:蛋壳不能完全脱落,蛋内容物凝固不良,蛋清为液体状态,香味不浓或有轻微异味。

劣质糟蛋:薄膜有裂缝或破损,膜外表有霉斑,蛋清呈灰色,蛋黄颜色发暗,蛋内容物呈稀薄流体状态或糊状,有酸臭味或霉变气味。

7. 鉴别蛋粉的质量

(1)色泽鉴别

良质蛋粉:色泽均匀,呈黄色或淡黄色。

次质蛋粉:色泽无改变或稍有加深。

劣质蛋粉:色泽不均匀,呈淡黄色到黄棕色不等。

(2)组织状态鉴别

良质蛋粉:呈粉末状或极易散开的块状,无杂质。

次质蛋粉:淡粉稍有焦粒,熟粒,或有少量结块。

劣质蛋粉:蛋粉板结成硬块,霉变或生虫。

(3)气味鉴别

良质蛋粉:具有蛋粉的正常气味,无异味。

次质蛋粉:稍有异味,无臭味和霉味。

劣质蛋粉:有异味、霉味等不良气味。

8. 鉴别蛋白干的质量

蛋白干是用鲜蛋洗净消毒后打蛋,所得蛋白液过滤,发酵,如氨水中和、烘干、漂白等工序制成的晶状食品。蛋白干的感官鉴别主要是观察其色泽、组织状态和嗅其气味。

(1)色泽鉴别

良质蛋白干:色泽均匀,呈淡黄色。

次质蛋白干:色泽暗淡。

劣质蛋白干:色泽不匀,显得灰暗。

(2)组织状态鉴别

良质蛋白干:呈透明的晶片状,稍有碎屑,无杂质。

次质蛋白干:碎屑比例超过 20%。

劣质蛋白干:呈不透明的片状、块状或碎屑状,有霉斑或霉变现象。

(3)气味鉴别

良质蛋白干:具有纯正的鸡蛋清味,无异味。

次质蛋白干:稍有异味,但无臭味、霉味。

劣质蛋白干:有霉变味或腐臭味。

9. 鉴别冰蛋的质量

冰蛋系蛋液经过滤、灭菌、装盘、速冻等工序制成的冷冻块状食品(冰蛋有冰全蛋、冰蛋白、冰蛋黄等)。冰蛋的感官鉴别主要是观察其冻结度和色泽,并在加温溶化后嗅其气味。

(1)冻结度及外观鉴别

良质冰蛋:冰蛋块坚结、呈均匀的淡黄色,中心温度低于−15℃,无异物、杂质。

次质冰蛋:颜色正常,有少量杂质。

劣质冰蛋:有霉变或部分霉变,生虫或有严重污染。

(2)气味鉴别

良质冰蛋:具有鸡蛋的纯正气味,无异味。

次质冰蛋:有轻度的异味,但无臭味。

劣质冰蛋:有浓重的异味或臭味。

10. 蛋及蛋制品的感官鉴别与食用原则

由于蛋类的营养价值高,适宜微生物的生长繁殖,尤其是常带有沙门氏菌等肠道致病菌,因此,对于蛋及蛋制品的质量要求较高。该类食品一经感官鉴别评定品级之后,即可按如下原则进行食用或处理:

(1)良质的蛋及蛋制品可以不受限制,直接销售,供人食用。

(2)一类次质鲜蛋准许销售,但应根据季节变化限期售完。二类次质鲜蛋以及次质蛋制品不得直接销售,可做食品加工原料或充分蒸煮后食用。

(3)劣质蛋及蛋制品均不得供食用,应予以废弃或作非食品工业原料,肥料等。

七、乳类及乳制品的鉴别

1. 乳及乳制品的感官鉴别要点

感官鉴别乳及乳制品,主要指的是眼观其色泽和组织状态、嗅其气味和尝其滋味,应做到三者并重,缺一不可。

对于乳而言,应注意其色泽是否正常、质地是否均匀细腻、滋味是否纯正以及乳香味如何。同时应留意杂质、沉淀、异味等情况,以便作出综合性的评价。

对于乳制品而言,除注意上述鉴别内容而外,有针对性地观察了解诸如酸乳有无乳清分离、奶粉有无结块,奶酪切面有无水珠和霉斑等情况,对于感官鉴别也有重要意义。必要时可以将乳制品冲调后进行感官鉴别。

2. 乳新鲜度的快速检验

取乳样 10mL 于试管中,置沸水浴中加热 5min 后观察,不得有凝块或絮片状物产生,否则表示乳不新鲜。

3. 鉴别鲜乳的质量

(1)色泽鉴别

良质鲜乳:乳白色或稍带微黄色。

次质鲜乳:色泽较良质鲜乳为差,白色中稍带青色。

劣质鲜乳:呈浅粉色或显著的黄绿色,或是色泽灰暗。

(2)组织状态鉴别

良质鲜乳:呈均匀的流体,无沉淀、凝块和机械杂质,无粘稠和浓厚现象。

次质鲜乳:呈均匀的流体,无凝块,但可见少量微小的颗粒,脂肪聚粘表层呈液化状态。

劣质鲜乳:呈稠而不匀的溶液状,有乳凝结成的致密凝块或絮状物。

(3)气味鉴别

良质鲜乳:具有乳特有的乳香味,无其他任何异味。

次质鲜乳:乳中固有的香味稍差或有异味。

劣质鲜乳:有明显的异味,如酸臭味、牛粪味、金属味、鱼腥味、汽油味等。

(4)滋味鉴别

良质鲜乳:具有鲜乳独具的纯香味,滋味可口而稍甜,无其他任何异常滋味。

次质鲜乳:有微酸味(表明乳已开始酸败),或有其他轻微的异味。

劣质鲜乳:有酸味、咸味、苦味等。

4. 鉴别炼乳的质量

(1)色泽鉴别

良质炼乳:呈均匀一致的乳白色或稍带微黄色,有光泽。

次质炼乳:色泽有轻度变化,呈米色或淡肉桂色。

劣质炼乳:色泽有明显变化,呈肉桂色或淡褐色。

(2)组织状态鉴别

良质炼乳:组织细腻,质地均匀,黏度适中,无脂肪上浮,无乳糖沉淀,无杂质。

次质炼乳:黏度过高,稍有一些脂肪上浮,有沙粒状沉淀物。

劣质炼乳:凝结成软膏状,冲调后脂肪分离较明显,有结块和机械杂质。

(3)气味鉴别

良质炼乳:具有明显的牛乳乳香味,无任何异味。

次质炼乳:乳香味淡或稍有异味。

劣质炼乳:有酸臭味及较浓重的其他异味。

(4)滋味鉴别

良质炼乳:淡炼乳具有明显的牛乳滋味,甜炼乳具有纯正的甜味,均无任何异物。

次质炼乳:滋味平淡或稍差,有轻度异味。

劣质炼乳:有不纯正的滋味和较重的异味。

5. 鉴别奶粉的质量

(1)固体奶粉

1)色泽鉴别

良质奶粉:色泽均匀一致,呈淡黄色,脱脂奶粉为白色,有光泽。

次质奶粉:色泽呈浅白或灰暗,无光泽。

劣质奶粉:色泽灰暗或呈褐色。

2)组织状态鉴别

良质奶粉:粉粒大小均匀,手感疏松,无结块,无杂质。

次质奶粉:有松散的结块或少量硬颗粒、焦粉粒、小黑点等。

劣质奶粉:有焦硬的、不易散开的结块,有肉眼可见的杂质或异物。

3)气味鉴别

良质奶粉:具有消毒牛奶纯正的乳香味,无其他异味。

次质奶粉:乳香味平淡或有轻微异味。

劣质奶粉:有陈腐味、发霉味、脂肪哈喇味等。

4)滋味鉴别

良质奶粉:有纯正的乳香滋味,加糖奶粉有适口的甜味,无任何其他异味。

次质奶粉:滋味平淡或有轻度异味,加糖奶粉甜度过大。

劣质奶粉:有苦涩或其他较重异味。

(2)冲调奶粉

若经初步感官鉴别仍不能断定奶粉质量好坏时,可加水冲调,检查其冲调还原奶的质量。

冲调方法:取奶粉 4 汤匙(每平匙约 7.5g),倒入玻璃杯中,加温开水 2 汤匙(约 25mL),先调成稀糊状,再加 200mL 开水,边加水边搅拌,逐渐加入即成为还原奶。冲调后的还原奶,在光线明亮处进行感官鉴别。

1)色泽鉴别

良质奶粉:乳白色。

次质奶粉:乳白色。

劣质奶粉:白色凝块,乳清呈淡黄绿色。

2)组织状态鉴别

取少量冲调奶置于平皿内观察。

良质奶粉:呈均匀的胶状液。

次质奶粉:带有小颗粒或有少量脂肪析出。

劣质奶粉:胶态液不均匀,有大的颗粒或凝块,甚至水乳分离,表层有游离脂肪上浮。

冲调奶的气味与滋味感官鉴别同于固体奶粉的鉴别方法。

6. 鉴别酸牛奶的质量

(1)色泽鉴别

良质酸牛奶:色泽均匀一致,呈乳白色或稍带微黄色。

次质酸牛奶:色泽不匀,呈微黄色或浅灰色。

劣质酸牛奶:色泽灰暗或出现其他异常颜色。

(2)组织状态鉴别

良质酸牛奶:凝乳均匀细腻,无气泡,允许有少量黄色脂膜和少量乳清。

次质酸牛奶:凝乳不均匀也不结实,有乳清析出。

劣质酸牛奶:凝乳不良,有气泡,乳清析出严重或乳清分离。瓶口及酸奶表面均有霉斑。

(3)气味鉴别

良质酸牛奶:有清香、纯正的酸奶味。

次质酸牛奶:酸牛奶香气平淡或有轻微异味。

劣质酸牛奶:有腐败味,霉变味、酒精发酵及其他不良气味。

(4)滋味鉴别

良质酸牛奶:有纯正的酸牛奶味,酸甜适口。

次质酸牛奶:酸味过度或有其他不良滋味。

劣质酸牛奶:有苦味、涩味或其他不良滋味。

7. 鉴别奶油的质量

（1）色泽鉴别

良质奶油：呈均匀一致的淡黄色，有光泽。

次质奶油：色泽较差且不均匀，呈白色或着色过度，无光泽。

劣质奶油：色泽不匀，表面有霉斑，甚至深部发生霉变，外表面浸水。

（2）组织状态鉴别

良质奶油：组织均匀紧密，稠度、弹性和延展性适宜，切面无水珠，边缘与中心部位均匀一致。

次质奶油：组织状态不均匀，有少量乳隙，切面有水珠渗出，水珠呈白浊而略粘。有食盐结晶(加盐奶油)。

劣质奶油：组织不均匀，粘软、发腻、粘刀或脆硬疏松且无延展性，且面有大水珠，呈白浊色，有较大的孔隙及风干现象。

（3）气味鉴别

良质奶油：具有奶油固有的纯正香味，无其他异味。

次质奶油：香气平淡、无味或微有异味。

劣质奶油：有明显的异味，如鱼腥味、酸败味、霉变味、椰子味等。

（4）滋味鉴别

良质奶油：具有奶油独具的纯正滋味，无任何其他异味，加盐奶油有咸味，酸奶油有纯正的乳酸味。

次质奶油：奶油滋味不纯正或平淡，有轻微的异味。

劣质奶油：有明显的不愉快味道，如苦味、肥皂味、金属味等。

（5）外包装鉴别

良质奶油：包装完整、清洁、美观。

次质奶油：外包装可见油污迹，内包装纸有油渗出。

劣质奶油：不整齐、不完整或有破损现象。

8. 鉴别硬质干酪的质量

（1）色泽鉴别

良质硬质干酪：呈白色或淡黄色，有光泽。

次质硬质干酪：色泽变黄或灰暗，无光泽。

劣质硬质干酪：呈暗灰色或褐色，表面有霉点或霉斑。

（2）组织状态鉴别

良质硬质干酪：外皮质地均匀，无裂缝、无损伤，无霉点及霉斑。切面组织细腻，湿润，软硬适度，有可塑性。

次质硬质干酪：表面不均，切面较干燥，有大气孔，组织状态呈疏松。

劣质硬质干酪：外表皮出现裂缝，切面干燥，有大气孔，组织状态呈碎粒状。

（3）气味鉴别

良质硬质干酪：除具有各种干酪特有的气味外，一般都香味浓郁。

次质硬质干酪：干酪味平淡或有轻微异味。

劣质硬质干酪:具有明显的异味,如霉味、脂肪酸败味、腐败变质味等。

(4)滋味鉴别

良质硬质干酪:具有干酪固有的滋味。

次质硬质干酪:干酪滋味平淡或有轻微异味。

劣质硬质干酪:具有异常的酸味或苦涩味。

9. 鉴别奶茶与牛奶红茶

奶茶是新疆等地少数民族的一种风味饮料。它是用茯砖茶加水熬煮后,取出浓郁的茶汁,加些白开水,再将煮沸后的牛乳倒入,就能见到乳白色的牛乳与褐色的砖茶汁一圈一圈地混合,成为奶香扑鼻、味美可口的奶茶。牛奶红茶是以牛乳、红茶和食糖为原料配制成的饮料。它与奶茶的品质区别如下:

(1)色泽:牛奶红茶是棕红带白,近似棕黄色,奶茶是褐中稍带白,有时白中带褐,近似褐棕色。

(2)香味:奶茶的香味比牛奶红茶要浓厚些。

(3)滋味:牛奶红茶是甜中带苦,奶茶是咸中带涩。

10. 鉴别真假奶粉

(1)手捏鉴别

真奶粉:用手捏住袋装奶粉包装来回摩搓,真奶粉质地细腻,发出"吱、吱"声。

假奶粉:用手捏住袋装奶粉包装来回摩搓,假奶粉由于掺有白糖,葡萄糖而颗粒较粗,发出"沙、沙"的声响。

(2)色泽鉴别

真奶粉:呈天然乳黄色。

假奶粉:颜色较白,细看呈结晶状,并有光泽,或呈漂白色。

(3)气味鉴别

真奶粉:嗅之有牛奶特有的奶花香味。

假奶粉:没有乳香味。

(4)滋味鉴别

真奶粉:细腻发粘,溶解速度慢,无糖的甜味。

假奶粉:入口后溶解快,不粘牙,有甜味。

(5)溶解速度鉴别

真奶粉:用冷开水冲时,需经搅拌才能溶解成乳白色混悬液,用热水冲时,有悬漂物上浮现象,搅拌时粘住调羹。

假奶粉:用冷开水冲时,不经搅拌就会自动溶解或发生沉淀,用热开水冲时,其溶解迅速,没有天然乳汁的香味和颜色。

11. 鉴别炼乳与奶粉

炼乳与奶粉,都是用鲜牛乳加工制成的产品。两者有以下区别:

(1)形状:炼乳是液体状,奶粉是固体的小颗粒状。

(2)包装:炼乳多用铁皮罐头盛装,奶粉用塑料袋或铁皮罐头装。

(3)成分:炼乳中的碳水化合物和抗坏血酸(维生素 C)比奶粉多,其他成分,如蛋白质、脂肪、矿物质、维生素 A 等,皆比奶粉少。

(4)食用:炼乳在揭开铁盖以后,如果一次吃不完,家中又无冰箱的情况下,容易变质腐败和感染细菌,而奶粉就没有这个缺点。

12. 乳及乳制品的感官鉴别与食用原则

乳及乳制品的营养价值较高,又极易因微生物生长繁殖而受污染,导致乳品质量的不良变化。因此对于乳品质量的要求较高。经感官鉴别后已确认了品级的乳品,即可按如下食用原则作处理:

(1)凡经感官鉴别后认为是良质的乳及乳制品,可以销售或直接供人食用。但未经有效灭菌的新鲜乳不得市售和直接供人食用。

(2)凡经感官鉴别后认为是次质的乳及乳制品均不得销售和直接供人食用,可根据具体情况限制作为食品加工原料。

(3)凡经感官鉴别为劣质的乳及乳制品,不得供人食用或作为食品工业原料。可限作非食品加工用原料或作销毁处理。

(4)经感官鉴别认为除色泽稍差外,其他几项指标为良质的乳品,可供人食用。但这种情况较少,因为乳及乳制品一旦发生质量改变,其感官指标中的色泽、组织状态、气味和滋味四项均会有不同程度的改变。在乳及乳制品的四项感官鉴别指标中,若有一项表现为劣质品级即应按(3)所述方法处理。如有一项指标为次质品级,而其他三项均识别为良质者,即应按(2)所述的方法处理。

八、畜禽肉及肉制品鉴别

1. 肉的腐败变质及对人体的影响

肉中含有丰富的营养物质,但是不宜久存,在常温下放置时间过长,就会发生质量变化,最后引起腐败。

肉腐败的原因主要是由微生物作用引起变化的结果。据研究,每平方厘米内的微生物数量达到 5 千万个时,肉的表面便产生明显的发粘,并能嗅到腐败的气味。肉内的微生物是在畜禽屠宰时,由血液及肠管侵入到肌肉里,当温度、水分等条件适宜时,便会高速繁殖而使肉质发生腐败。肉的腐败过程使蛋白质分解成蛋白胨、多肽、氨基酸,进一步再分解成氨、硫化氢、酚、吲哚、粪臭素、胺及二氧化碳等,这些腐败产物具有浓厚的臭味,对人体健康有很大的危害。

2. 肉类制品的感官鉴别要点

肉类制品包括灌肠(肚)类、酱卤肉类、烧烤肉类、肴肉咸肉、腊肉火腿以及板鸭等。

在鉴别和挑选这类食品时,一般是以外观、色泽、组织状态、气味和滋味等感官指标为依据。应当留意肉类制品的色泽是否鲜明,有无加入人工合成色素,肉质的坚实程度和弹性如何,有无异臭、异物、霉斑等;是否具有该类制品所特有的正常气味和滋味。其中注意观察肉制品的颜色、光泽是否有变化,品尝其滋味是否鲜美,有无异味在感官鉴别过程中尤为重要。

3. 禽肉感官鉴别要点

对畜禽肉进行感官鉴别时,一般是按照如下顺序进行:首先是眼看其外观、色泽,特别应注意肉的表面和切口处的颜色与光泽,有无色泽灰暗,是否存在淤血、水肿、囊肿和污染等情况。其次是嗅肉品的气味,不仅要了解肉表面上的气味,还应感知其切开时和试煮后的气味,注意是否有腥臭味。最后用手指按压,触摸以感知其弹性和粘度,结合脂肪以及试煮后肉汤的情况,才能对肉进行综合性的感官评价和鉴别。

4. 鉴别鲜猪肉的质量

(1)外观鉴别

新鲜猪肉:表面有一层微干或微湿的外膜,呈暗灰色,有光泽,切断面稍湿、不粘手,肉汁透明。

次鲜猪肉:表面有一层风干或潮湿的外膜,呈暗灰色,无光泽,切断面的色泽比新鲜的肉暗,有粘性,肉汁浑浊。

变质猪肉:表面外膜极度干燥或粘手,呈灰色或淡绿色、发粘并有霉变现象,切断面也呈暗灰或淡绿色、很粘,肉汁严重浑浊。

(2)气味鉴别

新鲜猪肉:具有鲜猪肉正常的气味。

次鲜猪肉:在肉的表层能嗅到轻微的氨味,酸味或酸霉味,但在肉的深层却没有这些气味。

变质猪肉:腐败变质的肉,不论在肉的表层还是深层均有腐臭气味。

(3)弹性鉴别

新鲜猪肉:新鲜猪肉质地紧密却富有弹性,用手指按压凹陷后会立即复原。

次鲜猪肉:肉质比新鲜肉柔软、弹性小,用指头按压凹陷后不能完全复原。

变质猪肉:腐败变质肉由于自身被分解严重,组织失去原有的弹性而出现不同程度的腐烂,用指头按压后凹陷,不但不能复原,有时手指还可以把肉刺穿。

(4)脂肪鉴别

新鲜猪肉:脂肪呈白色,具有光泽,有时呈肌肉红色,柔软而富于弹性。

次鲜猪肉:脂肪呈灰色,无光泽,容易粘手,有时略带油脂酸败味和哈喇味。

变质猪肉:脂肪表面污秽、有粘液,霉变呈淡绿色,脂肪组织很软,具有油脂酸败气味。

(5)煮沸后的肉汤鉴别

新鲜猪肉:肉汤透明、芳香,汤表面聚集大量油滴,油脂的气味和滋味鲜美。

次鲜猪肉:肉汤浑浊,汤表面浮油滴较少,没有鲜香的滋味,常略有轻微的油脂酸败的气味及味道。

变质猪肉:肉汤极浑浊,汤内漂浮着有如絮状的烂肉片,汤表面几乎无油滴,具有浓厚的油脂酸败或显著的腐败臭味。

5. 鉴别冻猪肉的质量

(1)色泽鉴别

良质冻猪肉(解冻后):肌肉色红,均匀,具有光泽,脂肪洁白,无霉点。

次质冻猪肉(解冻后):肌肉红色稍暗,缺乏光泽,脂肪微黄,可有少量霉点。

变质冻猪肉(解冻后):肌肉色泽暗红,无光泽,脂肪呈污黄或灰绿色,有霉斑或霉点。

(2)组织状态鉴别

良质冻猪肉(解冻后):肉质紧密,有坚实感。

次质冻猪肉(解冻后):肉质软化或松弛。

变质冻猪肉(解冻后):肉质松弛。

(3)粘度鉴别

良质冻猪肉(解冻后):外表及切面微湿润,不粘手。

次质冻猪肉(解冻后):外表湿润,微粘手,切面有渗出液,但不粘手。

变质冻猪肉(解冻后):外表湿润,粘手,切面有渗出液亦粘手。

(4)气味鉴别

良质冻猪肉(解冻后):无臭味,无异味。

次质冻猪肉(解冻后):稍有氨味或酸味。

变质冻猪肉(解冻后):具有严重的氨味、酸味或臭味。

6. 鉴别鲜牛肉的质量

(1)色泽鉴别

良质鲜牛肉:肌肉有光泽,红色均匀,脂肪洁白或淡黄色。

次质鲜牛肉:肌肉色稍暗,用刀切开截面尚有光泽,脂肪缺乏光泽。

(2)气味鉴别

良质鲜牛肉:具有牛肉的正常气味。

次质鲜牛肉:牛肉稍有氨味或酸味。

(3)粘度鉴别

良质鲜牛肉:外表微干或有风干的膜,不粘手。

次质鲜牛肉:外表干燥或粘手,用刀切开的截面上有湿润现象。

(4)弹性鉴别

良质鲜牛肉:用手指按压后的凹陷能完全恢复。

次质鲜牛肉:用手指按压后的凹陷恢复慢,且不能完全恢复到原状。

(5)煮沸后的肉汤鉴别

良质鲜牛肉:肉汤透明澄清,脂肪团聚于肉汤表面,具有牛肉特有的香味和鲜味。

次质鲜牛肉:肉汤稍有浑浊,脂肪呈小滴状浮于肉汤表面,香味差或无鲜味。

7. 鉴别冻牛肉的质量

(1)色泽鉴别

良质冻牛肉(解冻后):肌肉色红均匀,有光泽,脂肪白色或微黄色。

次质冻牛肉(解冻后):肌肉色稍暗,肉与脂肪缺乏光泽,但切面尚有光泽。

(2)气味鉴别

良质冻牛肉(解冻后):具有牛肉的正常气味。

次质冻牛肉(解冻后):稍有氨味或酸味。

(3)粘度鉴别

良质冻牛肉(解冻后):肌肉外表微干,或有风干的膜,或外表湿润,但不粘手。

次质冻牛肉(解冻后):外表干燥或有轻微粘手,切面湿润粘手。

(4)组织状态鉴别

良质冻牛肉(解冻后):肌肉结构紧密,手触有坚实感,肌纤维的韧性强。

次质冻牛肉(解冻后):肌肉组织松弛,肌纤维有韧性。

(5)煮沸后的肉汤鉴别

良质冻牛肉(解冻后):肉汤澄清透明,脂肪团聚于表面,具有鲜牛肉汤固有的香味和鲜味。

次质冻牛肉(解冻后):肉汤稍有浑浊,脂肪呈小滴浮于表面,香味和鲜味较差。

8. 鉴别鲜羊肉的质量

(1)色泽鉴别

良质鲜羊肉:肌肉有光泽,红色均匀,脂肪洁白或淡黄色,质坚硬而脆。

次质鲜羊肉:肌肉色稍暗淡,用刀切开的截面尚有光泽,脂肪缺乏光泽。

(2)气味鉴别

良质鲜羊肉:有明显的羊肉膻味。

次质鲜羊肉:羊肉稍有氨味或酸味。

(3)弹性鉴别

良质鲜羊肉:用手指按压后的凹陷,能立即恢复原状。

次质鲜羊肉:用手指按压后凹陷恢复慢,且不能完全恢复到原状。

(4)粘度鉴别

良质鲜羊肉:外表微干或有风干的膜,不粘手。

次质鲜羊肉:外表干燥或粘手,用刀切开的截面上有湿润现象。

(5)煮沸后的肉汤鉴别

良质鲜羊肉:肉汤透明澄清,脂肪团聚于肉汤表面,具有羊肉特有的香味和鲜味。

次质鲜羊肉:肉汤稍有浑浊,脂肪呈小滴状浮于肉汤表面,香味差或无鲜味。

9. 鉴别冻羊肉的质量

(1)色泽鉴别

良质冻羊肉(解冻后):肌肉颜色鲜艳,有光泽,脂肪呈白色。

次质冻羊肉(解冻后):肉色稍暗,肉与脂肪缺乏光泽,但切面尚有光泽,脂肪稍微发黄。

变质冻羊肉(解冻后):肉色发暗,肉与脂肪均无光泽,切面亦无光泽,脂肪微黄或淡染黄色。

(2)粘度鉴别

良质冻羊肉(解冻后):外表微干或有风干膜或湿润但不粘手。

变质冻羊肉(解冻后):外表极度干燥或粘手,切面湿润发粘。

(3)组织状态鉴别

良质冻羊肉(解冻后):肌肉结构紧密,有坚实感,肌纤维韧性强。

次质冻羊肉(解冻后):肌肉组织松弛,但肌纤维尚有韧性。

变质冻羊肉(解冻后):肌肉组织软化、松弛,肌纤维无韧性。

(4)气味鉴别

良质冻羊肉(解冻后):具有羊肉正常的气味(如膻味等),无异味。

次质冻羊肉(解冻后):稍有氨味或酸味。

变质冻羊肉(解冻后):有氨味、酸味或腐臭味。

(5)煮沸后的肉汤鉴别

良质冻羊肉(解冻后):肉汤澄清透明,脂肪团聚于表面,具有鲜羊肉汤固有的香味或鲜味。

次质冻羊肉(解冻后):肉汤稍有浑浊,脂肪呈小滴浮于表面,香味、鲜味均差。

变质冻羊肉(解冻后):肉汤浑浊,脂肪很少浮于表面,有污灰色絮状物悬浮,有异味甚至臭味。

10. 鉴别鲜兔肉的质量

(1)色泽鉴别

良质鲜兔肉:肌肉有光泽,红色均匀,脂肪洁白或黄色。

次质鲜兔肉:肌肉稍暗色,用刀切开的截面尚有光泽,脂肪缺乏光泽。

(2)气味鉴别

良质鲜兔肉:具有正常的气味。

次质鲜兔肉:稍有氨味或酸味。

(3)弹性鉴别

良质鲜兔肉:用手指按下后的凹陷,能立即恢复原状。

次质鲜兔肉:用手指按压后的凹陷恢复慢,且不能完全恢复。

(4)粘度鉴别

良质鲜兔肉:外表微干或有风干的膜,不粘手。

次质鲜兔肉:外表干燥或粘手,用刀切开的截面上有湿润现象。

(5)煮沸后的肉汤鉴别

良质鲜兔肉:肉汤透明澄清,脂肪团聚在肉汤表面,具有兔肉特有的香味和鲜味。

次质鲜兔肉:肉汤稍有浑浊,脂肪呈小滴状浮于表面,香味差或无鲜味。

11. 鉴别冻兔肉的质量

(1)色泽鉴别

良质冻兔肉(解冻后):肌肉呈均匀红色、有光泽,脂肪白色或淡黄色。

次质冻兔肉(解冻后):肌肉稍暗,肉与脂肪均缺乏光泽,但切面尚有光泽。

变质冻兔肉(解冻后):肌肉色暗,无光泽,脂肪黄绿色。

(2)粘度鉴别

良质冻兔肉(解冻后):外表微干或有风干的膜或湿润,但不粘手。

次质冻兔肉(解冻后):外表干燥或轻度粘手,切面湿润且粘手。

变质冻兔肉(解冻后):外表极度干燥或粘手,新切面发粘。

(3)组织状态鉴别

良质冻兔肉(解冻后):肌肉结构紧密,有坚实感,肌纤维韧性强。

次质冻兔肉(解冻后):肌肉组织松弛,但肌纤维有韧性。

变质冻兔肉(解冻后):肌肉组织松弛,肌纤维失去韧性。

(4)气味鉴别

良质冻兔肉(解冻后):具有兔肉的正常气味。

次质冻兔肉(解冻后):稍有氨味或酸味。

变质冻兔肉(解冻后):有腐臭味。

(5)煮沸后的肉汤鉴别

良质冻兔肉(解冻后):肉汤澄清透明,脂肪团聚于表面,具有鲜兔肉固有的香味和鲜味。

次质冻兔肉(解冻后):肉汤稍显浑浊。脂肪呈小滴浮于表面,香味和鲜味较差。

变质冻兔肉(解冻后):肉汤浑浊,有白色或黄色絮状物悬浮,脂肪极少浮于表面,有臭味。

12. 鉴别鲜马肉的质量

(1)色泽鉴别

鲜马肉肌肉暗红色或呈棕色,与空气接触较久,因氧的作用而使其肌肉发青或略带黄色。

(2)气味鉴别

马肉具有特殊的气味,但在保存不善时,容易发酸。

(3)组织状态鉴别

肌肉纤维较粗,肉内结缔组织发达质硬,肌肉中不夹带脂肪质好,脂肪柔软。

13. 鉴别鲜驴肉的质量

(1)色泽鉴别

新鲜驴肉:呈红褐色,脂肪颜色淡黄有光泽。

次鲜驴肉:肌肉部分呈暗褐色无光泽。

(2)气味鉴别

新鲜驴肉:肌肉脂肪滋味浓香。

次鲜驴肉:肌肉脂肪平淡或无滋味。

(3)组织状态鉴别

新鲜驴肉:肌肉组织结实而有弹性,肌肉纤维较细有弹性。

次鲜驴肉:肌肉组织松软而缺乏弹性。

14. 鉴别老畜肉与幼畜肉的质量

老畜肉肉体的皮肤粗老,多皱纹,肌肉干瘦,皮下脂肪少,肌纤维粗硬而色泽深暗,结缔组织发达,淋巴结萎缩或变为黑褐色,肉味不鲜。

幼畜肉含水量多,滋味淡薄,肉质松软,易于煮熟,脂肪含量少,皮肤细嫩柔软,骨髓发红。

15. 鉴别公、母猪肉的质量

(1)看皮:公猪肉皮厚而硬,毛孔粗,皮肤与脂肪间无明显界限;母猪皮厚色黄,毛孔大而深,结合处疏松,皮下还有少量斑点。

(2)辨肉:公猪的肉色苍白,去皮去骨后,皮下脂肪又厚又硬;母猪的肉呈深红色,纹路粗乱,结缔组织多脂肪少。

(3)查骨:公猪的前五根肋骨比正常肥猪要宽而扁;母猪的骨头白中透黄,粗糙老化,奶头长而硬,乳腺孔特别明显。

(4)闻味:公、母种猪都有臊味和毛腥味。

16. 鉴别注水猪肉的质量

鉴别注水猪肉有以下几种方法：

(1)观察：正常的新鲜猪肉，肌肉有光泽，红色均匀，脂肪洁白。注水后的猪肉，肌肉缺乏光泽，表面有水淋淋的亮光。

(2)手触：正常的新鲜猪肉，手触有弹性，有粘手感，注水后的猪肉，手触弹性差，亦无粘性。

(3)刀切：正常的新鲜猪肉，用刀切后，切面无水流出，肌肉间无冰块残留；注水后的切面，有水顺刀流出，如果是冻肉，肌肉间还有冰块残留，严重时瘦肉的肌纤维被冻结冰胀裂，营养流失。

(4)纸试：纸试有多种方法。第一种方法是用普通薄纸贴在肉面上，正常的新鲜猪肉有一定粘性，贴上的纸不易揭下；注了水的猪肉，没有粘性，贴上的纸容易揭下。第二种方法是用卫生纸贴在刚切开的切面上，新鲜的猪肉，纸上没有明显的浸润；注水的猪肉则有明显的湿润。第三种方法是用卷烟纸贴在肌肉的切面上数分钟，揭下后用火柴点燃，如有明火的，说明纸上有油，是没有注水的肉；反之，点燃不着的则是注水的肉。

17. 鉴别注水牛肉的质量

鉴别注水牛肉可采取以下方法：

(1)观察：注水后的肌肉很湿润，肌肉表面有水淋淋的亮光，大血管和小血管周围出现半透明状的红色胶样浸湿，肌肉间结缔组织呈半透明红色胶冻状，横切面可见到淡红色的肌肉，如果是冻结后的牛肉，切面上能见到大小不等的结晶冰粒，这些冰粒是注入的水被冻结的，严重时这种冰粒会使肌肉纤维断裂，造成肌肉中的浆液(营养物质)外流。

(2)手触：正常的牛肉，富有一定的弹性；注水后的牛肉，破坏了肌纤维的强力，使之失去了弹性，所以用手指按下的凹陷，很难恢复原状，手触也没有粘性。

(3)刀切：注水后的牛肉，用刀切开时，肌纤维间的水会顺刀口流出。如果是冻肉，刀切时可听到沙沙声，甚至有冰疙瘩落下。

(4)化冻：注水冻结后的牛肉，在化冻时，盆中化冻后水是暗红色，其因是肌纤维被冻结冰胀裂，致使大量浆液外流的缘故。

注水后的牛肉，营养成分流失，不宜选购。

18. 鉴别发霉变质的冻猪肉

霉菌污染上的肉品，其腐败过程加快，并使肉品产生霉气和霉味。不同的霉菌，可以使肉产生不同颜色的霉斑，常见的霉变肉有以下几种：

(1)白斑：在冷藏肉的表面上长出小白斑，主要是由分枝胞霉菌引起的。这种白斑直径约为2mm～6mm，好似洒上的石灰水一样，在较大的斑点上，部分有白色粉状物附着，这种白斑用湿毛容易擦去，不留痕迹。

(2)绿斑：在冷藏肉的表面上长有绿色苔状物，主要是青霉属的霉菌寄生所致。对绿斑肉，可用布蘸醋或盐水抹去，或用刀修刮后供食用。

(3)黑斑：多见于冷藏肉、腌肉和腌制品，主要由芽枝霉菌属(如蜡叶芽枝霉)和产生黑色素的黑霉引起的。这些霉往往深入肉的深部，致使肉腐败。对发霉轻微的，可用刀修刮后食用，对肉的深层发霉或伴有腐败现象的，不能食用。

19. 鉴别 PSE 猪肉

在农贸肉类市场上,有时出现一种 PSE 猪肉,其意是猪肉苍白、柔软、多汁。这种肉的品质特征和鉴别方法如下:

(1)色泽:后腿肌肉和腰肌肉呈淡红色或灰白色,脂肪缺乏光泽。

(2)组织:肉质松软,缺乏弹性,手触不易恢复原状。

(3)切面:用刀切开,肉的切面上有浆液流出。

(4)煮熟:将肉煮熟后食之,感到肉质粗糙,适口性差。

20. 鉴别米猪肉(囊虫病猪肉)

米猪肉,即患有囊虫病的死猪肉。这种肉对人体健康危害性极大,不可食用。感官鉴别米猪肉的主要手段是注意其瘦肉(肌肉)切开后的横断面,看是否有囊虫包存在。猪的腰肌是囊虫包寄生最多的地方,囊虫包呈石榴粒状,多寄生于肌纤维中。用刀子在肌肉上切割,一般厚度间隔为 1cm,连切四五刀后,在切面上仔细观察,如发现肌肉中附有石榴籽(或米粒)一般大小的水泡状物,即为囊虫包,可断定这种肉就是米猪肉。囊虫包为白色、半透明。

21. 鉴别有淋巴结的病死猪肉

病死猪肉的淋巴是肿大的,其脂肪为浅玫瑰色或红色,肌肉为黑红色,肉切面上的血管可挤出暗红色的淤血。而正常猪肉的淋巴结大小正常,肉切面呈鲜灰色或淡黄色。

22. 鉴别硼砂猪肉

鉴别硼砂猪肉有以下几种方法:

(1)看猪肉的色泽:凡是在肉的表面上撒了硼砂后,都会使鲜肉失去原有的光泽,比粉红色的瘦肉要深暗一些。如果硼砂刚撒上去,则肉的表面上有白色的粉末状物质。

(2)摸猪肉的滑度:用手摸一摸肉面,如有滑腻感,说明肉上撒了硼砂。如果硼砂撒得多,手触时,还会有硼砂微粒粘在手上,并能嗅到微弱的碱味。

(3)用试纸验色:到化工商店或药店购买一本广泛试纸,撕下一张试纸,贴到肉上,如果试纸变成蓝色,说明肉中含有硼砂,如果试纸没有变色,说明肉上没有硼砂。

23. 鉴别瘟疫病猪肉

鉴别得了猪瘟疫病的活猪,有以下三种方法:

(1)看出血点:得了猪瘟疫病的活猪,皮肤上有较小的深色出血点,以四肢和腹下部为甚。

(2)看耳颈皮肤:得了猪瘟疫病的活猪,耳颈处的皮肤皆呈紫色。

(3)看眼结膜:得了猪瘟疫病的活猪,眼结膜发炎,有粘稠脓性分泌物。

因此,在生猪收购中,发现以上症状或特征的猪,不得收购宰杀。

瘟猪肉的特征如下:

(1)皮肤苍白,肉皮上有红斑点和坏死的现象。

(2)皮下脂肪、皮下及肌间的结缔组织有出血点,骨髓带有黑色。

(3)多数淋巴结边沿出血或网状出血或小点出血,切面呈大理石状或全呈红黑色。

24. 鉴别炭疽病猪肉

猪炭疽病大多在宰后检出,发生于咽部的最多,小肠次之。炭疽猪肉有以下特征:

(1)局部淋巴结肿大,刀切时有硬、脆的感觉,切面无光泽,呈砖红色或淡红色,并有深红色或紫黑色凹陷病灶。

（2）淋巴结周围组织呈黄色胶冻状。

（3）扁桃体约有 80％见有出直性炎症的破溃创面,上有黄色假膜或坏死。

（4）肠炭疽多见于十二指肠和空肠前半段的少数淋巴结。

发现有炭疽病畜的肉体、内脏皮毛和血应深埋或焚毁。与炭疽病肉接触的人,要用青霉素作预防性注射。

25. 鉴别丹毒病猪肉

（1）败血型丹毒肉:全身或胸腹部皮肤充血,表面有红斑,有时红斑扩大融合,成为大片红色,俗称大红袍。全身淋巴结肿胀、多汁,呈玫瑰色或紫红色。脾脏急性肿胀,呈红棕色。肾脏肿大,呈深红或紫红色,上面有细小的出血点。剖面皮质见有针尖大半球状红色小突起。胃底和十二指肠黏膜充血,并有出血斑点。

（2）疹块型丹毒肉:其淋巴结肿胀、多汁,呈灰白色。皮肤上有大小不等的方型、圆型、菱型的白色或红色疹块,高出皮肤表面,病愈后,仅留有灰黑色的痕迹。

（3）慢性型丹毒肉:主要表现在心脏二尖瓣上有菜花样赘生物,关节肿大变形,皮肤坏死或形成方型或菱型凹陷,有的皮上形成硬痂皮。

26. 鉴别陈旧猪肉与腐败猪肉

（1）陈旧猪肉:活猪宰杀以后,存放了一段时间的肉。这种肉的品质特征是肉的表面很干燥,有时也带有黏液,肌肉色泽发暗,它的切面潮湿而有粘性,肉汁浑浊没有香味,肉质松软,弹性小,用手指按压下去的凹陷部位不能立即复原,有时肉的表面还会发生轻微的腐败现象,但深层无腐败气味。此肉加盖煮沸后有异味,肉汤浑浊,汤的表面油滴细小,骨髓比新鲜的软,无光泽,带暗白或灰黄,腱柔软,颜色灰白,关节表面有浑浊粘液。

（2）腐败猪肉:活猪宰杀以后,经过较长时间的存放而发生腐坏的肉。这种肉的特点是,表面有的干燥,有的非常潮湿而带粘性。通常在肉的表面和切面上有霉点,呈灰白色或淡绿色,肉质松软没有弹性,用手指按压下去的凹陷不能复原,肉的表面和深层皆有腐败的酸败味。加盖煮沸后,有难闻的臭味,肉汤呈污秽状,表面有絮片,没有油滴,骨髓软而无弹性,颜色暗黑,腱潮湿而污灰,为黏液覆盖,关节表面也有一层似血浆样的黏液。

27. 鉴别色泽异常猪肉

（1）黄脂猪肉

一般认为是进食了鱼粉、蚕蛹粕、鱼肝油下脚料等含有不饱和脂肪酸的饲料,以及带有天然色素的芜菁、南瓜、胡萝卜等物引起的,同时还与体内缺乏维生素有关。在这些情况下,可使屠宰后的猪肉皮下腹部脂肪组织发黄,稍显浑浊,质地变硬,并略带鱼腥味。其他部位的组织则不发黄。也有人认为这种表现与某些疾病或遗传因素有关。因饲料原因引起的黄脂猪肉,在未发现其他不良变化时,完全可以食用。如伴有其他不良气味,则不能食用。

（2）黄疸猪肉

这是由于胆汁排泄发生障碍或机体发生大量渗血现象,致使大量胆红素进入血液中,将全身各种组织染成胆色的结果。其特点是:不仅脂肪组织发黄,而且皮肤、皮肤粘膜、结膜、巩膜、关节囊液、组织液及血管内膜也都发黄。这一点在感官区分黄疸与黄脂肉时具有重要的意义。此外,在进行猪肝脏和胆道的剖检时,会发现绝大多数黄胆病例呈现病理性改变。

在发现黄胆时,必须查明黄胆性质(传染性或非传染性),应特别注意排除沟端螺旋体病。真正的黄胆肉,原则上不能食用。如系传染性黄疸,应结合具体疾病进行处理。

(3)红膘和红皮猪肉

红膘系宰后猪胴体的皮下脂肪发红色。一般来讲,轻度的只限于肉膘呈红色,严重的除肉膘发红之外,肠道以及其他器官有炎症,皮肤也会发红。据资料报道,这种现象是出血性巴氏杆菌与猪丹毒杆菌所引起的,少数是沙门氏菌所致。红皮猪肉屠宰后猪胴体的皮肤发红,属弥漫性红染。多见于放血后未断气即泡烫的猪和长途运输后未经休息就立即屠宰的猪。对红膘和红皮猪肉,首先应进行细菌学检验,以确定是否与感染有关,如系感染所引起的,应依照有关传染病处理办法处理。如系一般性原因,如宰后未断气既泡烫引起大面积皮肤充血而导致的红皮,则可以在去除红皮后,将肉供给食用和销售。

(4)白肌病猪肉

白肌病即营养性肌萎缩,病因主要是维生素 E 及微量元素硒的缺乏。也有人认为是饲料中含有过多的不饱和脂肪酸,降低了机体对维生素 E 的利用率所致。在猪心肌与骨骼肌上分布有淡红色到白色的条纹或斑块,肌纤维透明或已钙化,病变肌肉苍白质地松软湿润,状似鱼肉。患病的猪,全身肌肉都是不良变化时,不能供食用和销售。如病猪肉仅有局部轻微变化时,可以进行修割,除去病变部位后再供食用。

28. 鉴别气味与滋味异常猪肉

处在宰后和保藏期间的肉品,有时可发现其气味与滋味出现异常,注意到这种变化,对进行感官鉴别很重要。究其主要原因首先应考虑到以下因素的影响:

(1)腥臭气味

未阉割或晚割以及阴睾的公猪发出难闻的气味。腥臭可因加热而臭味增强,故可应用煮沸方法进行鉴别。

(2)药物气味

在屠宰前不久给牲畜灌眼或注射具有芳香气味的药物,如醚、三氯甲烷、松节油、樟脑、甲酚制剂等,可使肉和脂肪带有该药物的气味。

(3)饲料气味

常见于进食了某些腐烂的块根(如萝卜、甜菜)、油渣饼、鱼粉、鱼肝油、蚕蛹粕以及带浓厚气味的植物(如苦艾、独行菜)或是长期喂泔脚水的猪,其肌肉和脂肪也可发出使人厌恶的各种气味。

(4)病理气味

屠畜的某些病理过程可导致肉的特殊气味和滋味。例如患蜂窝组织炎、子宫炎时,肉可带有腐败气味,患有损伤性、化脓性心包炎或腹膜炎时,肉有粪臭和氨臭味,患有胃肠炎时可有腥臭味。

(5)附加气味

当肉品置于具有特殊气味(如汽油、油漆、香蕉、调味品或鱼虾等)的环境里,或使用具有特殊气味的运输工具时,会赋予肉品异常的附加气味。

(6)食用原则

这类肉品在排除其他禁忌症的情况下,先置于清凉通风处,让气味放散,然后进行煮沸试验,如煮沸样品仍有不良气味时,则不宜新鲜食用,应考虑到作复制加工或工业用。如带有轻微不良气味,应局部废弃,其余部分可供食用。

29. 鉴别健康畜肉和病死畜肉

(1)色泽鉴别

健康畜肉:肌肉色泽鲜红,脂肪洁白(牛肉为黄色),具有光泽。

病死畜肉:肌肉色泽暗红或带有血迹,脂肪呈桃红色。

(2)组织状态鉴别

健康畜肉:肌肉坚实,不易撕开,用手指按压后可立即复原。

病死畜肉:肌肉松软,肌纤维易撕开,肌肉弹性差。

(3)血管状况鉴别

健康畜肉:全身血管中无凝结的血液,胸腹腔内无淤血,浆膜光亮。

病死畜肉:全身血管充满了凝结的血液,尤其是毛细血管中更为明显,胸腹腔呈暗红色,无光泽。

健康畜肉属于正常的优质肉品,病死、毒死的畜肉属劣质肉品,禁止食用和销售。

30. 鉴别广式腊味(腊肠、腊肉)的质量

腊肉是用鲜猪肉切成条状腌制以后,再经烘烤或晾晒而成的肉制品。腊肉亦是我国的传统产品。

(1)色泽鉴别

良质腊味:色泽鲜明,有光泽,肌肉呈鲜红色或暗红色,脂肪透明或呈乳白色。

次质腊味:色泽稍淡,肌肉呈暗红色或咖啡色脂肪呈淡黄色,表面可有霉斑,抹拭后无痕迹。切面有光泽。

劣质腊味:肌肉灰暗无光,脂肪呈黄色表面有霉点,抹拭后仍有痕迹。

(2)组织状态鉴别

良质腊味:肉质干爽,结实致密,坚韧而有弹性,指压后无明显凹痕。

次质腊味:肉质轻度变软,但尚有弹性,指压后凹痕尚易恢复。

劣质腊味:肉质松软,无弹性,指压后凹痕不易恢复,肉表面附有黏液。

(3)气味鉴别

良质腊味:具有广式腊味固有的正常风味。

次质腊味:风格略减,伴有轻度脂肪酸败味。

劣质腊味:有明显脂肪酸败味或其他异味。

31. 鉴别火腿的质量

(1)色泽鉴别

良质火腿:肌肉切面为深玫瑰色、桃红色或暗红色,脂肪呈白色、淡黄色或淡红色,具有光泽。

次质火腿:肌肉切面呈暗红色或深玫瑰红色,脂肪切面呈白色或淡黄色,光泽较差。

劣质火腿:肌肉切面呈酱色,上有斑点,脂肪切面呈黄色或黄褐色,无光泽。

(2)组织状态鉴别

良质火腿:结实而致密,具有弹性,指压凹陷能立即恢复,基本上不留痕迹。切面平整、光洁。

次质火腿:肉质较致密,略软,尚有弹性,指压凹陷恢复较慢,切面平整,光泽较差。

劣质火腿:组织状态疏松稀软,甚至呈粘糊状,尤以骨髓及骨周围组织更加明显。

(3)气味鉴别

良质火腿:具有正常火腿所特有的香气。

次质火腿:稍有酱味、花椒味、火豆豉味,无明显的哈喇味,可有微弱酸味。

劣质火腿:具有腐败臭味或严重的酸败味及哈喇味。

32. 火腿等级标准

(1)特级火腿:腿皮整齐,腿爪细,腿心肌肉丰满,腿上油头小,腿形整洁美观。

(2)一级火腿:全腿整洁美观,油头较小,无虫蛀和鼠咬伤痕。

(3)二级火腿:腿爪粗,皮稍厚,味稍咸,腿形整齐。

(4)三级火腿:腿爪粗,加工粗糙,腿形不整齐,稍有破伤、虫蛀伤痕,并有异味。

(5)四级火腿:脚粗皮厚,骨头外露,腿形不整齐,稍有伤痕、虫蛀和异味。

33. 鉴别中式火腿与西式火腿

(1)中式火腿:用鲜猪肉的带骨后腿经过腌制加工成的一种生制品。这是我国历史悠久的民间传统产品,如金华火腿等。

(2)西式火腿:用剔去骨头的猪腿肉,经过腌制后,装入特制的铝质模型中压制或装入马口铁罐头中,再经加热煮熟成为熟制品。这是西餐中的主要菜肴。其品质特点是肉质细嫩,膘少味鲜,咸味适中,鲜香可口。

34. 鉴别咸肉的质量

咸肉是以鲜肉为原料,用食盐腌制成的产品。鉴别方法如下:

(1)外观鉴别

良质咸肉:外表干燥、清洁。

次质咸肉:外表稍湿润、发粘,有时带有霉点。

劣质咸肉:外表湿润、发粘,有霉点或其他变色现象。

(2)组织状态及色泽鉴别

良质咸肉:肉质致密而结实,切面平整、有光泽,肌肉呈红色或暗红色,脂肪切面呈白色或微红色。

次质咸肉:质地稍软,切面尚平整,光泽较差,肌肉呈咖啡色或暗红色,脂肪微带黄色。

劣质咸肉:质地松软,肌肉切面发粘,色泽不均,多呈酱色,无光泽,脂肪呈黄色或灰绿色,骨骼周围常带有灰褐色。

(3)气味鉴别

良质咸肉:具有咸肉固有的风味。

次质咸肉:脂肪有轻度酸败味,骨周围组织稍有酸味。

劣质咸肉:脂肪有明显哈喇味及酸败味,肌肉有腐败臭味。

35. 鉴别烧烤肉的质量

烧烤肉是指经过配料、腌制,最后利用烤炉的高温将肉烤熟的食品。

(1)烧烤制品

色泽鉴别:表面光滑,富有光泽,肌肉切面发光,呈微红色,脂肪呈浅乳白色(鸭、鹅呈淡黄色)。

组织状态鉴别:肌肉切面紧密,压之无血水,脂肪滑而脆。

气味鉴别:具有独到的烧烤风味,无异臭味。

(2)叉烧制品

色泽鉴别:肉切面有光泽,微呈赤红色,脂肪白而透明,也有光泽。

组织状态鉴别:肌肉切面呈紧密状态,脂肪结实而脆。

气味鉴别:具有正常本品固有的风味,无异臭味。

36. 鉴别灌肠(肚)的质量

(1)外观鉴别

良质灌肠(灌肚):肠衣(或肚皮)干燥而完整,并紧贴肉馅,表面有光泽。

次质灌肠(灌肚):肠衣(或肚皮)稍有湿润或发粘,易与肉馅分离,表面色泽稍暗,有少量霉点,但抹拭后不留痕迹。

劣质灌肠(灌肚):肠衣(或肚皮)湿润,发粘,极易与肉馅分离并易撕裂,表面霉点严重,抹拭后仍有痕迹。

(2)色泽鉴别

良质灌肠(灌肚):切面有光泽,肉馅呈红色或玫瑰色,脂肪呈白色或微带红色。

次质灌肠(灌肚):部分肉馅有光泽,深层呈咖啡色,脂肪呈淡黄色。

劣质灌肠(灌肚):肉馅无光泽,肌肉碎块的颜色灰暗,脂肪呈黄色或黄绿色。

(3)组织状态鉴别

良质灌肠(灌肚):切面平整坚实,肉质紧密而富有弹性。

次质灌肠(灌肚):组织松软,切面平齐但有裂隙,外围部分有软化现象。

劣质灌肠(灌肚):组织松软,切面不齐,裂隙明显,中心部分有软化现象。

(4)气味鉴别

良质灌肠(灌肚):具有灌肠(灌肚)特有的风味。

次质灌肠(灌肚):风味略减,脂肪有轻度酸败味或肉馅带有酸味。

劣质灌肠(灌肚):有明显的脂肪酸败气味或其他异味。

37. 鉴别酱卤熟肉品

(1)色泽鉴别:肉质新鲜,略带酱红色,具有光泽。

(2)组织状态鉴别:肉质切面整齐平滑,结构紧密结实,有弹性,有油光。

(3)气味鉴别:具有酱卤薰的风味,无异臭。

38. 鉴别新鲜鸡肉的质量

(1)眼球鉴别

新鲜鸡肉:眼球饱满。

次鲜鸡肉:眼球皱缩凹陷,晶体稍显浑浊。

变质鸡肉:眼球干缩凹陷,晶体浑浊。

（2）色泽鉴别

新鲜鸡肉：皮肤有光泽，因品种不同可呈淡黄、淡红和灰白等颜色，肌肉切面具有光泽。

次鲜鸡肉：皮肤色泽转暗，但肌肉切面有光泽。

变质鸡肉：体表无光泽，头颈部常带有暗褐色。

（3）气味鉴别

新鲜鸡肉：具有鲜鸡肉的正常气味。

次鲜鸡肉：仅在腹腔内可嗅到轻度不快味，无其他异味。

变质鸡肉：体表和腹腔均有不快味甚至臭味。

（4）粘度鉴别

新鲜鸡肉：外表微干或微湿润，不粘手。

次鲜鸡肉：外表干燥或粘手，新切面湿润。

变质鸡肉：外表干燥或粘手腻滑，新切面发粘。

（5）弹性鉴别

新鲜鸡肉：指压后的凹陷能立即恢复。

次鲜鸡肉：指压后的凹陷恢复较慢，且不完全恢复。

变质鸡肉：指压后的凹陷不能恢复，且留有明显的痕迹。

（6）肉汤鉴别

新鲜鸡肉：肉汤澄清透明，脂肪团聚于表面，具有香味。

次鲜鸡肉：肉汤稍有浑浊，脂肪呈小滴浮于表面，香味差或无褐色。

变质鸡肉：肉汤浑浊，有白色或黄色絮状物，脂肪浮于表面者很少，甚至能嗅到腥臭味。

39. 鉴别冻鸡肉的质量

（1）眼球鉴别

良质冻鸡肉（解冻后）：眼球饱满或平坦。

次质冻鸡肉（解冻后）：眼球皱缩凹陷，晶状体稍有浑浊。

变质冻鸡肉（解冻后）：眼球干缩凹陷，晶状体浑浊。

（2）色泽鉴别

良质冻鸡肉（解冻后）：皮肤有光泽，因品种不同而呈黄、浅黄、淡红、灰白等色，肌肉切面有光泽。

次质冻鸡肉（解冻后）：皮肤色泽转暗，但肌肉切面有光泽。

变质冻鸡肉（解冻后）：体表无光泽，颜色暗淡，头颈部有暗褐色。

（3）粘度鉴别

良质冻鸡肉（解冻后）：外表微湿润，不粘手。

次质冻鸡肉（解冻后）：外表干燥或粘手，切面湿润。

变质冻鸡肉（解冻后）：外表干燥或粘腻，新切面湿润、粘手。

（4）弹性鉴别

良质冻鸡肉（解冻后）：恢复。

次质冻鸡肉（解冻后）：恢复。指压后的凹陷恢复慢。

变质冻鸡肉（解冻后）：肌肉软、散，指压后凹陷不但不能恢复，而且容易将鸡肉用指头戳破。

(5)气味鉴别

良质冻鸡肉(解冻后):具有鸡的正常气味。

次质冻鸡肉(解冻后):惟有腹腔内能嗅到轻度不快味,无其他异味。

变质冻鸡肉(解冻后):体表及腹腔内均有不快气味。

(6)煮沸后的肉汤鉴别

良质冻鸡肉(解冻后):煮沸后的肉汤透明、澄清,脂肪团聚于表面,具备特有的香味。

次质冻鸡肉(解冻后):煮沸后的肉汤稍有浑浊,油珠呈小滴浮于表面。香味差或无鲜味。

变质冻鸡肉(解冻后):肉汤浑浊,有白色到黄色的絮状物悬浮,表面几乎无油滴悬浮,气味不佳。

40. 鉴别健康鸡与病鸡

(1)动态鉴别

健康鸡:将鸡抓翅膀提起,其挣扎有力,双腿收起,鸣声长而响亮,有一定重量,表明鸡活力强。

病鸡:挣扎无力,鸣声短促而嘶哑,脚伸而不收,肉薄身轻,则是病鸡。

(2)静态鉴别

健康鸡:呼吸不张嘴,眼睛干净且灵活有神。

病鸡:不时张嘴,眼红或眼球浑浊不清,眼睑浮肿。

(3)体貌鉴别

健康鸡:鼻孔干净而无鼻水,冠脸朱红色,头羽紧贴,脚爪的鳞片有光泽,皮肤黄净有光泽,肛门黏膜呈肉色,鸡嗉囊无积水,口腔无白膜或红点,不流口水。

病鸡;鼻孔有水,鸡冠变色,肛门里有红点,流口水嘴里有病变。

41. 鉴别烧鸡的质量

烧鸡质量优劣有以下鉴别方法:

(1)闻:如果有异臭味,说明烧鸡存放已久,或是病死鸡加工制成的。

(2)看:看烧鸡的眼睛,如果眼睛是半睁半闭,说明是好鸡加工制成的;如果双眼紧闭,说明是病鸡或病死鸡加工制成的。

(3)动:用筷子或小刀挑开肉皮,肉呈血红色的,说明是病死鸡加工制成的,因病死鸡没有放血或放不出血。

此外,买烧鸡时,不要只看其色泽的新鲜光滑,因为有的烧鸡,其色泽是用红糖或蜂蜜和油涂抹在表面形成的。

42. 鉴别鲜光鸭的质量

老光鸭的特征,有以下几个方面:

(1)体表:鸭身表面干净光滑,无小毛。

(2)色泽:皮色淡黄。

(3)嘴筒:手感坚硬,呈灰色。

(4)气管:手摸气管是粗的,即大于竹筷直径。

（5）质量：光鸭质量在 1kg 左右。

嫩光鸭的特征，有以下几个方面：

（1）体表：鸭身表面不光滑，有小毛存在。

（2）色泽：皮色雪白光润。

（3）嘴筒：手感较软，呈灰白色。

（4）气管：手摸气管是细的，即小于竹筷直径。

（5）质量：光鸭质量在 1.5kg 左右。

43. 鉴别板鸭的质量

（1）外观鉴别

良质板鸭：体表光洁，呈白或乳白色。腹腔内壁干燥、有盐霜，肉切面呈玫瑰红色。

次质板鸭：体表呈淡红或淡黄色，有少量的油脂渗出。腹腔潮湿有霉点，肌肉切面呈暗红色。

劣质板鸭：体表发红或深黄色，有大量油脂渗出。腹腔潮湿发粘，有霉斑，肉切面带灰白、淡红或淡绿色。

（2）组织状态鉴别

良质板鸭：切面致密结实，有光泽。

次质板鸭：切面疏松，无光泽。

劣质板鸭：切面松散，发粘。

（3）气味鉴别

良质板鸭：具有板鸭特有的风味。

次质板鸭：皮下和腹部脂肪带有哈喇味，腹腔有霉味或腥气。

劣质板鸭：有严重的哈喇味和腐败的酸气，骨髓周围更为明显。

（4）肉汤鉴别

良质板鸭：汤面有大片的团聚脂肪，汤极鲜美芳香。

次质板鸭：鲜味较差，有轻度的哈喇味。

劣质板鸭：有腐败的臭味和严重的哈喇味、涩味。

44. 鉴别健康禽肉与死禽肉

（1）放血切口鉴别

健康禽肉：切口不整齐，放血良好，切口周围组织有被直液浸润现象，呈鲜红色。

死禽肉：切口平整，放血不良，切口周围组织无被血液浸润现象，呈暗红色。

（2）皮肤鉴别

健康禽肉：表皮色泽微红，具有光泽。

死禽肉：表皮呈暗红色或微青紫色，有死斑，无光泽。

（3）脂肪鉴别

健康禽肉：脂肪呈白色或淡黄色。

死禽肉：脂肪呈暗红色，血管中淤存有暗紫红色血液。

（4）胸肌、腿肌鉴别

健康禽肉：切面光洁，肌肉呈淡红色，有光泽、弹性好。

死禽肉:切面呈暗红色或暗灰色,光泽较差或无光泽,手按在肌肉上会有少量暗红色血液渗出。

45. 鉴别塞肫、灌水家禽

(1)塞肫家禽:检查活鸡是否塞肫,可察看鸡肫是否歪斜肿胀。用手捏摸鸡肫,感觉有颗粒状的内容物,则可能是事先塞的稻谷、玉米、粗沙等物。

(2)灌水家禽:检查鸡腹内是否灌水,可用手捏摸鸡腹和两翅骨下。若不觉得肥壮,而是有滑动感,则多是用针筒注射了水。另外,灌注水量较多的鸡,多半不能站立,只能蹲着不动,由此亦可参考鉴别。

46. 家禽肉及其肉制品的感官鉴别与食用原则

肉及肉制品在腐败的过程中,由于组织成分被分解,首先使肉品的感官性状发生令人难以接受的改变,因此借助于人的感官来识别其质量优劣,具有很重要的现实意义。

经感官鉴别后的肉及肉制品,可以按如下原则来食用或处理:

(1)新鲜(或良质)的肉及肉制品可供食用并准许出售,可以不受限制。

(2)次鲜(或次质)的肉及肉制品,根据具体情况进行必要的处理。对稍不新鲜的,一般不限制出售,但要求货主尽快销售完,不宜继续保存。对有腐败气味的,须经修割、剔除变质的表层或其他部分后,再高温处理,方可供应食用及销售。

(3)腐败变质的肉及肉制品,禁止供食用和出售,应予以销毁或改作工业用途。

47. 鉴别猪心的质量

新鲜猪心:呈淡红色,脂肪乳白色或带微红色,组织结实,具有韧性和弹性,气味正常。

变质猪心:呈红褐色或绿色,脂肪呈活红或灰绿色,组织松软易碎,无弹性,具有异臭味。

病变猪心:心内、外膜出血、轻度充血或重度充血。

食用原则:新鲜的猪心,可供正常食用和销售,变质腐败的心则不可食用与销售,心内、外膜轻度出血、心包积液或心囊尾蚴在 5 个以下者,可经高温处理后供食用。上述三种病变严重者均应销毁。

48. 鉴别猪肝的质量

新鲜猪肝:红褐色或棕红色,润滑而有光泽,组织致密结实,具有弹性,切面整齐,略有血腥气味。

变质猪肝:发青绿或灰褐色,无光泽,组织松软,无弹性,切面模糊,具有酸败或腐臭味。

病变猪肝:常见的肝部病变有肝色素沉着、肝出血、肝坏死、肝脓肿、肝脂肪变性、肝包虫病等。

食用原则:新鲜的猪肝可供正常食用及销售,变质的肝脏及有肝色素沉着、肝出血等病变者应销毁或作肥料用,如发现属于其他的肝脏轻度病变,应除病变部位后食用,重者应予废弃。

49. 鉴别猪肾的质量

新鲜猪肾:呈淡褐色,具有光泽和弹性,组织结实,肾脏剖面略有尿臊味。

变质猪肾:呈淡绿色或灰白色,无光泽,无弹性,组织松脆,有异臭味。

病变猪肾:肾剖面有轻度或明显的炎症及积水,多为患肾炎的病猪肾。

食用原则:新鲜猪肾可正常供食用和销售,变质腐败的肾不可食用及销售,病变者,当发现炎症或膜脂肪病变时,须经高温处理后方可供食用,发现肾色素沉着者,应立即销毁。

50. 鉴别猪肚的质量

新鲜猪肚:呈乳白色或淡黄褐色,粘膜清晰,组织结实且具有较强的韧性,内外均无血块及污物。

变质猪肚:呈淡绿色,黏膜模糊,组织松弛,易破,有腐败恶臭气味。

病变猪肚:急性胃炎,胃水肿。

食用原则:新鲜猪肚可供正常食用及销售,变质及重度病变的应销毁,轻度病变者经修割后可食用。

51. 鉴别猪肠的质量

新鲜猪肠:呈乳白色,质稍软,具有韧性,有黏液,不带粪便及污物。

变质猪肠:呈淡绿色或灰绿色,组织软,无韧性,易断裂,具有腐败恶臭味。

食用原则:新鲜猪肠可正常供食用及销售,变质者不可供食用和销售,有病变的肠,轻度病变经修割后可食用,重度病变的则应作废弃处理。

52. 鉴别猪肺的质量

新鲜猪肺:呈粉红色,具有光泽和弹性,无寄生虫及异味。

变质猪肺:呈白色或绿褐色,无光泽,无弹性,质地松软。

病变猪肺:包括肺充血、肺水肿、肺气肿、肺寄生虫、肺坏疽,轻度的为局部性病变。

食用原则:新鲜猪肺可供正常食用及销售,变质者则不可供食用及销售,肺部有病变的,除肺坏疽一经发现后应全部废弃外其他肺部轻度局部病变者,做修割剔出病变部位后可供食用,如为重度病变则应全部废弃。

53. 猪内脏质量感官鉴别

因猪内脏组织的含水量高。肌纤维细嫩,易受胃肠内容物及粪便污血的污染,故极易腐败变质。因此内脏质量优劣的感官鉴别尤其重要。在对猪内脏进行感官评价时,首先应留意其色泽,组织致密程度、韧性和弹性如何。其次观察有无脓点、出血点或伤斑,特别应该提到的是有无病变表现。然后是嗅其气味,看有无腐臭或其他令人不愉快的气味。做此类食物的感官鉴别,其重点应该放在审视外观、鼻嗅气味和手触摸了解组织形态三个方面。

54. 肉类检疫章的识别

近年来,消费者十分关心肉类检疫情况,现将有关知识介绍如下:

(1)兽医验讫章

经检疫合格,认为品质良好,适于食用的生猪、牛羊肉,盖以圆形、正中横排"兽医验证"四字,并标有年、月、日和畜别的印章。

(2)高温章

经检疫认定,必须按规定的温度和时间处理才能出售的肉品,盖以等边三角形,内有"高温"二字的印章。

(3)食用油章

经检疫认定,不能直接出售或食用,必须尽快炼成食用油的生猪肉,盖以长方形,中间有"食用油"三字的印章。

（4）工业油章

经检疫认定，不能直接出售或食用，只能炼作工业用油的生猪肉，盖以椭圆形、中间有"工业油"三字的印章。

（5）销毁章

经检疫认定，禁止出售和食用的生猪肉，整以"×"型对角线，内有"销毁"二字的印章。

消费者在购买生肉时，可根据不同的印章来进行区别。凡未经检疫，未盖检疫印章的生肉，最好不要购买。

九、植物油料与油脂鉴别

1. 植物油料与油脂感官鉴别要点

植物油料的感官鉴别主要是依据色泽、组织状态、水分、气味和滋味几项指标进行。这里包括了眼观其籽粒饱满程度、颜色、光泽、杂质、霉变、虫蛀、成熟度等情况，借助于牙齿咬合，手指按捏等办法，根据声响和感觉来判断其水分大小，此外就是鼻嗅其气味，口尝其滋味，以感知是否有异臭异味。其中尤以外观、色泽、气味三项为感官鉴别的重要依据。

植物油脂的质量优劣，在感官鉴别上也可大致归纳为色泽、气味、滋味等几项，再结合透明度、水含量、杂质沉淀物等情况进行综合判断。其中眼观油脂色泽是否正常，有无杂质或沉淀物，鼻嗅是否有霉、焦、哈喇味，口尝是否有苦、辣、酸及其他异味，是鉴别植物油脂好坏的主要指标。植物油脂还可以进行加热试验，当有油脂酸败时油烟浓重而呛人。

2. 鉴别大豆的质量

大豆根据其种皮颜色和粒形可分为黄大豆、青大豆、黑大豆、其他大豆（赤色、褐色、棕色等）和饲料豆（秣食豆）五类。

（1）色泽鉴别

感官鉴别大豆时，可取样品直接观察其皮色或脐色。

良质大豆：皮色呈各种大豆固有的颜色，光彩油亮，洁净而有光泽，脐色呈黄白色或淡褐色。

次质大豆：皮色灰暗无光泽，脐色呈褐色或深褐色。

劣质大豆：皮色黑暗。

（2）组织状态鉴别

良质大豆：颗粒饱满，整齐均匀，无未成熟粒和虫蛀粒，无杂质，无霉变。

次质大豆：颗粒大小不均，有未成熟粒、虫蛀粒，有杂质。

（3）含水量鉴别

大豆含水量的感官鉴别主要是应用齿碎法，而且要根据不同季节而定，水分相同而季节不同，齿碎的感觉也不同。

冬季：水分在12%以下时，齿碎后可呈4～5块，水分在12%～13%时，虽然能破碎，但不能碎成多块，水分在14%～15%左右时，齿碎后豆粒不破碎而形成肩状，豆粒四周裂成许多小口，牙齿的痕迹会留在豆粒上，豆粒被牙齿咬过的部分出现透明现象。

夏季：水分在12%以下时，豆粒能齿碎并发出响声，水分在12%以上时，齿碎时不易破碎且没有响声。

良质大豆:水分在 12% 以下。

次质大豆:水分在 12% 以上。

3. 鉴别花生的质量

(1)色泽鉴别

感官鉴别花生的色泽时,可先对整个样品进行观察,然后剥去果荚再观察果仁。

良质花生:果荚呈土黄色或白色,果仁呈各不同品种所特有的颜色,色泽分布均匀一致。

次质花生:果荚颜色灰暗,果仁颜色变深。

劣质花生:果荚灰暗或暗黑,果仁呈紫红色、棕褐色或黑褐色。

(2)组织状态鉴别

感官鉴别花生的组织状态时,先看样品外观,然后剥去果荚观察果仁,最后掰开果仁观看子叶形态。

良质花生:带荚花生和去荚果仁均颗粒饱满、形态完整、大小均匀,子叶肥厚而有光泽,无杂质。

次质花生:颗粒不饱满、大小不均匀或有未成熟粒(果仁皱缩,体积小于正常完善粒的 1/2 或质量小于正常完善粒的 1/2 的颗粒)、破碎粒、虫蚀粒、生芽粒等。子叶瘠瘦,有杂质。

劣质花生:花生发霉,严重虫蚀,有大量的冻伤粒(籽粒变软,色泽变暗,食味变劣的颗粒)、热伤粒(果仁种皮变色,子叶由乳白色变为透明如蜡状,含有哈喇味的颗粒)。

(3)气味鉴别

感官鉴别花生的气味就是将花生剥去果荚后嗅其气味。

良质花生:具有花生特有的气味。

次质花生:花生特有的气味平淡或略有异味。

劣质花生:有霉味、哈喇味等不良气味。

(4)滋味鉴别

感官鉴别花生的滋味时,应取花生剥去果皮后用牙齿咀嚼,细品。

良质花生:具有花生纯正的香味,无任何异味。

次质花生:花生固有的味道淡薄。

劣质花生:有油脂酸败味,辣味、苦涩味及其他令人不愉快的滋味。

4. 鉴别芝麻的质量

芝麻按颜色分为白芝麻、黑芝麻、黄芝麻和杂色芝麻四种。一般种皮颜色浅的比色深的含油量高。

(1)色泽鉴别

将芝麻样品在白纸上撒一薄层进行观察。

良质芝麻:色泽鲜亮而纯净。

次质芝麻:色泽发暗。

劣质芝麻:色泽昏暗发乌呈棕黑色。

(2)组织状态鉴别

进行芝麻组织状态的感官鉴别时,可取样品在白纸上撒一薄层,仔细观察。同时应查看杂质的性质及含量。进行杂质检查时,可用手抓一把芝麻,稍稍松手让其自然慢慢滑落,看一看留在手中的泥砂、碎粒、花尖等杂质,并估计其大致含量,或者用手插入包装的底层,抓出少量芝麻,采用播吹籽粒的方式,也能看出所含泥土的多少。

良质芝麻:籽粒大而饱满,皮薄,嘴尖而小,籽粒呈白色,一般性杂质不超过 2.0%。

次质芝麻:籽粒不饱满或萎缩,且秕粒多,嘴尖过长,有虫蚀粒、破损粒、泥土砂子等杂质含量超过 2.0%。

劣质芝麻:发霉或腐败变质的籽粒较多。

(3)水分含量鉴别

芝麻水分含量在现行粮食标准中规定为不超过 8%。进行芝麻水分含量的感官鉴别时,可用手抓一大把芝麻,用力握紧,使大部分籽粒从手缝中迸射出去,松手看留在手中的部分,若籽粒分散,说明水分不大。或用拇指和食指捏起芝麻一搓,有响声但不破者,其水分不超过标准。用手捏起一把芝麻,松手时见已粘成一团,水分则超标。干芝麻手易插入,水分离的则不易插入且插入后手有发热的感觉。另外也可将芝麻由一个容器倒入另一个容器中,若发出"嚓嚓"的响声,说明水分不大,响声发闷,则水分大。

良质芝麻:水分不超过 8%。

次质芝麻:水分超过 8%。

(4)气味鉴别

可取芝麻籽粒直接嗅闻。

良质芝麻:具有芝麻固有的纯正香气。

次质芝麻:芝麻气味平淡。

劣质芝麻:有霉味、哈喇味等不良气味。

(5)滋味鉴别

进行芝麻滋味的感官鉴别时,应先漱口,然后取样品进行咀嚼以品尝其滋味。

良质芝麻:具有芝麻固有的滋味。

次质芝麻:芝麻固有的滋味平淡,微有异味。

劣质芝麻:有苦味、腐败味及其他不良滋味。

5. 鉴别油菜籽的质量

(1)色泽鉴别

取油菜籽在白纸上撒一薄层进行观察。

良质油菜籽:色泽因种类不同而各有差异,可以呈由黄到黑的一系列颜色。

次质油菜籽:色泽比该种类应具有的正常色泽浅淡。

劣质油菜籽:呈灰白色。

(2)组织状态鉴别

可先取样品撒在白纸上进行观察,然后再去掉籽皮观察,最后检查一下杂质含量及性质。检查杂质时,抄起一撮油菜籽置于手掌上反复左右晃动,籽粒上浮,而泥砂等物留在掌心,估计杂质的含量。

良质油菜籽:籽粒充实饱满,大小均匀适中,完整而皮薄,果仁呈黄白色,一般性杂质不超过 3.0%。

次质油菜籽:籽粒不饱满,未成熟籽粒较多,大小不均,皮厚,果仁呈黄色,杂质含量超过3.0%。

劣质油菜籽:籽粒发霉变质,果仁呈棕色。

(3)水分鉴别

进行油菜籽水分的感官鉴别时,可把油菜籽放在桌面上用手指或竹片用力碾压,如皮与仁完全分离,并有碎粉,仁呈黄白色,水分约为8%～9%;压碎后,皮仁能部分分离,但无碎粉,仁呈微黄色,水分约为9%～10%;压碎后,皮仁能部分分离,并有个别的被压成了片状,仁呈嫩黄色,水分约为10%～11%;压碎后,皮仁不能分开,被整个压成片,仁为黄色,水分约为12%～13%。也可以抓满一把油菜籽,紧紧握住,水分小的菜籽会发出"嚓嚓"的响声,并从拳眼和指缝间向外射出,将手张开时,手上剩余的籽粒自然散开,不成团,否则即为水分含量高者。另外用手插入菜籽堆深处时,有发热的感觉,且堆内的菜籽呈灰白色,可断定水分过大,有发霉现象。

良质油菜籽:水分含量在8.0%以下。

次质油菜籽:水分含量在8.0%以上。

(4)气味鉴别

进行油菜籽气味的感官鉴别时,可取样品直接嗅闻。

良质油菜籽:具有油菜籽固有的气味。

次质油菜籽:油菜籽固有的气味平淡。

劣质油菜籽:有霉味、哈喇味等不良气味。

(5)滋味鉴别

感官鉴别油菜籽味时,可在漱口后取样品在口中咀嚼并细细品尝。

良质油菜籽:具有油菜籽固有的辛辣味道。

次质油菜籽:油菜籽固有的滋味平淡。

劣质油菜籽:有苦味、霉变味、油脂酸败味或其他不良滋味。

6. 鉴别食用植物油的质量

人们在日常生活中,对植物油的质量鉴别,有以下几个方面:

(1)气味:每种食油均有其特有的气味,这是油料作物所固有的,如豆油有豆味,菜油有菜籽味等。油的气味正常与否,可以说明油料的质量、油的加工技术及保管条件等的好坏。国家油品质量标准要求食用油不应有焦臭、酸败或其他异味。检验方法是将食油加热至50℃,用鼻子闻其挥发出来的气味,决定食油的质量。

(2)滋味:是指通过嘴尝得到的味感。除小磨麻油带有特有的芝麻香味外,一般食用油多无任何滋味。油脂滋味有异感,说明油料质量、加工方法、包装和保管条件等不良。新鲜度较差的食用油,可能带有不同程度的酸败味。

(3)色泽:各种食用油由于加工方法、消费习惯和标准要求的不同,其色泽有深有浅。如油料加工中,色素溶入油脂中,则油的色泽加深,如油料经蒸炒或热压生产出的油,常比冷压生产出的油色泽深。检验方法是,取少量油放在50mL比色管中,在白色幕前借反射光观察试样的颜色。

(4)透明度:质量好的液体状态油脂,温度在20℃静置24h后,应呈透明状。如果油质浑浊,透明度低,说明油中水分多、粘蛋白和磷脂多,加工精炼程度差,有时油脂变质后,形成的高熔点物质,也能引起油脂的浑浊,透明度低、掺了假的油脂,也有浑浊和透明度差的现象。

(5)沉淀物:食用植物油在20℃以下,静置20h以后所能下沉的物质,称为沉淀物。油脂的质量越高,沉淀物越少。沉淀物少,说明油脂加工精炼程度高,包装质量好。

7. 鉴别花生油的质量

(1)色泽鉴别

进行花生油色泽的感官鉴别时,可按照大豆油色泽的感官鉴别方法进行检查和评价。

良质花生油:一般呈淡黄至棕黄色。

次质花生油:呈棕黄色至棕色。

劣质花生油:呈棕红色至棕褐色,并且油色暗淡,在日光照射下有蓝色荧光。

(2)透明度鉴别

进行花生油透明度的感官鉴别时,可按大豆油透明度的感官鉴别方法进行。

良质花生油:清晰透明。

次质花生油:微浑浊,有少量悬浮物。

劣质花生油:油液浑浊。

(3)水分含量鉴别

进行花生油水分含量的感官鉴别时,可按大豆油水分含量的感官鉴别方法进行。

良质花生油:水分含量在0.2%以下。

次质花生油:水分含量在0.2%以上。

(4)杂质和沉淀物鉴别

进行花生油杂质和沉淀物的感官鉴别时,可按大豆油杂质和沉淀物的感官鉴别方法进行。

良质花生油:有微量沉淀物,杂质含量不超过0.2%,加热至280℃时,油色不变深,有沉淀析出。

劣质花生油:有大量悬浮物及沉淀物,加热至280℃时,油色变黑,并有大量沉淀析出。

(5)气味鉴别

进行花生油气味的感官鉴别时,可按照大豆油气味的感官鉴别方法进行。

良质花生油:具有花生油固有的香味(未经蒸炒直接榨取的油香味较淡),无任何异味。

次质花生油:花生油固有的香气平淡,微有异味,如青豆味、青草味等。

劣质花生油:有霉味、焦味、哈喇味等不良气味。

(6)滋味鉴别

进行花生油滋味的感官鉴别时,可按大豆油滋味的感官鉴别方法进行。

良质花生油:具有花生油固有的滋味,无任何异味。

次质花生油:花生油固有的滋味平淡,微有异味。

劣质花生油:具有苦味、酸味、辛辣味以及其他刺激性或不良滋味。

8. 花生油的特点

(1)毛花生油的特点:色泽深黄,含有较多的水分和杂质,浑浊不清,可以食用。

（2）过滤花生油的特点：较毛油澄清，酸价较高，不能长期保管。

（3）精制花生油的特点：透明度高，质地洁净，水分和杂质很少，因经精炼除去游离酸，不易酸败，是人们最欢迎的品种。

9. 鉴别豆油的质量

（1）色泽鉴别

纯净油脂是无色、透明，略带粘性的液体。但因油料本身带有各种色素，在加工过程这些色素溶解在油脂中而使油脂具有颜色。油脂色泽的深浅，主要决定于油料所含脂溶性色素的种类及含量、油料籽品质的好坏、加工方法、精炼程度及油脂贮藏过程中的变化等。

进行大豆油色泽的感官鉴别时，将样品混匀并过滤，然后倒入直径 50mm、高 100mm 的烧杯中，油层高度不得小于 5mm。在室温下先对着自然光线观察。然后再置于白色背景前借其反行光线观察。

冬季油脂变稠或凝固时，取油样 250g 左右，加热至 35℃～40℃，使之呈液态，并冷却至 20℃左右按上述方法进行鉴别。

良质大豆油：呈黄色至橙黄色。

次质大豆油：油色呈棕色至棕褐色。

（2）透明度鉴别

品质正常的油质应该是完全透明的，如果油脂中含有磷脂、固体脂肪、蜡质以及含量过多或含水量较大时，就会出现浑浊，使透明度降低。

进行大豆油透明度的感官鉴别时，将 100mL 充分混合均匀的样品置于比色管中，然后置于白色背景前借反射光线进行观察。

良质大豆油：完全清晰透明。

次质大豆油：稍浑浊，有少量悬浮物。

劣质大豆油：油液浑浊，有大量悬浮物和沉淀物。

（3）水分含量鉴别

油脂是一种疏水性物质，一般情况下不易和水混合。但是油脂中常含有少量的磷脂、固醇和其他杂质等能吸收水分，而形成胶体物质悬浮于油脂中，所以油脂中仍有少量水分，而这部分水分一般是在加工过程中混入的。同时还混入一些杂质，还会促使油脂水解和酸败，影响油脂贮存时的稳定性。

进行大豆油水分的感官鉴别时，可用以下三种方法进行：

1）取样观察法：取干燥洁净的玻璃扦油管，斜插入装油容器内至底部，吸取油脂，在常温和直射光下进行观察，如油脂清晰透明，水分杂质含量在 0.3％以下；若出现浑浊，水分杂质在 0.4％以上，油脂出现明显浑浊并有悬浮物，则水分杂质在 0.5％以上，把扦油管的油放回原容器，观察扦油管内壁油迹，若有乳浊现象，观察模糊，则油中水分在 0.3％～0.4％之间。

2）烧纸验水法：取干燥洁净的扦油管，插入静置的油容器里，直到底部，抽取油样少许，（底部沉淀物）涂在易燃烧的纸片上点燃，听其发出声音，观察其燃烧现象。燃烧时纸面出现气泡，并发出"滋激"的响声，水分约在 0.2％～0.25％之间；如果燃烧时油星四溅，迸发出"叭叭"的爆炸声，水分约在 0.4％以上；如果纸片燃烧正常，水分约在 0.2％以内。这种方法主要用于检查明水（如装油容器口封闭不严，漏进雨水或容器原来带水所引起）。

3)钢精勺加热法:取有代表性的油约 250g,放入普通的钢精勺内,在炉火或酒精灯上加热到 150℃~160℃,看其泡沫,听其声音和观察其沉淀情况,霉坏、冻伤的油料榨得的油例外,如出现大量泡沫,又发出"吱吱"响声,说明水分较大,约在 0.5% 以上;如有泡沫但很稳定,也不发出任何声音,表示水分较小,一般在 0.25% 左右。

良质大豆油:水分不超过 0.2%。

次质大豆油:水分超过 0.2%。

(4)杂质和沉淀鉴别

油脂在加工过程中混入机械性杂质(泥砂、料坯粉末、纤维等)和磷脂、蛋白、脂肪酸、粘液、树脂、固醇等非油脂性物质,在一定条件下沉入油脂的下层或悬浮于油脂中。

进行大豆油脂杂质和沉淀物的感观鉴别时,可用以下三种方法:

1)取样观察法:用洁净的玻璃扦油管,插入到盛油容器的底部,吸取油脂,直接观察有无沉淀物、悬浮物及其量的多少。

2)加热观察法:取油样于钢精勺内加热不超过 160℃,拨去油沫,观察油的颜色,若油色没有变化,也没有沉淀,说明杂质少,一般在 0.2% 以下;如油色变深,杂质约在 0.49% 左右,如勺底有沉淀,说明杂质多,约在 1% 以上。

3)高温加热观察法:取油于钢精勺内加热到 280℃,如油色不变,无析出物,说明油中无磷脂;如油色变深,有微量析出物,说明磷脂含量超标;如加热到 280℃,油色变黑,有多量的析出物,说明磷脂含量较高,超过国家标准;如油脂变成绿色,可能是油脂中铜含量过多之故。

良质大豆油:可以有微量沉淀物,其杂质含量不超过 0.2%,磷脂含量不超标。

次质大豆油:有悬浮物及沉淀物,其杂质含量不超过 0.2%,磷脂含量超过标准。

劣质大豆油:有大量的悬浮物及沉淀物,有机械性杂质,将油加热到 280℃ 时,油色变黑,有较多沉淀物析出。

(5)气味鉴别

感官鉴别大豆油的气味时,可以用以下三种方法:

1)盛装油脂的容器打开封口的瞬间,用鼻子挨近容器口,闻其气味。

2)取 1~2 滴油样放在手掌或手背上,双手合拢快速摩擦至发热,闻其气味。

3)用钢精勺取油样 25g 左右。加热到 50℃ 左右,用鼻子接近油面,闻其气味。

良质大豆油:具有大豆油固有的气味。

次质大豆油:大豆油固有的气味平淡,微有异味,如青草等味。

劣质大豆油:有霉味、焦味、哈喇味等不良气味。

(6)滋味鉴别

进行大豆油滋味的感官鉴别时,应先漱口,然后用玻璃棒取少量油样,涂在舌头上,品尝其滋味。

良质大豆油:具有大豆固有的滋味,无异味。

次质大豆油:滋味平淡或稍有异味。

劣质大豆油:有苦味、酸味、辣味及其他刺激味或不良滋味。

10. 鉴别豆油的真假

(1)看亮度:质量好的豆油,质地澄清透明,无浑浊现象。如果油质浑浊,说明其中掺了假。

(2)闻气味:豆油具有豆腥味,无豆腥味的油,说明其中掺了假。

(3)看沉淀:质量好的豆油,经过多道程序加工,其中的杂质已被分离出,瓶底不会有杂质沉淀现象,如果有沉淀,说明豆油粗糙或掺有淀粉类物质。

(4)试水分:将油倒入锅中少许,加热时,如果油中发出叭叭声,说明油中有水。在市场上选购油时,亦可在废纸上滴几滴油,点火燃烧时,如果发出叭叭声,说明油中掺了水。

11. 鉴别菜籽油的质量

(1)色泽鉴别

进行菜籽油色泽的感官鉴别时,可按大豆油色泽的感官鉴别方法进行。

良质菜籽油:呈黄色至棕色。

次质菜籽油:呈棕红色至棕褐色。

劣质菜籽油:呈褐色。

(2)透明度鉴别

进行菜籽油透明度的感官鉴别时,可按大豆油透明度的感官鉴别方法进行。

良质菜籽油:清澈透明。

次质菜籽油:微浑浊,有微量悬浮物。

劣质菜籽油:液体极浑浊。

(3)水分含量鉴别

进行菜籽油水分含量的感官鉴别时,可按照大豆油水分含量的感官鉴别方法进行。

良质菜籽油:水分含量不超过 0.2%。

次质菜籽油:水分含量超过 0.2%。

(4)杂质和沉淀物鉴别

进行菜籽油杂质和沉淀物的感官鉴别时,可按照大豆油杂质和沉淀物的感官鉴别方法进行。

良质菜籽油:无沉淀物或有微量沉淀物,杂质含量不超过 0.2%,加热至 280℃油色不变,且无沉淀物析出。

次质菜籽油:有沉淀物及悬浮物,其杂质含量超过 0.2%,加热至 280℃油色变深且有沉淀物析出。

劣质菜籽油:有大量的悬浮物及沉淀物,加热至 280℃时油色变黑,并有多量沉淀析出。

(5)气味鉴别

进行菜籽油气味的感官鉴别时,可按照大豆油气味的感官鉴别方法进行。

良质菜籽油:具有菜籽油固有的气味。

次质菜籽油:菜籽油固有的气味平淡或微有异味。

劣质菜籽油:有霉味、焦味、干草味或哈喇味等不良气味。

(6)滋味鉴别

感官鉴别菜籽油的滋味时,可用洁净的玻璃棒沾取少许油样在漱口后的舌头上,进行试尝。

良质菜籽油:具有菜籽油特有的辛辣滋味,无任何异味。

次质菜籽油:菜籽油滋味平淡或略有异味。

劣质菜籽油:有苦味、焦味、酸味等不良滋味。

12. 鉴别芝麻油的质量

(1)色泽鉴别

进行芝麻油色泽的感官鉴别时,可取混合搅拌得很均匀的油样置于直径 50mm、高 100mm 的烧杯内,油层高度不低于 5mm,放在自然光线下进行观察,随后置白色背景下借 反射光线再观察。

良质芝麻油:呈棕红色至棕褐色。

次质芝麻油:色泽较浅(掺有其他油脂)或偏深。

劣质芝麻油:呈褐色或黑褐色。

(2)透明度鉴别

进行芝麻油透明度的感官鉴别时,可按照大豆油透明度的感官鉴别方法进行。

良质芝麻油:清澈透明。

次质芝麻油:有少量悬浮物,略浑浊。

劣质芝麻油:油液浑浊。

(3)水分含量鉴别

进行芝麻油水分含量的感官鉴别时,可按照大豆油水分含量的感官鉴别方法进行。

良质芝麻油:水分含量不超过 0.2%。

次质芝麻油:水分含量超过 0.2%。

(4)杂质和沉淀物鉴别

进行芝麻油杂质和沉淀物的感官鉴别时,可按照大豆油的杂质和沉淀物的感官鉴别方 法进行。

良质芝麻油:有微量沉淀物,其杂质含量不超过 0.2%,将油加热到 280℃时,油色无变 化且无沉淀物析出。

次质芝麻油:有较少量沉淀物及悬浮物,其杂质含量超过 0.2%,将油加热到 280℃时, 油色变深,有沉淀物析出。

劣质芝麻油:有大量的悬浮物及沉淀物存在,油被加热到 280℃时,油色变黑且有较多 沉淀物析出。

(5)气味鉴别

感官鉴别芝麻油气味的方法,可按照大豆油气味的感官鉴别方法进行。

良质芝麻油:具有芝麻油特有的浓郁香味,无任何异味。

次质芝麻油:芝麻油特有的香味平淡,稍有异味。

劣质芝麻油:除芝麻油微弱的香气外,还有霉味、焦味、油脂酸败味等不良气味。

(6)滋味鉴别

感官鉴别芝麻油的滋味时,应先漱口,然后用洁净玻璃棒粘少许油样滴于舌头上进行 品尝。

良质芝麻油:具有芝麻固有的滋味,口感滑爽,无任何异味。

次质芝麻油:具有芝麻固有的滋味,但是显得淡薄,微有异味。

劣质芝麻油:有较浓重的苦味、焦味、酸味、刺激性辛辣味等不良滋味。

13. 鉴别棉籽油的质量

棉籽油有两种,一种是棉籽经过压榨或萃取法制得的毛棉籽油,另一种是将毛棉籽油再经过精炼加工制得的精炼棉籽油。这两种油的品质特征和鉴别方法如下:

(1)毛棉籽油

1)色泽:一般毛棉籽油为黑褐色或红褐色,但按油的加工方法区分,热榨法的油色深,冷榨法的油色浅。

2)水分:含水分低的,透明澄清,质量好;反之,质量差。

3)纯度:毛棉籽油的特点是杂质多,油中含有有毒物质(棉酚),不适合人们食用。

4)气味:棉腥味较重。

(2)精炼棉籽油

1)色泽:一般呈橙黄或棕色的棉籽油,符合国家标准。如果棉酚和其他杂质混在油中,则油质乌黑浑浊,这种油有毒,不得选购食用。

2)水分:水分不超过 0.2%,油色透明,不浑浊的为好油。

3)杂质:油色澄清,悬浮物少,含杂量在 0.1% 以下,是质量好的精制棉籽油;反之,质量差。

4)气味:取少量油样放入烧杯中,加热至 50℃,搅拌后嗅其气味,具有棉籽香气味,无异味,质量为好。

14. 鉴别玉米油的质量

玉米油是从玉米胚芽中提炼出来的油,是一个新品种的高级食用油。营养成分很丰富,不饱和脂肪酸含量高达 58%,油酸含量在 40% 左右,胆固醇含量最少,人们食用这种油是最有益的,当今美国生产玉米油最多。

玉米油的质量鉴别,有以下几个方面:

(1)色泽:质量好的玉米油,色泽淡黄,质地透明莹亮。如以诺维明比色计试验,不深于黄色 35 单位与红色 3.5 单位之间组合的,质量最好。

(2)水分:水分不超过 0.2%,油色透明澄清,质量最好;反之,质量差。

(3)气味:具有玉米的芳香风味,无其他异味的,质量最好;有酸败气味的质量差。

(4)杂质:油色澄清明亮,无悬浮物,杂质在 0.1% 以下的,质量最好;反之,质量差。

15. 鉴别米糠油的质量

米糠油是从米糠中提取出来的油。一般新鲜米糠中含油量在 18%～22%,与大豆、棉籽相近,由于米糠油营养价值高,当今已是发达国家的食用油之一。我国是世界上盛产稻米之国,为扩大油源,我国米糠已列为油料之一。

米糠油的质量鉴别有以下几个方面:

(1)色泽:质量好的米糠油,色泽微黄,质地透明澄清。如以诺威朋比色计试验,不深于黄色 35 单位与红色 10 单位之间组合的,质量最好。

(2)水分:水分不超过 0.2%,油色透明澄清,不浑浊的,质量最好;反之,质量差。

(3)气味:稍具有米糠般的气味,无不良气味的,符合规格标准,质量最好;反之,质量差。

(4)杂质:油色澄清明亮,无悬浮物,杂质在 0.1% 以下的,符合规格标准,质量最好;反之,质量差。

(5)纯度:取油样放在干燥的 100mL 试管内,如果澄清,则质量好。置于 0℃ 容器内 15min,观察澄清度,如果澄清,则质量好。

16. 鉴别葵花油的质量

葵花油是从葵花籽中提取出来的油,由于它营养丰富,世界上很多国家人民都爱食用,有的称它为健康油、延寿油。葵花油品质特征如下:

(1)色泽浅黄,透明澄清。

(2)滋味芳香,没有异味。

(3)熔点低,易被人体消化吸收。

17. 鉴别人造奶油的质量

(1)色泽鉴别

感官鉴别人造奶油的色泽时,可先取样品在自然光线下进行外部观察,然后用刀切开,再仔细观察其切面上的色泽。

良质人造奶油:呈均匀一致的淡黄色,有光泽。

次质人造奶油:呈白色或着色过度,色泽分布不均匀,有光泽。

劣质人造奶油:色泽灰暗,表面有霉斑。

(2)组织状态鉴别

进行人造奶油组织状态的感官鉴别时,可取样品直接观察后,用刀切开成若干片,再仔细观察。

良质人造奶油:表面洁净,切面整齐,组织细腻均匀,无水珠,无气室,无杂质,无霉斑,加盐人造奶油无盐的晶体存留。

次质人造奶油:组织状态不均匀,有少量充气孔洞或空隙,切面有水珠渗出,加盐人造奶油切面上有盐结晶。

劣质人造奶油:组织状态不均匀,粘软发腻,切开时粘刀或显得脆弱疏松无延展性。切面有大水珠,有较大孔隙。

(3)气味鉴别

感官鉴别人造奶油的气味时,可取样品在室温 20℃ 下打开包装,直接嗅其气味。必要时可将样品升温到 40℃ 再行嗅闻。

良质人造奶油:具有奶油香味,无不良气味。

次质人造奶油:奶油香味平淡,稍有异味。

劣质人造奶油:有霉变味、酸败味及其他不良气味。

(4)滋味鉴别

在室温 20℃ 情况下,取人造奶油少许放在漱口后的舌尖上进行品尝。

良质人造奶油:具有人造奶油的特色滋味,无异味。加盐的微有咸味,加糖的微有甜味。

次质人造奶油:人造奶油滋味平淡,有轻微的异味。

劣质人造奶油:有苦味、酸味、辛辣味、肥皂味等不良滋味。

18. 鉴别芝麻油的真伪

感官鉴别芝麻油中掺假的方法如下:

(1)看色泽:可倒点油在手心上或白纸上观察,大磨麻油淡黄色,小磨麻油红褐色,目前集市上出售的芝麻油,掺入多是毛麻籽油、菜籽油等,掺入毛麻籽油后的油色发黑,掺入菜油后的油色呈棕黄色。

(2)闻气味:芝麻油有芝麻香味,如果芝麻油中掺入了某一种植物油,则芝麻油的香气消失,从而含有掺入油的气味。

(3)看亮度:在阳光下观察油质,纯质芝麻油,澄清透明,没有杂质,掺假的芝麻油,油液浑浊,杂质明显。

(4)看泡沫:将油倒入透明的白色玻璃瓶内,用劲摇晃,如果不起泡沫或有少量泡沫,并能很快消失的,说明是真芝麻油,如果泡沫多,成白色,消失慢,说明油中掺入了花生油,如泡沫成黑色,且不易消失,闻之有豆腥味的,则掺入了豆油。

(5)尝滋味:纯质芝麻油,入口浓郁芳香,掺入菜油、豆油、棉籽油的芝麻油,入口发涩。

19. 鉴别豆油的真伪

(1)看亮度:质量好的豆油,质地澄清透明,无浑浊现象。如果油质浑浊,说明其中掺了假。

(2)闻气味:豆油具有豆腥味,无豆腥味的油,说明其中掺了假。

(3)看沉淀:质量好的豆油,经过多道程序加工,其中的杂质已被分离出,瓶底不会有杂质沉淀现象,如果有沉淀,说明豆油粗糙或掺有淀粉类物质。

(4)试水分:将油倒入锅中少许,加热时,如果油中发出叽叽声,说明油中有水。在市场上选购油时,亦可在废纸上滴数滴油,点火燃烧时,如果发出叽叽声,说明油中掺了水。

20. 鉴别食用油中掺入棉籽油

在产棉区的农贸市场上,曾发现有用粗制棉籽油掺入食用油中出售。鉴别食用油中掺入籽油的感官方法:油花泡沫呈绿色或棕黄色,将油加热后抹在手心上,可嗅出棉籽油味。

21. 鉴别食用油中掺入矿物油

(1)看色泽:食用油中掺入矿物油后,色泽比纯食用油深。

(2)闻气味:用鼻子闻时,能闻到矿物油的特有气味,即使食用油中掺入矿物油较少,也可使原食用油的气味淡薄或消失。

(3)口试:掺入矿物油的食用油,入嘴有苦涩味。

22. 鉴别食用油中掺入盐水

(1)看色泽:加入盐水的食用油,失去了纯油质的色泽,使色泽变淡。

(2)看透明度:由于盐水比较明亮,加入食用油中以后,使食用油的浓度降低,油液更为淡薄明亮。

(3)口试:加入盐水的食用油,入嘴有咸味感。

(4)热试:加入盐水的食用油,入锅加热后,会发出叽叽声。

23. 鉴别食用油中掺入米汤

(1)看色泽:不论何种植物油,加入白色的米汤,则油质失去了原有色泽,使其色泽变浅。

夏季观察时,油和米汤分成两层。

(2)看透明度:米汤是一种淀粉质的糊状体,缺乏透明度,一旦加入食用油中,使油的纯度降低,折光率增大,透明度变差。

(3)闻气味:每一种纯质食用油,都具有该油料本身的气味,如芝麻油有芝麻油香味,豆油有豆腥味。加入米汤的食用油,闻之油的气味淡薄或消失。

(4)热试:加入米汤的食用油,入锅加热后,会发出叭叭声。

24. 鉴别食用油中掺入蓖麻油

食用油中掺入蓖麻油,感官鉴别方法是将油样静一定时间,使植物油与蓖麻油自动分离成两层,植物油在上层,蓖麻油在下层。

25. 植物油料与油脂的感官鉴别与食用原则

(1)经感官鉴别确认为良质的植物油料与油脂,可供食用或销售,植物油料也可以用于榨取食用油。

(2)对于感官鉴别为次质的植物油料与油脂,必须进行理化检验。对于理化指标检定合格的,可以销售或食用,油料也可以用来榨取食用油,但必须限期迅速售完或用完,不可长期贮存。对于理化检验后不合格的植物油料与油脂,不得供食用,应改作非食品工业用料(如生产肥皂等)。对于次质的植物油料,仅存在有杂质、不良籽粒问题的,可进行拣选,除去杂质与不良籽粒后再供销售或榨取食用油。

(3)对于经感官鉴别为劣质的植物油料与油脂,不得供人食用,可作非食品工业原料或予以销毁。

十、糕点类及油炸品鉴别

1. 糕点的感官鉴别要点

在对糕点质量的优劣进行感官鉴别时,应该首先观察其外表形态与色泽,然后切开检查其内部的组织结构状况,留意糕点的内质与表皮有无霉变现象,感官品评糕点的气味与滋味时,尤其应该注意三个方面:一是有无油脂酸败带来的哈喇味;二是口感是否松软利口;三是咀嚼时有无矿物性杂质带来的砂声。

2. 鉴别蛋糕的质量

(1)烤制蛋糕(圆蛋糕)的感官鉴别

1)色泽鉴别

良质蛋糕:表面油润,顶和墙部呈金黄色,底部呈棕红色。色彩鲜艳,富有光泽,无焦糊和黑色斑块。

次质蛋糕:表面不油润,呈深棕红色或背灰色,火色不均匀,有焦边或黑斑。

劣质蛋糕:表面呈棕黑色,底部黑斑很多。

2)形状鉴别

良质蛋糕:块形丰满周正,大小一致,薄厚均匀,表面有细密的小麻点,不粘边,无破碎,无崩顶。

次质蛋糕:块形不太圆整,细小麻点不明显,稍有崩顶破碎。

劣质蛋糕:大小不一致,崩顶破损过于严重。

3)组织结构鉴别

良质蛋糕:起发均匀,柔软而具弹性,不死硬,切面呈细密的蜂窝状,无大空洞,无硬块。

次质蛋糕:起发稍差,不细密,发硬,偶尔能发现大空洞,但为数不多。

劣质蛋糕:杂质太多,不起发,无弹性,有面疙瘩。

4)气味和滋味鉴别

良质蛋糕:蛋香味纯正,口感松喧香甜,不撞嘴,不粘牙,具有蛋糕的特有风味。

次质蛋糕:蛋香味及松喧程度稍差,没有明显的特有风味。

劣质蛋糕:味道不纯正,有哈喇味、焦糊味或腥味。

(2)蒸蛋糕(条块形蛋糕)的感官鉴别

1)色泽鉴别

良质蛋糕:表面呈乳黄色,内部为月白色,表面果料撒散均匀,戳记清楚,装饰得体。

次质蛋糕:色泽稍差,果料不太均匀,戳记轻重不一。

劣质蛋糕:色泽发绿,表面有发花现象。

2)形状鉴别

良质蛋糕:切成条块状的长短、大小、薄厚都均匀一致,若为碗状或梅花状的则周正圆整。

次质蛋糕:切成的块形稍有差距,异形蛋糕则不太周正。

劣质蛋糕:切成的块形大小极不均匀,相差悬殊。

3)组织结构鉴别

良质蛋糕:有均匀的小蜂窝,无大的空气孔洞,有弹性,内部夹的果料或果酱均匀,层次分别。

次质蛋糕:空隙不太细密,偶见大孔洞,内夹果酱或果料不均匀。

劣质蛋糕:内部孔洞大而多,杂质含量高,有霉斑。

4)气味和滋味鉴别

良质蛋糕:松软爽口,有蛋香味,不粘牙,易消化,具有蒸蛋糕的特有风味。

次质蛋糕:松软程度稍差,蒸蛋糕的特殊风味不突出。

劣质蛋糕:有异味、发霉变质味。

3. 鉴别白皮(酥糕类)的质量

(1)色泽鉴别

良质白皮:表面呈白色或乳白色,底呈金黄或棕红色,戳记花纹清楚,装饰辅料适当。

次质白皮:表面呈金黄色,刷蛋液不均匀,芝麻不纯净,戳记颜色不匀。

劣质白皮:有糊黑现象或发毛变质。

(2)形状鉴别

良质白皮:每个品种的大小一致,薄厚均匀,美观而大方,不跑糖、不露馅、无杂质,装饰适中。

次质白皮:块形大小不一,薄厚不太均匀,稍有跑糖、露馅现象。

劣质白皮:大小、薄厚相差悬殊,跑糖、露馅过于严重。

(3)组织结构鉴别

良质白皮:皮馅均匀,层次多而分明,不偏皮不偏馅,不阴心,不欠火,无异物。

次质白皮:皮与馅大小不相称,层次不多或层间薄厚不匀,但都不太严重。

劣质白皮:层次不分明或粘连成一体,皮过大而馅极少,或露馅严重,杂质异物甚多。

(4)气味与滋味鉴别

良质白皮:酥、松、绵、软,香甜适口,久吃不腻,具有该品种的特殊风味和口感。

次质白皮:酥、松、绵、软的特色稍差,味道不太纯正,粘牙,略有点撞嘴。

劣质白皮:口感干涩坚硬,发霉变质,异味严重。

4. 鉴别核桃酥(混糖酥类)的质量

(1)色泽鉴别

良质核桃酥:表面呈深麦黄色,无过白或焦边现象,青花白地,底部呈浅麦黄色。

次质核桃酥:表面色泽变化不大,无过深或过浅现象,不糊底,不焦边。

劣质核桃酥:表面黑糊,底部发黑,有焦边。

(2)形状鉴别

良质核桃酥:为扁圆形,块形整齐,大小、薄厚都一致,有自然裂纹且摊裂均匀。

次质核桃酥:块形的大小、薄厚稍有差异,摊裂开的自然纹略差。

劣质核桃酥:表面上无摊裂,块形呈蘑菇状而无裂纹。

(3)组织结构鉴别

良质核桃酥:内部质地有均匀细小的蜂窝,不阴心、不欠火,无其他杂质。

次质核桃酥:内部蜂窝不太均匀,起发略差,无阴心,无杂质。

劣质核桃酥:无蜂窝状结构,阴心、欠火或有杂质。

(4)气味与滋味鉴别

良质核桃酥:酥松利口不粘牙,具有本产品所添加果料的应有味道,无异味。

次质核桃酥:食之不爽口,产品应有的果仁果料味不突出,稍有发硬口感,但不严重。

劣质核桃酥:有发霉变质的异味。

5. 鉴别月饼(糖皮类)的质量

(1)浆皮月饼的感官鉴别

1)色泽鉴别

良质月饼:表面金黄色,底部红褐色,墙部呈白色至乳白色,火色均匀,墙沟中不泛青,表皮有蛋液光亮。

次质月饼:表面、底部、墙部的火色都略显不均匀,表皮不光亮。

劣质月饼:表面生、糊严重、有青墙、青沟、崩顶等现象。

2)形状鉴别

良质月饼:块形周正圆整,薄厚均匀,花纹清晰,侧边不抽墙、无大裂纹,不跑糖,不露馅。

次质月饼:部分花纹模糊不清,有少量跑糖、露馅现象。

劣质月饼:块形大小相差很多,跑糖、露馅严重。

3)组织结构鉴别

良质月饼:皮酥松,馅柔软,不偏皮,不偏馅,无大空洞,不含机械性杂质。

次质月饼:皮馅分布不均匀,有少部分偏皮、偏馅和少量空洞。

劣质月饼:皮和馅不松软,有大空洞,含有杂质或异物。

4)气味和滋味鉴别

良质月饼:甜度适当,皮酥馅软,不发艮,馅料油润细腻而不粘,具有本品种应有的正常味道,无异味。

次质月饼:甜度和松酥度掌握得稍差,本品种的味道不太突出。

劣质月饼:又艮又硬,咬之可见白色牙印,发霉变质有异味,不能食用。

(2)酥皮月饼的感官鉴别

1)色泽鉴别

良质月饼:表面为白或乳白色,底部为金黄色至红褐色,色泽均匀、鲜艳。

次质月饼:表面、底部、墙部的颜色偏深或略浅,色泽分布不太均匀。

劣质月饼:色泽较正品而言或太深或太浅,差距过于悬殊。

2)形状鉴别

良质月饼:规格和形状一致,美观大方,不跑糖、露馅,不飞毛炸翅,装饰适中。

次质月饼:大小不太均匀,外形不甚美观,有少量的跑糖现象。

劣质月饼:块形大小相差悬殊,跑糖、露馅严重。

3)组织结构鉴别

良质月饼:皮馅均匀,层次分明,皮和馅的位置适当,无大空洞,无杂质。

次质月饼:层次不太分明或稍有偏皮、偏馅。

劣质月饼:层次混杂不清,偏皮、偏馅严重,含杂质多。

4)气味和滋味鉴别

良质月饼:松、酥、绵、软不粘牙,油润细腻,具有所添加果料应有的味道。

次质月饼:松酥程度稍差,应有的味道不太突出,没有油润细腻的感觉,咬时粘牙。

劣质月饼:食之粘牙,有异味、脂肪酸败的哈喇味等。

6. 鉴别面包的质量

面包可分为主食面包和点心面包两类。主食面包是以面粉为原料,加入盐水和酵母等,经发酵烘烤而成,其形状有圆形、长方形等,多带咸味。点心面包除了面粉外还在原料中加入了较多的糖、油、蛋奶、果料等,多呈甜味,根据配料和制作的差异可分为清甜型、水果型、夹馅型、油酥型等。

(1)色泽鉴别

良质面包:表面呈金黄色至棕黄色,色泽均匀一致,有光泽,无烤焦、发白现象存在。

次质面包:表面呈黑红色,底部为棕红色,光泽度略差,色泽分布不均。

劣质面包:生、糊现象严重,或有部分发霉而呈现灰斑。

(2)形状鉴别

良质面包:圆形面包必须是凸圆的,听型的面包截面大小应相同,其他的花样面包都应整齐端正,所有面包表面均向外鼓凸。

次质面包:略有些变形,有少部分粘连处,有花纹的产品不清晰。

劣质面包:外观严重走形、塌架、粘连都相当严重。

（3）组织结构鉴别

良质面包：切面上观察到气孔均匀细密，无大孔洞，内质洁白而富有弹性，果料散布均匀，组织蓬松似海绵状，无生心。

次质面包：组织蓬松喧软的程度稍差，气孔不均匀，弹性也稍差。

劣质面包：起发不良，无气孔，有生心，不蓬松，无弹性，果料变色。

（4）气味和滋味鉴别

良质面包：食之香甜喧软，不粘牙，有该品种特有的风味，而且有酵母发酵后的清香味道。

次质面包：柔软程度稍差，食之不利口，应有风味不明显，稍有酸味，但可接受。

劣质面包：粘牙，不利口，有酸味、霉味等不良异味。

7. 鉴别饼干的质量

根据用料和制作方法的差异，可以将饼干分为甜饼干、苏打饼干、华夫饼干、夹心饼干、挤压饼干、薄馅饼干和压缩饼干七大类。关于饼干感官鉴别的具体介绍中则将其按照质地情况归纳为酥性、韧性和苏打饼干三种。

（1）酥性饼干的感官鉴别

1）色泽鉴别

良质饼干：表面、边缘和底部均呈均匀的浅黄色到金黄色阴影，无焦边，有油润感。次质饼干：色泽不均匀，表面有阴影有薄面，稍有异常颜色。

劣质饼干：表面色重，底部色重，发花。

2）形状鉴别

良质饼干：块形（片形）齐整，薄厚一致，花纹清晰，不缺角，不变形，不扭曲。

次质饼干：花纹不清晰、表面起泡、缺角、粘边、收缩、变形，但都不严重。

劣质饼干：起泡、破碎都相当严重。

3）组织结构鉴别

良质饼干：组织细腻，有细密而均匀的小气孔断，无杂质。

次质饼干：组织粗糙，稍有污点。

劣质饼干：有杂质，发霉。

4）气味和滋味鉴别

良质饼干：甜味纯正，酥松香脆，无异味。

次质饼干：口感紧实发硬，不酥脆。

劣质饼干：有油脂酸败的哈喇味。

（2）韧性饼干的感官鉴别

1）色泽鉴别

良质饼干：表面、底部，边缘都呈均匀一致的金黄色或草黄色，表面有光亮的糊化层。

次质饼干：色泽不太均匀，表面无光亮感，有生面粉或发花，稍有异色。

2）形状鉴别

良质饼干：形状齐整，薄厚均匀一致，花纹清晰，不起泡，不缺边角，不变形。

次质饼干：凹底面积已超过 1/3，破碎严重。

3)组织结构鉴别

良质饼干:内质结构细密,有明显的层次,无杂质。

次质饼干:杂质情况严重,内质僵硬,发霉变质。

4)气味和滋味鉴别

良质饼干:酥松香甜,食之爽口,味道纯正,有咬劲,无异味。

次质饼干:口感僵硬干涩,或有松软现象,食之粘牙,有化学疏松剂或化学改良剂的气味及哈喇味。

(3)苏打饼干的感官鉴别

1)色泽鉴别

良质饼干:表面呈乳白色至浅黄色,起泡处颜色略深,底部金黄色。

次质饼干:色彩稍重或稍浅,分布不太均匀。

劣质饼干:表面黑暗或有阴影、发毛。

2)形状鉴别

良质饼干:片形整齐,表面有小气泡和针眼状小孔,油酥不外露,表面无生粉。

次质饼干:有部分破碎,片形不太平整,表面露酥或有薄层生粉。

劣质饼干:片形不整齐,破碎者太多,缺边、缺角严重。

3)组织结构鉴别

良质饼干:夹酥均匀,层次多而分明,无杂质,无油污。

次质饼干:夹酥不均匀,层次较少,但无杂质。

劣质饼干:有油污,有杂质,层次间粘连板结成一体,有霉变。

4)气味和滋味鉴别

良质饼干:口感酥、松、脆,具有发酵香味和本品种固有的风味,无异味。

次质饼干:食之发艮或绵软,特有的苏打饼味道不明显。

劣质饼干:因油脂酸败而带有哈喇味。

十一、酒水类感官鉴别

1. 酒类的感官鉴别要点

在感官鉴别酒类的真伪与优劣时,应主要着重于酒的色泽、气味与滋味的测定与评价。对瓶装酒还应注意鉴别其外包装和注册商标。在目测酒类色泽时,应先对光观察其透明度,并将酒瓶颠倒,检查酒液中有无杂质下沉,有无悬浮物等,然后再倒人烧杯内在白色背景下观察其颜色。对啤酒进行感官检查时,应首先注意到啤酒的色泽有无改变,失光的啤酒往往意味着质量的不良改变,必要时应该用标准碘溶液进行对比,以观察其颜色深浅,开瓶注入杯中时,要注意其泡沫的密聚程度与挂杯时间。酒的气味与滋味是评价酒质优劣的关键性指标,这种检查和品评应在常温下进行,并应在开瓶注入杯中后立即进行。

2. 感官鉴别白酒

白酒又称蒸馏酒,它是以富含淀粉或糖类成分的物质为原料、加入酒曲酵母和其他辅料经过糖化发酵蒸馏而制成的一种无色透明、酒度较高的饮料。人们在饮酒时很重视白酒的香气和滋味,目前对白酒质量的品评是以感官指标为主的,即是从色、香、味三个方面来进行鉴别的。

(1)色泽透明度鉴别

白酒的正常色泽应是无色透明,无悬浮物和沉淀物的液体。将白酒注入杯中,杯壁上不得出现环状不溶物。将酒瓶倒置,在光线中观察酒体,不得有悬浮物、浑浊和沉淀。冬季如白酒中有沉淀可用水浴加热到30℃～40℃,如沉淀消失为正常。

(2)香气鉴别

在对白酒的香气进行感官鉴别时,最好使用大肚小口的玻璃杯,将白酒注入杯中稍加摇晃,即刻用鼻子在杯口附近仔细嗅闻其香气。或倒几滴酒在手掌上,稍搓几下,再嗅手掌,即可鉴别香气的浓淡程度与香型是否正常。白酒的香气可分为:

1)溢香:酒的芳香或芳香成分溢散在杯口附近的空气中,用嗅觉即可直接辨别香气的浓度及特点。

2)喷香:酒液饮入口中,香气充满口腔。

3)留香:酒已咽下,而口中仍持续留有酒香气。

一般的白酒都应具有一定的溢香,而很少有喷香或留香。名酒中的五粮液,就是以喷香著称的,而茅台酒则是以留香而闻名。白酒不应该有异味,诸如焦糊味、腐臭味、泥土味、糖味、酒糟味等不良气味均不应存在。

(3)滋味鉴别

白酒的滋味应有浓厚、淡薄、绵软、辛辣、纯净和邪味之别,酒咽下后,又有回甜、苦辣之分。白酒的滋味评价以醇厚无异味、无强烈刺激性为上品。感官鉴别白酒的滋味时,饮入口中的白酒,应于舌头及喉部细细品尝,以识别酒味的醇厚程度和滋味的优劣。

(4)酒度鉴别

白酒的酒度是以酒精含量的百分比来计算的。各种白酒在出厂的商标签上都标有酒度数,如 60°,即是表明该种酒中含酒精量 60%。

白酒总的特点是酒液清澈透明,质地纯净,芳香浓郁,回味悠长,余香不尽。

3. 鉴别啤酒的质量

(1)色泽鉴别

良质啤酒:浅黄色带绿,不呈暗色,有醒目光泽,清亮透明,无明显悬浮物。

次质啤酒:色淡黄或稍深些,透明或有光泽,有少许悬浮物或沉淀。

劣质啤酒:色泽暗而无光或失光,有明显悬浮物和沉淀物,严重者酒体浑浊。

(2)泡沫鉴别

良质啤酒:倒入杯中时起泡力强,泡沫达 1/2～2/3 杯高,洁白细腻,挂杯持久(4min 以上)。

次质啤酒:倒入杯中泡沫升起,色较洁白,挂杯时间持续 2min 以上。

劣质啤酒:倒入杯中稍有泡沫且消散很快,有的根本不起泡沫,起泡者泡沫粗黄,不挂杯,似一杯冷茶水状。

(3)香气鉴别

良质啤酒:有明显的酒花香气,无生酒花味,无老化味及其他异味。

次质啤酒:有酒花香气但不明显,也没有明显的异味和怪味。

劣质啤酒:无酒花香气,有怪异气味。

(4)口味鉴别

良质啤酒:口味纯正,酒香明显,无任何异杂滋味。酒质清冽,酒体协调柔和,杀口力强,苦味细腻微弱且略显愉快,无后苦,有再饮欲。

次质啤酒:口味较纯正,无明显的异味,酒体较协调,具有一定杀口力。

劣质啤酒:味不正,有明显的异杂味、怪味,如酸味或甜味过于浓重,有铁腥味、苦涩味或淡而无味,严重者不堪入口。

4. 鉴别黄酒的质量

1)色泽鉴别:黄酒应是琥珀色或淡黄色的液体,清澈透明,光泽明亮,无沉淀物和悬浮物。

2)香气鉴别:黄酒以香味馥郁者为佳,即具有黄酒特有的醇香。

3)滋味鉴别:应是醇厚而稍甜,酒味柔和无刺激性,不得有辛辣酸涩等异味。

4)酒度鉴别:黄酒酒精含量一般为 14.5%~20%。

5. 鉴别果酒的质量

1)外观鉴别:应具有原果实的真实色泽,酒液清亮透明,具有光泽,无悬浮物,沉淀物和浑浊现象。

2)香气鉴别:果酒一般应具有原果实特有的香气,陈酒还应具有浓郁的酒香,而且一般都是果香与酒香混为一体。酒香越丰富,酒的品质越好。

3)滋味鉴别:应该酸甜适口,醇厚纯净而无异味,甜型酒要甜而不腻,干型酒要干而不涩,不得有突出的酒精气味。

4)酒度鉴别:我国国产果酒的酒度多在 12°~18°范围内。

十二、水产品及其制品鉴别

1. 水产品及水产制品的感官鉴别要点

感官鉴别水产品及其制品的质量优劣时,主要是通过体表形态、鲜活程度、色泽、气味、肉质的弹性和洁净程度等感官指标来进行综合评价的。对于水产品来讲,首先是观察其鲜活程度如何,是否具备一定的生命活力;其次是看外观形体的完整性,注意有无伤痕、鳞爪脱落,骨肉分离等现象;再次是观察其体表卫生洁净程度,即有无污秽物和杂质等;最后才是看其色泽,嗅其气味,有必要的话还要品尝其滋味。综上所述再进行感官评价。对于水产制品而言,感官鉴别也主要是外观、色泽、气味和滋味四项内容。其中是否具有该类制品的特有的正常气味与风味,对于作出正确判断有着重要意义。

2. 鉴别鲜鱼的质量

在进行鱼的感官鉴别时,先观察其眼睛和鳃,然后检查其全身和鳞片,并同时用一块洁净的吸水纸慢吸鳞片上的粘液来观察和嗅闻,鉴别粘液的质量。必要时用竹签刺入鱼肉中,拔出后立即嗅其气味,或者切割小块鱼肉,煮沸后测定鱼汤的气味与滋味。

(1)眼球鉴别

新鲜鱼:眼球饱满突出,角膜透明清亮,有弹性。

次鲜鱼:眼球不突出,眼角膜起皱,稍变浑浊,有时限内溢血发红。

腐败鱼:眼球塌陷或干瘪,角膜皱缩或有破裂。

(2)鱼鳃鉴别

新鲜鱼:鳃丝清晰呈鲜红色,粘液透明,具有海水鱼的咸腥味或淡水鱼的土腥味,无异臭味。

次鲜鱼:鳃色变暗呈灰红或灰紫色,粘液轻度腥臭,气味不佳。

腐败鱼:鳃呈褐色或灰白色,有污秽的粘液,带有不愉快的腐臭气味。

(3)体表鉴别

新鲜鱼:有透明的粘液,鳞片有光泽且与鱼体贴附紧密,不易脱落(鲳、大黄鱼、小黄鱼除外)。

次鲜鱼:粘液多不透明,鳞片光泽度差且较易脱落,粘液粘腻而浑浊。

腐败鱼:体表暗淡无光,表面附有污秽粘液,鳞片与鱼皮脱离贻尽,具有腐臭味。

(4)肌肉鉴别

新鲜鱼:肌肉坚实有弹性,指压后凹陷立即消失,无异味,肌肉切面有光泽。

次鲜鱼——肌肉稍呈松散,指压后凹陷消失得较慢,稍有腥臭味,肌肉切面有光泽。

腐败鱼:肌肉松散,易与鱼骨分离,指压时形成的凹陷不能恢复或手指可将鱼肉刺穿。

(5)腹部外观鉴别

新鲜鱼:腹部正常、不膨胀,肛孔白色,凹陷。

次鲜鱼:腹部膨胀不明显,肛门稍突出。

腐败鱼:腹部膨胀、变软或破裂,表面发暗灰色或有淡绿色斑点,肛门突出或破裂。

3. 鉴别冻鱼的质量

鲜鱼经-23℃低温冻结后,鱼体发硬,其质量优劣不如鲜鱼那么容易鉴别。冻鱼的鉴别应注意以下几个方面:

(1)体表:质量好的冻鱼,色泽光亮与鲜鱼般的鲜艳,体表清洁,肛门紧缩。质量差的冻鱼,体表暗无光泽,肛门凸出。

(2)鱼眼:质量好的冻鱼,眼球饱满凸出,角膜透明,洁净无污物。质量差的冻鱼,眼球平坦或稍陷,角膜浑浊发白。

(3)组织:质量好的冻鱼,体型完整无缺,用刀切开检查,肉质结实不寓刺,脊骨处无红线,胆囊完整不破裂。质量差的冻鱼,体型不完整,用刀切开后,肉质松散,有寓刺现象,胆囊破裂。

4. 鉴别咸鱼的质量

(1)色泽鉴别

良质咸鱼:色泽新鲜,具有光泽。

次质咸鱼:色泽不鲜明或暗淡。

劣质咸鱼:体表发黄或变红。

(2)体表鉴别

良质咸鱼:体表完整,无破肚及骨肉分离现象,体形平展,无残鳞、无污物。

次质咸鱼:鱼体基本完整,但可有少部分变成红色或轻度变质,有少量残鳞或污物。

劣质咸鱼:体表不完整,骨肉分离,残鳞及污物较多,有霉变现象。

（3）肌肉鉴别

良质咸鱼:肉质致密结实,有弹性。

次质咸鱼:肉质稍软,弹性差。

劣质咸鱼:肉质疏松易散。

（4）气味鉴别

良质咸鱼:具有咸鱼所特有的风味,咸度适中。

次质咸鱼:可有轻度腥臭味。

劣质咸鱼:具有明显的腐败臭味。

5. 鉴别干鱼的质量

（1）色泽鉴别

良质干鱼:外表洁净有光泽,表面无盐霜。

次质于鱼:外表光泽度差,色泽稍暗。

劣质干鱼:体表暗淡色污,无光泽,发红或呈灰白、黄褐、浑黄色。

（2）气味鉴别

良质干鱼:具有干鱼的正常风味。

次质干鱼:有轻微的异味。

劣质干鱼:有酸味、脂肪酸败或腐败臭味。

（3）组织状态鉴别

良质干鱼:鱼体完整、干度足,肉质韧性好,切割刀口处平滑无裂纹、破碎和残缺现象。

次质干鱼:鱼体外观基本完善,但肉质韧性较差。

劣质干鱼:肉质疏松,有裂纹、破碎或残缺,水分含量高。

6. 鉴别黄鱼的质量

黄鱼的质量优劣,一般从鱼的体表、鱼眼、鱼鳃、肌肉、粘液腔等方面鉴别。

（1）体表:新鲜质好的黄鱼,体表呈金黄色、有光泽,鳞片完整,不易脱落。新鲜质次的黄鱼,体表呈淡黄色或白色,光泽较差,鳞片不完整,容易脱落。

（2）鱼鳃:新鲜质好的大黄鱼,鳃色鲜红或紫红,小黄鱼多为暗红或紫红,无异臭或鱼腥臭,鳃丝清晰。新鲜质次的黄鱼鳃色暗红、暗紫或棕黄、灰红色,有腥臭,但无腐败臭,鳃丝粘连。

（3）鱼眼:新鲜质好的黄鱼,眼球饱满凸出,角膜透明。新鲜质次的黄鱼,眼球平坦或稍陷,角膜稍浑浊。

（4）肌肉:新鲜质好的黄鱼,肉质坚实,富有弹性。新鲜质次的黄鱼,肌肉松弛,弹性差,如果肚软或破肚,则是变质的黄鱼。

（5）液腔:新鲜质好的黄鱼,粘液腔呈鲜红色。新鲜质次的黄鱼,粘液腔呈淡红色。

7. 鉴别带鱼的质量

带鱼的质量优劣,可以从以下几个方面鉴别:

（1）体表:质量好的带鱼,体表富有光泽,全身鳞全,鳞不易脱落,翅全,无破肚和断头现象。质量差的带鱼,体表光泽较差,鳞容易脱落,全身仅有少数银磷,鱼身变为灰色,有破肚和断头现象。

(2)鱼眼:质量好的带鱼,眼球饱满,角膜透明。质量差的带鱼,眼球稍陷缩,角膜稍浑浊。

(3)肌肉:质量好的带鱼,肌肉厚实,富有弹性。质量差的带鱼,肌肉松软,弹性差。

(4)质量:质量好的带鱼,每条重量在 0.5kg 以上。质量差的带鱼,每条重量约 0.25kg。

8. 鉴别鲳鱼的质量

鲳鱼系海水鱼,它又名白鲳、平鱼、镜鱼、车片鱼、银鲳等。鲳鱼的质量优劣,可从体表、鱼鳃、鱼眼、肌肉等部位去观察。

(1)体表:质量好的鲳鱼,鳞片紧贴鱼身,鱼体坚挺,有光泽。质量差的鲳鱼,鳞片松弛易脱落,鱼体光泽少或无光泽。

(2)鱼鳃:质量好的鲳鱼,揭开鳃盖,鳃丝呈紫红色或红色清晰明亮。质量差的鲳鱼,鳃丝呈暗紫色或灰红色,有浑浊现象,并有轻微的异味。

(3)鱼眼:质量好的鲳鱼,眼球饱满,角膜透明。质量差的鲳鱼,眼球凹陷,角膜较浑浊。

(4)肌肉:质量好的鲳鱼,肉质致密,手触弹性好。质量差的鲳鱼,肉质疏松,手触弹性差。

(5)性别:雌者体大,肉厚。雄者体小,肉薄。

9. 鉴别鲚鱼的质量

鲚鱼又名凤鲚、刀鲚、凤尾鱼、毛花鱼等。它是海洋成长、淡水繁殖的一种江海回游性鱼类,尤以长江产量最高。鲚鱼的特点是体型狭长而平,臀鳍和尾鳍连在一起,胸鳍上有五条须,头尖跟小,色泽银白,颇似一把尖刀。鲚鱼是一种名贵的鱼,肉质细嫩、酥软,味道鲜美。鲚鱼的质量可从体表、鱼鳃、鱼眼、气味去检查。

(1)体表:质量好的鲚鱼,鳞片紧贴鱼体,有光泽。质量差的鲚鱼,鳞片松弛,易脱落,体表光泽差。

(2)鱼鳃:质量好的鲚鱼,揭开鳃盖,鳃丝呈枯黄色,并清晰明亮。质量差的鲚鱼,鳃丝呈淡黄色,并有粘连的现象。

(3)鱼眼:质量好的鲚鱼,眼球饱满,清晰透明。质量差的鲚鱼,眼球平坦或稍凹陷,稍浑浊。

(4)气味:质量好的鲚鱼,无异味。质量差的鲚鱼有异味。

10. 鉴别鲐鱼的质量

鲐鱼系海水鱼,它又名鲐巴鱼、青花鱼、油筒鱼、鲭鱼、花池等。鲐鱼的质量可从体表、鱼鳃、鱼眼、肌肉等部位去检查。

(1)体表:质量好的鲐鱼,富有光泽,纹理清晰。质量差的鲐鱼,体表光泽差,纹理可见。

(2)鱼鳃:质量好的鲐鱼,鳃体呈暗红色,无异味,有透明均匀的粘液覆盖着,鳃丝清晰。质量差的鲐鱼,鳃体呈暗紫色或浅灰褐色,稍有异味,鳃丝粘连。

(3)鱼眼:粘连好的鲐鱼,眼球饱满凸出,角膜透明。质量差的鲐鱼,眼球平坦或凹陷,角膜浑浊,有的眼红。

(4)肌肉:质量好的鲐鱼,肉质坚实,手触有弹性。质量差的鲐鱼,肉质松弛,手触弹性差,如果肚软发黄、肚破、糊嘴等,说明鱼体变质有毒,人吃了全身发肿。

11. 鉴别鲱鱼的质量

鲱鱼是世界重要经济鱼类之一,我国黄海、渤海皆有鲱鱼生产。鲱鱼的质量可从体表、鱼鳃、鱼眼、肌肉、肛门等部位鉴别。

(1)体表:质量好的鲱鱼,背呈青黑色,有光泽。质量差的鲱鱼,光泽差,背呈暗黑色。

(2)鱼鳃:质量好的鲱鱼,色泽鲜红,鳃丝清晰。质量差的鱼,色暗红或暗紫,鳃丝粘连,有腥臭。

(3)鱼眼:质量好的鲱鱼,眼球饱满凸出,角膜透明。质量差的鲱鱼,眼球平坦或稍陷,角膜呈浑浊状。

(4)肌肉:质量好的鱼肉质坚实,手触有弹性。质量差的鱼,肉质松弛,手触弹性差。

(5)肛门:质量好的鱼,肛门呈紧缩状态。质量差的,肛门向外凸出。

12. 鉴别湟鱼的质量

湟鱼又名裸鲤,产于青海湖,是一种经济价值较高的名贵鱼类。质量优劣可从鱼鳃、鱼眼、肌肉和腹部去鉴别。

(1)鱼鳃:质量好的湟鱼,鳃丝鲜红,粘液清晰,具有湟鱼的固有气味。质量差的湟鱼,鳃丝灰红,粘液稍浑浊,闻之稍有异臭。

(2)鱼眼:质量好的湟鱼,眼球饱满凸出,角膜透明。质量差的湟鱼,眼球凸出或平坦,角膜稍浑浊。

(3)肌肉:质量好的湟鱼,肉质坚实,手触有良好的弹性。质量差的湟鱼,肉质松弛,手触弹性差,有寓刺现象。

(4)腹部:质量好的湟鱼,腹部不膨胀,肛门紧缩。质量差的湟鱼,腹部膨胀或破肚,肠外溢,肛门凸出。

13. 鉴别池鱼的质量

池鱼又名棍子鱼。由于产量高,肉质好,普遍受到消费者欢迎。它的质量优劣可以从体表、鱼鳃、鱼眼、肌肉等部位鉴别。

(1)体表:质量好的池鱼,有发亮的光泽,鳞片完整,不易脱落。质量差的池鱼,体表光泽差,磷片不完整,易脱落。

(2)鱼鳃:质量好的池鱼,鳃丝色泽鲜红、清晰。质量差的池鱼,鳃丝色泽淡红或紫红,鳃丝粘连,无异臭或稍有腥臭。

(3)鱼眼:质量好的池鱼,眼球饱满凸出,角膜透明。质量差的池鱼,眼球平坦或稍陷,角膜稍浑浊。

(4)肌肉:质量好的池鱼,肉质坚实,有良好的弹性。质量差的池鱼,肉质松弛,弹性差。

14. 鉴别对虾的质量

对虾的质量优劣,可以从色泽、体表、肌肉、气味等方面鉴别。

(1)色泽:质量好的对虾,色泽正常,卵黄按不同产期呈现出自然的光泽。质量差的对虾色泽发红,卵黄呈现出不同的暗灰色。

(2)体表:质量好的对虾,虾体清洁而完整,甲壳和尾肢无脱落现象,虾尾未变色或有极轻微的变色。质量差的对虾,虾体不完整,全身黑斑多,甲壳和尾肢脱落,虾尾变色面大。

(3)肌肉:好的对虾,肌肉组织坚实紧密,手触弹性好。质量差的对虾,肌肉组织很松弛,手触弹性差。

（4）气味：质量好的对虾，闻着气味正常，无异味感觉。质量差的对虾，闻着气味不正常，一般有异臭味感觉。

15. 鉴别青虾的质量

青虾又名河虾、沼虾。属于淡水虾，端午节前后为盛产期。青虾的特点是：头部有须，胸前有爪，两眼凸出，尾呈又形，体表青色，肉质脆嫩，滋味鲜美。青虾的质量优劣，可从虾的体表颜色、头体连接程度和肌肉状况鉴别。

（1）体表颜色：质量好的虾，色泽青灰，外壳清晰透明。质量差的虾，色泽灰白，外壳透明较差。

（2）头体连接程度：质量好的虾，头体连接紧密，不易脱落。质量差的虾，头体连接不紧，容易脱离。

（3）肌肉：质量好的虾，色泽青白，肉质紧密，尾节伸屈性强。质量差的虾色泽青白度差，肉质稍松，尾节伸屈性稍差。

16. 鉴别虾油的质量

良质虾油：纯虾油不串卤，色泽清而不浑，油质浓稠。气味鲜浓而清香。咸味轻，洁净卫生。

次质虾油：色泽清而不浑，但油质较稀，气味鲜但无浓郁的清香感觉。咸味轻重不一，清洁卫生。

劣质虾油：色泽暗淡浑浊，油质稀薄如水。鲜味不浓，更无清香。口感苦咸而涩。

17. 鉴别虾酱的质量

良质虾酱：色泽粉红，有光泽，味清香，酱体呈粘稠糊状，无杂质，卫生清洁。

劣质虾酱：呈土红色，无光泽，味腥臭，酱体稀薄而不粘稠，混有杂质，不卫生。

18. 鉴别海蟹的质量

（1）体表鉴别

新鲜海蟹：体表色泽鲜艳，背壳纹理清晰而有光泽，腹部甲壳和中央沟部位的色泽洁白且有光泽，脐上部无胃印。

次鲜海蟹：体表色泽微暗，光泽度差，腹脐部可出现轻微的"印迹"，腹面中央沟色泽变暗。

腐败海蟹：体表及腹部甲壳色暗，无光泽，腹部中沟出现灰褐色斑纹或斑块，或能见到黄色颗粒状滚动物质。

（2）蟹鳃鉴别

新鲜海蟹：鳃丝清晰，白色或稍带微褐色。

次鲜海蟹：鳃丝尚清晰，色变暗，无异味。

腐败海蟹：鳃丝污秽模糊，呈暗褐色或暗灰色。

（3）肢体和鲜活度鉴别

新鲜海蟹：刚捕获不久的活蟹，肢体连接紧密，提起蟹体时，不松弛也不下垂。活蟹反应机敏，动作快速有力。

次鲜海蟹：生命力明显衰减的活蟹，反应迟钝，动作缓慢而软弱无力。肢体连接程度较差,提起蟹体时,蟹足轻度下垂或挠动。

腐败海蟹:全无生命的死蟹,已不能活动。肢体连接程度很差,在提起蟹体时蟹足与蟹背呈垂直状态,足残缺不全。

19. 鉴别河蟹的质量

新鲜河蟹:活动能力很强的活蟹,动作灵敏、能爬,放在手掌上掂量感觉到厚实沉重。

次鲜河蟹:撑腿蟹,仰放时不能翻身,但蟹足能稍微活动。掂重时可感觉份量尚可。

劣质河蟹:完全不能动的死蟹体,蟹足全部伸展下垂。掂量时给人以空虚轻飘的感觉。

20. 鉴别河蚌的质量

新鲜的河蚌,蚌壳盖紧密关闭,用手不易掰开,闻之无异臭的腥味,用刀打开蚌壳,内部颜色光亮,肉呈白色。如蚌壳关闭不紧,用手一掰就开,有一股腥臭味,肉色灰暗,则是死河蚌,这种河蚌不能食用。

21. 鉴别牡蛎的质量

牡蛎又名海蛎子,是一种贝类软体动物。新鲜而质量好的牡蛎,它的蛎体饱满或稍软,呈乳白色,体液澄清,白色或淡灰色,有牡蛎固有的气味。质量差的牡蛎,色泽发暗,体液浑浊,有异臭味,不能食用。

22. 鉴别蚶子的质量

蚶子又名瓦楞子,是我国的特产。新鲜的蚶子,外壳亮洁,两片贝壳紧闭严密,不易打开,闻之无异味。如果壳体皮毛脱落,外壳变黑,两片贝壳开启,闻之有异臭味的,说明是死蚶子,不能食之。目前,有些小贩,将死蚶子已开口的贝壳,用大量泥浆抹上,使购买者误认为是活蚶子,为避免受害,以逐只检查为妥。

23. 鉴别花蛤的质量

新鲜的花蛤,外壳具有固有的色泽,平时微张口,受惊时两片贝壳紧密闭合,斧足和触管伸缩灵活,具有固有的气味。如果两片贝壳开口,足和触管无伸缩能力,闻之有异臭味的,不能食之。

24. 鉴别煮贝肉的质量

新鲜贝肉:色泽正常且有光泽,无异味,手摸有爽滑感,弹性好。

不新鲜贝肉:色泽减退或无光泽,有酸味,手感发粘,弹性差。

新鲜赤贝:深黄褐色或浅黄褐色,有光泽,弹性好。

不新鲜赤贝:呈灰黄色或浅绿色,无光泽,无弹性。

新鲜海螺肉:呈乳黄色或浅黄色,有光泽,有弹性,局部有玫瑰紫色斑点。

不新鲜海螺肉:呈白色或灰白色,无光泽,无弹性。

25. 鉴别足类的质量

(1)色泽鉴别

新鲜足类:具有本种类固有的新鲜色泽,色素斑清晰,体表有光泽,粘液多而清亮。

变质足类:色素斑点模糊,并连成片呈现出红色,体表粘液浑浊。

(2)肌肉鉴别

新鲜足类:体肉柔软而光滑,富有弹性。

变质足类:体肉僵硬发涩或过度松软,无弹性。

（3）眼球和气味鉴别

新鲜足类：眼球饱满而凸出，有光泽，体肉无异常气味。

变质足类：眼球塌陷而无光泽，有腥臭味。

26. 鉴别鱿鱼与乌贼鱼

（1）凭按压和体形鉴别鱿鱼与乌贼鱼

用手指用力按一下胴体的中部，如果有坚硬感，就是乌贼鱼，如果较软，就是鱿鱼。因为乌贼鱼有一条像船型的硬乌贼骨，而鱿鱼仅有一条叶状的透明薄膜横亘于体内，所以手感不同。另外，鱿鱼一般都体形细长，末端呈长菱形，肉质鳍分列于胴体的两侧，倒过来观察时，很像一只"标枪头"，而乌贼鱼外形稍显肩宽，与鱿鱼的其他特征也有区别。

（2）鱿鱼的品质鉴别

市场上常见的鱿鱼有长形和椭圆形二种。就品质而育，长形的优于椭圆形的。

良质鱿鱼体肉厚而坚实，肉身干燥、微透红色，无霉点。嫩鱿鱼色泽淡黄，透明、体薄。老鱿鱼色泽紫红，体形大。

27. 鉴别海蜇头的质量

海蜇头的质量分二个等级。

（1）一级品：肉干完整，色泽淡红，富有光亮，质地松脆，无泥沙，碎杆及夹杂物，无腥臭味。

（2）二级品：肉干完整，色泽较红，光亮差，无泥沙，但有少量碎杆及夹杂物，无腥臭味。

吃海蜇头之前要注意检查，以免引起肠道疾病。检查方法是：用两个手指头把海蜇头取起，如果易破裂，肉质发酥，色泽发紫黑色，说明坏了，不能食用。

28. 鉴别海蜇皮的质量

（1）色泽鉴别

良质海蜇皮：呈白色、乳白色或淡黄色，表面湿润而有光泽，无明显的红点。

次质海蜇皮：呈灰白色或茶褐色，表面光泽度差。

劣质海蜇皮：表面呈现暗灰色或发黑。

（2）脆性鉴别

良质海蜇皮：松脆而有韧性，口嚼时发出响声。

次质海蜇皮：松脆程度差，无韧性。

劣质海蜇皮：质地松酥，易撕开，无脆性和韧性。

（3）厚度鉴别

良质海蜇皮：整张厚薄均匀。

次质海蜇皮：厚薄不均匀。

劣质海蜇皮：整张厚薄不均。

（4）形状鉴别

良质海蜇皮：自然圆形，中间无破洞，边缘不破裂。

次质海蜇皮：形状不完整，有破碎现象。

劣质海蜇皮：形状不完整，易破裂。

29. 鉴别患有病症的鱼

患病的鱼可从以下方面鉴别：

(1)鱼的体表

一般患有病的鱼,身体两侧肌肉,鱼鳍的基部,特别是臀鳍基部都有充血现象。根据鱼体发病部位的不同,常见的疾病有以下数种：

1)出血病：病情轻的肌肉部位有点状充直现象；病情重的全身肌肉呈深红色。

2)赤皮病：鱼的体表有局部充血、发炎、鳞片脱落的现象。

3)打印病：鱼的尾部或腹部两侧出现圆卵形红斑,病情重的肌肉腐烂成小坑,可见骨骼和内脏。

4)鱼风病：鱼的体表各处有淡绿色,形似臭虫的虫体在爬行。

5)水霉病：鱼体两侧,腹背上下和尾部等处,有棉絮状的白色长毛。

6)车轮虫病：鱼苗、鱼种沿塘边或在水面做不规则的狂游,头部有充血的红斑点。

7)肠炎：鱼的肛门处红肿,发炎充血。

8)眼病：鱼的眼球凸出,则是水中含有机酸或氨、氮含量过高造成的。

(2)鳃丝颜色

鳃丝发白,尖端软骨外露,鳃丝末端参差不齐,粘液较多,则为烂鳃病。鳃丝排列不规则,有紫红色小点,鳃丝末端有白色的虫体,则为中华鳃病。鳃丝表面呈浅白色,有凹凸不平的小点,则为车轮虫病或鳃隐鞭毛虫病。

(3)肠道颜色

将鱼剥开观察肠道,如果肠道全部或部分呈绛红色,粗细不均匀,肉有米黄色粘液,则为肠病。如果青鱼肠道呈白色,前端肿大,肠内壁有许多白色像棉花状的小结,则为球虫病。

30. 鉴别毒死鱼

在农贸市场上,常见有被农药毒死的鱼类出售。购买时,要特别注意。毒死鱼可以从以下方面鉴别：

(1)鱼嘴：正常鱼死亡后,闭合的嘴能自然拉开。毒死的鱼,鱼嘴紧闭,不易自然拉开。

(2)鱼鳃：正常死的鲜鱼,其鳃色是鲜红或淡红。毒死的鱼,鳃色为紫红或棕红。

(3)鱼鳍：正常死的鲜鱼,其膜鳍紧贴腹部。毒死的鱼,腹鳍张开而发硬。

(4)气味：正常死的鲜鱼,有一股鱼腥味,无其他异味。毒死的鱼,从鱼鳃中能闻到一点农药味,但不包括无味农药。

31. 鉴别被污染的鱼

江河、湖泊由于受工业废水排放的影响,致使鱼遭受污染而死亡,这些受污染的鱼也常进入市场出售。污染鱼可以从以下几个方面鉴别：

(1)体态：污染的鱼,常呈畸形,如头大尾小,或头小尾大,腹部发涨发软,脊椎弯曲,鱼鳞色泽发黄、发红或发青。

(2)鱼眼：污染的鱼,眼球浑浊、无光泽,有的眼球向外凸出。

(3)鱼鳃：污染的鱼鳃丝色泽暗淡,通常发白的居多数。

(4)气味：污染的鱼,一般有氨味、煤油味、硫化氢等气味,缺乏鱼腥味。

32. 水产品鲜度水煮实验后的感官鉴别

（1）气味鉴别

新鲜品的气味：具有本种类固有的香味。

变质品的气味：有腥臭味或有氨味。

（2）滋味鉴别

新鲜品的滋味：具有本种类固有的鲜美味道，肉质口感有弹性。

变质品的滋味：无鲜味，肉质糜烂，有氨臭味。

（3）汤汁鉴别

新鲜品的汤汁：汤汁清冽，带有本种类色素的色泽，汤内无碎肉。

变质品的汤汁：汤汁浑浊，肉质腐败脱落悬浮于汤内。

33. 鉴别海带的质量

良质海带：色泽为深褐色或褐绿色，叶片长而宽阔，肉厚且不带根。表面有微呈白色粉状的甘露醇，含砂量和杂质量均少。

次质海带：色泽呈黄绿色，叶片短狭而肉薄，一般含砂量都较高。

34. 鉴别鱼翅的质量

良质鱼翅：鲨鱼的背鳍（脊翅）和胸鳍（翼翅）。这类鱼翅体形硕大，翅板厚实干燥，表面洁净而略带光泽，边缘无卷曲现象。其中脊翅内有一层肥膘样的肉，翅筋分层排列于肉内，胶质丰富。翼翅则皮薄，翅筋短细，质地鲜嫩。

次质鱼翅：鲨鱼的尾鳍（尾翅），质薄筋短。

35. 鉴别燕窝的质量

燕窝是海岛上金丝燕的巢窝，经人工采集清理后制成的干制品，与鱼翅，海参并列为三种名贵菜肴。

商品燕窝的质量分为三个等级，一等品是红色的"血燕窝"，产量极少，极为名贵；二等品是白色的"白燕窝"，色泽白，质地厚，带毛少；三等品是含有多量羽毛和杂质的"毛燕窝"。质量好的燕窝，色泽洁白，质地透明，囊厚，杂质少，能保持原来的耳朵形，这种上等燕窝的涨发性好。色泽黄或带灰，囊薄而杂质较多的质量较差，涨发性小。色泽发灰，毛多的质量最差。

36. 鉴别鲍鱼干的质量

鲍鱼又名将军帽、耳贝。壳坚厚，内藏在壳内，足部相当发达。鲍鱼形体扁而椭圆，色泽黄白，无骨骼。海产的鲍鱼种类有盘大鲍、杂色鲍、耳鲍等。

鲍鱼干以质地干燥、呈卵圆形的元宝锭状、边上有花带一环、中间凸出、体形完整、无杂质、味淡者为上品。市场上出售的鲍鱼干有紫鲍、明鲍、灰鲍三种干制品，其中紫鲍个体大，呈紫色，有光亮，质量好；明鲍个体大，色泽发黄，质量较好；灰鲍个体小，色泽灰黑，质量次。

37. 鉴别鱿鱼干的质量

鱿鱼干的质量一般以形体大小、光泽、颜色、肉质厚薄等来分级。

（1）一级品：肉质粉红，明亮平滑，形体大，肉质厚，体形完整，质地干燥，无霉点，每片体长在20cm以上。

（2）二级品：肉质粉红，明亮平滑，体形较大，肉质较厚，体形完整，质地干燥，无霉点，每片体长在 14cm～19cm。

（3）三级品：肉质粉红，略亮平滑，体形小，肉质薄，体形较完整，每片体长在 8cm～13cm。

我国油头的尺鱿和九龙的吊片，品质极佳，销路最好。

38. 鉴别干海米的质量

（1）色泽：体表鲜艳发亮发黄或浅红色的为上品，这种虾米都是晴天晒制的，多是淡的。色暗而不光洁的，是在阴雨天晾制的，一般都是咸的。

（2）体形：虾米体形弯曲的是用活虾加工的。虾米体形笔直或不大弯曲的，大多数是用死虾加工的。体净肉肥，无贴皮，无窝心爪，无空头壳的为上品。

（3）杂质：虾米大小匀称，其中无杂质和其他鱼虾的为上品。

（4）味道：取一虾米放在嘴中嚼之，感到鲜而微甜的为上品。盐味重的质量差。

39. 鉴别淡菜的质量

市场上出售的淡菜按大小分为四个等级。

（1）小淡菜：又名紫淡菜，体形最小，如蚕豆般大，南方多用开水浸泡，待发后即可生食或作为调料食之。

（2）中淡菜：其体形如同小枣般大小。

（3）大淡菜：其体形如同大枣般大小。

（4）特大淡菜：体形最大，每 3 个干制品约有 50g。

干制品淡菜的品质特征是，形体扁圆，中间有条缝，外皮生小毛，色泽黑黄。选购时，以体大肉肥，色泽棕红，富有光泽，大小均匀，质地干燥，口味鲜淡，没有破碎和杂质的为上品。

40. 鉴别鱼肚的质量

鱼肚是用海鱼的螺，经漂洗加工晒干制成的海味品。市场上常见的鱼肚有黄鱼肚、闽子肚、广肚、毛常肚等。鱼肚一般以片大纹直，肉体厚实，色泽明亮，体形完整的为上品；体小肉薄，色泽灰暗，体形不完整的为次品，色泽发黑的，说明已经变质，不能食用。

41. 鉴别鱼皮的质量

鱼皮是采用鲨鱼和黄鱼的皮加工的名贵海味干制品。富有胶质，营养和经济价值甚高，是我国海味名菜之一。

鱼皮的质量优劣鉴别方法主要是观察鱼皮内外表面的净度、色泽和鱼皮的厚度等。

（1）鱼皮内表面：通称无沙的一面，无残肉，无残血、无污物，无破洞，鱼皮透明，皮质厚实，色泽白，不带咸味的为上品。如果色泽灰暗，带有咸味，则为次品，泡发时不易发涨。如果色泽发红，即已变质腐烂，称为油皮，不能食用。

（2）鱼皮表面：通称带沙的一面，色泽灰黄、青黑或纯黑，富有光润的鱼皮，表面上的沙易于清除，这种皮质量最好。鱼皮表面呈花斑状的，沙粒难于清除，质量较差。

42. 鉴别蛏干的质量

蛏干有以下三个等级：

（1）大蛏干：用较大的蛏加工制成的，体形长方，头尖肉肥，色泽金黄，以江苏启东县产量最多。

（2）蛏干：体长 25mm 左右，体呈长肩形，头部有两个小尖子（即蛏干的出水管和进水管),其品质低于大蛏干,福建和浙江的产量多。

(3)日本蛏干:其品质大小,如同大蛏干,体形圆,质量不如我国大蛏干好。

质量好的蛏干,个体大而完整,肉质肥厚,色泽淡黄,质地干燥,气味清荤,少带咸味,无破碎,无泥沙杂质。质量差的蛏干,个体小,体形不完整,色泽暗淡带黑褐色,表面粘有泥沙,咸味重,气味不正。

43. 水产品及水产制品的感官鉴别与食用原则

(1)新鲜水产品或良质水产制品不受限制,可自由出售以供食用。但上市的黄鳝、甲鱼、乌龟、河蟹、青蟹、螃蟹、小蟹及各种贝壳类均应鲜活出售。凡已死亡的均不得出售和加工。

(2)次鲜水产品或次质水产制品常应立即出售以供食用。应严格限定时间迅速售完,不得贮藏,其间如发现进一步变质,即应按腐败食品处理。

(3)变质水产品及其制品禁止食用或作食品加工原料。可根据其腐败程度,分别加工成饲料、肥料或予以毁弃。

44. 人造海蜇与天然海蜇的鉴别

人造海蜇系用褐藻酸钠、明胶为主,再加以调料而制成。色泽微黄或呈乳白色,脆而缺乏韧性,牵拉时易于断裂,口感粗糙如嚼粉皮并略带涩味。天然海蜇是海洋中根口水母科生物,捕获后再经盐矾腌制加工而成,外观呈乳白色、肉黄色、淡黄色,表面湿润而光泽,牵拉时不易折断,口咬时发出响声,并有韧性,其形状呈自然圆形,无破边。

45. 养殖对虾与海洋捕捞对虾的鉴别

养殖对虾的须子很长,而海洋捕捞对虾须短。养殖对虾头部"虾柁"长、齿锐、质地较软,而海洋捕捞对虾头部"虾柁"短、齿钝、质地坚硬。

第四章　食品理化指标的检验

第一节　食品中水分的检验

一、水分在食品中存在的形式

食品有固体状的、半固体状的,还有液体状的,它们不论是原料,还是半成品以及成品,都含有一定量的水,那么这一定量的水在食品中以什么形式存在呢? 我们说食品中的水分总是以两种状态存在的。

1. 游离水(自由水)

游离水主要存在植物细胞间隙,具有水的一切特性,也就是说100℃时水要沸腾,0℃以下水要结冰,并且易汽化。游离水是我们食品的主要分散剂,可以溶解糖、酸、无机盐等,可用简单的热力方法除掉。

2. 结合水

(1)束缚水

这种水是与食品中脂肪、蛋白质、碳水化合物等形式结合的状态存在。它是以氢键的形式与有机物的活性基团结合在一起,故称束缚水。束缚水不具有水的特性,所以要除掉这部分水是困难的。

(2)结晶水

结晶水是以配价键的形式存在,它们之间结合的很牢固,难以用普通方法除掉这一部分水。

在烘干食品时,游离水容易汽化,而结合水就难于汽化。冷冻食品时,游离水冻结,而结合水在−30℃仍然不冻结。结合水和食品的构成成分结合,稳定食品的活性基;游离水促使腐蚀食品的微生物繁殖和酶起作用,并加速非酶褐变或脂肪氧化等化学劣变。

二、测定水分的意义

1. 质量指标

一定的水分含量可保持食品品质,延长食品保藏,各种食品的水都有各自的标准,有时若水分含量超过或低于1%,无论在质量和经济效益上均起很大的作用。

例如,奶粉要求水分为3.0%～5.0%,若为4%～6%,也就是水分提高到3.5%以上,就造成奶粉结块,则商品品质就降低,水分提高后奶粉易变色,贮藏期降低,另外有些食品水分过高,组织状态发生软化,弹性也降低或者消失。蔬菜含水量85%～91%,水果80%～90%,鱼类67%～81%,蛋类73%～75%,乳类87%～89%,猪肉43%～59%。

从含水量来讲,食品含水量的高低影响到食品的风味、腐败和发霉。干燥的食品及吸潮后会发生许多物理性质的变化,如面包和饼干类的变硬不仅是失水干燥,而且也是由于水分变化造成淀粉结构发生变化的结果。此外,在肉类加工中,如香肠的口味就与吸水、持水的情况关系十分密切,所以,食品的含水量对食品的鲜度、硬软性、流动性、呈味性、保藏性、加工性等许多方面有着至为重要的关系。

2. 经济指标

食品工厂可按原料中的水分含量进行物料衡算。如鲜奶含水量87.5%,用这种奶生产奶粉(以2.5%含水量)需要多少牛奶才能生产1t奶粉(7 ∶ 1出奶粉率)。像这样类似的物料衡算,均可以用水分测定的方法进行。这也可用于指导生产。

又如生产面包,50kg面需用多少kg水,要先进行物料衡算。面团韧性的好坏与水分有关,加水量多面团软,加水量少面团硬,做出的面包体积不大,影响经济效益。

3. 水分含量的高低和微生物的生长及生化反应都有密切的关系

在一般情况下要控制水分低一点,防止微生物生长,但是并非水分越低越好。通常微生物作用比生化作用更加强烈。

从上面三点就可说明测定水分的重要性,水分在我们食品分析检验中是必测的一项。

三、测定水分的方法

GB 5009.3—2010《食品安全国家标准　食品中水分的测定》规定的水分测定方法有许多种,我们要根据食品的性质来选择。常采用的水分测定方法有以下几种:

(1)直接干燥法;

(2)减压干燥法;

(3)蒸馏法;

(4)卡尔费休法。

1. 直接干燥法

(1)原理

利用食品中水分的物理性质,在101.3kPa(一个大气压)、101℃～105℃下采用挥发方法测定样品中干燥减失的重量,包括吸湿水、部分结晶水和该条件下能挥发的物质,再通过干燥前后的称量数值计算出水分的含量。

(2)仪器

a)扁形铝制或玻璃制称量瓶;

b)电热恒温干燥箱(见图4-1);

c)干燥器:内附有效干燥剂;

d)天平:感量为0.1mg。

(3)直接干燥法的测定要点

1)取样(称样)

在采样时要特别注意防止水分的变化,对有些食品例如奶粉、咖啡等很容易吸水的,在称量时要迅速,否则越称越重。

图 4 - 1

2）干燥条件的选择

干燥条件要考虑温度、压力（常压、真空）干燥和时间三个因素。

对热不稳定的食品可采用 70℃～105℃；对热稳定的食品采用 120℃～135℃。

（4）直接干燥法必须符合要求

1）水分是唯一挥发成分：在加热时只有水分挥发。例如，样品中含酒精、香精油、芳香脂都不能用直接干燥法，这些都有其他挥发成分。

2）水分挥发要完全：对于一些糖和果胶、明胶所形成冻胶中的结合水。它们结合的很牢固，不宜排除，有时样品被烘焦以后，样品中结合水都不能除掉。因此，采用常压干燥的水分，并不是食品中总的水分含量。

3）食品中其他成分由于受热而引起的化学变化可以忽略不计。

烘箱直接干燥法一般是在 100℃～105℃下进行干燥。只要符合上述三点要求就可采用烘箱直接干燥法，但具体情况应具体分析。例如，啤酒厂要经常测啤酒花的水分，啤酒花中含有一部分易挥发的芳香油。这一点不符合我们的第一点要求，如果用烘箱法烘，挥发物与水分同时失去，造成分析误差。此外，啤酒花中的 α-酸在烘干过程中，部分发生氧化等化学反应，这又造成分析上的误差，但是一般工厂还是用烘箱直接干燥法测定，他们一般采取低温长时间（80℃～85℃烘 4h），或者高温短时（105℃烘 1h）。所以我们应根据所在的环境和条件选择合适的操作条件，当然我们应该首先了解有没有挥发物和化学反应等所造成的误差。

2. 减压干燥法

（1）原理

利用食品中水分的物理性质，在达到 40kPa～53kPa 压力后加热至（60±5）℃，采用减压干燥法去除试样中的水分，再通过烘干前后的称量数值计算出水分的含量。本法适用于在 100℃以上加热容易变质及含有不易除去结合水的食品。其测定结果比较接近真正水分。

（2）仪器

1）真空干燥箱（见图 4-2）；

2）扁形铝制或玻璃制称量瓶；

3）干燥器：内附有效干燥剂；

4）天平：感量为 0.1mg。

图 4-2

（3）操作注意事项

1）减压干燥法测水分，一般用于 100℃ 以上容易变质、破坏或不易除去结合水的样品，如糖浆、味精、砂糖、糖果、蜂蜜、果酱和脱水蔬菜等。

2）用减压干燥法测定的食品的水分，是指在一定温度及压力下失去物质的总量。

3）抽真空达到规定压力后，关闭真空泵时，应先关闭接真空泵的活塞，后关真空泵。

4）测定过程中，水分蒸发使压力增加时，应继续抽真空至规定压力，将水分抽出。

3. 蒸馏法

蒸馏法出现在 20 世纪初，当时它采用沸腾的有机液体，将样品中水分分离出来，此法直到如今仍在使用。

（1）原理

利用食品中水分的物理化学性质，使用水分测定器将食品中的水分与甲苯或二甲苯共同蒸出，根据接收的水的体积计算出试样中水分的含量。本方法适用于含较多其他挥发性物质的食品，如油脂、香辛料等。

（2）仪器

1）水分测定器（见图 4-3）；

2）天平：感量为 0.1mg。

（3）常用的有机溶剂及选择依据

常用的有机溶剂见表 4-1。

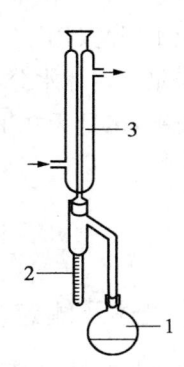

1——250mL 蒸馏瓶；

2——水分接收管，有刻度；

3——冷凝管。

图 4-3

表 4 - 1

物理性质	有 机 溶 剂			
	苯	甲苯	二甲苯	CCl_4
密度/(g/cm³)	0.88	0.86	0.86	1.59
沸点/℃	80	80	140	76.8

对热不稳定的食品,一般不选用二甲苯,因为它的沸点高,常选用低沸点的有机溶剂(如苯)。对于一些含有糖分,可分解释放出水分的样品,如脱水洋葱和脱水大蒜可选用苯,应该根据样品的性质来选择有机溶剂。

(4)注意事项

1)对分层不理想,造成读数误差,可加少量戊醇或异丁醇防止出现乳浊液。

2)蒸馏法除用于测定样品中水分外,还有大量挥发性物质,如醚类、芳香油、挥发酸、CO_2 等。目前 AOAC 规定蒸馏法用于饲料、啤酒花、调味品的水分测定,特别是香料,蒸馏法是惟一的、公认的水分检验分析方法。

4. 卡尔·费休法

卡尔·费休水分测定法分为库仑法和容量法。

(1)原理

库仑法测定的碘是通过化学反应产生的,只要电解液中存在水,所产生的碘就会和水以 1:1 的关系按照化学反应式进行反应。当所有的水都参与了化学反应,过量的碘就会在电极的阳极区域形成,反应终止。容量法测定的碘是作为滴定剂加入的,滴定剂中碘的浓度是已知的,根据消耗滴定剂的体积,计算消耗碘的量,从而计量出被测物质水的含量。干燥剂有五氧化二磷、氧化钡、高氯酸镁、氢氧化锌、硅胶、氧化氯等。

(2)试剂和仪器

1)卡尔·费休试剂;

2)无水甲醇(CH_4O):优级纯;

3)卡尔·费休水分测定仪;

4)天平:感量为 0.1mg。

第二节 食品灰分的检验

一、灰分概述及测定灰分的意义

灰分是指物质经高温灼烧后的残留物,代表食品中的矿物盐或无机盐类。食品在高温灼烧时,发生一系列物理和化学变化,最后有机组分分解挥发逸散,而无机组分以无机盐或氧化物形式残留下来。在测试时,如果灰分含量很高则说明该食品生产工艺粗糙或混入了泥沙,或者加入了不合乎卫生标准要求的食品添加剂。如含泥沙较多的红糖、食盐,因此测定食品灰分是评价食品质量的指标之一。

测定食品中灰分的意义如下：

（1）食品的总灰分含量是控制食品成品或半成品质量的重要依据。如牛奶中的总灰分在牛奶中的含量是恒定的，一般在 0.68%～0.74%，平均值非常接近 0.70%，因此可以用测定牛奶中总灰分的方法测定牛奶是否掺假，若掺水，灰分降低。另外还可以判断浓缩比，如果测出牛奶灰分在 1.4%左右，说明牛奶浓缩一倍。

（2）评定食品是否卫生，有没有污染。如果灰分含量超过了正常范围，说明食品生产中使用了不合理的卫生标准。如果原料中有杂质或加工过程中混入了一些泥沙，则测定灰分时可检出。

（3）判断食品是否掺假。

（4）评价营养的参考指标（可通过测各种元素，如 Ca、P、Fe、I、K、Na 等）。

二、测定灰分的基本原理

通常所说灰分就是指总灰分，总灰分包括水溶性灰分、水不溶性灰分、酸溶性灰分、酸不溶性灰分。

1. 总灰分的测定

（1）准备坩埚（灰化容器）

目前常用的坩埚有石英坩埚、瓷坩埚、铂坩埚、不锈钢坩埚等。瓷坩埚在化验室常用，其物理性质和化学性质和石英相同，耐高温，内壁光滑可以用热酸洗涤，价格低，灼烧后失重少等优点，但它在温度骤变时易破裂，抗碱性能差，当灼烧碱性食品时，瓷坩埚内壁釉层会部分溶解。反复多次使用后，往往难以得到恒重，在这种情况下宜使用新的瓷坩埚或使用铂坩埚等其他灰化容器。下面谈到的坩埚都指瓷坩埚。

灰化容器的大小应根据样品的性状来选用，液态样品、加热易膨胀的含糖样品及灰分含量低、取样量较大的样品，需选用稍大些的坩埚，但灰化容器过大会使称量误差增大。

（2）选择灰化的温度

灰化的温度因样品不同而有差异，大体是果蔬制品、肉制品、糖制品类不大于 525℃；谷物、乳制品（除奶油外）、鱼、海产品、酒类不大于 525℃。

灰化温度选择过高，造成无机物的损失（NaCl、KCl）也就是说增加灰化温度，就增加了KCl 的挥发损失，$CaCO_3$ 则变成 CaO，磷酸盐熔融，然后包住碳粒，使碳粒无法氧化。所以应根据所测的样品来选择灰化温度，在保证灰化完全的前提下，尽可能减少无机成分的挥发损失和缩短灰化时间。

（3）灰化时间

对于灰化时间一般无规定，针对试样和灰化的颜色，灰化一般要求灼烧到无色（灰白色）。灰化的时间过长，损失大。一般灰化需要 2h～5h，有些样品即使灰化完全，颜色也达不到灰白色，如 Fe 含量高的样品，残灰蓝褐色；Mn、Cu 含量高的食品残灰蓝绿色，所以根据样品的组成、残灰的颜色，对灰化的程度做出正确判断。

(4)加速灰化的方法

对于一些难灰化的样品(如动物性食品、蛋白质较高的食品),为了缩短灰化周期,采用加速灰化过程的方法,一般可采用三种方法来加速灰化。

1)样品初步灼烧后取出坩埚,冷却,加入少量的水,使水溶性盐类溶解,被熔融磷酸盐所包裹的碳粒重新游离出来。在水浴上加热蒸去水分,置 120℃~130℃烘箱中充分干燥,再灼烧至恒重。

2)添加硝酸、乙醇、过氧化氢、碳酸铵、醋酸铵等纯净疏松的物质,这些物质在灼烧后完全消失,不增加残灰质量。例如,样品经初步灼烧后,冷却,可逐滴加入硝酸(1:1)约 4~5 滴,以加速灰化。

3)添加碳酸钙、氧化镁、醋酸镁等惰性不溶物,这类物质的作用纯属机械性的,它们与灰分混在一起,避免碳粒被包裹。采用此方法应同时做空白试验。

2. 水溶性灰分和水不溶性灰分的测定

在测定总灰分所得的残留物中,加水 25mL,盖上表面皿,加热至近沸,以无灰滤纸过滤,以 25mL 热水分次洗涤坩埚,将滤纸和残渣移回坩埚中,再进行干燥、炭化、灼烧、冷却、称量、直至恒重。残灰即为水不溶性灰分。总灰分与不溶性灰分之差为水溶性灰分。

3. 酸不溶性灰分和酸溶性灰分的测定

向总灰分或水不溶性灰分中加入 25mL 0.1mol/L HCl,以下操作同水溶性灰分的测定。

三、食品中灰分的测定

依据 GB 5009.4—2010,该标准适用于除淀粉及其衍生物之外的食品中灰分含量的测定。

四、不同食品测定灰分注意事项

对于各种样品应取多少克应根据样品种类而定,另外对于一些样品不能直接烘干的首先进行预处理才能烘干。

1)湿的液体样品(牛奶,果汁)先在水浴上蒸干湿样。主要是先去水,不能用马福炉直接烘,否则样品沸腾会飞溅,使样品损失,影响结果。

2)含水分多的样品(果蔬)应在烘箱内干燥。

3)富含脂肪的样品先提取脂肪,即放到小火上烧直到烧完为止,然后再炭化。

4)富含糖、蛋白质、淀粉的样品在灰化前加几滴纯植物油(防止发泡)。

第三节　食品中酸度的检验

一、酸度的测定概述

食品中的酸味物质,主要是溶于水的一些有机酸和无机酸。在果蔬及其制品中,以苹果酸、柠檬酸、酒石酸、琥珀酸和醋酸为主;在肉、鱼类食品中则以乳酸为例。此外,还有一些无机酸,像盐酸、磷酸等。这些酸味物质,有的是食品中的天然成分,像葡萄中的酒石酸,苹果中的苹果酸;有的是人为加进去的,像配制型饮料中加入的柠檬酸;还有的是在发酵中产生的,像酸牛奶中的乳酸。酸在食品中主要有以下三个方面的作用:

1. 呈味剂

不论是哪种途径得到的酸味物质,都是食品重要的呈味剂,对食品的风味有很大的影响。其中大多数的有机酸具有很浓的水果香味,能刺激食欲,促进消化,有机酸在维持人体体液酸碱平衡方面起着重要的作用。

2. 保持颜色稳定

食品中酸味物质的存在,即 pH 值的高低,对保持食品颜色的稳定起着一定的作用。在水果加工过程中,加酸降低介质的 pH 值,可抑制水果的酶促褐度;选用 pH6.5～7.2 的沸水热烫蔬菜,能很好地保持绿色蔬菜特有的鲜绿色。

3. 防腐作用

酸味物质在食品中还能起到一定的防腐作用。当食品的 pH<2.5 时,一般除霉菌外,大部分微生物的生长都受到了抑制;若将醋酸的浓度控制在 6% 时,可有效地抑制腐败菌的生长。

二、食品中酸度测定的意义

1. 测定酸度可判断果蔬的成熟程度

不同种类的水果和蔬菜,酸的含量因成熟度、生长条件而异,一般成熟度越高,酸的含量越低。如番茄在成熟过程中,总酸度从绿熟期的 0.94% 下降到成熟期的 0.64%,同时糖的含量增加,甜酸比增大,具有良好的口感,故通过对酸度的测定可判断原料的成熟度。

2. 可判断食品的新鲜程度

如果新鲜牛奶中的乳酸含量过高,说明牛奶已腐败变质;水果制品中有游离的半乳糖醛酸,说明受到霉烂水果的污染;水果发酵制品(如酒)中含 0.1% 以上的醋酸则说明已发生酸败;另外,油脂的酸度也是判断油脂质量和精炼程度的一项重要指标。

3. 酸度反映了食品的质量指标

食品中有机酸含量的多少,直接影响食品的风味、色泽、稳定性和品质的高低。酸的测定对微生物发酵过程具有一定的指导意义。如酒和酒精生产中,对麦芽汁、发酵液、酒曲等的酸度都有一定的要求。发酵制品中的酒、啤酒及酱油、食醋等中的酸也是一个重要的质量指标。

酸在维持人体体液的酸碱平衡方面起着显著的作用。我们每个人对体液 pH 值也有一定的要求,人体体液 pH 值为 7.3～7.4,如果人体体液的 pH 值过大,就要抽筋,过小则会发生酸性中毒。

三、酸度的表示方法

食品中的酸度通常用总酸度(滴定酸度)、有效酸度、挥发酸度等来表示。

(1)总酸度:指食品中所有酸性物质的总量,包括已离解的酸浓度和未离解的酸浓度,采用标准碱液来滴定,并以样品中主要代表酸的百分含量表示。

(2)有效酸度:指样品中呈离子状态的氢离子的浓度(严格地讲是活度)用pH计进行测定,用pH值表示。

(3)挥发性酸度:指食品中易挥发部分的有机酸。如乙酸、甲酸等,可用直接或间接法进行测定。

(4)酸价:在测定脂类的酸度时,通常用酸价表示,即以酚酞作指示剂,中和1g样品消耗氢氧化钾的毫克数。食品的酸价通常在食品的卫生标准中作为限量指标被规定。

(5)酸度:在乳及乳制品中,酸度用°T表示。是以酚酞作指示剂,中和100mL乳酸所需氢氧化钠标准滴定溶液的毫升数。

四、食品中有机酸的种类与分布

1. 食品中常见的有机酸

食品中常见的有机酸有柠檬酸、苹果酸、酒石酸、草酸、琥珀酸、乳酸及醋酸等。这些有机酸有的是食品原料中固有的,如水果蔬菜及其制品中的有机酸;有的是在食品加工中添加进去的,如汽水中的有机酸;有的是在生产加工贮存中产生的,如酸奶、食醋中的有机酸。一种食品中可同时含有一种或多种有机酸。如苹果中主要含苹果酸(1.02%),含柠檬酸较少(0.03%);菠菜中则以草酸为主,此外还含有苹果酸及柠檬酸等。有些食品中的酸是人为添加的,较为单一,如可乐中主要含有磷酸。

2. 食品中有机酸含量的取决因素

果蔬中有机酸的含量取决于品种、成熟度以及产地气候条件等因素,其他食品中有机酸的含量取决其原料种类、产品配方等。

3. 部分常见食品的pH值(见表4-2)

表4-2

食品名称	pH值	食品名称	pH值	食品名称	pH值
苹果	3.0~5.0	胡萝卜	5.0	羊肉	5.4~6.0
梨	3.2~3.95	西瓜	6.0~6.4	猪肉	5.3~6.9
杏	3.4~4.0	番茄	4.1~4.8	鸡肉	6.2~6.4
桃	3.2~3.9	豌豆	6.1	鱼肉	6.6~6.8
辣椒(青)	5.4	橙	3.55~4.9	牛乳	6.5~7.0
南瓜	5.0	菠菜	5.7	鲜蛋黄	6.0~6.3

五、乳以及乳制品酸度的测定方法

GB 5413.34—2010《食品安全国家标准 乳和乳制品酸度的测定》对乳以及乳制品酸度的检验作出新的规定,主要测定方法有基准法和常规法。

基准法原理:中和100mL干物质为12%的复原乳至pH为8.3所消耗的0.1mol/L氢氧化钠体积,经计算确定其酸度。

常规法原理:以酚酞作指示剂,硫酸钴作参比颜色,用 0.1mol/L 氢氧化钠标准溶液滴定 100mL 干物质为 12% 的复原乳至粉红色所消耗的体积经计算确定其酸度。

六、挥发酸的测定方法

挥发性酸是食品中含低碳链的直链脂肪酸,主要是醋酸和痕量的甲酸、丁酸等,不包括可用水蒸气蒸馏的乳酸、琥珀酸、山梨酸以及 CO_2 和 SO_2 等。正常生产的食品中的挥发酸的含量较稳定,当生产中使用不合格的果蔬原料,或违反正常的工艺操作或在装罐前将果蔬品放置过久,这些都会由于糖的发酵而使挥发酸增加,降低了食品的品质,因此挥发酸含量是食品中的一项质量控制指标。

挥发酸的测定方法有直接法和间接法。

直接法:直接用标准 NaOH 滴定由水蒸气蒸馏或其他方法所得到的挥发酸。

间接法:将挥发酸蒸发除去后,滴定不挥发残液的酸度,最后由总酸度减去此残液酸度即得挥发酸的含量。

七、有效酸度(pH)的测定方法及注意事项

食品的 pH 变动很大,这不仅取决于原料的品种和成熟度,而且取决于加工方法,对于食品,特别是鲜肉,通过对肉中有效酸度即 pH 的测定有助于评定肉的品质(新鲜度)和动物宰前的健康状况。食品的 pH 和总酸度之间没有严格的比例关系,测定 pH 往往比测定总酸度具有更大的实际意义,更能说明问题。

pH 测定方法有 pH 试纸法、pH 计测定法和标准色管比色法,我们一般用 pH 计测定法。

pH 计测定法注意事项:

(1)新电极或很久未用的干燥电极,必须预先浸在蒸馏水或 0.1mol/L 盐酸溶液中 24h以上,其目的是使玻璃电极球膜表面形成有良好离子交换能力的水化层。玻璃电极不用时,宜浸在蒸馏水中。

(2)玻璃电极的玻璃球膜壁薄易碎,使用时应特别小心,安装两电极时,玻璃电极应比甘汞电极稍高些。若玻璃膜上有油污,则将玻璃电极依次浸入乙醇、丙酮中清洗,最后用蒸馏水冲洗干净。

(3)甘汞电极中的氯化钾为饱和溶液,为避免在室温升高时氯化钾溶液变为不饱和,建议加入少许氯化钾晶体,但应防止晶体堵塞甘汞电极砂芯陶瓷通道。使用时,应注意排除弯管内的气泡和电极表面或液体接界部位的空气泡,以防溶液被隔断,引起测量电路断路或读数不稳。并检查陶瓷砂芯(毛细管)是否畅通。检查方法:先将砂芯擦干,然后用滤纸紧贴在砂芯上,如有溶液渗出,则证明陶瓷砂芯未堵塞。

(4)在使用甘汞电极时,要把电极上部的小橡皮塞拔出,并使甘汞电极内氯化钾溶液的液面高于被测样液的液面,以使陶瓷砂芯处保持足够的液位压差,从而有少量的氯化钾溶液从砂芯中流出。否则,待测样液会回流扩散到甘汞电极中,致使结果不准确。

(5)仪器一经标定,定位和斜率二旋钮就不得随意触动,否则必须重新标定。

第四节 食品中碳水化合物的测定

碳水化合物是生物界三大物质之一,是自然界最丰富的有机物质。碳水化合物主要存在于植物界,如谷类食物和水果蔬菜。碳水化合物统称为糖类,它包含了单糖、低聚糖及多糖,是大多数食品的重要组成成分,也是人和动物体的重要能源。单糖、双糖、淀粉能为人体所消化吸收,提供热能,果胶、纤维素对维持人体健康具有重要作用。

碳水化合物按照有机化学可分成四类,它是根据在稀酸溶液中水解情况进行分类:

(1)单糖;

(2)低聚糖(蔗糖、乳糖、麦芽糖);

(3)多糖营养性多糖(淀粉、糖原);

(4)构造性多糖(纤维素、半纤维素、木质素、果胶)。

碳水化合物从营养角度分为两类:

(1)有效碳水化合物;

(2)无效碳水化合物(膳食纤维)。

对于膳食纤维近几年来人们研究得比较多。因为它直接关系到人体健康。

一、碳水化合物的测定意义

(1)糖是焙烤食品的主要成分之一。在焙烤食品中,糖与蛋白质发生美拉德反应。使焙烤制品产生金黄色的颜色。这种颜色可增加人们的食欲感。同时也增加了食品的色、香、味。

(2)在人类生理方面:

1)提供能量(糖与蛋白质结合成糖蛋白,糖蛋白是构成软骨、骨骼等结缔组织的基质成分);

2)构成细胞成分;

3)促进消化(果蔬中的纤维素、果胶虽不能被消化机体利用,但可促进胃肠蠕动和消化)。

二、可溶性糖类的提取与澄清

食品中的可溶性糖类通常指葡萄糖、果糖等游离单糖及蔗糖等低聚糖。测定时,常常要采用适当的提取及提取样品中的可溶性糖类,并对其进行纯化,排除干扰物质,以保证测定结果的准确性。

1. 提取

常用溶剂有水和乙醇,在提取糖类时,先将样品磨碎浸泡成溶液,若有脂肪的样品用石油醚提取,撤去其中的脂肪和叶绿素。

(1)水作提取剂

用水作提取剂,温度控制在45℃～50℃,利用水作提取剂时,还有蛋白质、氨基酸、多糖、色素的干扰,影响过滤时间,所以用水作提取剂应注意以下三点:

1）温度过高：是可溶性淀粉及糊精提取出来。

2）酸性样品：酸性使糖水解（转化），所以酸性样品用碳酸钙中和，提取但应控制在中性。

3）萃取的液体：有酶活性时，同样是使糖水解，加二氯化汞可抑制酶活性。

（2）乙醇（水溶液）作提取剂

乙醇作提取剂适用于含酶多的样品，这样避免糖被酶水解。乙醇的浓度为 70%～80%。浓度过高，糖溶在乙醇中。

2. 澄清剂

（1）澄清剂的作用

初步得到的提取剂中，除含有单糖和低聚糖等可溶性糖外，还不同程度地含有一些影响测定的杂质，如色素、蛋白质、可溶性果胶、单宁等，这些物质的存在常会使提取液带有颜色，或呈现浑浊，影响测定终点的观察；这些杂质可能具有光学活性，影响旋光度的测定；这些杂质可能在测定过程中与被测成分或分析试剂发生化学反应，影响分析结果的准确性；胶态杂质的存在还会给过滤操作带来困难，因此必须把这些干扰物质除去。常用的方法是加入澄清剂来沉淀这些干扰物质。

（2）对澄清剂的要求

1）去除干扰物质完全，不吸附被测物质中的糖；

2）过量澄清剂不影响糖的测量；

3）沉淀颗粒要小，操作简便；

4）不改变糖类的旋光度及理化性质。

（3）化验室常用的澄清剂

1）中性醋酸铅：适用于植物性的萃取液，它可除去蛋白质、丹宁、有机酸、果胶。缺点是脱色力差，不能用于深色糖液的澄清，否则加活性炭处理。

2）碱性醋酸铅：适用深色的蔗糖溶液，可除色素，有机酸，蛋白质。缺点是沉淀颗粒大，可带走果糖。

3）醋酸锌和亚铁氰化钾：用于富含蛋白质的提取剂，常用于沉淀蛋白质，对乳制品和豆制品最理想。缺点是脱色能力差，适用于色泽较浅、蛋白质含量较高的样液澄清。

4）$Al(OH)_3$ 乳剂：澄清效果差，只能除去胶态物质，一般作为辅助澄清剂。

5）$CuSO_4 - NaOH$：用于牛乳等样品。

（4）澄清剂的用量

在一般操作时，加澄清剂量多少一定要恰当，用量太少，达不到澄清的目的，用量太多使分析结果产生误差，不同的物质，因干扰物质种类和含量的不同，所以添加量也不同。若用铅盐澄清剂过量以后，糖液中过量的 Pb^{2+} 可还原糖（果糖）生成铅糖。这样使测得糖量降低。所以要加除铅剂，防止生成铅糖，降低糖的浓度。

三、还原糖的测定方法

按照 GB/T 5009.7—2008《食品中还原糖的测定》的规定，当称样量为 5.0g 时，直接滴定法的检出限为 0.25g/100g，高锰酸钾滴定法的检出限为 0.5g/100g。

还原糖包括葡萄糖、果糖、麦芽糖，在葡萄糖分子中含有游离的醛基，在果糖分子中含有游离的酮基,在乳糖和麦芽糖中含有游离的半缩醛基,因此都有还原性。其他双糖(如蔗糖)、三糖及多糖(如糊精、淀粉等)其本身不具有还原性,属于非还原糖,但都可以通过水解生成相应的还原性单糖来测定。所以,一般糖类定量测定是以还原糖的测定为基础的。

1. 直接滴定法

(1)原理

样品经过处理除去蛋白质等杂质后,加入盐酸,在加热条件下使蔗糖水解为还原性单糖,用直接滴定法测定水解后样品中的还原糖总量。

(2)注意事项

1)直接滴定法是根据一定量的碱性酒石酸铜溶液(Cu^{2+}量一定)消耗的样液量来计算样液中还原糖的含量。反应体系中Cu^{2+}的含量是定量的基础,所以在样品处理时,不能用铜盐作为澄清剂,以免样液中引入Cu^{2+},得到错误的结果。

2)次甲基蓝是一种氧化剂,但在测定条件下氧化能力比Cu^{2+}弱,故还原糖先与Cu^{2+}反应,Cu^{2+}完全反应后,稍过量的还原糖才与次甲基蓝反应,使之由蓝色变为无色,指示达终点。

3)滴定必须在沸腾条件下进行,其原因一是可以加快还原糖与Cu^{2+}的反应速率;二是次甲基蓝变色反应是可逆的,还原型次甲基蓝遇空气中氧时会被氧化。此外,氧化亚铜极不稳定,易被空气中氧所氧化。保持反应液沸腾可防止空气进入,避免次甲基蓝和氧化亚铜被氧化而增加耗糖量。

4)碱性酒石酸铜甲液和乙液应分别贮存,用时才混合,否则酒石酸铜长期在碱性条件下会慢慢分解析出氧化亚铜沉淀,使试剂的有效浓度降低。

2. 高锰酸钾法

(1)原理

还原糖在碱性溶液中使铜盐还原成氧化亚铜,在酸性条件下,氧化亚铜能使硫酸铁还原为硫酸亚铁,再用高锰酸钾溶液滴定硫酸亚铁,即可标出还原糖的量。

(2)注意事项

1)煮沸后的溶液显红色不显蓝色,则表示糖量高,可减少取样体积。

2)在洗涤Cu_2O的整个过程中应使沉淀上层保持一层水层,以隔绝空气,避免Cu_2O被空气中的氧所氧化。

3)此法适用于各类食品中还原糖的测定,有色样液不受限制,准确度高,重现性好。准确性和重现性都优于直接滴定法,但操作复杂、费时,需使用特制的检索表。

四、总糖的测定

食品中的总糖主要指具有还原性的葡萄糖、果糖、戊糖、乳糖和在测定条件下能水解为还原性单糖的蔗糖(水解后为1分子葡萄糖和1分子果糖)、麦芽糖(水解后为2分子葡萄糖)以及可能部分水解的淀粉(水解后为2分子葡萄糖)。

1. 铁氰化钾法

(1)原理

样品中原有的和水解后产生的转化糖都具有还原性质,在碱性溶液中能将铁氰化钾还原,根据铁氰化钾的浓度和检验滴定量可计算出含糖量。滴定终了时,稍过量的转化糖即将指示剂次甲基兰还原为无色的隐色体。

(2)注意事项

1)达终点时,过量的转化糖将指示剂次甲基兰还原为无色的隐色体,隐色体受空气中氧所氧化,很快又变成指示剂的颜色。

2)整个过程应在低温电炉上进行,滴定要速度缓慢,否则终点不明显。

2. 蒽酮比色法

(1)原理

糖与硫酸反应脱水生成羟甲基呋喃甲醛,生产物再与蒽酮缩合成蓝色化合物,其颜色深浅与溶液中糖的浓度成正比,可比色定量。

(2)注意事项

1)样液必须清澈透明,加热后不应有蛋白质沉淀。

2)样品颜色较深时,可用活性炭脱色后再进行测定。

3)此法与所用的硫酸浓度和加热时间有关。

4)所取糖液浓度在 1mg/100mL～2.5mg/100mL 之间。

五、淀粉的测定

在食品加工中往往用淀粉做增稠剂,用于改变食品的物理状况。有的加淀粉为了使操作容易,如各种硬糖和奶糖,在成形过程中,加入淀粉可防止相互粘结和吸湿。有的食品不仅含淀粉高,而且都是用淀粉制造的,如粉丝、粉条、粉皮、凉粉、绿豆糕。

淀粉是一种多糖,是由葡萄糖单位构成的聚合体。按聚合形式不同,可形成两种不同的淀粉分子——直链淀粉和支链淀粉。由于两种淀粉分子的结构不同,性质上也有一定差别。不同来源的淀粉,所含直链淀粉和支链淀粉的比例是不同的,因而也具有不同的性质和用途。

淀粉的测定方法有多种,常用的方法有酸水解法和酶水解法,它是根据淀粉在酸或酶作用下能水解为葡萄糖,再通过测定还原糖的方法进行定量测定。

1. 酶水解法

(1)原理

样品经除去脂肪和可溶性糖类后,在淀粉酶的作用下,使淀粉水解为麦芽糖和低分子糊精,再用盐酸进一步水解为葡萄糖。然后按还原糖测定法测定其还原糖含量,并折算成淀粉含量。

(2)注意事项

1)若样品中脂肪含量较高,会抑制酶对淀粉的作用及可溶性糖类的去除,故对脂肪含量较高的样品应用乙醚脱脂。

2)淀粉粒具有晶格结构,淀粉酶难以作用。加热糊化破坏了淀粉的晶格结构,使其易于被淀粉作用。即使已经加热处理过的食品,测定淀粉前还得将样品再次糊化,因为老化的淀粉不易被酶水解。

3)使用淀粉酶前,应确定其活力及水解时加入量。可用已知浓度的淀粉溶液少许,加入一定量淀粉酶溶液,置 55℃～60℃ 水浴中保温 1h,用碘液检验淀粉是否水解完全,以确定酶的活力及水解时的用量。

2. 酸水解

(1)原理

样品经除去脂肪及可溶性糖类后,其中淀粉用酸水解成具有还原性的单糖,然后按还原糖测定,并折算成淀粉。

(2)注意事项

1)此法适用于淀粉含量较高,而半纤维素和多缩戊糖等其他多糖含量较少的样品。对富含半纤维素、多缩戊糖及果胶质的样品,因水解时它们也被水解为木糖、阿拉伯糖等还原糖,使测定结果偏高。该法操作简单、应用广泛,但选择性和准确性不及酶法。

2)样品中加入乙醇溶液后,混合液中乙醇的浓度应在 80% 以上,以防止糊精随可溶性糖类一起被洗掉。如要求测定结果不包括糊精,则用 10% 乙醇洗涤。

3)样品含脂肪时,会妨碍乙醇溶液对可溶性糖类的提取,所以要用乙醚除去。脂肪含量较低时,可省去乙醚脱脂肪步骤。

4)因水解时间较长,应采用回流装置,以保证水解过程中盐酸的浓度不发生大的变化。水解条件要严格控制,要保证淀粉水解完全,并避免因加热时间过长对水解生成的单糖产生影响。

六、粗纤维的测定

粗纤维是指动物饲料中那些稀酸、稀碱难溶的、家畜(特别是反刍动物)不容易消化的部分。其中主要成分是纤维素和木质素。

膳食纤维是指人们的消化系统或者消化系统中的酶不能消化、分解、吸收的物质。

纤维素是高分子化合物,分子式以 $(C_6H_{10}O_5)_n$ 表示,不溶于任何有机溶剂,对稀酸或稀碱相当稳定,但纤维素与硫酸或盐酸共热时完全水解得 α-葡萄糖,不完全水解得纤维二糖。根据纤维素的性质,用稀酸或稀碱处理样品,将杂质去除后用重量法测定。

1. 原理

在稀硫酸作用下,可使淀粉、糖、果胶质、色素和半纤维素水解而除去,再用 NaOH 溶液皂化脂肪酸,溶解蛋白质而除去,最后残渣减去灰分即得粗纤维素。

2. 注意事项

1)含脂样品,必须脱脂处理,否则分析结果偏高。

2)酸、碱消化时,如产生大量泡沫,可加入两滴硅油或辛醇消泡。

3)样品的粒度以 1mm 左右为宜,粒度愈细,测定结果愈低。

4)采用同种滤布(一般用绒布、麻布、绸布等),因不同的滤布,分析结果不一;用亚麻布过滤时,由于其孔径不稳定,结果出入较大,最好采用 200 目尼龙筛绢过滤,既耐较高温度,孔径又稳定,本身不吸留水分,洗残留也较容易。

5)恒重条件:烘干＜1mg,灰化＜0.5mg。

6)用这种方法测出的不完全是粗纤维,还有部分半粗纤维素、戊乳粉及含氮物质。

第五节　食品中脂类的测定

脂类主要包括脂肪(甘油三酸脂)和类脂化合物(脂肪酸、糖脂、甾醇)。脂肪是食物中具有最高能量的营养素,食品中脂肪含量是衡量食品营养价值高低的指标之一。在食品加工生产过程中,原料、半成品、成品的脂类含量对产品的风味、组织结构、品质、外观、口感等都有直接的影响,故食品中脂类含量是食品质量管理中的一项重要指标。

一、脂类的分类、组成、性质

1. 分类

包括简单脂类(有两种组分组成的如脂肪酸和醇生成脂)、复合脂类(除以上两种组分外还含有其他组分)、衍生脂(只含单一组分,由其他脂类水解得到,如饱和脂肪酸、不饱和脂肪酸)、醇(丙三醇、长链醇、甾醇)、脂溶性物料[包括脂溶性维生素(A、D、E 和 K)]。

2. 组成

脂肪是由一分子甘油和三分子高级脂肪酸脱水生成的。油脂的结构与类型取决于脂肪酸,如果三个脂肪酸的 R 烃基相同,就称简单脂。如果脂肪酸的 R 烃基不同,则为复合脂。

3. 性质

(1)物理性质

脂类一般为无色、无臭、无味,呈中性,脂肪不溶于水,而溶于有机溶剂,一般采用低沸点的有机溶剂萃取脂类。

(2)化学性质

1)水解与皂化(一切脂肪都能在酸、碱或酶的作用下水解为脂肪酸及甘油);

2)氢化与卤化(利用氢化将液体油氢化成半固体脂肪,人造猪油);

3)氧化与酸败。

天然油脂暴露在空气中与氧会自发进行氧化作用,产生酸味,也就是我们所说的酸败,统称哈败。例如油炸方便面,在夏季容易发哈。还有一些富含油的食品,长时间都容易发哈,哈败是由于脂肪中不饱和链被空气中的氧所氧化,生成过氧化物,过氧化物继续水解,产生低级的醛和羧酸,这些物质使脂肪产生不愉快的嗅感和味感。油脂酸败的另一个原因是微生物的作用下,脂肪分解成醇和脂肪酸,脂肪酸经过氧化后生成苦味及臭味的低级酮类。

油在高温加热时发生劣变,在用油脂进行油炸食品的过程中,长时间的高温加热使油脂产生劣变,颜色加深,稠度增大,并且油易起泡。高温长期加热使油脂中的游离脂肪酸增多,不饱和脂肪聚合生成各种聚合物,其中的二聚物对人体的毒性较大,长期食用这种油脂可使肝脏肿大。

二、脂肪的测定意义

(1)生理方面:

1)脂肪是一种富含热能营养素,是人体热能的主要来源,每克脂肪在体内可提供9.5kcal 热能,比碳水化合物和蛋白质高一倍以上。

2)维持细胞构造及生理作用。

3)提供必需脂肪酸(亚油酸、亚麻酸、花生四烯酸),这几种酸在人体内不能合成,必须通过食物供给人体。

4)具有饱腹感,脂肪可延长食物在胃肠中停留时间。

(2)营养方面:脂肪是脂溶性维生素的良好溶剂,有助于脂溶性维生素(A、D、E、K)的吸收。

(3)烹饪方面:脂肪能给食品一定的风味,特别是焙烤食品。如卵磷脂加入面包中,使面包弹性好,柔软,体积大,形成均匀的蜂窝状。

(4)脂肪含量高低是评价食品质量好坏的一项重要指标,是否掺假,是否脱脂,以质论价,所以在含脂肪的食品中,其含量都有一定的规定,脂肪含量是食品质量管理中的一项重要控制指标。

测定食品的脂肪含量,可以用来评价食品的品质,衡量食品的营养价值,而且对实行工艺监督,生产过程的质量管理,研究食品的储藏方式是否恰当等方面都有重要的意义。

三、提取剂的选择及样品预处理

食品中脂肪的存在形式有游离态的,也有结合态的。游离态的脂如动物性脂肪和植物性脂肪。结合态的脂如天然存在的磷脂、糖脂、脂蛋白等。对大多数食品来说,游离态的脂肪含量较多,结合态的脂肪含量较少。

1. 提取剂的选择

脂类的结构比较复杂,到现在没有一种溶剂能将纯脂肪萃取出来,也就是说提取出来的都是粗脂肪。脂类不溶于水,易溶于有机溶剂。测定脂类大多采用低沸点的有机溶剂。常用的溶剂有乙醚、石油醚、氯仿-甲醇混合溶剂。其中乙醚溶解脂肪的能力强,应用最广泛。

(1)乙醚

1)乙醚的优点

a)乙醚的沸点低为 34.6℃;

b)溶解脂肪能力强,大于石油醚。

2)乙醚的缺点

a)能被 2%的水饱和;

b)含水的乙醚抽提能力降低(氧与水能形成氢键,使穿透组织能力降低,即抽提能力下降);

c)含水的乙醇是非脂成分溶解,而被抽提出来,使结果偏高(糖蛋白质等);

d)乙醚易燃。

使用乙醚时,样品不能含水分,必须干燥。而且使用乙醚时室内需空气流畅。

乙醚一般贮存在棕色瓶中,放置一段时间后,光下照射会产生过氧化物,过氧化物容易爆炸,如果乙醚贮存时间过长,在使用前一定要检查有无过氧化物,如果有应当除掉。

3)检查过氧化物的方法

乙醚中＋少量的 Fe^{2+}＋少量 KCNS,待到红色出现,说明有过氧化物存在,反之为无色。

4）排除过氧化物的方法

在含过氧化物的乙醚中加入少量 $FeSO_4$ 溶液可除掉过氧化物。

（2）石油醚

石油醚溶解脂肪的能力比乙醚弱，吸收水分比乙醚少，没有乙醚易燃。使用时允许样品含有微量水分，它没有胶溶现象，不会夹带胶溶淀粉、蛋白质等物质。采用石油醚提取剂，测定值比较接近真实值。

乙醚、石油醚这两种溶剂适用于已烘干磨碎、不易潮解结块的样品，而且只能提取样品中游离态的脂肪，不能提取结合态的脂肪，对于结合态脂肪，必须预先用酸或碱破坏脂类和非脂成分的结合后才能提取。有时两种溶剂常常混合使用。

（3）氯仿-甲醇

氯仿-甲醇是一种有效的溶剂，它对于脂蛋白、磷脂的提取效率较高，特别适用于水产品、家禽、蛋制品等食品脂肪的提取。

2. 样品的预处理

样品的预处理方法决定于样品本身的性质，牛乳预处理非常简单，而植物和动物组织的处理方法较为复杂。

（1）粉碎

粉碎的方法很多，不论是切碎、碾磨、绞碎或者采用均质等处理方法，应当使样品中脂类物理、化学以及酶的降解都要减小到最小程度。

（2）加海砂

有的样品易结块，用乙醚提取较困难，为了使样品保持散粒状，可以加一些海砂，一般加样品的 4～6 倍的量（目的使样品疏松，这样扩大了与有机溶剂的接触面积，有利于萃取）。

（3）加入无水硫酸钠

因为乙醚可被 2％水饱和，使乙醚不能渗入到组织内部，抽提脂肪的能力降低，所以有些样品含水量高时，可加入无水硫酸钠，用量以样品呈散粒状为止。

（4）干燥

干燥的目的是为了提高脂肪的提取效率。干燥时要注意温度，温度过高脂肪氧化，脂肪与糖、蛋白质结合变成复合脂；温度过低脂肪易降解。

（5）酸处理

温度过高时，脂与糖、蛋白质等结合变成复合脂，产生复合脂后，不能用外极性溶剂直接抽提，所以要用酸处理，主要是把结合脂肪水解出去，如面包采用直接萃取 1.20％脂肪，酸处理后萃取 1.73％脂肪；干全蛋采用直接萃取 36.74％脂肪，酸处理后萃取 42.39％脂肪。

（6）水洗

对含有大量的碳水化合物的样品，测定脂肪时应先用水洗掉水溶性碳水化合物，再进行干燥、提取。

四、脂类的测定方法

食品的种类不同，脂肪含量及其存在形式也不相同，测定脂肪的方法也就不同。常用的测定方法有：

1）索氏提取法；

2）巴布科克法；

3）益勒式法；

4）罗斯-哥特里法；

5）酸分解法。

过去测定脂肪普遍采用的是索氏提取法,这种方法至今仍被认为是测定多种食品脂类含量具有代表性的方法,但用此法某些样品的测定结果往往偏低。巴布科克法、益勒式法、罗斯-哥特里法主要用于乳及乳制品中脂类的测定,酸水解法测出的脂肪为游离态脂和结合脂的总和。

1. 索氏提取法

（1）原理

样品经前处理后,放入圆筒滤纸内,将滤纸筒置于索氏提取管中,利用乙醚或石油醚在水浴中加热回流,使样品中的脂肪进入溶剂中,回收溶剂后所得到的残留物,即为脂肪（粗脂肪）。

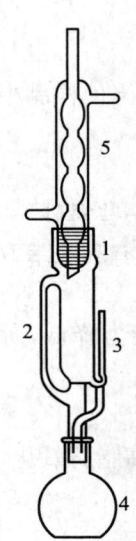

说明:

1——橡皮塞;

2——抽提管;

3——滤纸筒;

4——接收瓶;

5——冷凝管。

图 4-4

采用这种方法测出的游离态脂肪含有磷脂、色素、蜡状物、挥发油、糖脂等物质。

（2）试剂与仪器

1）95％乙醇;

2）乙醚;

3）石油醚（30℃～60℃沸程）;

4）索氏提取器（见图 4-4）。

（3）注意事项

1）样品应干燥后研细,装样品的滤纸筒一定要紧密,不能往外漏样品,否则重做。

2）放入滤纸筒的高度不能超过回流弯管,否则乙醚不易穿透样品,使脂肪不能全部提出,造成误差。

3）碰到含多糖及糊精的样品要先以冷水处理,等其干燥后连同滤纸一起放入提取器内。

4）提取时水浴温度不能过高,一般使乙醚刚开始沸腾即可（约45℃左右）,回流速度以 8 次/h～12 次/h 为宜。

5）所用乙醚必需是无水乙醚,如含有水分则可能将样品中的糖以及无机物抽出,造成误差。

6）冷凝管上端最好连接一个氯化钙干燥管,这样不仅可以防止空气中水分进入,而且还可以避免乙醚挥发到空气中。如无此装置,塞一团干脱脂棉球亦可。

7）如果没有无水乙醚可以自己制备,制备方法:在 100mL 乙醚中,加入无水石膏 50g,振摇数次,静止 10h 以上,蒸馏,收集 35℃以下的蒸馏液,即可应用。

8）将提取瓶放在烘箱内干燥时,瓶口向一侧倾斜 45°,防止挥发物乙醚与空气形成对流,这样干燥迅速。

9)如果没有乙醚或无水乙醇时,可以用石油醚提取,石油醚沸点 30℃～60℃为好。

10)使用挥发乙醚或石油醚时,切忌直接用火源加热,应用电热套、电水浴、电灯泡等。

11)这里恒重的概念表示最初达到的最低重量,即溶剂和水分完全挥发时的恒重,此后若继续加热,则因油脂氧化等原因导致重量增加。

12)在干燥器中的冷却时间一般要一致。

2. 巴布科克法(Babcock 法)

(1)原理

利用硫酸溶解乳中的乳糖浴蛋白质等非脂成分使脂肪球膜破坏,脂肪游离出来,在乳脂瓶中直接读取脂肪层,从而迅速求出被检乳中的脂肪率。

(2)操作方法

准确吸取 17.6mL 牛乳→于乳脂瓶中→加 17.5mL 硫酸(用量筒量取)→混合→离心 5min(1000r/min)→60℃水至瓶颈→离心 2min(1000r/min)→加 60℃水至 4％刻度线→离心 1min→60℃水浴中→使脂肪柱稳定→读取。

加 H_2SO_4 的作用:

1)溶解蛋白质;

2)乳解乳糖;

3)减少脂肪的吸附力。

因为非脂成分溶解在 H_2SO_4 中,这样就增加了消化液的比重(H_2SO_4 相对密度 1.820～1.825,脂肪相对密度小于 1),使得脂肪迅速而完全地与非脂沉淀;离心的作用使脂肪非常清晰地分离;加热的目的使脂肪吸附力降低,上浮速度加快。

第六节　食品中蛋白质的测定

蛋白质是生命的物质基础,是构成生物体细胞组织的重要成分之一,是生物体发育、修补组织的原料。一切有生命的活体都含有不同类型的蛋白质。人体的蛋白质来源无不依赖于所摄取的食物,通过对食物中蛋白质、氨基酸等成分的消化合成,来满足机体对蛋白质的需要。蛋白质是标志食品营养价值的首要成分,一个食品的营养高低,主要看蛋白质的高低。蛋白质除了保证食品的营养价值外,在决定食品的色、香、味及结构等方面也起着重要的作用。

一、蛋白质的组成

1. 蛋白质的组成

蛋白质是复杂的含氮有机化合物,它的溶液是典型的胶体分散体系,由两性氨基酸通过肽键结合在一起的大分子化合物,它主要含的元素是 C、H、O、N、S、P,另外还有一些微量元素 Fe、Zn、I、Cu、Mn。对于不同的蛋白质,它的组成和结构不同,含氮则是蛋白质区别于其他有机化合物的主要标志。各种蛋白质的组成元素大致相似,其主要元素在蛋白质中的质量分数见表 4-3。

表 4 - 3

元素	C	H	O	N	S	P
质量分数/％	50～55	5～7	20～25	15～18	0.2～0.3	0～6

2. 氨基酸的组成

蛋白质被酶、酸或碱水解,其水解的最终产物为氨基酸。目前从各种天然物中分离得到的氨基酸已达 175 种以上,但是构成蛋白质的氨基酸主要是其中的 20 种,在构成蛋白质的氨基酸中,亮氨酸、异亮氨酸、赖氨酸、苯丙氨酸、蛋氨酸、苏氨酸、色氨酸和缬氨酸 8 种氨基酸在人体中不能合成,必需依靠食物供给,成为必需氨基酸。

二、蛋白质的变性

蛋白质受热或其他处理时,它的物理和化学性质会发生变化,这个过程称为变性。蛋白质发生变性后,蛋白质的许多性质发生了变化,溶解度降低,发生凝结,形成不可逆凝胶,- SH 暴露在外面。引起蛋白质变性的因素主要是热、酸碱、化学试剂、重金属盐等。

最常见的蛋白质变性现象如蛋清在加热时凝固,瘦肉在烹调时收缩变硬,这是由蛋白质的热变性引起的。蛋白质变性后- SH 暴露在分子表面上,煮热的牛奶和鸡蛋具有特殊的气味即与此有关。

在我们日常生活中,白衬衣穿脏后,在洗涤时,不能用热水洗涤,因为人体排出的汗水里含有蛋白质,如果用热水洗涤,蛋白质受热后变性,衣服就由白变黄了,所以应该先用冷水浸泡,再用热水洗涤。

三、食品中蛋白质的含量及测定意义

1. 含量

食品种类很多,蛋白质含量分布是不均匀的,一般动物组织蛋白质含量高于植物组织,而动物组织以肌肉、内脏含量多于其他部分,植物是以种子含量高,豆类含蛋白质最高,如黄豆蛋白质含量在 40％。

2. 测定意义

(1)蛋白质是组成人体的重要成分之一,人体的一切细胞都由蛋白质组成;

(2)蛋白质维持体内酸碱平衡;

(3)蛋白质是食品的重要成分之一,也是重要的营养物质;

(4)蛋白质是评价食品质量高低的指标,关系到人体健康。

如果膳食中蛋白质长期不足,将出现负氮平衡,也就是说每天体内的排出氮大于抗体摄入氮,这样造成消化吸收不良,导致腹泻等。对于一个体重 65kg 的人来说,若每天从体内排出氮 3.5g(其中尿液排出 2.4g,粪便 0.8g,皮肤 0.3g),一般以蛋白质含氮 16％计算的话,3.5g 相当于蛋白质含量 22g(6.25×3.5),也就是说每日至少通过膳食供给 22g 蛋白质,才能达到氮平衡,即摄入体内的氮量与排出氮的数量相等。可见蛋白质对人体健康影响很大。

四、关于蛋白质换算系数

一般来说,蛋白质的平均含氮量为 16%,即一份氮相当于 6.25 份蛋白质,此数值(6.25)称为蛋白质换算系数,这个数值是以蛋白质平均含氮而导出的数值。食品种类不同,食品中的含氮量不同。因此我们在测定蛋白质时,不同的食品采用不同的换算系数,一般实验手册上都有换算系数,如蛋＝6.25,肉＝6.25,牛乳＝6.38,稻米＝5.95,大麦＝5.83,玉米＝6.25,小麦＝5.83,麸皮＝6.31,面粉＝5.70,手册上查不到的样品则可用 6.25,但在写报告时要注明采用的换算系数以何物代替。

对于用各种原料混合制成的食品,采用占总氮量多的原料为换算系数,对于一些组成成分不明确的食品可采用 6.25,我们在作报告时,一定要注明所用的换算系数。

五、蛋白质的测定方法

蛋白质的测定方法分为两大类:一类是利用蛋白质的共性,即含氮量,肽链和折射率测定蛋白质含量;另一类是利用蛋白质中特定氨基酸残基、酸、碱性基团和芳香基团测定蛋白质含量。由于食品种类很多,食品中蛋白质含量又不同,特别是其他成分,如碳水化合物、脂肪和维生素的干扰成分很多,因此我们在检验食品中蛋白质时,往往只限于测定总氮量,然后乘以蛋白质换算系数,得到蛋白质含量,实际上包括核酸、生物碱、含氮类脂和含氮色素等非蛋白质氮化合物,故称为粗蛋白质。按照 GB 5009.5—2010《食品安全国家标准　食品中蛋白质的测定》的规定,食品中蛋白质的测定方法有以下三种:

1. 凯氏定氮法

食品中的蛋白质在催化加热条件下被分解,产生的氨与硫酸结合生成硫酸铵。碱化蒸馏使氨游离,用硼酸吸收后以硫酸或盐酸标准滴定溶液滴定,根据酸的消耗量乘以换算系数,即为蛋白质的含量。

2. 分光光度法

食品中的蛋白质在催化加热条件下被分解,分解产生的氨与硫酸结合生成硫酸铵,在 pH 4.8 的乙酸钠-乙酸缓冲溶液中与乙酰丙酮和甲醛反应生成黄色的 3,5 -二乙酰- 2,6 -二甲基- 1,4 -二氢化吡啶化合物。在波长 400nm 下测定吸光度值,与标准系列比较定量,结果乘以换算系数,即为蛋白质含量。

3. 燃烧法

试样在 900℃～1200℃高温下燃烧,燃烧过程中产生混合气体,其中的碳、硫等干扰气体和盐类被吸收管吸收,氮氧化物被全部还原成氮气,形成的氮气气流通过热导检测仪(TCD)进行检测。

第七节　反式脂肪酸的测定

随着我国油脂和食品工业的快速发展,油脂(尤其是食品专用油脂)的人均日摄入量急剧增长,未来几年,反式脂肪酸人均日摄入量有可能超过总能量的 1%,反式脂肪酸摄入增加会使高密度脂蛋白和低密度脂蛋白的比例明显下降,大大增加心血管疾病的风险。因此,要清醒认识到反式脂肪酸的危害性,积极采取应对措施。

反式脂肪酸测定方法如下:

1. 试剂

(1)三油酸甘油酯标准品(纯度≥99%);

(2)三反油酸甘油酯标准品(纯度≥99%);

(3)异辛烷;

(4)石油醚;

(5)正己烷。

2. 仪器与设备

(1)Spectrum One 傅里叶变换红外光谱仪;

(2)AG285 十万分之一电子天平。

3. 试样的制备

(1)油脂样品:液体油可直接测定,流动性差的油脂经加热处理保持融化状态测定。

(2)含油脂样品:根据样品的类别,分别按照 GB/T 5009.6、GB 5413.3、GB/T 9695.7 规定的方法提取脂肪,然后测定。

4. 标准曲线制作

(1)标准系列样品的制备

准确称取三反油酸甘油酯 Xg 和三油酸甘油酯$(0.3-X)$g 于 5mL 烧杯中,60℃水浴加热,混合均匀,其中 X 分别为 0.00150,0.00300,0.00600,0.00900,0.01500,0.03000,0.06000,0.12000,配制成三反油酸甘油酯含量分别为 0.5%,1%,2%,3%,5%,10%,20%,40%的标准系列样品。

(2)红外吸收光谱的采集及数学处理

依次吸取适量制备好的标准系列样品,加到 HATR 附件的 ZnSe 晶体上,使样品覆盖整个晶体表面,立即采集其在 $1050cm^{-1}\sim900cm^{-1}$ 波段范围的红外吸收光谱。对红外吸收光谱求二阶导数,然后与 -10^4 作乘法运算,得到负二阶导数光谱。

(3)标准曲线方程拟合

以标准系列样品中三反油酸甘油酯的百分含量(%)为 Y 轴,以对应的负二阶导数光谱图中 $966cm^{-1}$ 处反式脂肪酸特征吸收峰峰高为 X 轴,制作标准曲线,并拟合一元线性回归方程。

5. 样品测定

按照标准曲线制作(2)采集样品红外吸收光谱,按照(3)对光谱进行数学处理,得到的负二阶导数光谱经过标准曲线校正,计算出样品的反式脂肪酸含量(以脂肪计)。

第五章 食品添加剂的检验

第一节 概　述

一、食品添加剂的种类

食品添加剂是指为改善食品品质和色、香、味,以及防腐、保险和加工工艺的需要而加入食品中的人工合成的或天然物质。营养强化剂、食品用香料、胶基糖果中基础剂物质、食品工业用加工助剂也包括在内。

食品添加剂可以是一种物质或多种物质的混合物,它们中大多数不是基本食品原料本身所固有的物质,而是在生产、贮存、包装等过程中在食品中为达到某一目的而有意添加的物质。而且,食品添加剂一般都不能单独作为食品来食用,其添加量有严格的限制。

食品添加剂的种类很多,目前国际上对食品添加剂的分类还没有统一的标准。大致上可按其来源、功能和安全评价的不同而来划分。按来源可分为天然食品添加剂和人工化学合成添加剂。前者主要从动、植物中提取制得,也有一些来自微生物的代谢产物或矿物。后者则是通过化学合成的方法取得。

GB 2760—2011《食品安全国家标准　食品添加剂使用标准》中将食品添加剂按其主要功能作用的不同分为酸度调节剂、抗结剂、消泡剂、抗氧化剂、漂泊剂、膨松剂、胶基糖果中基础剂物质、着色剂、护色剂、乳化剂、酶制剂、增味剂、面粉处理剂、被膜剂、水分保持剂、营养强化剂、防腐剂、稳定剂和凝固剂、甜味剂、增稠剂、食品用香料、食品工业用加工助剂及其他共23类。

二、食品添加剂的主要作用

食品添加剂的主要作用有以下几个方面:
(1)保持或提高食品本身的营养价值。
(2)作为某些特殊膳食用食品的必要配料或成分。
(3)提高食品的质量和稳定性,改进其感官特性。
(4)便于食品的生产、加工、包装、运输或者贮藏。

三、食品添加剂的安全使用和管理

食品添加剂是食品工业的基础原料,对食品的生产工艺、产品质量、安全卫生都起到至关重要的作用。但是违禁、滥用以及超范围、超标准使用添加剂,会给食品质量、安全卫生以及消费者的健康带来巨大的损害。食品添加剂的种类和数量越来越多,对人们健康的影响也就越来越大。随着研究的不断改进和发展,原来认为无害的添加剂,近年来发现还可能存在慢毒性、致癌作用、致畸作用及致突变作用等各种潜在的危害,因而更加不能忽视。

食品加工企业必须严格遵照执行食品添加剂的卫生标准,加强卫生管理,规范、合理、安全地使用添加剂,保证食品质量,保证人民身体健康。食品添加剂的分析与检测,则对食品的安全起到了很好的监督、保证和促进作用。食品添加剂的使用要求如下:

(1)食品添加剂本身应该经过充分的毒理学鉴定程序证明在使用限量范围内对人体健康无危害。食品添加剂在进入人体后,最好能参加人体正常的物质代谢;或能被正常解毒过程解毒后全部排出体外;或因不被消化道所吸收而全部排出体外;不能在人体内分解或与食品作用形成对人体有害的物质。

(2)食品添加剂在达到一定的工艺功效后,若能在以后的加工、烹调过程中消失或破坏,避免摄入人体,则更为安全。

(3)食品添加剂不应用于掩盖食品腐败变质、食品本身或加工过程中的质量缺陷,或以掺杂、掺假、伪造为目的而使用。

(4)食品添加剂应有严格的质量标准,有害杂质不得检出或不能超过允许限量。

(5)食品添加剂对食品本身的营养成分不应有破坏作用,也不应影响食品的质量及风味。

(6)食品添加剂要有助于食品的生产、加工、制造和贮藏等过程,具有保持食品营养、防止腐败变质,增强感官性状、提高产品质量等作用,并应在达到预期目的的前提下应尽可能降低在食品中的使用量。

(7)价格低廉,来源充足。

(8)使用方便安全,易于贮存、运输与处理。

(9)添加于食品中后能被分析鉴定出来

四、食品添加剂的标准

食品添加剂在被批准使用前都经过了严格的安全性评估,其安全性很大程度上不在于食品添加剂本身是什么,而在于如何规范使用食品添加剂。

我国于1981年首次颁布了国家标准GB 2760—1981《食品添加剂使用卫生标准》,先后进行了四次修订,目前现行有效的为GB 2760—2011《食品安全国家标准　食品添加剂使用标准》。食品添加剂使用标准是规范食品添加剂使用的基础性标准,在规范和指导食品添加剂使用方面发挥了重要作用。按规定食品中允许使用的食品添加剂及使用量的信息在GB 2760—2011中均可以查到。

第二节　食品中苯甲酸、山梨酸的测定方法

一、苯甲酸和苯甲酸钠

1. 苯甲酸

苯甲酸亦称安息香酸,分子式$C_7H_6O_2$,相对分子质量122.12,结构式:

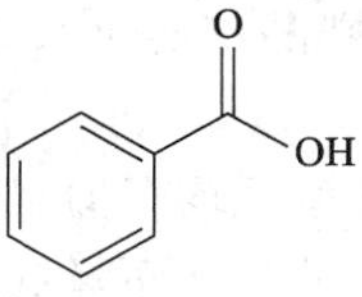

苯甲酸为白色有荧光的鳞片或针状结晶,质轻无味或略带安息香或苯甲醛的气味。苯甲酸化学性质稳定,但有吸湿性,约 100℃ 开始升华,在酸性条件下易随水蒸汽挥发。常温下难溶于水,25℃ 时的溶解度为 0.34g/100mL。溶于热水,90℃ 时的溶解度为 4.55g/100mL,溶于乙醇、氯仿、乙醚、丙酮、二氧化碳和挥发性油中,微溶于己烷。

苯甲酸为一元芳香羧酸,酸性较弱,其 25% 饱和水溶液的 pH 为 2.8,其杀菌、抑菌效力随介质酸度增高而增强。在碱性介质中则失去杀菌、抑菌作用,在 pH 值小于 4 时,抑菌活性高,对一般菌类的控制最小浓度为 0.05%～0.1%。但在酸性溶液中其溶解度降低,故不能单靠提高溶液的酸性来提高其抑菌活性。苯甲酸防腐的最适 pH 为 2.5～4.0。

苯甲酸进入机体后,大部分在 9h～15h 内与甘氨酸化合成马尿酸而从尿中排除,剩余部分与葡萄糖醛酸化合而解毒,苯甲酸不在机体内积蓄。目前广泛认为苯甲酸及苯甲酸钠以小剂量添加于食品中,未发现任何毒性作用。

由于苯甲酸对水的溶解度低,故实际中多是加入适量的碳酸钠或碳酸氢钠,用 90℃ 以上热水溶解,使其转化成苯甲酸钠后才添加到食品中。若必须使用苯甲酸,可先用适量乙醇溶解后再应用。

2. 苯甲酸钠

苯甲酸钠亦称安息香酸钠,分子式 $C_7H_5O_2Na$,相对分子质量 144.11,结构式:

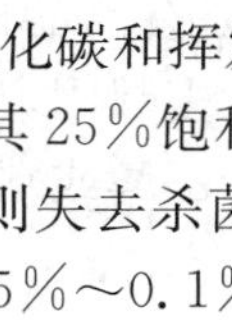

苯甲酸钠为白色颗粒或晶体粉末,无臭或微带安息香的气味,有甜涩味。在空气中稳定,露置空气中可吸潮。易溶于水,25℃ 时的溶解度为 53.0g/100mL。溶于乙醇,25℃ 时的溶解度为 1.48g/100mL。

苯甲酸钠防腐作用机理与苯甲酸相同,但防腐效果小于苯甲酸,pH 为 3.5 时,0.05% 的溶液能完全防止酵母生长,pH 为 6.5 时,溶液浓度需提高至 2.5% 方能有此效果,苯甲酸钠只有在游离出苯甲酸的条件下才能发挥防腐作用,在较强的酸性食品中,苯甲酸钠的防腐效果好。

二、山梨酸和山梨酸钾

1. 山梨酸

山梨酸为 2,4-己二烯酸,亦称花楸酸,分子式 $C_6H_8O_2$,相对分子质量 112.13,结构式:
$$CH_3-CH=CH-CH=CH-COOH$$

山梨酸为无色针状结晶或白色晶体粉末,无臭或稍带刺激性臭味。对光、热稳定,但在空气中长期放置易被氧化而变色。山梨酸难溶于水,25℃时的溶解度为 0.16g/100mL。溶于乙醇、氯仿、乙醚、丙酮。

山梨酸对霉菌、酵母和好气性菌的生长均有抑制作用,但对兼气性细菌几乎无效。山梨酸属于酸性防腐剂,其防腐效果随 pH 的升高而降低,pH 为 8 时丧失防腐作用,适用于 pH 在 5.5 以下的食品防腐。

山梨酸是一种不饱和脂肪酸,因为不饱和脂肪酸是饱和脂肪酸同化作用的中间产物,在机体内可正常地参加新陈代谢。因此,它基本上和天然不饱和脂肪酸一样可以在机体内分解产生二氧化碳和水。故山梨酸可看成是食品的成分,按照目前的资料可以认为对人体是无害的。山梨酸是使用最多的防腐剂,大多数国家都使用。

山梨酸难溶于水,使用时先将其溶于乙醇或碳酸氢钠、硫酸氢钾的溶液中。

2. 山梨酸钾

山梨酸钾,分子式 $C_6H_7KO_2$,相对分子质量 150.22,结构式:

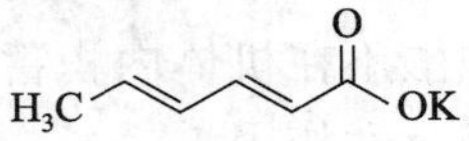

山梨酸钾为白色至浅黄色鳞片状结晶或结晶性粉末,无臭或稍有臭味,长期暴露在空气中易吸潮、被氧化分解而变色。山梨酸钾易溶于水,20℃时的溶解度为 67.68g/100mL。

山梨酸钾有很强的抑制腐败菌和霉菌的作用,其毒性远低于其他防腐剂,是广泛使用的防腐剂,在酸性介质中,山梨酸钾能充分发挥防腐作用,在中性条件下防腐作用小,其抑菌作用机理与山梨酸相同。

三、苯甲酸、山梨酸的测定方法

目前食品中苯甲酸、山梨酸的测定方法有气相色谱法、高效液相色谱法和薄层色谱法。下面介绍目前常用方法——高效液相色谱法。

1. 高效液相色谱法的原理

不同样品经提取后,将提取液过滤,经反相高效液相色谱分离测定,根据保留时间定性和峰面积进行定性和定量。

2. 试剂

方法中所用试剂,除另有规定外,均为分析纯试剂,水为蒸馏水或同等纯度水,溶液为水溶液。

(1)甲醇:色谱纯。

(2)乙酸铵溶液(0.02mol/L):称取 1.54g 乙酸铵,加水溶解并稀释至 1000mL,经微孔滤膜(0.45μm)过滤。

(3)亚铁氰化钾溶液:称取 106g 亚铁氰化钾[$K_4Fe(CN)_6 \cdot 3H_2O$]加水至 1000mL。

(4)乙酸锌溶液:称取 220g 乙酸锌[$Zn(CH_3COO)_2 \cdot 2H_2O$]溶于少量水中,加入 30mL 冰乙酸,加水稀释至 100mL。

(5)氨水(1+1):氨水与水等体积混合。

(6)正己烷。

(7)pH4.4 乙酸盐缓冲溶液的配制:1)乙酸钠溶液:称取 6.80g 乙酸钠($CH_3COONa \cdot 3H_2O$),用水溶解后定容至 1000mL。2)乙酸溶液:取 4.3mL 冰乙酸,用水稀释至 1000mL。将上述两种溶液按体积比 37:63 混合,即得 pH4.4 乙酸盐缓冲溶液。

(8)pH7.2 磷酸盐缓冲溶液的配制:1)称取 23.88g 磷酸氢二钠($Na_2HPO_4 \cdot 12H_2O$),用水溶解后定容至 1000mL。2)称取 9.07g 磷酸二氢钾(KH_2PO_4),用水溶解后定容至 1000mL。将上述两种磷酸盐溶液按体积比 7:3 混合,即得 pH7.2 磷酸盐缓冲溶液。

(9)标准溶液的配制:1)苯甲酸标准储备溶液:准确称取 0.2360g 苯甲酸钠,加水溶解并定容至 200mL。此溶液每毫升相当于含苯甲酸 1.00mg。2)山梨酸标准储备溶液:准确称取 0.2680g 山梨酸钾,加水溶解并定容至 200mL。此溶液每毫升相当于含山梨酸 1.00mg。3)混合标准使用液:分别准确吸取不同体积苯甲酸和山梨酸标准储备溶液,将其稀释成苯甲酸和山梨酸含量分别为 0.000mg/mL、0.020mg/mL、0.040mg/mL、0.080mg/mL、0.160mg/mL、0.320mg/mL 的混合标准使用液(同时测定糖精钠时可加入糖精钠标准储备溶液)。

3. 仪器

(1)高效液相色谱仪:带紫外检测器。

(2)离心机:转速不低于 4000r/min。

(3)超声波水浴振荡器。

(4)食品粉碎机。

(5)旋涡混合器。

(6)pH 计。

(7)天平:分度值为 0.01g 和 0.1mg。

4. 分析步骤

(1)样品处理

1)液体样品

a)碳酸饮料、果汁、葡萄酒等液体样品:称取 10g 样品(精确至 0.001g)(如含有乙醇需水浴加热除去乙醇后再用水定容至原体积)于 25mL 容量瓶中,用氨水(1+1)调节 pH 至近中性,用水定容至刻度,经微孔滤膜(0.45μm)过滤,滤液待上机分析。

b)乳饮料、植物蛋白饮料等含蛋白质较多的样品:称取 10g 样品(精确至 0.001g)于 25mL 容量瓶中,加入 2mL 亚铁氰化钾溶液,摇匀,再加入 2mL 乙酸锌溶液摇匀,已沉淀蛋白质,加水定容至刻度,4000r/min 离心 10min,取上清液,经微孔滤膜(0.45μm)过滤,滤液待上机分析。

2)半固体样品

a)含有胶基的果冻样品:称取 0.5g～1g 样品(精确至 0.001g),加水适量,转移至 25mL 容量瓶中,再加水至约 20mL,置 60℃～70℃水浴中加热片刻,加塞,剧烈振摇使其分散均匀后,加氨水(1+1)调节 pH 至近中性,加塞,剧烈振摇,使样品在水中分散均匀,置 60℃～70℃水浴锅中加热 30min,取出后趁热超声 5min,冷却后用水定容至刻度,用微孔滤膜

(0.45μm)过滤,滤液待上机分析。

b)油脂、奶油类样品:称取 2g～3g 样品(精确至 0.001g)于 50mL 具塞离心管中,加入 10mL 正己烷,用旋涡混合器使其充分溶解,4000r/min 离心 3min,吸出正己烷提取液转移至 250mL 分液漏斗中,再向 50mL 具塞离心管中加入 10mL 正己烷重复上述步骤,合并正己烷提取液于 250mL 分液漏斗中。于分液漏斗中加入 20mLpH4.4 乙酸盐缓冲溶液加塞后剧烈振摇分液漏斗约 30s,静置分层后,将水层转移至 50mL 容量瓶中,再加入 20mLpH4.4 乙酸盐缓冲溶液,重复上述步骤,合并水层并用乙酸盐缓冲溶液定容至刻度,经微孔滤膜(0.45μm)过滤,滤液待上机分析。

3)固体样品

a)肉制品、饼干、糕点:称取粉碎均匀样品 2g～3g(精确至 0.001g)于小烧杯中,用 20mL 水分数次清洗小烧杯将样品移入 25mL 容量瓶中,超声振荡提取 5min,取出后加 2mL 亚铁氰化钾溶液,摇匀,再加入 2mL 乙酸锌溶液,摇匀,用水定容至刻度。移入离心管中,4000r/min 离心 5min,吸出上清液,用微孔滤膜(0.45μm)过滤,滤液待上机分析。

b)油脂含量高的火锅底料、调料等样品:称取样品 2g～3g(精确至 0.001g)于 50mL 具塞离心管中,加入 10mL 磷酸盐缓冲溶液,用旋涡混合器充分混合,然后于 4000r/min 离心 5min,小心吸出水层转移到 25mL 容量瓶中,再加入 10mL 磷酸盐缓冲溶液于具塞离心管中重复上述步骤,合并两次水层液,用磷酸盐缓冲溶液定容至刻度,混匀,用微孔滤膜(0.45μm)过滤,滤液待上机分析。

c)凝胶糖果、胶基糖果:按半固体样品中含有胶基的果冻样品处理。

(2)高效液相色谱参考条件

1)色谱柱:C18 柱,4.6mm×250mm,5μm,或性能相当者。

2)流动相:甲醇:乙酸铵溶液(5:95)。

3)流速:1mL/min。

4)进样量:10μL。

5)检测波长 230nm。

(3)测定

取处理液和混合标准使用液各 10μL 注入高效液相色谱仪进行分离,以其标准溶液峰的保留时间为依据定性,以其峰面积求出样液中被测物质含量,供计算。

5. 结果计算

样品中苯甲酸和山梨酸的含量按式(5-1)计算:

$$X = \frac{c \times V \times 1000}{m \times 1000} \quad\cdots\cdots\cdots\cdots\cdots\cdots(5-1)$$

式中:X——样品中待测组分含量,g/kg;

c——由标准曲线得出的样液中待测物的浓度,mg/mL;

V——样品定容体积,mL;

m——样品质量,g。

计算结果保留两位有效数字。

6. 精密度

在重复性条件下获得的两次独立测定结果的绝对差值不得超过算术平均值的 10%。

7. 其他

应用高效液相色谱参考条件可以同时测定苯甲酸、山梨酸和糖精钠,其分离色谱图如图5-1。

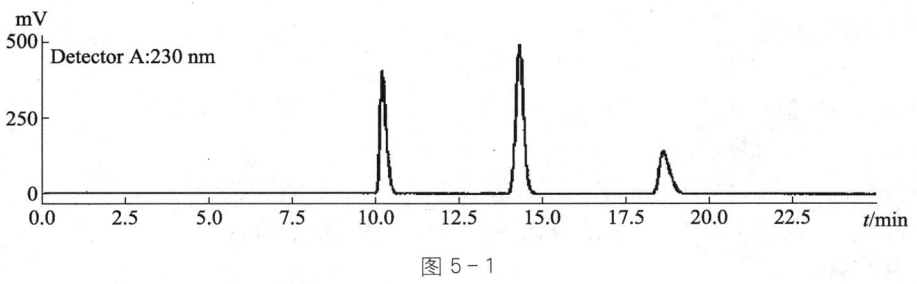

图 5-1

第三节　食品中环己基氨基磺酸钠的测定方法

环己基氨基磺酸钠又称甜蜜素,分子式 $C_6H_{12}NaO_3NS$,相对分子质量 201.23,结构式:

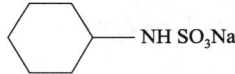

环己基氨基磺酸钠为白色结晶或白色晶体粉末,无臭,味甜,易溶于水,20g/100mL,难溶于乙醇,不溶于氯仿和乙醚,对热、光、空气稳定。加热后微有苦味,分解温度 280℃。在酸性条件下略有分解,在碱性条件下稳定。

环己基氨基磺酸钠甜度为蔗糖的 40 倍～50 倍,相对于蔗糖,甜蜜素的甜味来得较慢,但持续时间较久。甜蜜素风味良好,不带异味,还能掩盖如糖精钠等所带有的苦涩味。环己基氨基磺酸钠为无营养甜味剂,摄入后由尿(40%)和粪便(60%)排出。

环己基氨基磺酸钠的测定方法有气相色谱法、液相色谱-质谱/质谱法等。

一、气相色谱法

1. 原理

在硫酸介质中环己基氨基磺酸钠与亚硝酸反应,生成环己醇亚硝酸酯,利用气相色谱法进行定性和定量。

2. 试剂

除另有规定外,所有试剂均为分析纯(AR),水为蒸馏水。

(1)正己烷。

(2)氯化钠。

(3)层析硅胶(或海砂)。

(4)50g/L 亚硝酸钠溶液。

(5)100g/L 硫酸溶液。

(6)环己基氨基磺酸钠标准溶液(含环己基氨基磺酸钠 98%):精确称取 1.0000g 环己

基氨基磺酸钠,加水溶解并定容至 100mL,此溶液每毫升含环己基氨基磺酸钠 10mg。

3. 仪器

(1)气相色谱仪:附氢火焰离子化检测器。

(2)旋涡混合器。

(3)离心机。

(4)10μL 微量注射器。

(5)色谱条件:

1)色谱柱:长 2m,内径 3mm,U 形不锈钢柱。

2)固定相:Chromosorb W AW DMCS80～100 目,涂以 10%SE - 30。

3)测定条件:

a)柱温:80℃;汽化温度:150℃;检测温度:150℃。

b)流速:氮气 40mL/min;氢气 30mL/min;空气 300mL/min。

4. 样品处理

(1)液体样品:摇匀后直接称取。含二氧化碳的样品先加热除去,含酒精的样品加 40g/L 氢氧化钠溶液调至碱性,于沸水浴中加热除去,制成试样。

(2)固体样品:凉果、蜜饯类样品将其剪碎制成试样。

5. 分析步骤

(1)试料制备

1)液体试样:称取 20.0g 试样于 100mL 带塞比色管,置冰浴中。

2)固体试样:称取 2.0g 已剪碎的试样于研钵中,加少许层析硅胶(或海砂)研磨至呈干粉状,经漏斗倒入 100mL 容量瓶中,加水冲洗研钵,并将洗液一并转移压容量瓶中。加水至刻度,不时摇动,1h 后过滤,即得试样,准确吸取 20mL 于 100mL 带塞比色管,置冰浴中。

(2)测定

1)标准曲线的制备:准确吸取 1.00mL 环己基氨基磺酸钠标准溶液于 100mL 带塞比色管中,加水 20mL。置冰浴中,加入 5mL50g/L 亚硝酸钠溶液,5mL100g/L 硫酸溶液,摇匀,在冰浴中放置 30min,并经常摇动,然后准确加入 10mL 正己烷,5g 氯化钠,摇匀后置旋涡混合器上振动 1min(或振摇 80 次),待静止分层后吸出己烷层于 10mL 带塞离心管中进行离心分离,每毫升己烷提取液相当 1mg 环己基氨基磺酸钠,将标准提取液进样 1μL～5μL 于气相色谱仪中,根据响应值绘制标准曲线。

2)样品管按上述 1)中自"加入 5mL50g/L 亚硝酸钠溶液……"起依法操作,然后将试样同样进样 1μL～5μL,测得响应值,从标准线图中查出相应含量。

6. 计算

按式(5 - 2)进行计算。

$$X = \frac{m_1 \times 10 \times 1\ 000}{m \times V \times 1\ 000} = \frac{10m_1}{m \times V} \quad \cdots\cdots\cdots\cdots\cdots\cdots\cdots (5 - 2)$$

式中:X——样品中环己基氨基磺酸钠的含量,g/kg;

  m——样品质量,g;

  V——进样体积,μL;

10——正己烷加入量,mL;

m_1——测定用试料中环己基氨基硝酸钠的含量,μg。

7. 精密度

在重复性条件下获得的两次独立测定结果的绝对差值不得超过算术平均值的10%。

二、液相色谱-质谱/质谱法

1. 原理

试样用水超声提取,离心后,上清液供液相色谱-质谱/质谱仪检测,外标法定量。

2. 试剂

除另有规定外,所有试剂均为分析纯(AR),水为超纯水。

(1)乙酸。

(2)乙腈:液相色谱纯。

(3)0.1%乙酸水溶液(体积分数):量取乙酸4mL,用水稀释至4000mL。

(4)环己基氨基磺酸钠标准品:纯度大于等于99%。

1)环己基氨基磺酸钠标准储备液:准确称取适量环己基氨基磺酸钠标准品,用水配制成浓度为500μg/mL的标准储备液。该溶液在0℃～4℃冰箱保存。

2)标准中间液:准确移取一定体积的环己基氨基磺酸钠标准储备液,用水配制成浓度为1μg/mL的标准中间液。该溶液在0℃～4℃冰箱保存。

3)标准工作溶液:准确移取一定体积的标准中间液,可根据需要用水稀释成适用浓度的标准工作液。该溶液在0℃～4℃冰箱保存。

(5)0.45μm滤膜(水相)。

3. 仪器

(1)液相色谱串联质谱仪:配有电喷雾(ESI)离子源。

(2)混匀器。

(3)超声波提取器。

(4)离心机。

4. 分析步骤

(1)提取

1)水果罐头、糕点、糖果、甜面酱、酱菜、果汁类样品:称取试样约1g(精确至0.01g)置于25mL离心管中,加入8.0mL水,混匀后,于超声波清洗器中超声20min后,于4000r/min离心5min,过滤并用水定容至10mL容量瓶中,取部分过0.45μm滤膜,供液相色谱-质谱/质谱仪测定。

2)酒类样品:准确移取2mL试样,过0.45μm滤膜,供液相色谱-质谱/质谱仪测定。

(2)测定

1)液相色谱条件

a)色谱柱:Extend-C18柱,250mm×4.6mm,5μm,或性能相当者。

b)流动相:0.1%乙酸水溶液:甲醇(4:6)。

c)流速:0.6mL/min。

d)进样量:5μL。

e)柱温:室温。

2)质谱条件

a)离子源:电喷雾离子源。

b)扫描方式:负离子模式。

c)检测方式:多反应监测 MRM。

d)雾化气、气帘气、辅助加热气、碰撞气均为高纯氮气;使用前应调节各气体流量以使质谱灵敏度达到检测要求。

e)喷雾电压、雾化气压力、气帘气压力、辅助气流速、去簇电压、碰撞气能量等值应优化至最优灵敏度,参考条件和定性离子对、定量离子参见。

3)液相色谱-质谱/质谱测定和确证

a)按照确定的液相色谱-串联质谱条件测定样品和标准工作溶液,响应值均应在仪器检测的线性范围内,以色谱峰面积外标法定量,负离子模式扫描。在上述色谱条件下,环己基氨基磺酸钠的参考保留时间为 5min。

b)如果样液与标准工作溶液的选择性离子流色谱图中,在相同保留时间有色谱峰出现,可用正负离子模式同时扫描(正离子模式选 202.2/122.0;负离子模式选 178.2/79.8)。根据产生的两组离子对之间的丰度比,对其进行确证。

c)在相同实验条件下,试样中待测物质的保留时间与标准工作溶液中对应的保留时间偏差在±2.5%之内;且试样谱图中各组分定性离子的相对丰度与标准工作溶液中定性离子的相对丰度,其允许偏差不超过表 5-1 规定的范围时,则可确定为样品中存在这种待测物。

表 5-1

相对离子丰度	>50%	>20%~50%	>10%~20%	≤10%
允许的相对偏差	±20%	±25%	±30%	±50%

(3)空白试验

除不加试样外,均按上述操作步骤进行。

5.结果计算和表述

用色谱数据处理机或按式(5-3)计算试样中环己基氨基磺酸钠含量,计算结果应扣除空白值。

$$X=\frac{A \cdot c \cdot V}{A_s \cdot m} \quad \cdots\cdots\cdots\cdots\cdots\cdots\cdots\cdots\cdots\cdots\cdots(5-3)$$

式中:X——试样中环己基氨基磺酸钠含量,mg/kg;

　A——标液中环己基氨基磺酸钠的色谱峰面积;

　A_s——标准工作液中环己基氨基磺酸钠的色谱峰面积;

　c——标准工作液中环己基氨基磺酸钠的浓度,μg/mL;

　V——样液最终定容体积,mL;

　m——最终样液所代表的试样质量,g。

6. 测定低限、回收率

(1)测定低限和确证低限

测定低限和确证低限为 0.10mg/kg。

(2)添加浓度范围及回收率

添加浓度范围及回收率试验数据见表5-2。

表5-2

样品名称	添加浓度范围/(mg/kg)	回收率范围/%
浓缩葡萄汁	0.10~1.00	81.2~101.0
糕点	0.10~1.00	80.2~99.4
甜面酱	0.10~1.00	81.5~99.9
酱菜	0.10~1.00	82.6~101.3
糖果	0.10~1.00	80.1~100.0
白酒	0.10~1.00	84.9~100.0
罐头	0.10~1.00	82.1~102.0

三、比色法

1. 原理

在硫胺介质中环己基氨基磺酸钠与亚硝酸钠反应,生成环己醇亚硝酸酯,与磺胺重氮化后再与盐酸萘乙二胺偶合生成红色染料,在550nm波长测其吸光度,与标准比较定量。

2. 试剂

(1)三氯甲烷。

(2)甲醇。

(3)透析剂:称取 0.5g 二氯化汞和 12.5g 氯化钠于烧杯中,以 0.01mol/L 盐酸溶液定容至 100mL。

(4)10g/L 亚硝酸钠溶液。

(5)100g/L 硫酸溶液。

(6)100g/L 尿素溶液(临用时新配或冰箱保存)。

(7)100g/L 盐酸溶液。

(8)10g/L 磺胺溶液:称取 1g 磺胺溶于 10%盐酸溶液中,最后定容至 100mL。

(9)1g/L 盐酸胺萘乙二胺溶液。

(10)环己基氨基磺酸钠标准溶液:精确称取 0.1000g 环己基氨基磺酸钠,加水溶解,最后定容至 100mL,此溶液每毫升含环己基氨基磺酸钠 1mg。临用时将环己基氨基磺酸钠标准溶液稀释 10 倍。此液每毫升含环己基氨基磺酸钠 0.1mg。

3. 仪器

(1)分光光度计。

(2)旋涡混合器。

(3)离心机。

(4)透析纸。

4. 试样处理

(1)液体样品:摇匀后直接称取。含二氧化碳的样品先加热除去,含酒精的样品加 40g/L 氢氧化钠溶液调至碱性,于沸水浴中加热除去,制成试样。

(2)固体样品:凉果、蜜饯类样品将其剪碎制成试样。

5. 分析步骤

(1)提取

1)液体试料:称取 10.0g 试料于透析纸中,加 10mL 透析剂,将透析纸口扎紧,放入盛有 100mL 水的 200mL 广口瓶内,加盖,透析 20h~24h 得透析液。

2)固体试料:称取 2.0g 已剪碎的试样于研钵中,加少许层析硅胶(或海砂)研磨至呈干粉状,经漏斗倒入 100mL 容量瓶中,加水冲洗研钵,并将洗液一并转移至容量瓶中,加水至刻度,不时摇动,1h 后过滤,即得试样,准确吸取 20mL 于 100mL 带塞比色管,置冰浴中。准确吸取 10.0mL 处理后的试样提取液于透析纸中,以下操作按"提取"项下的 1)进行。

(2)测定

1)取 2 支 50mL 带塞比色管,分别加入 10mL 透析液和 10mL 标准液,于 0℃~3℃冰浴中,加入 1mL10g/L 亚硝酸钠溶液,1mL 100g/L 硫酸溶液,摇匀后放入冰水中不时摇动,放置 1h,取出后加 15mL 三氯甲烷,置旋涡混合器上振动 1min,静置后吸去上层液,再加 15mL 水,振动 1min,静止后吸去上层液,加 10mL 100g/L 尿素溶液,2mL 100g/L 盐酸溶液,再振动 5min,静置后吸去上层液,加 15mL 水,振动 1min,静置后吸去上层液,分别准确吸出 5mL 三氯甲烷于 2 支 25mL 比色管中。另取一支 25mL 比色管加入 5mL 三氯甲烷作参比管。于各管中加入 15mL 甲醇,1mL 10g/L 磺胺,置冰水中 15min,取出,恢复常温后加入 1mL 1g/L 盐酸萘乙二胺溶液,加甲醇至刻度,在 15℃~30℃下放置 20min~30min,用 1cm 比色杯于波长 550nm 处测定吸光度,测得吸光度 A 及 A_s。

2)另取 2 支 50mL 带塞比色管,分别加入 10mL 水和 10mL 透析液,除不加 10g/L 亚硝酸钠外,其他按"测定"项下的 1)进行,测得吸光度 A_{s0} 及 A_0。

6. 计算

按式(5-4)进行计算。

$$X = \frac{c}{m} \times \frac{A - A_0}{A_s - A_{s0}} \times \frac{100 + 10}{V} \times \frac{1}{1000} \times \frac{1000}{1000}$$

$$\cdots\cdots\cdots\cdots\cdots\cdots (5-4)$$

式中:X——样品中环己基氨基磺酸钠的含量,g/kg;

m——样品质量,g;

V——透析液用量,mL;

c——标准管浓度,$\mu g/mL$;

A_s——标准液吸光度;

A_{s0}——水的吸光度;

A——试料透析液吸光度;

A_0——不加亚硝酸钠的试料透析液吸光度。

平行测定结果用算术平均值表示，保留二位小数。

7. 精密度

在重复性条件下获得的两次独立测定结果的绝对差值不得超过算术平均值的 10%。

第四节 食品中合成着色剂的测定方法

一、食品中常见的合成着色剂

食品中常见的合成着色剂有苋菜红、胭脂红、赤藓红、新红、柠檬黄、日落黄、亮蓝等。

(1)苋菜红又称鸡冠紫红、蓝光酸性红和食用色素红色 2 号，分子式 $C_{20}H_{11}N_2NaO_{10}S_3$，相对分子质量 604.49，结构式：

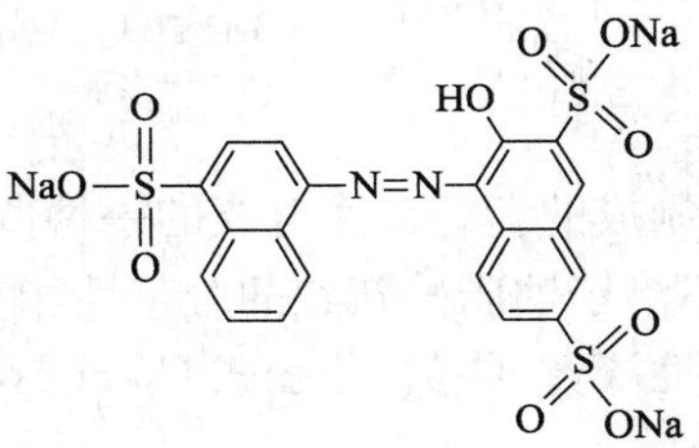

苋菜红为红棕色或紫色颗粒或粉末，无臭、耐光、耐热、对氧化还原敏感，微溶于水，溶于甘油、丙三醇及稀糖浆中。稍溶于乙酸和纤维素，不溶于其他有机溶剂中。对柠檬酸、酒石酸等稳定。遇碱则变成暗红色。苋菜红多年来公认为安全性高，被世界各国普遍列为法定许可使用的色素。苋菜红作为食用红色色素，着色力差，通常与其他色素配合使用。

(2)胭脂红也称为丽春红 4R、大红、亮猩红，分子式 $C_{20}H_{11}O_{10}N_2S_3Na_2$，相对分子质量604.48，结构式：

胭脂红为红色至深红色颗粒或粉末，无臭、溶于水，20℃时的溶解度为 23g/100mL，水溶液呈红色，溶于甘油，微溶于乙醇，不溶于油脂。耐光、耐酸、耐热（105℃）性强。耐还原性、耐细菌性较弱差，遇碱变为褐色。

(3)赤藓红又称樱桃红、四碘荧光素、食品色素 3 号。分子式 $C_{20}H_6I_4Na_2O_5 \cdot 2H_2O$，相对分子质量 897.88，结构式：

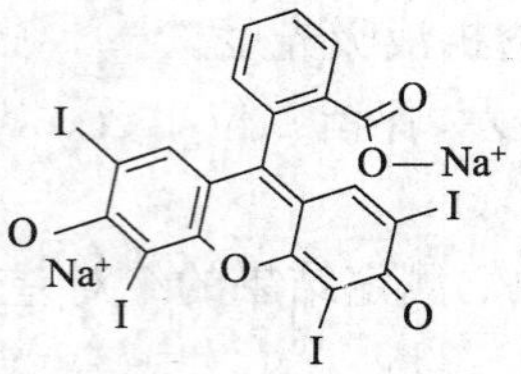

赤藓红为红色或红褐色颗粒或粉末,无臭,易溶于水,溶于乙醇、丙二醇和甘油,不溶于油脂,耐热性(105℃)、耐碱性、耐氧化还原性好,耐细菌性和耐光性差,遇酸则沉淀,吸湿性强。赤藓红具有良好的染着性,特别是对蛋白质染着性尤佳。根据其性状,在需高温焙烤的食品和碱性及中性食品中着色力较其他合成色素强。

(4)新红分子式 $C_{18}H_{12}O_{10}N_3Na_3S_3$,相对分子质量 595.15,结构式:

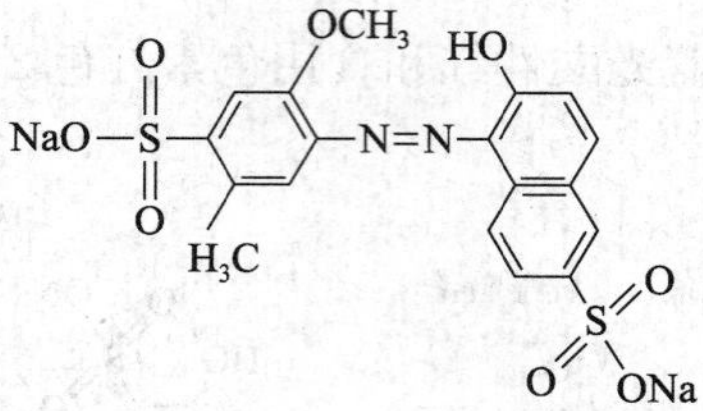

新红是上海染料研究所研制成的新型食用合成的一种偶氮类水溶性色素。为红色均匀粉末,易溶于水,微溶于乙醇,不溶于油脂。新红的着色性能与苋菜红相同。

(5)柠檬黄又称酒石黄、酸性淡黄、肼黄,分子式 $C_{16}H_9Na_3O_9S_2$,相对分子质量 534.37,结构式:

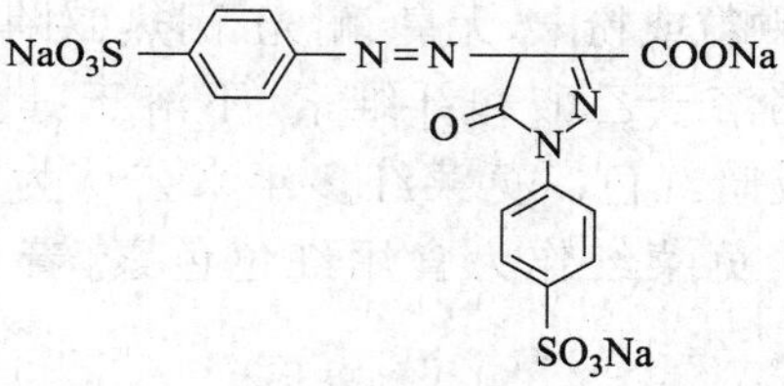

柠檬黄为橙黄色至橙色颗粒或粉末,无臭,耐光性、耐热性、耐酸性和耐盐性均好,耐氧化性较差,遇碱微变红,还原时褪色;易溶于水;溶于甘油、丙二醇;微溶于乙醇;不溶于油脂;它在柠檬酸、酒石酸中稳定,是着色剂中最稳定的一种,可与其他色素复配使用。柠檬黄为食用色素中使用最多,应用广泛,占全部食用色素使用量的 1/4 以上。

(6)日落黄也称夕阳红、橘黄、晚霞黄,分子式 $C_{16}H_{10}N_2Na_2O_7S_2$,相对分子质量 452.38,结构式:

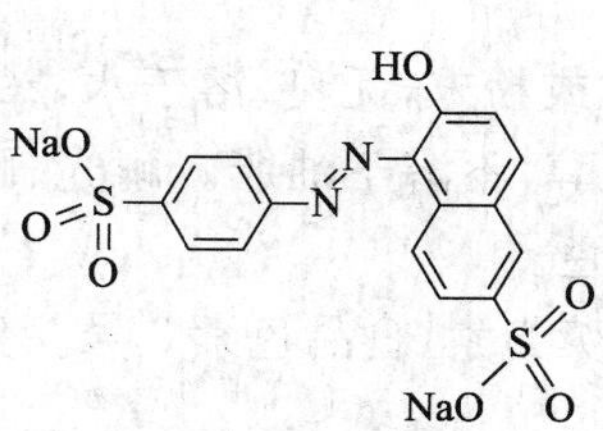

日落黄为橙色颗粒或粉末,无臭,耐光、耐热性强,易吸湿。它易溶于水,溶于甘油、丙二醇;微溶于乙醇;不溶于油脂;在柠檬酸、酒石酸中稳定,耐酸性强;遇碱呈红褐色,耐碱性尚好;还原时褪色;最大吸收波长(482±2)nm。

(7)亮蓝又称食品蓝 2 号,分子式 $C_{37}H_{34}N_2Na_2O_9S_2$,相对分子质量 792.85,结构式:

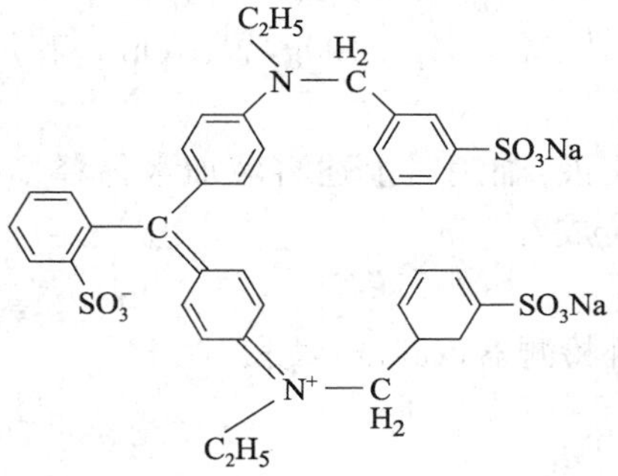

亮蓝为带有金属光泽红紫色颗粒或粉末,无臭,易溶于水,水溶液呈绿蓝色溶液。在酒石酸、柠檬酸中稳定,耐碱性强,耐盐性好。但溶液加金属盐就缓慢地沉淀,耐还原作用较偶氮色素强。亮蓝的色度极强,通常都是与其他食用色素配合使用,使用量也很小,在 0.0005%~0.01%之间。

二、合成着色剂的测定方法

合成着色剂的测定方法有高效液相色谱法、薄层色谱法等。

1. 高效液相色谱法

(1)原理

食品中人工合成着色剂用聚酰胺吸附法或液-液分配法提取,制成水溶液,注入高效液相色谱仪,经反相色谱分离,根据保留时间定性和与峰面积比较进行定量。

(2)试剂

1)正己烷。

2)盐酸。

3)乙酸。

4)甲醇:经滤膜(0.5μm)过滤。

5)聚酰胺粉(尼龙 6):过 200 目筛。

6)乙酸铵溶液(0.02mol/L):称取 1.54g 乙酸铵,加水至 1000mL,溶解,经滤膜(0.45μm)过滤。

7)氨水:量取氨水 2mL,加水至 100mL,混匀。

8)氨水-乙酸铵溶液(0.02mol/L):量取氨水 0.5mL,加乙酸铵溶液(0.02mol/L)至 1000mL,混匀。

9)甲醇-甲酸(6+4)溶液:量取甲醇 60mL,甲酸 40mL,混匀。

10)柠檬酸溶液:称取 20g 柠檬酸($C_6H_8O_7 \cdot H_2O$),加水至 100mL,溶解混匀。

11)无水乙醇-氨水-水(7+2+1)溶液:量取无水乙醇 70mL,氨水 20mL,水 10mL,混匀。

12)三正辛胺正丁醇溶液(5%):量取三正辛胺 5mL,加正丁醇至 100mL,混匀。

13)饱和硫酸钠溶液。

14)硫酸钠溶液(2g/L)。

15)pH6 的水:水加柠檬酸溶液调 pH 到 6。

16)合成着色剂标准溶液:准确称取按其纯度折算为 100%质量的柠檬黄、日落黄、苋菜红、胭脂红、新红、赤藓红、亮蓝、靛蓝各 0.100g,置 100mL 容量瓶中,加 pH6 的水到刻度。配成水溶液(1.00mg/mL)。

17)合成着色剂标准使用液:临用时上述溶液加水稀释 20 倍,经滤膜(0.45μm)过滤。配成每毫升相当 50.0μg 的合成着色剂。

(3)仪器

高效液相色谱仪,带紫外检测器,254nm 波长。

(4)分析步骤

1)样品处理

a)橘子汁、果味水、果子露汽水等:称取 20.0g~40.0g,放入 100mL 烧杯中。含二氧化碳样品加热驱除二氧化碳。

b)配制酒类:称取 20.0g~40.0g,放 100mL 烧杯中,加小碎瓷片数片,加热驱除乙醇。

c)硬糖、蜜饯类、淀粉软糖等:称取 5.00g~10.00g,粉碎样品,放入 100mL 小烧杯中,加水 30mL,温热溶解,若样品溶液 pH 较高,用柠檬酸溶液调 pH 到 6 左右。

d)巧克力豆及着色糖衣制品:称取 5.00g~10.00g,放入 100mL 小烧杯中,用水反复洗涤色素,到样品无色素为止,合并色素漂洗液为样品溶液。

2)色素提取

a)聚酰胺吸附法:样品溶液加柠檬溶液调 pH 到 6,加热至 60℃,将 1g 聚酰胺粉加少许水调成粥状,倒入样品溶液中,搅拌片刻,以 G3 垂融漏斗抽滤,用 60℃pH=4 的水洗涤 3 次~5 次,然后用甲醇-甲酸混合溶液洗涤 3 次~5 次,再用水洗至中性,用乙醇-氨水-水混合溶液解吸 3 次~5 次,每次 5mL,收集解吸液,加乙酸中和,蒸发至近干,加水溶解,定容至 5mL。经滤膜(0.45μm)过滤,取 10μL 进高效液相色谱仪。

b)液-液分配法(适用于含赤藓红的样品):将制备好的样品溶液放入分液漏斗中,加 2mL 盐酸、三正辛胺正丁醇溶液(5%)10mL~20mL,振摇提取,分取有机相,重复提取,至有机相无色,合并有机相,用饱和硫酸钠溶液洗 2 次,每次 10mL,分取有机相,放蒸发皿中,水浴加热浓缩至 10mL,转移至分液漏斗中,加 60mL 正己烷,混匀,加氨水提取 2 次~3 次,每次 5mL,合并氨水溶液层(含水溶性酸性色素),用正己烷洗 2 次,氨水层加乙酸调成中性,水浴加热蒸发至近干,加水定容至 5mL。经滤膜(0.45μm)过滤,取 10μL 进高效液相色谱仪。

3)高效液相色谱参考条件

a)柱:YWG - C_{18} 10μm 不锈钢柱 4.6mm(id)×250mm。

b)流动相:甲醇-乙酸铵溶液(pH=4,0.02mol/L)。

c)梯度洗脱:甲醇:20%~35%,3%/min;35%~98%,9%/min;98%继续 6min。

d)流速:1mL/min。

e)紫外检测器,254nm 波长。

4)测定

取相同体积样液和合成着色剂标准使用液分别注入高效液相色谱仪,根据保留时间定性,外标峰面积法定量。

5)计算

按式(5-5)进行计算。

$$X = \frac{A \times 1000}{m \times V_2 / V_1 \times 1000 \times 1000} \quad \cdots\cdots\cdots\cdots (5-5)$$

式中:X——试样中着色剂的含量,g/kg;

A——样液中着色剂的质量,μg;

V_2——进样体积,mL;

V_1——试样稀释总体积,mL;

m——试样质量,g。

计算结果保留两位有效数字。

6)精密度

在重复性条件下获得的两次独立测定结果的绝对差值不得超过算术平均值的 10%。

7)其他

八种着色剂色谱分离图见图 5-2。

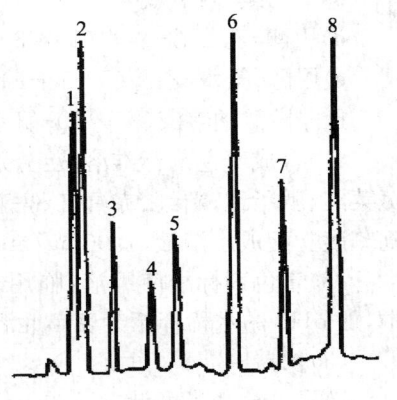

说明:
1——新红;　　　5——胭脂红;
2——柠檬黄;　　6——日落黄;
3——苋菜红;　　7——亮蓝;
4——靛蓝;　　　8——赤藓红。

图 5-2

2. 薄层色谱法

(1)原理

水溶性酸性合成着色剂在酸性条件下被聚酰胺吸附,而在碱性条件下解吸附,再用纸色谱法或薄层色谱法进行分离后,与标准比较定性、定量。最低检出量为 50μg,点样量为 1g,样品最低检出浓度约为 50mg/kg。

(2)试剂

1)石油醚:沸程 60℃～90℃。

2)甲醇。

3)聚酰胺粉(尼龙 6):200 目。

4)硅胶 G。

5)硫酸:(1+10)。

6)甲醇-甲酸溶液:(6+4)。

7)氢氧化钠溶液(50g/L)。

8)海沙:先用盐酸(1+10)煮沸 15min,用水洗至中性,再用氢氧化钠溶液(50g/L)煮沸 15min,用水洗至中性,再于 105℃干燥,贮于具玻璃塞的瓶中,备用。

9)乙醇(50%)。

10)乙醇-氨溶液:取 1mL 氨水,加乙醇(70%)至 100mL。

11)pH6 的水:用柠檬酸溶液(20%)调节至 pH6。

173

12)盐酸(1+10)。

13)柠檬酸溶液(200g/L)。

14)钨酸钠溶液(100g/L)。

15)碎瓷片:处理方法同8)。

16)展开剂

a)正丁醇-无水乙醇-氨水(1%)(6+2+3):供纸色谱用。

b)正丁醇-吡啶-氨水(1%)(6+3+4):供纸色谱用。

c)甲乙酮-丙酮-水(7+3+3):供纸色谱用。

d)甲醇-乙二胺-氨水(10+3+2):供薄层色谱用。

e)甲醇-氨水-乙醇(5+1+10):供薄层色谱用。

f)柠檬酸钠溶液(25g/L)-氨水-乙醇(8+1+2):供薄层色谱用。

17)合成着色剂标准溶液:分别准确称取按其纯度折算为100%质量的柠檬黄、日落黄、苋菜红、胭脂红、新红、赤藓红、亮蓝、靛蓝各0.100g,分别置100mL容量瓶中,加pH6的水到刻度。配成水溶液(1.00mg/mL)。

18)着色剂标准使用液:临用时吸取色素标准溶液各5.0mL,分别置于50mL容量瓶中,加pH6的水稀释至刻度。此溶液每毫升相当于0.10mg着色剂。

(3)仪器

1)可见分光光度计。

2)微量注射器或血色素吸管。

3)展开槽,25cm×6cm×4cm。

4)层析缸。

5)滤纸:中速滤纸,纸色谱用。

6)薄层板:5cm×20cm。

7)电吹风机。

8)水泵。

(4)分析步骤

1)样品处理

a)果味水、果子露、汽水:称取50.0g样品于100mL烧杯中。汽水需加热驱除二氧化碳。

b)配制酒:称取100.0g样品于100mL烧杯中,加碎瓷片数块,加热驱除乙醇。

c)硬糖、蜜饯类、淀粉软糖:称取5.00g或10.0g粉碎的样品,加30mL水,温热溶解,若样液pH较高,用柠檬酸溶液(200g/L)调至pH4左右。

ⅰ)奶糖:称取10.0g粉碎均匀的样品,加30mL乙醇-氨溶液溶解,置水浴上浓缩至约20mL,立即用硫酸溶液(1+10)调至微酸性再加1.0mL硫酸(1+10),加1mL钨酸钠溶液(100g/L),使蛋白质沉淀,过滤,用少量水洗涤,收集滤液。

ⅱ)蛋糕类:称取10.0g粉碎均匀的样品,加海沙少许,混匀,用热风吹干用品(用手摸已干燥即可以),加入30mL石油醚搅拌。放置片刻,倾出石油醚,如此重复处理三次,以除去脂肪,吹干后研细,全部倒入G3垂融漏斗或普通漏斗中,用乙醇-氨溶液提取色素,直至着色剂全部提完,以下按ⅰ)中,自"置水浴上浓缩至约20mL"起依法操作。

2)吸附分离

将处理后所得的溶液加热至70℃,加入0.5g～1.0g聚酰胺粉充分搅拌,用柠檬酸溶液(200g/L)调pH至4,使着色剂完全被吸附,如溶液还有颜色,可以再加一些聚酰胺粉。将吸附着色剂的聚酰胺全部转入G3垂融漏斗中过滤(如用G3垂融漏斗过滤可以用水泵慢慢地抽滤)。用pH4的70℃水反复洗涤,每次20mL,边洗边搅拌。若含有天然着色剂,再用甲醇-甲酸溶液洗涤1次～3次,每次20mL,至洗液无色为止。再用70℃水多次洗涤至流出的溶液为中性。洗涤过程中必须充分搅拌。然后用乙醇-氨溶液分次解吸全部着色剂,收集全部解吸液,于水浴上驱氨。如果为单色,则加水准确稀释至50mL,用分光光度法进行测定。如果为多种着色剂混合液,则进行纸以谱或薄层色谱法分离后测定,即将上述溶液置水浴上浓缩至2mL后移入5mL容量瓶中,用乙醇(50%)洗涤容器,洗液并入容量瓶中并稀释至刻度。

3)定性

a)纸色谱

取色谱用纸,在距底边2cm的起始线上分别点3μL～10μL样品溶液、1μL～2μL着色剂标准溶液,挂于分别盛有a)项、b)项下的展开剂的层析缸中,用上行法展开,待溶剂前沿展至15cm处,将滤纸取出于空气中晾干,与标准斑比较定性。

也可取0.5mL样液,在起始线上从左至右点成条状,纸的左边点着色剂标准溶液,依法展开,晾干后先定性后再供定量用。靛蓝在碱性条件下易褪色,可用c)项下的展开剂。

b)薄层色谱

ⅰ)薄层板的制备

称取1.6g聚酰胺粉、0.4g可溶性淀粉及2g硅胶G,置于合适的研钵中,加15mL水研匀后,立即置涂布器中铺成厚度为0.3mm的板。在室温晾干后,于80℃干燥1h,置干燥器中备用。

ⅱ)点样

离板底边2cm处将0.5mL样液从左到右点成与底边平行的条状,板的左边点2μL色素标准溶液。

ⅲ)展开

苋菜红与胭脂红用d)项下的展开剂,靛蓝与亮蓝用e)项下的展开剂,柠檬黄与其他着色剂用f)项下的展开剂。取适量展开剂倒入展开槽中,将薄层板放入展开,待着色剂明显分开后取出,晾干,与标准斑比较,如R_f值相同即为同一色素。

4)定量

a)样品测定

将红色谱的条状色斑剪下,用少量热水洗涤数次,洗液移入10mL比色管中,并加水稀释至刻度,作比色测定用。

将薄层色谱的条状色斑包括有扩散的部分,分别用刮刀刮下,移入漏斗中,用乙醇-氨溶液解吸着色剂,少量反复多次至解吸液于蒸发皿中,于水浴上挥去氨,移入10mL比色管中,加水至刻度,作比色用。

b)标准曲线制备

分别吸取0mL、0.50mL、1.0mL、2.0mL、3.0mL、4.0mL胭脂红、苋菜红、柠檬黄、日落

黄色素标准使用溶液,或 0mL、0.2mL、0.4mL、0.6mL、0.8mL、1.0mL 亮蓝、靛蓝色素标准使用溶液,分别置于 10mL 比色管中,各加水稀释至刻度。

上述试样与标准管分别用 1cm 比色杯,以零管调节零点,于一定波长下(胭脂红 510nm,苋菜红 520nm,柠檬黄 430nm,日落黄 482nm,亮蓝 627nm,靛蓝 620nm),测定吸光度,分别绘制标准曲线比较或与标准色列目测比较。

5)计算

按式(5-6)进行计算。

$$X = \frac{A \times 1000}{m \times V_2/V_1 \times 1000} \quad \cdots\cdots\cdots\cdots\cdots\cdots\cdots\cdots\cdots (5-6)$$

式中:X——样品中着色剂的含量,g/kg;

　　A——测定用样液中色素的质量,mg;

　　m——样品质量(体积),g(mL);

　　V_1——样品解吸后总体积,mL;

　　V_2——样液点板(纸)体积,mL。

计算结果保留二位有效数字。

第五节　食品中亚硝酸盐与硝酸盐的测定方法

亚硝酸盐与硝酸盐是肉类腌制品中最常使用的护色剂。食品护色剂又称发色剂或呈色剂,护色剂本身不具有颜色,但能使食品产生颜色或使食品的色泽得到改善(如加强或保护)的食品添加剂。

亚硝酸盐具有一定的毒性,尤其可与胺类物质生成强致癌物亚硝胺,因而人们一直力图选取某种适合的物质取而代之。但它除了有护色作用外,还有一定防腐作用,尤其是防止肉毒梭状芽孢杆菌中毒,以及增强肉制品风味的作用,直到目前为止,尚未找到既能护色又能抑菌,且能增强肉制品风味的替代品。权衡利弊,至今各国都在保证安全和产品质量的前提下严格控制使用。

一、离子色谱法

1. 原理

试样经沉淀蛋白质、除去脂肪后,采用相应的方法提取和净化,以氢氧化钾溶液为淋洗液,阴离子交换柱分离,电导检测器检测。以保留时间定性,外标法定量。

2. 试剂和材料

(1)超纯水:电阻率>18.2MΩ·cm。

(2)乙酸(CH_3COOH):分析纯。

(3)氢氧化钾(KOH):分析纯。

(4)乙酸溶液(3%):量取乙酸 3mL 于 100mL 容量瓶中,以水稀释至刻度,混匀。

(5)亚硝酸根离子(NO_2^-)标准溶液(100mg/L,水基体)。

(6)硝酸根离子(NO_3^-)标准溶液(1000mg/L,水基体)。

(7)亚硝酸盐(以 NO_2^- 计,下同)和硝酸盐(以 NO_3^- 计,下同)混合标准使用液:准确移取亚硝酸根离子(NO_2^-)和硝酸根离子(NO_3^-)的标准溶液各 1.0mL 于 100mL 容量瓶中,用水稀释至刻度,此溶液每 1 L 含亚硝酸根离子 1.0mg 和硝酸根离子 10.0mg。

3. 仪器和设备

(1)离子色谱仪:包括电导检测器,配有抑制器,高容量阴离子交换柱,50μL 定量环。

(2)食物粉碎机。

(3)超声波清洗器。

(4)天平:感量为 0.1mg 和 1mg。

(5)离心机:转速≥10000r/min,配 5mL 或 10mL 离心管。

(6)0.22μm 水性滤膜针头滤器。

(7)净化柱:包括 C18 柱、Ag 柱和 Na 柱或等效柱。

(8)注射器:1.0mL 和 2.5mL。

注:所有玻璃器皿使用前均需依次用 2mol/L 氢氧化钾和水分别浸泡 4h,然后用水冲洗 3 次~5 次,晾干备用。

4. 分析步骤

(1)试样预处理

1)新鲜蔬菜、水果:将试样用去离子水洗净,晾干后,取可食部切碎混匀。将切碎的样品用四分法取适量,用食物粉碎机制成匀浆备用。如需加水应记录加水量。

2)肉类、蛋、水产及其制品:用四分法取适量或取全部,用食物粉碎机制成匀浆备用。

3)乳粉、豆奶粉、婴儿配方粉等固态乳制品(不包括干酪):将试样装入能够容纳 2 倍试样体积的带盖容器中,通过反复摇晃和颠倒容器使样品充分混匀直到使试样均一化。

4)发酵乳、乳、炼乳及其他液体乳制品:通过搅拌或反复摇晃和颠倒容器使试样充分混匀。

5)干酪:取适量的样品研磨成均匀的泥浆状。为避免水分损失,研磨过程中应避免产生过多的热量。

(2)提取

1)水果、蔬菜、鱼类、肉类、蛋类及其制品等:称取试样匀浆 5g(精确至 0.01g,可适当调整试样的取样量,以下相同),以 80mL 水洗入 100mL 容量瓶中,超声提取 30min,每隔 5min 振摇一次,保持固相完全分散。于 75℃ 水浴中放置 5min,取出放置至室温,加水稀释至刻度。溶液经滤纸过滤后,取部分溶液于 10000r/min 离心 15min,上清液备用。

2)腌鱼类、腌肉类及其他腌制品:称取试样匀浆 2g(精确至 0.01g),以 80mL 水洗入 100mL 容量瓶中,超声提取 30min,每 5min 振摇一次,保持固相完全分散。于 75℃ 水浴中放置 5min,取出放置至室温,加水稀释至刻度。溶液经滤纸过滤后,取部分溶液于 10000r/min 离心 15min,上清液备用。

3)乳:称取试样 10g(精确至 0.01g),置于 100mL 容量瓶中,加水 80mL,摇匀,超声 30min,加入 3‰乙酸溶液 2mL,于 4℃ 放置 20min,取出放置至室温,加水稀释至刻度。溶液经滤纸过滤,取上清液备用。

4)乳粉:称取试样 2.5g(精确至 0.01g),置于 100mL 容量瓶中,加水 80mL,摇匀,超声 30min,加入 3‰乙酸溶液 2mL,于 4℃ 放置 20min,取出放置至室温,加水稀释至刻度。溶液经滤纸过滤,取上清液备用。

5)取上述备用的上清液约 15mL,通过 0.22μm 水性滤膜针头滤器、C18 柱,弃去前面 3mL(如果氯离子大于 100mg/L,则需要依次通过针头滤器、C18 柱、Ag 柱和 Na 柱,弃去前面 7mL),收集后面洗脱液待测。

固相萃取柱使用前需进行活化,如使用 OnGuard II RP 柱(1.0mL)、OnGuard II Ag 柱 (1.0mL)和 OnGuard II Na 柱(1.0mL),其活化过程为 OnGuard II RP 柱(1.0mL)使用前 依次用 10mL 甲醇、15mL 水通过,静置活化 30min。OnGuard II Ag 柱(1.0mL)和 On-Guard II Na 柱(1.0mL)用 10mL 水通过,静置活化 30min。

（3）参考色谱条件

1)色谱柱:氢氧化物选择性,可兼容梯度洗脱的高容量阴离子交换柱,如 Dionex IonPac AS11-HC 4mm×250mm(带 IonPac AG11-HC 型保护柱 4mm×50mm),或性能相当的 离子色谱柱。

2)淋洗液:

a)一般试样:氢氧化钾溶液,浓度为 6mmol/L～70mmol/L;洗脱梯度为 6mmol/L 30min,70mmol/L 5min,6mmol/L 5min;流速 1.0mL/min。

b)粉状婴幼儿配方食品:氢氧化钾溶液,浓度为 5mmol/L～50mmol/L;洗脱梯度为 5mmol/L 33min,50mmol/L 5min,5mmol/L 5min;流速 1.3mL/min。

3)抑制器:连续自动再生膜阴离子抑制器或等效抑制装置。

4)检测器:电导检测器,检测池温度为 35℃。

5)进样体积 50μL(可根据试样中被测离子含量进行调整)。

（4）测定

1)标准曲线

移取亚硝酸盐和硝酸盐混合标准使用液,加水稀释,制成系列标准溶液,含亚硝酸根离 子浓度为 0.00mg/L、0.02mg/L、0.04mg/L、0.06mg/L、0.08mg/L、0.10mg/L、0.15mg/L、 0.20mg/L;硝酸根离子浓度为 0.0mg/L、0.2mg/L、0.4mg/L、0.6mg/L、0.8mg/L、1.0mg/ L、1.5mg/L、2.0mg/L 的混合标准溶液,从低浓度到高浓度依次进样。得到上述各浓度标 准溶液的色谱图(见图 5-3)。

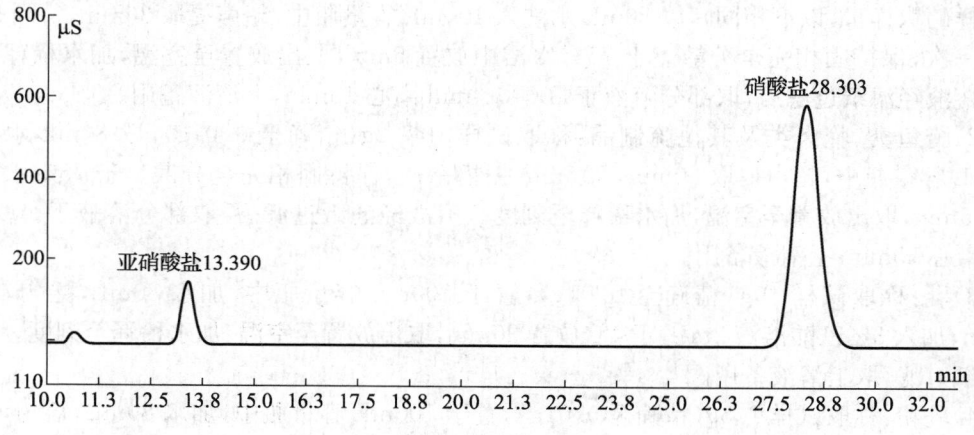

图 5-3

2)样品测定

分别吸取空白和试样溶液 $50~\mu L$,在相同工作条件下,依次注入离子色谱仪中,记录色谱图。根据保留时间定性,分别测量空白和样品的峰高(μs)或峰面积。

5. 分析结果的表述

试样中亚硝酸盐(以 NO_2^- 计)或硝酸盐(以 NO_3^- 计)含量按式(5-7)计算:

$$X=\frac{(c-c_0)\times V\times f\times 1000}{m\times 1000}$$ ....(5-7)

式中:X——试样中亚硝酸根离子或硝酸根离子的含量,单位为毫克每千克(mg/kg);

　　　c——测定用试样溶液中的亚硝酸根离子或硝酸根离子浓度,单位为毫克每升(mg/L);

　　　c_0——试剂空白液中亚硝酸根离子或硝酸根离子的浓度,单位为毫克每升(mg/L);

　　　V——试样溶液体积,单位为毫升(mL);

　　　f——试样溶液稀释倍数;

　　　m——试样取样量,单位为克(g)。

说明:试样中测得的亚硝酸根离子含量乘以换算系数 1.5,即得亚硝酸盐(按亚硝酸钠计)含量;试样中测得的硝酸根离子含量乘以换算系数 1.37,即得硝酸盐(按硝酸钠计)含量。

以重复性条件下获得的两次独立测定结果的算术平均值表示,结果保留两位有效数字。

6. 精密度

在重复性条件下获得的两次独立测定结果的绝对值差不得超过算术平均值的 10%。

7. 其他

该方法亚硝酸盐和硝酸盐检出限分别为 0.2mg/kg 和 0.4mg/kg。

二、分光光度法

1. 原理

亚硝酸盐采用盐酸萘乙二胺法测定,硝酸盐采用镉柱还原法测定。

试样经沉淀蛋白质、除去脂肪后,在弱酸条件下亚硝酸盐与对氨基苯磺酸重氮化后,再与盐酸萘乙二胺偶合形成紫红色染料,外标法测得亚硝酸盐含量。采用镉柱将硝酸盐还原成亚硝酸盐,测得亚硝酸盐总量,由此总量减去亚硝酸盐含量,即得试样中硝酸盐含量。

2. 试剂和材料

除非另有规定,该法所用试剂均为分析纯。水为 GB/T 6682 规定的二级水或去离子水。

(1)亚铁氰化钾($K_4Fe(CN)_6 \cdot 3H_2O$)。

(2)乙酸锌($Zn(CH_3COO)_2 \cdot 2H_2O$)。

(3)冰醋酸(CH_3COOH)。

(4)硼酸钠($Na_2B_4O_7 \cdot 10H_2O$)。

(5)盐酸($\rho=1.19g/mL$)。

(6)氨水(25%)。

(7)对氨基苯磺酸($C_6H_7NO_3S$)。

(8)盐酸萘乙二胺($C_{12}H_{14}N_2 \cdot 2HCl$)。

(9)亚硝酸钠($NaNO_2$)。

(10)硝酸钠($NaNO_3$)。

(11)锌皮或锌棒。

(12)硫酸镉。

(13)亚铁氰化钾溶液(106g/L):称取106.0g亚铁氰化钾,用水溶解,并稀释至1000mL。

(14)乙酸锌溶液(220g/L):称取220.0g乙酸锌,先加30mL冰醋酸溶解,用水稀释至1000mL。

(15)饱和硼砂溶液(50g/L):称取5.0g硼酸钠,溶于100mL热水中,冷却后备用。

(16)氨缓冲溶液(pH 9.6~9.7):量取30mL盐酸,加100mL水,混匀后加65mL氨水,再加水稀释至1000mL,混匀。调节pH至9.6~9.7。

(17)氨缓冲液的稀释液:量取50mL氨缓冲溶液,加水稀释至500mL,混匀。

(18)盐酸(0.1mol/L):量取5mL盐酸,用水稀释至600mL。

(19)对氨基苯磺酸溶液(4g/L):称取0.4g对氨基苯磺酸,溶于100mL20%(体积百分比)盐酸中,置棕色瓶中混匀,避光保存。

(20)盐酸萘乙二胺溶液(2g/L):称取0.2g盐酸萘乙二胺,溶于100mL水中,混匀后,置棕色瓶中,避光保存。

(21)亚硝酸钠标准溶液(200μg/mL):准确称取0.1000g于110℃~120℃干燥恒重的亚硝酸钠,加水溶解移入500mL容量瓶中,加水稀释至刻度,混匀。

(22)亚硝酸钠标准使用液(5.0μg/mL):临用前,吸取亚硝酸钠标准溶液5.00mL,置于200mL容量瓶中,加水稀释至刻度。

(23)硝酸钠标准溶液(200μg/mL,以亚硝酸钠计):准确称取0.1232g于110℃~120℃干燥恒重的硝酸钠,加水溶解,移于入500mL容量瓶中,并稀释至刻度。

(24)硝酸钠标准使用液(5μg/mL):临用时吸取硝酸钠标准溶液2.50mL,置于100mL容量瓶中,加水稀释至刻度。

3. 仪器和设备

(1)天平:感量为0.1mg和1mg。

(2)组织捣碎机。

(3)超声波清洗器。

(4)恒温干燥箱。

(5)分光光度计。

(6)镉柱

1)海绵状镉的制备:投入足够的锌皮或锌棒于500mL硫酸镉溶液(200g/L)中,经过3h~4h,当其中的镉全部被锌置换后,用玻璃棒轻轻刮下,取出残余锌棒,使镉沉底,倾去上层清液,以水用倾泻法多次洗涤,然后移入组织捣碎机中,加500mL水,捣碎约2s,用水将金属细粒洗至标准筛上,取20目~40目之间的部分。

2)镉柱的装填:如图5-4。用水装满镉柱玻璃管,并装入2cm高的玻璃棉做垫,将玻璃棉压向柱底时,应将其中所包含的空气全部排出,在轻轻敲击下加入海绵状镉至8cm~10cm高,上面用1cm高的玻璃棉覆盖,上置一贮液漏斗,末端要穿过橡皮塞与镉柱玻璃管紧密连接。

如无上述镉柱玻璃管时,可以25mL酸式滴定管代用,但过柱时要注意始终保持液面在镉层之上。

当镉柱填装好后,先用25mL盐酸(0.1mol/L)洗涤,再以水洗两次,每次25mL,镉柱不用时用水封盖,随时都要保持水平面在镉层之上,不得使镉层夹有气泡。

3)镉柱每次使用完毕后,应先以25mL盐酸(0.1mol/L)洗涤,再以水洗两次,每次25mL,最后用水覆盖镉柱。

4)镉柱还原效率的测定:吸取20mL硝酸钠标准使用液,加入5mL氨缓冲液的稀释液,混匀后注入贮液漏斗,使流经镉柱还原,以原烧杯收集流出液,当贮液漏斗中的样液流完后,再加5mL水置换柱内留存的样液。取10.0mL还原后的溶液(相当10μg亚硝酸钠)于50mL比色管中,以下按"分光光度法"中"分析步骤"项下的(4)自"吸取0.00mL、0.20mL、0.40mL、0.60mL、0.80mL、1.00mL……"起依法操作,根据标准曲线计算测得结果,与加入量一致,还原效率应大于98%为符合要求。

5)还原效率计算

还原效率按式(5-8)进行计算。

$$X = \frac{A}{10} \times 100\%$$

·····················(5-8)

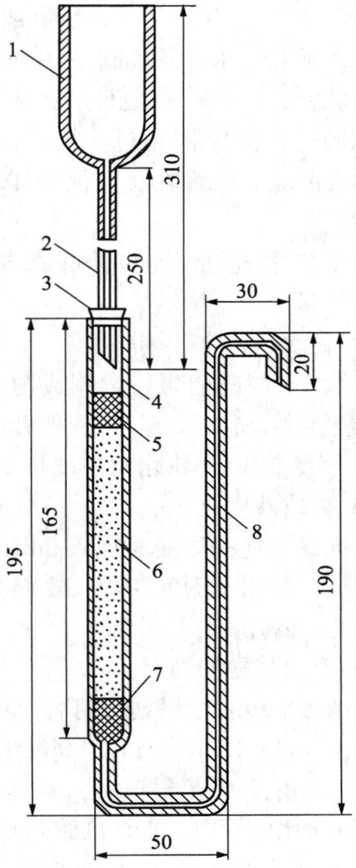

式中:X——还原效率,%;

A——测得亚硝酸钠的含量,单位为微克(μg);

10——测定用溶液相当亚硝酸钠的含量,单位为微克(μg)。

4. 分析步骤

(1)试样的预处理

1)新鲜蔬菜、水果:将试样用去离子水洗净,晾干后,取可食部切碎混匀。将切碎的样品

说明:

1——贮液漏斗,内径35mm,外径37mm;

2——进液毛细管,内径0.4mm,外径6mm;

3——橡皮塞;

4——镉柱玻璃管,内径12mm,外径16mm;

5——玻璃棉;

6——海绵状镉;

7——玻璃棉;

8——出液毛细管,内径2mm,外径8mm。

图5-4

用四分法取适量,用食物粉碎机制成匀浆备用。如需加水应记录加水量。

2)肉类、蛋、水产及其制品:用四分法取适量或取全部,用食物粉碎机制成匀浆备用。

3)乳粉、豆奶粉、婴儿配方粉等固态乳制品(不包括干酪):将试样装入能够容纳2倍试样体积的带盖容器中,通过反复摇晃和颠倒容器使样品充分混匀直到使试样均一化。

4)发酵乳、乳、炼乳及其他液体乳制品:通过搅拌或反复摇晃和颠倒容器使试样充分混匀。

5)干酪:取适量的样品研磨成均匀的泥浆状。为避免水分损失,研磨过程中应避免产生过多的热量。

（2）提取

称取5g(精确至0.01g)制成匀浆的试样(如制备过程中加水,应按加水量折算),置于50mL烧杯中,加12.5mL饱和硼砂溶液,搅拌均匀,以70℃左右的水约300mL将试样洗入500mL容量瓶中,于沸水浴中加热15min,取出置冷水浴中冷却,并放置至室温。

（3）提取液净化

在振荡上述提取液时加入5mL亚铁氰化钾溶液,摇匀,再加入5mL乙酸锌溶液,以沉淀蛋白质。加水至刻度,摇匀,放置30min,除去上层脂肪,上清液用滤纸过滤,弃去初滤液30mL,滤液备用。

（4）亚硝酸盐的测定

吸取40.0mL上述滤液于50mL带塞比色管中,另吸取0.00mL、0.20mL、0.40mL、0.60mL、0.80mL、1.00mL、1.50mL、2.00mL、2.50mL亚硝酸钠标准使用液(相当于0.0μg、1.0μg、2.0μg、3.0μg、4.0μg、5.0μg、7.5μg、10.0μg、12.5μg亚硝酸钠),分别置于50mL带塞比色管中。于标准管与试样管中分别加入2mL对氨基苯磺酸溶液,混匀,静置3min～5min后各加入1mL盐酸萘乙二胺溶液,加水至刻度,混匀,静置15min,用2cm比色杯,以零管调节零点,于波长538nm处测吸光度,绘制标准曲线比较。同时做试剂空白。

（5）硝酸盐的测定

1)镉柱还原

a)先以25mL稀氨缓冲液冲洗镉柱,流速控制在3mL/min～5mL/min(以滴定管代替的可控制在2mL/min～3mL/min)。

b)吸取20mL滤液于50mL烧杯中,加5mL氨缓冲溶液,混合后注入贮液漏斗,使流经镉柱还原,以原烧杯收集流出液,当贮液漏斗中的样液流尽后,再加5mL水置换柱内留存的样液。

c)将全部收集液如前再经镉柱还原一次,第二次流出液收集于100mL容量瓶中,继以水流经镉柱洗涤三次,每次20mL,洗液一并收集于同一容量瓶中,加水至刻度,混匀。

2)亚硝酸钠总量的测定

吸取10mL～20mL还原后的样液于50mL比色管中。以下按"分光光度法"中"分析步骤"项下的(4)自"吸取0.00mL、0.20mL、0.40mL、0.60mL、0.80mL、1.00mL……"起依法操作。

5. 分析结果的表述

（1）亚硝酸盐含量计算

亚硝酸盐(以亚硝酸钠计)的含量按式(5-9)进行计算。

$$X_1 = \frac{A_1 \times 1000}{m \times \dfrac{V_1}{V_0} \times 1000} \qquad \cdots\cdots\cdots\cdots\cdots\cdots\cdots (5-9)$$

式中：X_1——试样中亚硝酸钠的含量，单位为毫克每千克(mg/kg)；

    A_1——测定用样液中亚硝酸钠的质量，单位为微克(μg)；

    m——试样质量，单位为克(g)；

    V_1——测定用样液体积，单位为毫升(mL)；

    V_0——试样处理液总体积，单位为毫升(mL)。

以重复性条件下获得的两次独立测定结果的算术平均值表示，结果保留两位有效数字。

(2)硝酸盐含量的计算

硝酸盐(以硝酸钠计)的含量按式(5-10)进行计算。

$$X_2 = \left(\frac{A_2 \times 1000}{m \times \dfrac{V_2}{V_0} \times \dfrac{V_4}{V_3} \times 1000} - X_1 \right) \times 1.232 \quad \cdots\cdots\cdots\cdots\cdots (5-10)$$

式中：X_2——试样中硝酸钠的含量，单位为毫克每千克(mg/kg)；

    A_2——经镉粉还原后测得总亚硝酸钠的质量，单位为微克(μg)；

    m——试样的质量，单位为克(g)；

  1.232——亚硝酸钠换算成硝酸钠的系数；

    V_2——测总亚硝酸钠的测定用样液体积，单位为毫升(mL)；

    V_0——试样处理液总体积，单位为毫升(mL)；

    V_3——经镉柱还原后样液总体积，单位为毫升(mL)；

    V_4——经镉柱还原后样液的测定用体积，单位为毫升(mL)；

    X_1——由式(5-9)计算出的试样中亚硝酸钠的含量，单位为毫克每千克(mg/kg)。

以重复性条件下获得的两次独立测定结果的算术平均值表示，结果保留两位有效数字。

6. 精密度

在重复性条件下获得的两次独立测定结果的绝对差值不得超过算术平均值的10%。

7. 其他

该方法中亚硝酸盐和硝酸盐检出限分别为1mg/kg和1.4mg/kg。

三、乳及乳制品中亚硝酸盐与硝酸盐的测定

1. 原理

试样经沉淀蛋白质、除去脂肪后，用镀铜镉粒使部分滤液中的硝酸盐还原为亚硝酸盐。在滤液和已还原的滤液中，加入磺胺和N-1-萘基-乙二胺二盐酸盐，使其显粉红色，然后用分光光度计在538nm波长下测其吸光度。

将测得的吸光度与亚硝酸钠标准系列溶液的吸光度进行比较，就可计算出样品中的亚硝酸盐含量和硝酸盐还原后的亚硝酸总量；从两者之间的差值可以计算出硝酸盐的含量。

2. 试剂和材料

测定用水应是不含硝酸盐和亚硝酸盐的蒸馏水或去离子水。

注：为避免镀铜镉柱中混入小气泡，柱制备、柱还原能力的检查和柱再生时所用的蒸馏水或去离子水最好是刚沸过并冷却至室温的。

（1）亚硝酸钠（NaNO$_2$）。

（2）硝酸钾（KNO$_3$）。

（3）镀铜镉柱

镉粒直径 0.3mm～0.8mm。也可按下述方法制备。

将适量的锌棒放入烧杯中，用 40g/L 的硫酸镉（CdSO$_4$·8H$_2$O）溶液浸没锌棒。在 24h 之内，不断将锌棒上的海绵状镉刮下来。取出锌棒，滗出烧杯中多余的溶液，剩下的溶液能浸没镉即可。用蒸馏水冲洗海绵状镉 2 次～3 次，然后把镉移入小型搅拌器中，同时加入 400mL 0.1mol/L 的盐酸。搅拌几秒钟，以得到所需粒度的颗粒。将搅拌器中的镉粒连同溶液一起倒回烧杯中，静置几小时，这期间要搅拌几次以除掉气泡。倾出大部分溶液，立即按后面"制备镀铜镉柱"项下的 1)～8)中叙述的方法镀铜。

（4）硫酸铜溶液：溶解 20g 硫酸铜（CuSO$_4$·5H$_2$O）于水中，稀释至 1000mL。

（5）盐酸-氨水缓冲溶液：pH 9.60～9.70。用 600mL 水稀释 75mL 浓盐酸（质量分数为 36%～38%）。混匀后，再加入 135mL 浓氨水（质量分数等于 25%的新鲜氨水）。用水稀释至 1000mL，混匀。用精密 pH 计调 pH 为 9.60～9.70。

（6）盐酸（2mol/L）：160mL 的浓盐酸（质量分数为 36%～38%）用水稀释至 1000mL。

（7）盐酸（0.1mol/L）：50mL 2mol/L 的盐酸用水稀释至 1000mL。

（8）沉淀蛋白和脂肪的溶液：

1)硫酸锌溶液：将 53.5g 的硫酸锌（ZnSO$_4$·7H$_2$O）溶于水中，并稀释至 100mL。

2)亚铁氰化钾溶液：将 17.2g 的三水亚铁氰化钾[K$_4$Fe(CN)$_6$·3H$_2$O]溶于水中，稀释至 100mL。

（9）EDTA 溶液：用水将 33.5g 的乙二胺四乙酸二钠（Na$_2$C$_{10}$H$_{14}$N$_2$O$_3$·2H$_2$O）溶解，稀释至 1000mL。

（10）显色液 1：体积比为 450:550 的盐酸。将 450mL 浓盐酸（质量分数为 36%～38%）加入到 550mL 水中，冷却后装入试剂瓶中。

（11）显色液 2：5g/L 的磺胺溶液。在 75mL 水中加入 5mL 浓盐酸（质量分数为 36%～38%），然后在水浴上加热，用其溶解 0.5g 磺胺（NH$_2$C$_6$H$_4$SO$_2$NH$_2$）。冷却至室温后用水稀释至 100mL。必要时进行过滤。

（12）显色液 3：1g/L 的萘胺盐酸盐溶液。将 0.1g 的 N－1－萘基-乙二胺二盐酸盐（C$_{10}$H$_7$NHCH$_2$CH$_2$NH$_2$·2HCl）溶于水，稀释至 100mL。必要时过滤。

注：此溶液应少量配制，装于密封的棕色瓶中，冰箱中 2℃～5℃保存。

（13）亚硝酸钠标准溶液：相当于亚硝酸根的浓度为 0.001g/L。

将亚硝酸钠在 110℃～120℃的范围内干燥至恒重。冷却后称取 0.150g，溶于 1000mL 容量瓶中，用水定容。在使用的当天配制该溶液。

取 10mL 上述溶液和 20mL 盐酸-氨水缓冲溶液于 1000mL 容量瓶中，用水定容。

每 1mL 该标准溶液中含 1.00μg 的 NO$_2^-$。

（14）硝酸钾标准溶液，相当于硝酸根的浓度为 0.0045g/L。

将硝酸钾在 110℃～120℃ 的温度范围内干燥至恒重,冷却后称取 1.4580g,溶于 1000mL 容量瓶中,用水定容。

在使用当天,于 1000mL 的容量瓶中,取 5mL 上述溶液和 20mL 盐酸-氨水缓冲溶液,用水定容。

每 1mL 的该标准溶液含有 $4.50\mu g$ 的 NO_3^-。

3. 仪器和设备

所有玻璃仪器都要用蒸馏水冲洗,以保证不带有硝酸盐和亚硝酸盐。

(1)天平:感量为 0.1mg 和 1mg。

(2)烧杯:100mL。

(3)锥形瓶:250mL、500mL。

(4)容量瓶:100mL、500mL 和 1000mL。

(5)移液管:2mL、5mL、10mL 和 20mL。

(6)吸量管:2mL、5mL、10mL 和 25mL。

(7)量筒:根据需要选取。

(8)玻璃漏斗:直径约 9cm,短颈。

(9)定性滤纸:直径约 18cm。

(10)还原反应柱:简称镉柱,如图 5-5 所示。

(11)分光光度计:测定波长 538nm,使用 1cm ～2cm 光程的比色皿。

(12)pH 计:精度为 ±0.01,使用前用 pH 7 和 pH 9 的标准溶液进行校正。

4. 分析步骤

(1)制备镀铜镉柱

1)置镉粒于锥形瓶中(所用镉粒的量以达到要求的镉柱高度为准)。

2)加足量的盐酸以浸没镉粒,摇晃几分钟。

3)滗出溶液,在锥形烧瓶中用水反复冲洗,直到把氯化物全部冲洗掉。

4)在镉粒上镀铜。向镉粒中加入硫酸铜溶液(每克镉粒约需 2.5mL),振荡 1min。

5)滗出液体,立即用水冲洗镀铜镉粒,注意镉粒要始终用水浸没。当冲洗水中不再有铜沉淀时即可停止冲洗。

6)在用于盛装镀铜镉粒的玻璃柱的底部装上几厘米高的玻璃纤维。在玻璃柱中灌入水,排净气泡。

7)将镀铜镉粒尽快地装入玻璃柱,使其暴露于空气的时间尽量短。镀铜镉粒的高度应在 15cm～

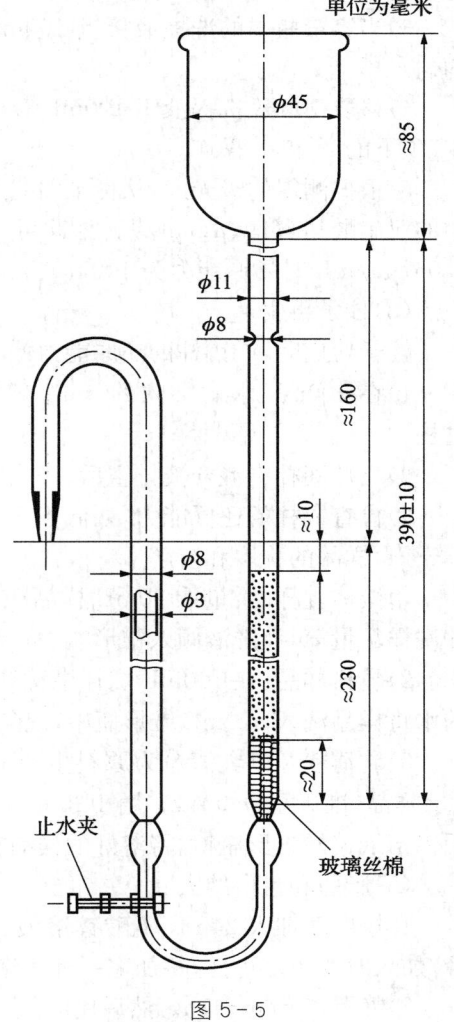

单位为毫米

图 5-5

20cm 的范围内。

注 1：避免在颗粒之间遗留空气。

注 2：注意不能让液面低于镀铜镉粒的顶部。

8）新制备柱的处理。将由 750mL 水、225mL 硝酸钾标准溶液、20mL 盐酸-氨水缓冲溶液和 20mL EDTA 溶液组成的混合液以不大于 6mL/min 的流量通过刚装好镉粒的玻璃柱，接着用 50mL 水以同样流速冲洗该柱。

（2）检查柱的还原能力

每天至少要进行两次，一般在开始时和一系列测定之后。

1）用移液管将 20mL 的硝酸钾标准溶液移入还原柱顶部的贮液杯中，再立即向该贮液杯中添加 5mL 缓冲溶液。用一个 100mL 的容量瓶收集洗提液。洗提液的流量不应超过 6mL/min。

2）在贮液杯将要排空时，用约 15mL 水冲洗杯壁。冲洗水流尽后，再用 15mL 水重复冲洗。当第二次冲洗水也流尽后，将贮液杯灌满水，并使其以最大流量流过柱子。

3）当容量瓶中的洗提液接近 100mL 时，从柱子下取出容量瓶，用水定容至刻度，混合均匀。

4）移取 10mL 洗提液于 100mL 容量瓶中，加水至 60mL 左右。然后按"标准曲线的制作"项下的 2）和 4）操作。

5）根据测得的吸光度，从标准曲线上可查得稀释洗提液"检查柱的还原能力"项下的 4）中的亚硝酸盐含量（$\mu g/mL$）。据此可计算出以百分率表示的柱还原能力（NO^- 的含量为 $0.067\mu g/mL$ 时还原能力为 100%）。如果还原能力小于 95%，柱子就需要再生。

（3）柱子再生

柱子使用后，或镉柱的还原能力低于 95% 时，按如下步骤进行再生。

1）在 100mL 水中加入约 5mL EDTA 溶液和 2mL 盐酸，以 10mL/min 左右的速度过柱。

2）当贮液杯中混合液排空后，按顺序用 25mL 水、25mL 盐酸和 25mL 水冲洗柱子。

3）检查镉柱的还原能力，如低于 95%，要重复再生。

（4）样品的称取和溶解

1）液体乳样品：量取 90mL 样品于 500mL 锥形瓶中，用 22mL 50℃～55℃ 的水分数次冲洗样品量筒，冲洗液倾入锥形瓶中，混匀。

2）乳粉样品：在 100mL 烧杯中称取 10g 样品，准确至 0.001g。用 112mL 50℃～55℃ 的水将样品洗入 500mL 锥形瓶中，混匀。

3）乳清粉及以乳清粉为原料生产的粉状婴幼儿配方食品样品：在 100mL 烧杯中称取 10g 样品，准确至 0.001g。用 112mL 50℃～55℃ 的水将样品洗入 500mL 锥形瓶中，混匀。用铝箔纸盖好锥形瓶口，将溶好的样品在沸水中煮 15min，然后冷却至约 50℃。

（5）脂肪和蛋白的去除

1）按顺序加入 24mL 硫酸锌溶液、24mL 亚铁氰化钾溶液和 40mL 盐酸-氨水缓冲溶液，加入时要边加边摇，每加完一种溶液都要充分摇匀。

2）静置 15min ～1h。然后用滤纸过滤，滤液用 250mL 锥形瓶收集。

（6）硝酸盐还原为亚硝酸盐

1）移取 20mL 滤液于 100mL 小烧杯中，加入 5mL 盐酸-氨水缓冲溶液，摇匀，倒入镉柱顶部的贮液杯中，以小于 6mL/min 的流速过柱。洗提液（过柱后的液体）接入 100mL 容量瓶中。

2）当贮液杯快要排空时，用 15mL 水冲洗小烧杯，再倒入贮液杯中。冲洗水流完后，再用 15mL 水重复一次。当第二次冲洗水快流尽时，将贮液杯装满水，以最大流速过柱。

3）当容量瓶中的洗提液接近 100mL 时，取出容量瓶，用水定容，混匀。

（7）测定

1）分别移取 20mL 洗提液"硝酸盐还原为亚硝酸盐"项下的 3）和 20mL 滤液"脂肪和蛋白的去除"项下的 2）于 100mL 容量瓶中，加水至约 60mL。

2）在每个容量瓶中先加入 6mL 显色液 1，边加边混；再加入 5mL 显色液 2。小心混合溶液，使其在室温下静置 5min，避免直射阳光。

3）加入 2mL 显色液 3，小心混合，使其在室温下静置 5min，避免直射阳光。用水定容至刻度，混匀。

4）在 15min 内用 538nm 波长，以空白试验液体为对照测定上述样品溶液的吸光度。

（8）标准曲线的制作

1）分别移取（或用滴定管放出）0mL、2mL、4mL、6mL、8mL、10mL、12mL、16mL 和 20mL 亚硝酸钠标准溶液于 9 个 100mL 容量瓶中。在每个容量瓶中加水，使其体积约为 60mL。

2）在每个容量瓶中先加入 6mL 显色液 1，边加边混；再加入 5mL 显色液 2。小心混合溶液，使其在室温下静置 5min，避免直射阳光。

3）加入 2mL 显色液 3，小心混合，使其在室温下静置 5min，避免直射阳光。用水定容至刻度，混匀。

4）在 15min 内，用 538nm 波长，以第一个溶液（不含亚硝酸钠）为对照测定另外八个溶液的吸光度。

5）将测得的吸光度对亚硝酸根质量浓度作图。亚硝酸根的质量浓度可根据加入的亚硝酸钠标准溶液的量计算出。亚硝酸根的质量浓度为横坐标，吸光度为纵坐标。亚硝酸根的质量浓度以 $\mu g/100mL$ 表示。

5. 分析结果的表述

（1）亚硝酸盐含量

样品中亚硝酸根含量按式（5-11）计算。

$$X = \frac{20000 \times c_1}{m \times V_1} \qquad \cdots\cdots\cdots\cdots\cdots\cdots\cdots\cdots\cdots (5-11)$$

式中：X——样品中亚硝酸根含量，单位为毫克每千克（mg/kg）；

　　　c_1——根据滤液"脂肪和蛋白的去除"项下的 2）的吸光度"测定"项下的 4），从标准曲线上读取的 NO_2^- 的浓度，单位为微克每百毫升（$\mu g/100mL$）；

　　　m——样品的质量（液体乳的样品质量为 $90 \times 1.030g$），单位为克（g）；

　　　V_1——所取滤液"脂肪和蛋白的去除"项下的 2）的体积，单位为毫升（mL）。

样品中以亚硝酸钠表示的亚硝酸盐含量,按式(5-12)计算。

$$w(NaNO_2) = 1.5 \times w(NO_2^-) \qquad \cdots\cdots (5-12)$$

式中:$w(NO_2^-)$——样品中亚硝酸根的含量,单位为毫克每千克(mg/kg);

$w(NaNO_2)$——样品中以亚硝酸钠表示的亚硝酸盐的含量,单位为毫克每千克(mg/kg)。

以重复性条件下获得的两次独立测定结果的算术平均值表示,结果保留两位有效数字。

(2)硝酸盐含量

样品中硝酸根含量按式(5-13)计算。

$$X = 1.35 \times \left[\frac{100000 \times c_2}{m \times V_2} - w(NO_2^-) \right] \qquad \cdots\cdots (5-13)$$

式中:X——样品中硝酸根含量(mg/kg);

c_2——根据洗提液的吸光度"测定"项下的 4),从标准曲线上读取的亚硝酸根离子浓度,单位为微克每百毫升(μg/100mL);

m——样品的质量,单位为克(g);

V_2——所取洗提液"硝酸盐还原为亚硝酸盐"项下的 3)的体积"测定"项下的 1),单位为毫升(mL);

$w_{NO_2^-}$——根据式(5-11)计算出的亚硝酸根含量。

若考虑柱的还原能力,样品中硝酸根含量按式(5-14)计算。

$$样品的硝酸根含量 = 1.35 \times \left[\frac{100000 \times c_2}{m \times V_2} - w(NO_2^-) \right] \times \frac{100}{r} \qquad \cdots\cdots (5-14)$$

式中:r——测定一系列样品后柱的还原能力。

样品中以硝酸钠计的硝酸盐的含量按式(5-15)计算。

$$w(NaNO_3) = 1.371 \times w(NO_3^-) \qquad \cdots\cdots (5-15)$$

式中:$w(NO_3^-)$——样品中硝酸根的含量,单位为毫克每千克(mg/kg);

$w(NaNO_3)$——样品中以硝酸钠计的硝酸盐的含量,单位为毫克每千克(mg/kg)。

以重复性条件下获得的两次独立测定结果的算术平均值表示,结果保留两位有效数字。

6. 精密度

由同一分析人员在短时间间隔内测定的两个亚硝酸盐结果之间的差值,不应超过 1mg/kg。

由同一分析人员在短时间间隔内测定的两个硝酸盐结果之间的差值,在硝酸盐含量小于 30mg/kg 时,不应超过 3mg/kg;在硝酸盐含量大于 30mg/kg 时,不应超过结果平均值的 10%。

由不同化验室的两个分析人员对同一样品测得的两个硝酸盐结果之差,在硝酸盐含量小于 30mg/kg 时,差值不应超过 8mg/kg;在硝酸盐含量大于或等于 30mg/kg 时,该差值不应超过结果平均值的 25%。

7. 其他

该方法中亚硝酸盐和硝酸盐检出限分别为 0.2mg/kg 和 1.5mg/kg。

第六章　食品中卫生指标的检验

第一节　油脂中酸价、过氧化值和羰基价的测定

食用油脂与食品中脂肪的变质,称为酸败。酸败是由于动植物组织中或微生物所产生的酶或由于紫外线和氧、水分所引起的。酸败使食品中的中性脂肪分解为甘油和脂肪酸。脂肪酸进一步分解生成过氧化物和氧化物,随之产生具有特殊刺激气味的酮和醛等酸败产物。鉴定油脂的酸价(酸值)、过氧化值和羰基价,是油脂酸败的判定指标。食品卫生标准对部分食品中的酸价、过氧化值、羰基价的限量规定见表 6-1。

表6-1

食品名称	酸价(KOH)/(mg/g)	过氧化值/(g/100g)	羰基价/(meq/kg)
植物原油	≤4	≤0.25	—
食用植物油	≤3	≤0.25	—
糕点、面包	≤5	≤0.25	—
腌腊肉制品	—	—	—
油炸方便面(以脂肪计)	≤1.8	≤0.25	≤20

一、酸价的测定

(一)滴定法

1. 原理

油脂中的游离脂肪酸用氢氧化钾标准溶液滴定,每克植物油消耗氢氧化钾的毫克数,称为酸价。

2. 试剂

(1)乙醚-乙醇混合液:按乙醚-乙醇(2+1)混合。用氢氧化钾溶液(3g/L)中和至酚酞指示液呈中性。

(2)氢氧化钾标准滴定溶液$[c(\mathrm{KOH})=0.050\mathrm{mol/L}]$。

(3)酚酞指示液:10g/L乙醇溶液。

3. 分析步骤

称取 3.00g～5.00g 混匀的试样,置于锥形瓶中,加入 50mL 中性乙醚-乙醇混合液,振

摇使油溶解,必要时可置热水中,温热促其溶解。冷至室温,加入酚酞指示液 2 滴～3 滴,以氢氧化钾标准滴定溶液(0.050mol/L)滴定,至初现微红色,且 0.5min 内不褪色为终点。

4. 结果计算

试样的酸价按式(6-1)进行计算。

$$X = \frac{V \times c \times 56.11}{m} \quad \cdots\cdots\cdots\cdots\cdots\cdots\cdots (6-1)$$

式中：　X——试样的酸价(以氢氧化钾计),mg/g;

　　　　V——试样消耗氢氧化钾标准滴定溶液体积,mL;

　　　　c——氢氧化钾标准滴定的实际浓度,mol/L;

　　　　m——试样质量,g;

　　　56.11——与 1.0mL 氢氧化钾标准滴定溶液$[c(KOH) = 1.000mol/L]$相当的氢氧化钾毫克数。

计算结果保留两位有效数字。

5. 精密度

在重复性条件下获得的两次独立测定结果的绝对差值不得超过算术平均值 10%。

(二)试纸法

1. 原理

以纸片作为载体做成卡片形式,通过显色剂与游离脂肪酸进行反应,其在纸片上显色的程度与游离脂肪酸的含量成正比,以此达到酸价的半定量。

2. 材料

酸价试纸(测试范围 0～5.0mg KOH/g)

3. 操作方法

直接取植物油(动物油需加热使其融化)样品适量(约 5mL)于清洁、干燥容器中,将油样温度调整至 25℃±5℃,将试纸端插入油样中并开始计时,试纸插入油样 3min～8min 立即取出,将试纸块面朝上平放。

4. 结果判定

试纸颜色与色卡相同或相近时以色卡标示值报结果。如试纸颜色在两色卡之间,则取两者的中间值。

5. 注意事项

(1)严格掌握环境温度与反应时间以便得到正确结果。

(2)测定动物油脂时,取少量样品融化,待油温降至 30℃ 以下还未凝固时进行测定。

(3)注意样品采集的均匀性,罐口、桶口的样品往往不能代表整体样品。

(三)比色法

1. 原理

将酚红溶于反胶团 pH9 的水相中。酚红的 PK_1 等于 7.8,在碱性介质中显红色,其水溶液于 558nm 处有最大吸收。当介质 pH 下降时,酚红的分子结构发生变化,分子共轭体系减小,颜色也相应转变成黄色(弱酸或中性溶液),最大吸收出现在 430nm 处,在 558nm 处不吸收。当测定油脂脂肪酸含量时,将试样加入到上述反胶团体系,充分混合后油脂脂肪酸发生酸碱中和反应,使溶液体系 pH 下降,颜色产生变化,再于 560nm 比色,游离脂肪酸含量通过标准曲线计算得到。

2. 试剂

异丙醇、三羟甲基氨基甲烷(tris)、酚红、酚酞、油酸、氢氧化钾、盐酸。

3. 仪器设备

分光光度计,电子天平,型酸度计,磁力加热搅拌器,旋涡混合仪,离心机。

4. 分析步骤

(1)试剂的配制

将 0.75mL Tris-HCl 溶液(0.1mol/L, pH=9.0)和 0.25mL 2mmol/L 酚红,0.1mol/L Tris-Hcl 溶液混合后加入 100mL 蒸馏水,该溶液称 A 溶液。

在 A 溶液中加入 NaCl,使溶解后 NaCl 的浓度为 10%,该溶液称 B 溶液。

(2)标准曲线

移取不同体积 0.01mol/L 油酸-异丙醇标准溶液,分别加入 3mL A 溶液,振荡混合溶解,于 560nm 处测定吸光度。另取 3mL A 溶液作为空白测定吸光度,计算两者的吸光度差值。作吸光度差值对油酸溶液体积的曲线图。

(3)测定方法

取 3mL B 溶液于离心管中,加入 0.3g～5g 油脂样品,在混合仪振荡一定时间,以 4000r/min 离心分离油脂,再吸取酚红比色液于 560nm 处测定吸光度;另取 3mL B 溶液作为空白测定吸光度,计算两者的吸光度差值。

5. 计算结果

在标准曲线上,找出与此吸光度差值对应的脂肪酸加入量,按式(6-2)计算酸价:

$$X = A \times c \times 56.11/m \quad \cdots\cdots\cdots\cdots\cdots\cdots(6-2)$$

式中:X——每克油所消耗的 KOH 的毫克数,mg/g;

　　A——标准曲线上,吸光度差值所对应的脂肪酸溶液加入量,mL;

　　c——标准脂肪酸溶液的浓度,mol/L;

　56.11——KOH 的摩尔质量,g/mol;

　　m——所用油的质量,g。

(四)电位滴定法

1. 原理

在无水介质中,以氢氧化钾异丙醇溶液,采用电位滴定法滴定试样中的游离脂肪酸。

2. 试剂

所用的试剂均为分析纯,所用的水应符合 GB/T 6682—1992 中三级水的要求。

(1)4-甲基-2-戊酮(甲基异丁基酮):临使用前用氢氧化钾溶液(2)中和,用 pH 计(3.1)测定。

(2)氢氧化钾异丙醇标准溶液:$c(KOH)=0.1mol/L$(溶液 A)或 $c(KOH)=0.5mol/L$(溶液 B)。

可以用氢氧化钾水溶液代替氢氧化钾异丙醇溶液,但加入水溶液的量不得造成滴定液两相分离。

a)溶液 A:称取氢氧化钾 7g,溶解于 1000mL 的异丙醇溶液中。

溶液 B:称取氢氧化钾 35g,溶解于 1000mL 的异丙醇溶液中。

临使用前按下述方法标定溶液的浓度:

标定溶液 A:称取含量大于 99.9% 的苯甲酸 0.15g,准确至 0.000 2g。装入 150mL 锥形瓶中,用 50mL 的 4-甲基-2-戊酮溶解。

标定溶液 B:称取含量大于 99.9% 的苯甲酸 0.75g,准确至 0.000 2g。装入 150mL 锥形瓶中,用 50mL 的 4-甲基-2-戊酮溶解。

标定溶液 A 或溶液 B 都需要插入 pH 计,启动搅拌器,用氢氧化钾溶液滴定至等当点(见 5.2)b)。

氢氧化钾溶液浓度 c 用摩尔每升表示,按式(6-3)计算:

$$c = \frac{1000 m_0}{122.1 V_0}$$ ....(6-3)

式中:m_0——所用苯甲酸的质量,单位为克(g);

V_0——滴定所用氢氧化钾溶液的体积,单位为毫升(mL)。

至少应在使用前 5 天配制溶液,保存在带橡胶塞的棕色瓶中,橡胶塞须配有温度计,用来校正温度。溶液应为无色或浅黄色。如果瓶子与滴定管连接,应有防止二氧化碳进入的措施。例如,在瓶塞上连接一个充满碱石灰的管子。

b)稳定、无色的氢氧化钾溶液配制:1000mL 异丙醇与 8g 氢氧化钾和 0.5g 铝片,煮沸回流 1h 后立即进行蒸馏,在馏出液中溶解需要量的氢氧化钾,静置几天后,慢慢倒出上层清液,弃去碳酸钾沉淀。

c)也可用非蒸馏法制备溶液:添加 4mL 丁酸铝至 1000mL 异丙醇中,静置几天后,慢慢倒出上层清液并溶入所需的氢氧化钾。配好的溶液需进行标定。

3. 仪器

化验室常规仪器及下列仪器:

(1)pH 计:备有玻璃电极和甘汞电极。

饱和氯化钾溶液和实验溶液之间用厚度至少 3mm 的烧结玻璃或瓷质圆盘保持接触。

(2)磁力搅拌器。

(3)分析天平,精确度见表 6-2。

表 6-2

估计的酸值	试样量/g	试样称重的精确度/g
<1	20	0.05
1~4	10	0.02
4~15	2.5	0.01
15~75	0.5	0.001
>75	0.1	0.0002
注:试样的量和滴定液的浓度应使得滴定液的用量不超过 10mL。		

4. 扦样

所取样品应具有代表性,且在运输和储存过程中无损坏或变质。

5. 步骤

(1)称样

称取 5g～10g 样品,精确至 0.01g,装入 150mL 烧杯中。

(2)测定

a)用 50mL 的 4-甲基-2-戊酮溶解样品。

插入 pH 计电极,启动磁力搅拌器,用氢氧化钾溶液(根据估计的酸度,选择(2.2)或3))滴定至等当点。

b)棉酚高的毛棉籽油不能测出其转折点,在此情况下,可任意选取油酸被氢氧化钾中和时等当点相应的 pH 值作为转折点。所用溶剂应与滴定时所用溶剂相同。

将约 0.282g 油酸溶于 50mL 的 4-甲基-2-戊酮中,绘制用氢氧化钾溶液中和油酸的曲线。从曲线上读出转折点的 pH 值(理论上相应于加入 0.1mol/L 的氢氧化钾溶液10mL)。将此数据应用到棉籽油中和曲线上,以便推算中和棉籽油所需氢氧化钾溶液的量。

6. 结果表示

试样的酸价按式(6-4)进行计算。

$$X = \frac{V \times c \times 56.11}{m} \quad \cdots\cdots\cdots\cdots\cdots\cdots\cdots\cdots\cdots (6-4)$$

式中:X——试样的酸价(以氢氧化钾计),mg/g;

　　　V——试样消耗氢氧化钾标准滴定溶液体积,mL;

　　　c——氢氧化钾标准滴定的实际浓度,mol/L;

　　　m——试样质量,g;

　56.11——与 1.0mL 氢氧化钾标准滴定溶液[$c(KOH) = 1.000mol/L$]相当的氢氧化钾毫克数。

计算结果保留两位有效数字。

7. 精密度

在重复性条件下获得的两次独立测定结果的绝对差值不得超过算术平均值10%。

二、过氧化值的测定

(一)滴定法

1. 原理

油脂氧化过程中产生过氧化物,与碘化钾作用,生成游离碘,以硫代硫酸钠溶液滴定,计算含量。

2. 试剂

(1)饱和碘化钾溶液:称取 14g 碘化钾,加 10mL 水溶解,必要时微热使其溶解,冷却后贮于棕色瓶中。

(2)三氯甲烷-冰乙酸混合液:量取 40mL 三氯甲烷,加 60mL 冰乙酸,混匀。

(3)硫代硫酸钠标准滴定溶液[$c(Na_2S_2O_3) = 0.0020mol/L$]。

（4）淀粉指示剂（10g/L）：称取可溶性淀粉 0.50g，加少许水，调成糊状，倒入 50mL 沸水中调匀，煮沸。临用时现配。

3. 分析步骤

称取 2.00g～3.00g 混匀（必要时过滤）的试样，置于 250mL 碘瓶中，加 30mL 三氯甲烷-冰乙酸混合液，使试样完全溶解。加入 1.00mL 饱和碘化钾溶液，紧密塞好瓶盖，并轻轻振摇 0.5min，然后在暗处放置 3min。取出加 100mL 水，摇匀，立即用硫代硫酸钠标准滴定溶液（0.0020mol/L）滴定，至淡黄色时，加 1mL 淀粉指示液，继续滴定至蓝色消失为终点，取相同量三氯甲烷-冰乙酸溶液、碘化钾溶液、水，按同一方法，做试剂空白试验。

4. 计算结果

试样的过氧化值按式（6-5）进行计算。

$$X_1 = \frac{(V_1 - V_2) \times c \times 0.126\ 9}{m} \times 100$$

$$\cdots\cdots\cdots\cdots\cdots (6-5)$$

$$X_2 = X_1 \times 78.8$$

式中：X_1——试样的过氧化值，g/100g；

$\quad\quad X_2$——试样的过氧化值，meq/kg；

$\quad\quad V_1$——试样消耗硫代硫酸钠标准滴定溶液体积，mL；

$\quad\quad V_2$——试剂空白消耗硫代硫酸钠标准滴定溶液体积，mL；

$\quad\quad c$——硫代硫酸钠标准滴定溶液的浓度，mol/L；

$\quad\quad m$——试样质量，g；

0.1269——与 1.00mL 硫代硫酸钠标准滴定溶液[$c(Na_2S_2O_3) = 1.000$mol/L]相当的碘的质量，单位为克（g）；

78.8——换算因子。

计算结果保留两位有效数字。

5. 精密度

在重复性条件下获得的两次独立测定结果的绝对差值不得超过算术平均值的 10%。

（二）比色法

1. 原理

试样用三氯甲烷-甲醇混合溶剂溶解，试样中的过氧化物将二价铁离子氧化成三价铁离子，三价铁离子与硫氰酸盐反应生成橙红色硫氰酸铁配合物，在波长 500nm 处测定吸光度，与标准系列比较定量。

2. 试剂

（1）盐酸溶液（10mol/L）：准确量取 83.3mL 浓盐酸，加水稀释至 100mL，混匀。

（2）过氧化氢（30%）。

（3）三氯甲烷＋甲醇（7＋3）混合溶剂：量取 70mL 三氯甲烷和 30mL 甲醇混合。

（4）氯化亚铁溶液（3.5g/L）：准确称取 0.35g 氯化亚铁（$FeCl_2 \cdot 4H_2O$）于 100mL 棕色容量瓶中，加水溶解后，加 2mL 盐酸溶液（10mol/L），用水稀释至刻度（该溶液在 10℃ 下冰箱内贮存可稳定 1 年以上）。

(5)硫氰酸钾溶液(300g/L):称取 30g 硫氰酸钾,加水溶解至 100mL(该溶液在 10℃下冰箱内贮存可稳定 1 年以上)。

(6)铁标准储备溶液(1.0g/L):称取 0.1000g 还原铁粉于 100mL 烧杯中,加 10mL 盐酸(10mol/L),0.5mL～1mL 过氧化氢(30%)溶解后,于电炉上煮沸 5min 以除去过量的过氧化氢。冷却至室温后移入 100mL 容量瓶中,用水稀释至刻度,混匀,此溶液每毫升相当于 1.0mg 铁。

(7)铁标准使用溶液(0.01g/L):用移液管吸取 1.0mL 铁标准储备溶液(1.0mg/mL)于 100mL 容量瓶中,加三氯甲烷＋甲醇(7＋3)混合溶剂稀释至刻度,混匀,此溶液每毫升相当于 10.0μg 铁。

3. 仪器

(1)分光光度计。

(2)10mL 具塞玻璃比色管。

4. 分析步骤

(1)试样溶液的制备

精密称取约 0.01g～1.0g 试样(准确至刻度 0.0001g)于 10mL 容量瓶内,加三氯甲烷＋甲醇(7＋3)混合溶剂溶解并稀释至刻度,混匀。分别精密吸取铁标准使用溶液(10.0g/mL)0mL、0.2mL、0.5mL、1.0mL、2.0mL、3.0mL、4.0mL(各自相当于铁浓度 0μg、2.0μg、5.0μg、10.0μg、20.0μg、30.0μg、40.0μg)于干燥的 10mL 比色管中,用三氯甲烷＋甲醇(7＋3)混合溶剂稀释至刻度,混匀。加 1 滴(约 0.05mL)硫氰酸钾溶液(300g/L),混匀。室温(10℃～35℃)下准确放置 5min 后,移入 1cm 比色皿中,以三氯甲烷＋甲醇(7＋3)混合溶剂为参比,于波长 500nm 处测定吸光度,以标准各点吸光度减去零管吸光度后绘制标准曲线或计算直线回归方程。

(2)试样测定

精密吸取 1.0mL 试样溶液于干燥的 10mL 比色管内,加 1 滴(约 0.05mL)氯化亚铁(3.5g/L)溶液,用三氯甲烷＋甲醇(7＋3)混合溶剂稀释至刻度,混匀。以下 1)中自"加 1 滴(约 0.05mL)硫氰酸钾溶液(300g/L)……"起依法操作。试样吸光度减去零管吸光度后与曲线比较或代入回归方程求得含量。

5. 结果计算

试样中过氧化值的含量按式(6－6)进行计算。

$$X = \frac{c - c_0}{m \times \frac{V_2}{V_1} \times 55.84 \times 2} \quad \cdots\cdots\cdots\cdots\cdots\cdots\cdots(6-6)$$

式中:X——试样中过氧化值的含量,meq/kg;

c——由标准曲线上查得试样中的铁的质量,μg;

c_0——由标准曲线上查得零管铁的质量,μg;

V_1——试样稀释总体积,mL;

V_2——测定时取样体积,mL;

m——试样质量,g;

55.84——Fe 的相对原子质量;

2——换算因子。

6. 精密度

在重复性条件下获得的两次独立测定结果的绝对差值不得超过算术平均值的10%。

（三）试纸法

1. 原理

以纸片作为载体做成卡片形式，通过显色剂与游离脂肪酸进行反应，其在纸片上显色的程度与游离脂肪酸的含量成正比，以此达到过氧化值的半定量。

2. 材料

过氧化值试纸（测试范围 0～50.0meq/kg）

3. 操作方法

直接取植物油（动物油需加热使其融化）样品适量（约5mL）于清洁、干燥容器中，将油样温度调整至 25℃±5℃，将试纸端插入油样中并开始计时，试纸插入油样后按下表规定反应时间进行反应，然后取出，将试纸块面朝上平放。

反应计时时视环境温度而定，在表6-3中规定的时间内比色有效。

表 6-3

环境温度/℃	0～4	5～9	10～19	20～29	30～36
反应时间/s	120～150	90～120	75～105	60～90	45～75

4. 结果判定

试纸颜色与色卡相同或相近时以色卡标示值报结果。如试纸颜色在两色卡之间，则取两者的中间值。

5. 注意事项

（1）严格掌握环境温度与反应时间以便得到正确结果。

（2）测定动物油脂时，取少量样品融化，待油温降至30℃以下还未凝固时进行测定。

（3）注意样品采集的均匀性，罐口、桶口的样品往往不能代表整体样品。

三、羰基价的测定

1. 原理

羰基化合物和2,4-二硝基苯肼的反应产物，在碱性溶液中形成褐红色或酒红色，在440nm下，测定吸光度，计算羰基价。

2. 试剂

（1）精制乙醇：取 1000mL 无水乙醇，置于 2000mL 圆底烧瓶中，加入 5g 铝粉、10g 氢氧化钾，接好标准磨口的回流冷凝管，水浴中加热回流 1h，然后用全玻璃蒸馏装置，蒸馏收集馏液。

（2）精制苯：取 500mL 苯，置于 1000mL 分液漏斗中，加入 50mL 硫酸，小心振摇 5min，开始振摇时注意放气。静置分层，弃除硫酸层，再加 50mL 硫酸重复处理一次，将苯层移入另一分液漏斗，用水洗涤三次，然后经无水硫酸钠脱水，用全玻璃蒸馏装置蒸馏收集馏液。

（3）2,4-二硝基苯肼溶液：称取 50mg2,4-二硝基苯肼，溶于 100mL 精制苯中。

（4）三氯乙酸溶液：称取 4.3g 固体三氯乙酸，加 100mL 精制苯溶解。

（5）氢氧化钾-乙醇溶液：称取 4g 氢氧化钾，加 100mL 精制乙醇使其溶解，置冷暗处过夜，取上部澄清液使用。溶液变黄褐色则应重新配制。

3. 仪器

分光光度计。

4. 分析步骤

精密称取约 0.025g～0.5g 试样，置于 25mL 容量瓶中，加苯溶解试样并稀释至刻度。吸取 5.0mL，置于 25mL 具塞试管中，加 3mL 三氯乙酸溶液及 5mL2,4-二硝基苯肼溶液，仔细振摇混匀，在 60℃水浴中加热 30min，冷却后，沿试管壁慢慢加入 10mL 氢氧化钾-乙醇溶液，使成为二液层，塞好，剧烈振摇混匀，放置 10min。以 1cm 比色杯，用试剂空白调节零点，于波长 440nm 处测吸光度。

5. 结果计算

试样的羰基价按式（6-7）进行计算。

$$X=\frac{A}{854\times m\times V_2/V_1}\times1000 \quad\cdots\cdots(6-7)$$

式中：X——试样的羰基价，meq/kg；

A——测定时样液吸光度；

m——试样质量，g；

V_1——试样稀释后的总体积，mL；

V_2——测定用试样稀释液的体积，mL；

854——各种醛的毫克当量吸光系数的平均值。

结果保留三位有效数字。

6. 精密度

在重复性条件下获得的两次独立测定结果的绝对差值不得超过算术平均值的 5%。

第二节　食品中铅的测定

铅是一种具有蓄积性的有害元素，是污染人类环境、损害人体健康危险最大的元素之一。对人体而言，铅对许多器官组织都具有不同程度的损害作用，尤其是对造血系统、神经系统、肾脏的损害尤为明显。食品铅污染所致的中毒主要是慢性损害作用，主要表现为贫血、神经衰弱、神经炎和消化系统症状。食品中铅污染的来源主要有食品容器和包装材料、工业三废和汽油燃烧、含铅农药、含铅的食品添加剂或加工助剂和某些劣质食品添加剂。联合国粮农组织/世界卫生组织（FAO/WHO），食品法典委员会（CAC）1993 年食品添加剂和污染物联合专家委员会（(JECFA)，建议每人每周允许摄入量（PTWI）为 25μg/(kg·bw)，以人体重 60 kg 计，即每人每日允许摄入量为 214μg。为了控制人体铅的摄入量，食品卫生标准中对铅的限量规定见表 6-4：

表6-4

食 品	限量(MLs)/(mg/kg)	食品	限量(MLs)/(mg/kg)
谷类	0.2	球茎蔬菜	0.3
豆类	0.2	叶菜类	0.3
薯类	0.2	鲜乳	0.05
禽畜肉类	0.2	婴儿配方粉(乳为原料、以冲调后乳汁计)	0.02
可食用禽畜下水	0.5	鲜蛋	0.2
鱼类	0.5	果酒	0.2
水果	0.1	果汁	0.05
小水果、浆果、葡萄	0.2	茶叶	5
蔬菜(球茎、叶菜、食用菌类除外)	0.1		

铅的检测方法有以下几种:

一、石墨炉原子吸收光谱法

1. 原理

试样经灰化或酸消解后,注入原子吸收分光光度计石墨炉中,电热原子化后吸收283.3nm共振线,在一定浓度范围,其吸收值与铅含量成正比,与标准系列比较定量。本方法检出限为$5\mu g/kg$。

2. 试剂

(1)硝酸。

(2)过硫酸铁。

(3)过氧化氢(30%)。

(4)高氯酸。

(5)硝酸(1+1):取50mL硝酸慢慢加入50mL水中。

(6)硝酸(0.5mol/L):取3.2mL硝酸加入50mL水中,稀释至100mL。

(7)硝酸(1mol/L):取6.4mL硝酸加入50mL水中,稀释至100mL。

(8)磷酸铵溶液(20g/L):称取2.0g磷酸铵,以水溶解稀释至100mL。

(9)混合酸:硝酸+高氯酸(4+1),取4份硝酸与1份高氯酸混合。

(10)铅标准储备液:准确称取1.000g金属铅(99.99%),分次加少量硝酸(1+1),加热溶解,总量不超过37mL,移入1000mL容量瓶,加水至刻度,混匀。此溶液每毫升含1.0mg铅。

(11)铅标准使用液:每次吸取铅标准储备液1.0mL于100mL容量瓶中,加硝酸(0.5mol/L)或硝酸(1mol/L)至刻度。如此经多次稀释成每毫升含10.0ng、20.0ng、40.0ng、60.0ng、80.0 ng铅的标准使用液。

3. 仪器

所用玻璃仪器均需以硝酸(1＋5)浸泡过夜,用水反复冲洗,最后用去离子水冲洗干净。

(1)原子吸收分光光度计(附石墨炉及铅空心阴极灯)。

(2)马弗炉。

(3)干燥恒温箱。

(4)瓷坩埚。

(5)压力消解器,压力消解罐或压力溶弹。

(6)可调式电热板,可调式电炉。

4. 分析步骤

(1)试样预处理

a)在采样和制备过程中,应注意不使试样污染。

b)粮食、豆类去杂物后,磨碎,过 20 目筛,储于塑料瓶中,保存备用。

c)蔬菜、水果、鱼类、肉类及蛋类等水分含量高的鲜样,用食品加工机或匀浆机打成匀浆,储于塑料瓶中,保存备用。

(2)试样消解(可根据化验室条件选用以下任何一种方法消解)。

a)压力消解罐消解法:称取 1.00g～2.00g 试样(干样,含脂肪高的试样＜1.00g,鲜样＜2.0g 或按压力消解罐使用说明书称取试样)于聚四氟乙烯内罐,加硝酸 2mL～4mL 浸泡过夜。再加过氧化氢(30％)2mL～3mL(总量不能超过罐容积的三分之一)。盖好内盖,旋紧不锈钢外套,放入恒温干燥箱,120℃～140℃保持 3h～4h,在箱内自然冷却至室温,用滴管将消化液洗入或过滤入(视消化后试样的盐分而定)10mL～25mL 容量瓶中,用水少量多次洗涤罐,洗液合并于容量瓶中并定容至刻度,混匀备用;同时作试剂空白。

b)干法灰化:称取 1.00g～5.00g(根据铅含量而定)试样于瓷坩埚中,先小火在可调式电热板上炭化至无烟,移入马弗炉 500℃灰化 6h～8h,冷却。若个别试样灰化不彻底,则加 1mL 混合酸在可调式电炉上小火加热,反复多次直到消化完全,放冷,用硝酸(0.5mol/L)将灰分溶解,用滴管将试样消化液洗入或过滤入(视消化后试样的盐分而定)10mL～25mL 容量瓶中,用水少量多次洗涤瓷坩埚,洗液合并于容量瓶中并定容至刻度,混匀备用;同时作试剂空白。

c)过硫酸铵灰化法:称取 1.00g～5.00g 试样于瓷坩埚中,加 2mL～4mL 硝酸浸泡 1h 以上,先小火炭化,冷却后加 2.00g～3.00g 过硫酸铵盖于上面,继续炭化至不冒烟,转入马弗炉,500℃恒温 2h,再升至 800℃,保持 20min,冷却,加 2mL～3mL 硝酸(1.0mol/L),用滴管将试样消化液洗入或过滤入(视消化后试样的盐分而定)10mL～25mL 容量瓶中,用水少量多次洗涤瓷坩埚,洗液合并于容量瓶中并定容至刻度,混匀备用;同时作试剂空白。

d)湿式消解法:称取试样 1.00g～5.00g 于锥形瓶或高脚烧杯中,放数粒玻璃珠加 10mL 混合酸,加盖浸泡过夜,加一小漏斗电炉上消解,若变棕黑色,再加混合酸,直至冒白烟,消化液呈无色透明或略带黄色,放冷用滴管将试样消化液洗入或过滤入(视消化后试样的盐分而定)10mL～25mL 容量瓶中,用水少量多次洗涤锥形瓶或高脚烧杯,洗液合并于容量瓶中并定容至刻度,混匀备用;同时作试剂空白。

（3）测定

a）仪器条件：根据各自仪器性能调至最佳状态。参考条件为波长283.3nm，狭缝0.2nm～1.0nm，灯电流5mA～7mA，干燥温度120℃，20s；灰化温度450℃，持续15 s～20s，原子化温度1700℃～2300℃，持续4 s～5 s，背景校正为氘灯或塞曼效应。

b）标准曲线绘制：吸取上面配制的铅标准使用液10.0ng/mL、20.0ng/mL、40.0ng/mL、60.0ng/mL、80.0 ng/mL（或 μg/L）各10 μL，注入石墨炉，测得其吸光值并求得吸光值与浓度关系的一元线性回归方程。

c）试样测定：分别吸取样液和试剂空白液各10 μL，注入石墨炉，测得其吸光值，代入标准系列的一元线性回归方程中求得样液中铅含量。

d）基体改进剂的使用：对有干扰试样，则注入适量的基体改进剂磷酸二氢铵溶液（20g/L）一般为5 μL或与试样同量消除干扰。绘制铅标准曲线时也要加入与试样测定时等量的基体改进剂磷酸二氢铵溶液。

5. 结果计算

试样中铅含量按式（6-8）进行计算。

$$X=\frac{(c_1-c_0)\times V\times 1000}{m\times 1000} \quad\cdots\cdots\cdots\cdots\cdots\cdots\cdots\cdots (6-8)$$

式中：X——试样中铅含量，μg/kg（μg/L）；

　　　c_1——测定样液中铅含量，ng/mL；

　　　c_0——空白液中铅含量，ng/mL；

　　　V——试样消化液定量总体积，mL；

　　　m——试样质量或体积，g（mL）。

计算结果保留两位有效数字。

6. 精密度

在重复性条件下获得的两次独立测定结果的绝对差值不得超过算术平均值的20%。

二、氢化物原子荧光光谱法

1. 原理

试样经酸热消化后，在酸性介质中，试样中的铅与硼氢化钠（$NaBH_4$）或硼氢化钾（KBH_4）反应生成挥发性铅的氢化物（PbH_4）。以氩气为载气，将氢化物导入电热石英原子化器中原子化，在特制铅空心阴极灯照射下，基态铅原子被激发至高能态；在去活化回到基态时，发射出特征波长的荧光，其荧光强度与铅含量成正比，根据标准系列进行定量。本方法检出限为5μg/kg，液体试样为1μg/kg。

2. 试剂

（1）硝酸＋高氯酸（4＋1）混合酸：分别量取硝酸400mL，高氯酸100mL，混匀。

（2）盐酸溶液（（1＋1）：量取250mL盐酸倒入250mL水中，混匀。

（3）草酸溶液（10g/L）：称取1.0g草酸，加入溶解至100mL，混匀。

（4）铁氰化钾[$K_3Fe(CN)_6$]溶液（100g/L）：称取10.0g铁氰化钾，加水溶解并稀释至100mL，混匀。

(5)氢氧化钠溶液(2g/L)：称取 2.0g 氢氧化钠，溶于 1L 水中，混匀。

(6)硼氢化钠[$NaBH_4$]溶液(10g/L)：称取 5.0g 硼氢化钠溶于 500mL 氢氧化钠溶液(2g/L)中，混匀，用前现配。

(7)铅标准储备液(1.0mg/mL)

(8)铅标准应用液((1.0μg/mL)：精确吸取铅标准储备液((1.0mg/mL)逐级稀释至 1.0μg/mL。

3. 仪器

(1)双道原于荧光光度计或同类仪器。

(2)计算机系统及编码铅空心阴极灯。

(3)电热板。

4. 分析步骤

(1)试样消化

湿消解：称取固体试样 0.20g～2.00g，液体试样 2.00g(或 mL)～10.00g(或 mL)，置于 50mL～100mL 消化容器中(锥形瓶)，然后加入硝酸＋高氯酸(4＋1)混合酸 5mL～10mL 摇匀浸泡，放置过夜。次日置于电热板上加热消解，至消化液呈淡黄色或无色(如消解过程色泽较深，稍冷补加少量硝酸，继续消解)，稍冷加入 20mL 水再继续加热赶酸，至消解液 0.5mL～1.0mL 止，冷却后用少量水转入 25mL 容量瓶中，并加入盐酸(1＋1)0.5mL，草酸溶液(10g/L)0.5mL，摇匀，再加入铁氰化钾(100g/L)1.0mL，用水准确稀释定容至 25mL，摇匀，放置 30min 后测定。同时做试剂空白。

(2)标准系列制备

取 25mL 的容量瓶 7 支，依次准确加入铅标准应用液(1.00μg/mL)0.00mL、0.125mL、0.25mL、0.50mL、0.75mL、1.00mL、1.25mL(各相当于铅浓度 0.0ng/mL、5.0ng/mL、10.0ng/mL、20.0ng/mL、30.0ng/mL、40.0ng/mL、50.0 ng/mL)，用少量水稀释后，加入盐酸(1＋1)0.5mL，草酸(10g/L)0.5mL 摇匀，再加入铁氰化钾溶液(100g/L)1.0mL，用水稀释至刻度，摇匀。放置 30min 后待测。

(3)测定

a)仪器参考条件

负高压：323 V；铅空心阴极灯电流：75mA；原子化器：炉温 750℃～800℃，炉高：8mm；氩气流速：载气 800mL/min；屏蔽气：1000mL/min；加还原剂时间：7.0 s；读数时间：15 s；延迟时间：0.0 s；测量方式：标准曲线法；读数方式：峰面积；进样体积：2.0mL。

b)浓度测量方式

设定好仪器的最佳条件，逐步将炉温升至所需温度，稳定 10min～20min 后开始测量，连续用标准系列的零管进样，待读数稳定之后，转入标准系列的测量，绘制标准曲线，转入试样测量，分别测定试样空白和试样消化液，每测不同的试样前都应清洗进样器，试样测定结果按下式计算。

c)仪器自动计算结果测量方式

设定好仪器的最佳条件，在试样参数画面，输入以下参数：试样质量或体积(g 或 mL)，稀释体积(mL)，并选择结果的浓度单位，逐步将炉温升至所需温度，稳定后测量，连续用标准系列的零管进样,待读数稳定后,转入标准系列测量,绘制标准曲线,在转入试样测量之前,先进入空白值测量状态,用试样空白消化液进样,让仪器取其均值作为扣除的空白值。随后即可依次测定试样溶液,测定完毕后,选择"打印报告",即可将测定结果自动打印。

5. 结果计算

试样中铅含量按式(6-9)进行计算。

$$X = \frac{(c-c_0) \times V \times 1000}{m \times 1000 \times 1000}$$ ································(6-9)

式中:X——试样中铅含量,mg/kg(mg/L);

c——试样消化液测定质量浓度,ng/mL;

c_0——试剂空白液测定质量浓度,ng/mL;

m——试样质量或体积,g(mL);

V——试样消化液总体积,mL。

计算结果保留三位有效数字。

6. 精密度

在重复性条件下获得的两次独立测定结果的绝对差值不得超过算术平均值的10%。

三、火焰原子吸收光谱法

1. 原理

试样经处理后,铅离子在一定pH条件下与DDTC形成络合物,经4-甲基戊酮-2萃取分离,导入原子吸收光谱仪中,火焰原子化后,吸收283.3nm共振线,其吸收量与铅含量成正比,与标准系列比较定量。本方法检出限为0.1mg/kg。

2. 试剂

(1)硝酸-高氯酸(4+1)。

(2)硫酸铵溶液(300g/L):称取30.0g硫酸铵[$(NH4)_2SO_4$],用水溶解并加水至100mL。

(3)柠檬酸铵溶液(250g/L):称取25.0g柠檬酸铵,用水溶解并加水至100mL。

(4)溴百里酚蓝水溶液(1g/L)。

(5)二乙基二硫代氨基甲酸钠(DDTC)溶液(50g/L):称取5g二乙基二硫代氨基甲酸钠,用水溶解并加水至100。

(6)氨水(1+1)。

(7)4-甲基戊酮-2(MIBK)。

(8)铅标准储备液:准确称取1.000g金属铅(99.99%),分次加少量硝酸(1+1),加热溶解,总量不超过37mL,移入1000mL容量瓶,加水至刻度,混匀。此溶液每毫升含1.0mg铅。

(9)铅标准使用液:吸取铅标准储备液1.0mL于100mL容量瓶中,加硝酸(0.5mol/L)或硝酸(1mol/L)至刻度。如此稀释成每毫升含10.0μg铅的标准使用液。

3. 仪器

(1)原子吸收分光光度计附火焰原子化器。

(2)马弗炉。

(3)干燥恒温箱。

（4）瓷坩埚。

（5）压力消解器、压力消解罐或压力溶弹。

4．分析步骤

（1）试样处理

a）饮品及酒类：取均匀试样10.0g～20.0g于烧杯中，酒类应先在水浴上蒸去酒精，于电热板上先蒸发至一定体积后，加入硝酸-高氯酸（4+1）消化完后，转移，定容于50mL容量瓶中。

b）包装材料浸泡液可直接吸取测定。

c）谷类：去除其中杂物及尘土，必要时除去外壳，碾碎，过20目筛，混匀。称取5.0g～10.0g，置于50mL瓷坩埚中，小火炭化，然后移入马弗炉中，500℃以下灰化16h后，取出坩埚，放冷后再加少量混合酸，小火加热，不使干涸，必要时再加少许混合酸如此反复处理，直至残渣中无炭粒，待坩埚稍冷，加10mL盐酸（1+11），溶解残渣并移入50mL容量瓶中，再用水反复洗涤坩埚，洗液并入容量瓶中，并稀释至刻度，混匀备用。取与试样相同量的混合酸和盐酸（1+11），按同一操作方法作试剂空白试验。

d）蔬菜、瓜果及豆类：取可食部分洗净晾干，充分切碎混匀。称取10.00g～20.00g置于瓷坩埚中，加1mL磷酸（1+10），小火炭化，然后移入马弗炉中，500℃以下灰化16h后，取出坩埚，放冷后再加少量混合酸，小火加热，不使干涸，必要时再加少许混合酸如此反复处理，直至残渣中无炭粒，待坩埚稍冷，加10mL盐酸（1+11），溶解残渣并移入50mL容量瓶中，再用水反复洗涤坩埚，洗液并入容量瓶中，并稀释至刻度，混匀备用。取与试样相同量的混合酸和盐酸（1+11），按同一操作方法作试剂空白试验。

e）禽、蛋、水产及乳制品：取可食部分充分混匀。称取5.00g～10.00g置于瓷坩埚中，小火炭化，然后移入马弗炉中，500℃以下灰化16h后，取出坩埚，放冷后再加少量混合酸，小火加热，不使干涸，必要时再加少许混合酸如此反复处理，直至残渣中无炭粒，待坩埚稍冷，加10mL盐酸（1+11），溶解残渣并移入50mL容量瓶中，再用水反复洗涤坩埚，洗液并入容量瓶中，并稀释至刻度，混匀备用。取与试样相同量的混合酸和盐酸（1+11），按同一操作方法作试剂空白试验。乳类经混匀后，量取50mL，置于瓷坩埚中，加磷酸（1+10），在水浴上蒸干，再加小火炭化，然后移入马弗炉中，500℃以下灰化16h后，取出坩埚，放冷后再加少量混合酸，小火加热，不使干涸，必要时再加少许混合酸如此反复处理，直至残渣中无炭粒，待坩埚稍冷，加10mL盐酸（1+11），溶解残渣并移入50mL容量瓶中，再用水反复洗涤坩埚，洗液并入容量瓶中，并稀释至刻度，混匀备用。取与试样相同量的混合酸和盐酸（1+11），按同一操作方法作试剂空白试验。

（2）萃取分离

视试样情况，吸取25.0mL～50.0mL上述制备的样液及试剂空白液，分别置于125mL分液漏斗中，补加水至60mL。加2mL柠檬酸铵溶液，溴百里酚蓝指示剂（3～5）滴，用氨水（1+1）调pH至溶液由黄变蓝，加硫酸铵溶液10.0mL，DDTC溶液10mL，摇匀，放置5min左右，加入10.0mLMIBK，剧烈振摇提取1min，静且分层后，弃去水层，将MIBK层放入10mL带塞刻度管中，备用。分别吸取铅标准使用液0.00mL、0.25mL、0.50mL、1.00mL、1.50mL、2.00mL（相当0.0μg、2.5μg、5.0μg、10.0μg、15.0μg、20.0μg铅）于125mL分液漏斗中，以下操作与试样相同。

（3）测定

a）饮品、酒类及包装材料浸泡液可经萃取直接进样测定。

b）萃取液进样，可适当减小乙炔气的流量。

c）仪器参考条件：空心阴极灯电流 8mA；共振线 283.3nm；狭缝 0.4nm；空气流量 8L/min；燃烧器高度 6mm；BCD 方式。

5. 结果计算

试样中铅的含量按式（6-10）进行计算。

$$X = \frac{(c_1 - c_2) \times V_1 \times 1000}{m \times V_3 / V_2 \times 1000} \quad\cdots\cdots\cdots\cdots\cdots\cdots\cdots\cdots\cdots (6-10)$$

式中：X——试样中铅的含量，mg/kg（mg/L）；

c_1——测定用试样液中铅的含量，μg/mL；

c_2——试剂空白液中铅的含量，μg/mL；

m——试样质量或体积，g（mL）；

V_1——试样萃取液体积，mL；

V_2——试样处理液的总体积，mL；

V_3——测定用试样处理液的总体积，mL。

计算结果保留两位有效数字。

6. 精密度

在重复性条件下获得的两次独立测定结果的绝对差值不得超过算术平均值的 20%。

四、二硫腙比色法

1. 原理

试样经消化后，在 pH=8.5～9.0 时，铅离子与二硫腙生成红色络合物，溶于三氯甲烷。加入柠檬酸铵、氰化钾和盐酸羟胺等，防止铁、铜、锌等离子干扰，与标准系列比较定量。本方法检出限为 0.25mg/kg。

2. 试剂

（1）氨水（1+1）。

（2）盐酸（1+1）：量取 100mL 盐酸，加入 100mL 水中。

（3）酚红指示液（（1g/L）：称取 0.10g 酚红，用少量多次乙醇溶解后移入 100mL 容量瓶中并定容至刻度。

（4）盐酸羟胺溶液（（200g/L）：称取 20.0g 盐酸羟胺加水溶解至 50mL，加 2 滴酚红指示液，加氨水（1+1），调 pH 至 8.5～9.0（由黄变红，再多加 2 滴），用二硫腙-三氯甲烷溶液提取至三氯甲烷层绿色不变为止，再用三氯甲烷洗二次，弃去三氯甲烷层，水层加盐酸（1+1）呈酸性，加水至 100mL。

（5）柠檬酸铵溶液（200g/L）：称取 50g 柠檬酸铵，溶于 100mL 水中，加 2 滴酚红指示液，加氨水（1+1），调 pH 至 8.5～9.0，用二硫腙-三氯甲烷溶液提取数次，每次 10mL～20mL，至三氯甲烷层绿色不变为止，弃去三氯甲烷层，再用三氯甲烷洗二次，每次 5mL，弃去三氯甲烷层，加水稀释至 250mL。

(6)氰化钾溶液(100g/L):称取 10.0g 氰化钾,用水溶解后稀释至 100mL。

(7)三氯甲烷:不应含氧化物。

a)检查方法:量取 10mL 三氯甲烷,加 25mL 新煮沸过的水,振摇 3min,静置分层后,取 10mL 水液,加数滴碘化钾溶液(150g/L)及淀粉指示液,振摇后应不显蓝色。

b)处理方法:于三氯甲烷中加入十分之一至二十分之一体积的硫代硫酸钠溶液(200g/L)洗涤,再用水洗后加入少量无水氯化钙脱水后进行蒸馏,弃去最初及最后的十分之一馏出液,收集中间馏出液备用。

(8)淀粉指示液:称取 0.5g 可溶性淀粉,加 5mL 水搅匀后,慢慢倒入 100mL 沸水中,随倒随搅拌,煮沸,放冷备用,临用时配制。

(9)硝酸(1+99):量取 1mL 硝酸,加入 99mL 水中。

(10)二硫腙三氯甲烷溶液(0.5g/L):保存冰箱中,必要时用下述方法纯化。

称取 0.5g 研细的二硫腙,溶于 50mL 三氯甲烷中,如不全溶,可用滤纸过滤。于 250mL 分液漏斗中,用氨水(1+99)提取三次,每次 100mL,将提取液用棉花过滤至 500mL 分液漏斗中,用盐酸(1+1)调至酸性,将沉淀出的二硫腙用三氯甲烷提取 2 次~3 次,每次 20mL,合并三氯甲烷层,用等量水洗涤二次,弃去洗涤液,在 50℃ 水浴上蒸去三氯甲烷。精制的二硫腙置硫酸干燥器中,干燥备用。或将沉淀出的二硫腙用 200mL、200mL、100mL 三氯甲烷提取三次,合并三氯甲烷层为二硫腙溶液。

(11)二硫腙使用液:吸取 1.0mL 二硫腙溶液,加三氯甲烷至 10mL 混匀。用 1cm 比色杯,以三氯甲烷调节零点,于波长 510nm 处测吸光度(A),用式(6-11)算出配制 100mL 二硫腙使用液(70％透光率)所需二硫腙溶液的毫升数(V)

$$V=\frac{10\times(2-\lg70)}{A}=\frac{1.55}{A} \quad\cdots\cdots\cdots\cdots\cdots\cdots\cdots\cdots(6-11)$$

(12)硝酸-硫酸混合液(4+1)。

(13)铅标准溶液:精密称取 0.1598g 硝酸铅,加 10mL 硝酸(1+99),全部溶解后,移入 100mL 容量瓶中,加水稀释至刻度。此溶液每毫升相当于 1.0mg 铅。

(14)铅标准使用液:吸取 1.0mL 铅标准溶液,置于 100mL 容量瓶中,加水稀释至刻度。此溶液每毫升相当于 10.0μg 铅。

3. 仪器

所用玻璃仪器均用硝酸(10％~20％)浸泡 24h 以上,用自来水反复冲洗,最后用去离子水冲洗干净。

分光光度计。

4. 分析步骤

(1)试样预处理

a)在采样和制备过程中,应注意不使试样污染。

b)粮食、豆类去杂物后,磨碎,过 20 目筛,储于塑料瓶中,保存备用。

c)蔬菜、水果、鱼类、肉类及蛋类等水分含量高的鲜样,用食品加工机或匀浆机打成匀浆,储于塑料瓶中,保存备用。

(2)试样消化

a)硝酸-硫酸法

ⅰ)粮食、粉丝、粉条、豆干制品、糕点、茶叶等及其他含水分少的固体食品:称取 5.00g 或 10.00g 的粉碎试样,置于 250mL～500mL 定氮瓶中,先加水少许使湿润,加数粒玻璃珠,10mL～15mL 硝酸,放置片刻,小火缓缓加热,待作用缓和,放冷。沿瓶壁加入 5mL 或 10mL 硫酸,再加热,至瓶中液体开始变成棕色时,不断沿瓶壁滴加硝酸至有机质分解完全。加大火力,至产生白烟,待瓶口白烟冒净后,瓶内液体再产生白烟为消化完全,该溶液应澄明无色或微带黄色,放冷。(在操作过程中应注意防止爆沸或爆炸)加 20mL 水煮沸,除去残余的硝酸至产生白烟为止,如此处理两次,放冷。将冷后的溶液移入 50mL 或 100mL 容量瓶中,用水洗涤定氮瓶,洗液并入容量瓶中,放冷,加水至刻度,混匀定容后的溶液每 10mL 相当于 1g 试样,相当加入硫酸量 1mL。取与消化试样相同量的硝酸和硫酸,按同一方法做试剂空白试验。

ⅱ)蔬菜、水果:称取 25.00g 或 50.00g 洗净打成匀浆的试样,置于 250mL～500mL 定氮瓶中,加数粒玻璃珠,10mL～15mL 硝酸,以下按ⅰ)中自"放置片刻……"起依法操作,但定容后的溶液每 10mL 相当于 5g 试样,相当于加入硫酸 1mL。

ⅲ)酱、酱油、醋、冷饮、豆腐、腐乳、酱腌菜等:称取 10.00g 或 20.00g 试样(或吸取 10.0mL 或 20.0mL 液体试样),置于 250mL～500mL 定氮瓶中,加数粒玻璃珠,5mL～15mL 硝酸。以下按ⅰ)中自"放置片刻……"起依法操作,但定容后的溶液每 10mL 相当于 2g 或 2mL 试样。

ⅳ)含酒精性饮料或含二氧化碳饮料:吸取 10.00mL 或 20.00mL 试样,置于 250mL～500mL 定氮瓶中,加数粒玻璃珠,先用小火加热除去乙醇或二氧化碳,再加 5mL～10mL 硝酸,混匀后,以下按ⅰ)中自"放置片刻……"起依法操作,但定容后的溶液每 10mL 相当于 2mL 试样。

ⅴ)含糖量高的食品:称取 5.00g 或 10.0g 试样,置于 250mL～500mL 定氮瓶中,先加少许水使湿润,加数粒玻璃珠,5mL～10mL 硝酸后,摇匀。缓缓加入 5mL 或 10mL 硫酸,待作用缓和停止起泡沫后,先用小火缓缓加热(糖分易炭化),不断沿瓶壁补加硝酸,待泡沫全部消失后,再加入火力,至有机质分解完全,发生白烟,溶液应澄明无色或微带黄色,放冷。以下按ⅰ)自"加 20mL 水煮沸……"起依法操作。

ⅵ)水产品:取可食部分试样捣成匀浆,称取 5.00g 或 10.0g(海产藻类,贝类可适当减少取样量),置于 250mL～500mL,定氮瓶中,加数粒玻璃珠,5mL～10mL 硝酸,混匀后,以下按ⅰ)自"沿瓶壁加入 5mL 或 10mL 硫酸……"起依法操作。

b)灰化法

ⅰ)粮食及其他含水分少的食品:称取 5.00g 试样,置于石英或瓷坩埚中,加热至炭化,然后移入马弗炉中,500℃灰化 3h,放冷,取出坩埚,加硝酸(1+1),润湿灰分,用小火蒸干,在 500℃烧 1h,放冷。取出坩埚,加 1mL 硝酸(1+1),加热,使灰分溶解,移入 50mL 容量瓶中,用水洗涤坩埚,洗液并入容量瓶中,加水至刻度,混匀备用。

ⅱ)含水分多的食品或液体试样:称取 5.00g 或吸取 5.00mL 试样,置于蒸发皿中,先在水浴上蒸干,再按ⅰ)中自"加热至炭化……"起依法操作。

（3）测定

吸取 10.0mL 消化后的定容溶液和同量的试剂空白液，分别置于 125mL 分液漏斗中，各加水至 20mL。

吸取 0.0mL，0.10mL，0.20mL，0.30mL，0.40mL，0.50mL 铅标准使用液（相当 0.0μg，1.0μg，2.0μg，3.0μg，4.0μg，5.0μg 铅），分别置于 125mL 分液漏斗中，各加硝酸（1+99）至 20mL。于试样消化液、试剂空白液和铅标准液中各加 2.0mL 柠檬酸铵溶液（200g/L），1.0mL 盐酸羟胺溶液（200g/L）和 2 滴酚红指示液，用氨水（1+1）调至红色，再各加 2.0mL 氰化钾溶液（100g/L），混匀。各加 5.0mL 二硫腙使用液，剧烈振摇 1min，静置分层后，三氯甲烷层经脱脂棉滤入 1cm 比色杯中，以三氯甲烷调节零点于波长 510nm 处测吸光度，各点减去零管吸收值后，绘制标准曲线或计算一元回归方程，试样与曲线比较。

5. 结果计算

试样中铅的含量按式（6-12）进行计算。

$$X=\frac{(m_1-m_2)\times1000}{m_3\times V_2/V_1\times1000} \quad\cdots\cdots(6-12)$$

式中：X——试样中铅的含量，mg/kg（mg/L）；

m_1——测定用试样液中铅的质量，μg；

m_2——试剂空白液中铅的质量，μg；

m_3——试样质量或体积，g（mL）；

V_1——试样处理液的总体积，mL；

V_2——测定用试样处理液的总体积，mL。

计算结果保留两位有效数字。

6. 精密度

在重复性条件下获得的两次独立测定结果的绝对差值不得超过算术平均值的 10%。

五、单扫描极谱法

1. 原理

试样经消解后，铅以离子形式存在。在酸性介质中，Pb^{2+} 与 I^- 形成的 PbI_4^{2-} 络离子具有电活性，在滴汞电极上产生还原电流。峰电流与铅含量呈线性关系，以标准系列比较定量。本方法检出限为 0.085mg/kg。

2. 试剂

（1）底液：称取 5.0g 碘化钾，8.0g 酒石酸钾钠，0.5g 抗坏血酸于 500mL 烧杯中，加入 300mL 水溶解后，再加入 10mL 盐酸，移入 500mL 容量瓶中，加水至刻度（储藏于冰箱，可保存两个月）。

（2）铅标准储备溶液：准确称取 0.1000g 金属铅（含量 99.99%）于烧杯中，加 2mL（1+1）硝酸溶液，加热溶解，冷却后定量移入 100mL 容量瓶并加水至刻度，混匀（此溶液含铅为 1.0mg/mL）。

（3）铅标准使用溶液：临用时，吸取铅标准储备溶液 1.00mL 于 100mL 容量瓶中，加水至刻度，混匀（此溶液含铅为 10.0μg/mL）。

(4)混合酸:硝酸-高氯酸(4+1),量取 80mL 硝酸,加入 20mL 高氯酸,混匀。

3. 仪器

所用玻璃仪器均应用 10%硝酸溶液浸泡过夜,用水反复冲洗,最后用蒸馏水洗干净,干燥备用。

(1)极谱分析仪。

(2)带电子调节器的万用电炉。

4. 分析步骤

(1)极谱分析参考条件

单扫描极谱法(SSP 法)。选择起始电位:-350mV,终止电位:-850mV,扫描速度 300mV/s,三电极,二次导数,静止时间:5 s 及适当量程。在峰电位-470mV 处,记录铅的峰电流。

(2)标准曲线绘制

准确吸取铅标准溶液 0mL、0.05mL、0.10mL、0.20mL、0.30mL、0.40mL(相当于含 $0\mu g$、$0.5\mu g$、$1.0\mu g$、$2.0\mu g$、$3.0\mu g$、$4.0\mu g$ 铅)于 6 支 10mL 比色管中,加底液至 10.0mL,混匀。将各管溶液依次移入电解池,置于三电极系统。按上述极谱分析参考条件下测定,分别记录铅的峰电流。以含量为横坐标,其对应的峰电流为纵坐标,绘制标准曲线。

(3)试样处理

粮食、豆类等水分含量低的试样,去杂物后磨碎过 20 目筛;蔬菜、水果、鱼类、肉类等水分含量高的新鲜试样,用匀浆机制成匀浆,储于塑料瓶。

a)试样处理(除食盐、白糖外,如粮食、豆类、糕点、茶叶、肉类等):称取 1.0g～2.0g 试样于 50mL 三角瓶中,加入 10mL～20mL 混合酸,加盖浸泡过夜。置带电子调节器万用电炉上的低档位加热。若消解液颜色逐渐加深,呈现棕黑色时,移开万用电炉,冷却,补加适量硝酸,继续加热消解。待溶液颜色不再加深,呈无色透明或略带黄色,并冒白烟,可高档位驱赶剩余酸液,至近干,在低档位加热得白色残渣,待测。同时作一试剂空白。

b)食盐、白糖:称取试样 2.0g 于烧杯中,待测。

c)液体试样:称取 2.0g 试样于 50mL,三角瓶中(含乙醇,二氧化碳的试样应置于 80℃ 水浴上驱赶)。加入 1mL～10mL 混合酸,于带电子调节器万用电炉上的低档位加热,以下步骤按 4.3.1"试样处理"项下操作,待测。

(4)试样测定

于上述待测试样及试剂空白瓶中加入 10.0mL 底液,溶解残渣并移入电解池.以下按 2)"标准曲线绘制"项下操作。分别记录试样及试剂空白的峰电流,用标准曲线法计算试样中铅含量。

5. 结果计算

试样中铅含量按式(6-13)进行计算。

$$X=\frac{(A-A_0)\times 1000}{m\times 1000}$$ ·······························(6-13)

式中:X——试样中铅含量,mg/kg(mg/L);

　　A——由标准曲线上查得测定样液中铅的质量,μg;

A_0——由标准曲线上查得试剂空白液中铅的质量,μg;

m——试样的质量或体积,g(mL)。

6. 精密度

在重复性条件下获得的两次独立测定结果的绝对差值不得超过算术平均值的 5.0%。

7. 试剂空白,铅标准及茶叶中铅极谱图

试剂空白,铅标准及茶叶中铅极谱图见图(6-1)。

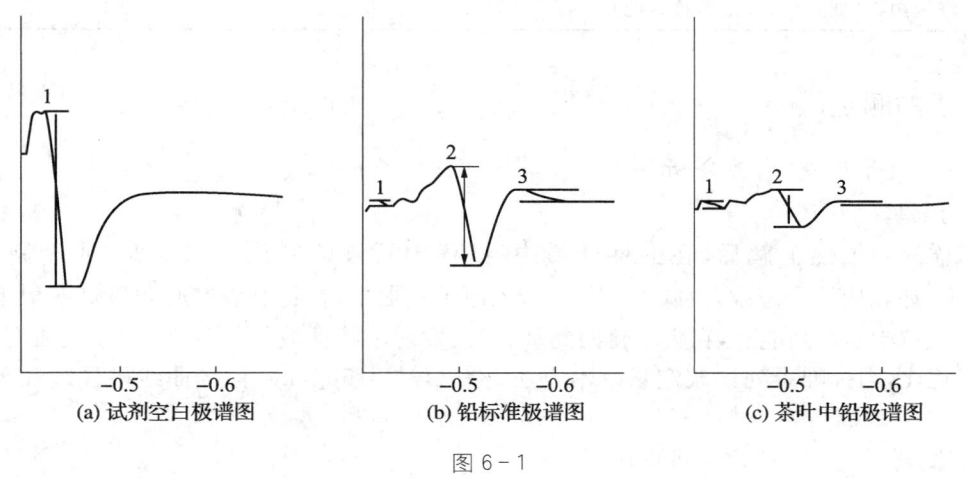

(a) 试剂空白极谱图   (b) 铅标准极谱图   (c) 茶叶中铅极谱图

图 6-1

第三节 食品中总汞及有机汞的测定

汞及其化合物广泛应用于工农业生产和医疗卫生行业,可通过废水、废气、废渣等途径污染环境。除职业接触外,进入人体的汞主要来源于受污染的食物,其中又以水产品中特别是鱼、虾、贝类食品中的甲基汞污染对人体的危害最大:含汞的废水排入江河湖海后,其中所含的金属汞或无机汞在微生物的作用下转变为有机汞(主要是甲基汞),并可由于食物链的生物富集作用而在鱼体内达到很高的含量。由于水体的汞污染而导致其中生活的鱼贝类含有大量的甲基汞,是影响水产品安全性的主要因素之一。食品中的金属汞几乎不被吸收,无机汞吸收率亦很低,而有机汞的消化道吸收率很高,如甲基汞 90% 以上可被人体吸收。吸收的汞迅速分布到全身组织和器官,以肝、肾、脑等器官含量最多。导致脑和神经系统损伤,并可致胎儿和新生儿的汞中毒。我国食品卫生标准对汞的限量见表 6-5。

表 6-5

食　　品	限量(MLs)/(mg/kg)	
	总汞(以 Hg 计)	甲基汞
粮食(成品粮)	0.02	—
薯类(土豆、白薯)、蔬菜、水果	0.01	—
鲜乳	0.01	—

续表 6-5

食　品	限量(MLs)/(mg/kg)	
	总汞(以 Hg 计)	甲基汞
肉、蛋(去壳)	0.05	—
鱼(不包括食肉鱼类)及其他水产品	—	0.5
食肉鱼类(如鲨鱼、金枪鱼及其他)	—	1.0

一、总汞的测定

(一)原子荧光光谱分析法

1. 原理

试样经酸加热消解后,在酸性介质中,试样中汞被硼氢化钾(KBH₄)或硼氢化钠(NaBH₄)还原成原子态汞,由载气(氩气)带入原子化器中,在特制汞空心阴极灯照射下,基态汞原子被激发至高能态,在去活化回到基态时,发射出特征波长的荧光,其荧光强度与汞含量成正比,与标准系列比较定量。本方法:检出限 $0.15\mu g/kg$,标准曲线最佳线性范围:$0\mu g/L\sim60\mu g/L$。

2. 试剂

(1)硝酸(优级纯)。

(2)30%过氧化氢。

(3)硫酸(优级纯)。

(4)硫酸+硝酸+水(1+1+8):量取 10mL 硝酸和 10mL 硫酸,缓缓倒入 80mL 水中,冷却后小心混匀。

(5)硝酸溶液(1+9):量取 50mL 硝酸,缓缓倒入 450mL 水中,混匀。

(6)氢氧化钾溶液(5g/L):称取 5.0g 氢氧化钾,溶于水中,稀释至 1000mL,混匀。

(7)硼氢化钾溶液(5g/L):称取 5.0g 硼氢化钾,溶于 5.0g/L 的氢氧化钾溶液中,并稀释至 1000mL,混匀,现用现配。

(8)汞标准储备溶液:精密称取 0.1354g 于干燥过的二氯化汞,加硫酸+硝酸+水混合酸(1+1+8)溶解后移入 100mL 容量瓶中,并稀释至刻度,混匀,此溶液每毫升相当于 1mg 汞。

(9)汞标准使用溶液:用移液管吸取汞标准储备液(1mg/mL)1mL 于 100mL 容量瓶中,用硝酸溶液(1+9)稀释至刻度,混匀,此溶液浓度为 $10\mu g/mL$。在分别吸取 $10\mu g/mL$ 汞标准溶液 1mL 和 5mL 于两个 100mL 容量瓶中,用硝酸溶液(1+9)稀释至刻度,混匀,溶液浓度分别为 100 ng/mL 和 500 ng/mL,分别用于测定低浓度试样和高浓度试样,制作标准曲线。

3. 仪器

(1)双道原子荧光光度计。

(2)高压消解罐(100mL 容量)。

（3）微波消解炉。

4. 分析步骤

（1）试样消解

a）高压消解法

本方法适用于粮食、豆类、蔬菜、水果、瘦肉类、鱼类、蛋类及乳与乳制品类食品中总汞的测定。

ⅰ）粮食及豆类等干样：称取经粉碎混匀过 40 目筛的干样 0.2g～1.00g，置于聚四氟乙烯塑料内罐中，加 5mL 硝酸，混匀后放置过夜，再加 7mL 过氧化氢，盖上内盖放入不锈钢外套中，旋紧密封。然后将消解器放入普通干燥箱（烘箱）中加热，升温至 120℃后保持恒温 2h～3h，至消解完全，自然冷至室温。将消解液用硝酸溶液（1＋9）定量转移并定容至 25mL，摇匀。同时做试剂空白试验。待测。

ⅱ）蔬菜、瘦肉、鱼类及蛋类水分含量高的鲜样用捣碎机打成匀浆，称取匀浆 1.00g～5.00g，置于聚四氟乙烯塑料内罐中，加盖留缝放于 65℃鼓风干燥烤箱或一般烤箱中烘至近干，取出，以下按ⅰ中自"加 5mL 硝酸……"起依法操作。

b）微波消解法

称取 0.10g～0.50g 试样于消解罐中加入 1mL～5mL 硝酸，1mL～2mL 过氧化氢，盖好安全阀后，将消解罐放入微波炉消解系统中，根据不同种类的试样设置微波炉消解系统的最佳分析条件（见表 6-6 和表 6-7），至消解完全，冷却后用硝酸溶液（1＋9）定量转移并定容至 25mL（低含量试样可定容至 10mL），混匀待测。

表 6-6

步　骤	1	2	3
功率/（%）	50	75	90
压力/kPa	343	686	1096
升压时间/min	30	30	30
保压时间/min	5	7	5
排风量/%	100	100	100

表 6-7

步　骤	1	2	3	4	5
功率/%	50	70	80	100	100
压力/kPa	343	514	686	959	1234
升压时间/min	30	30	30	30	30
保压时间/min	5	5	5	7	5
排风量/%	100	100	100	100	100

（2）标准系列配制

a）低浓度标准系列：分别吸取 100 ng/mL 汞标准使用液 0.25mL、0.50mL、1.00mL、2.00mL、2.50mL 于 25mL 容量瓶中，用硝酸溶液（1+9）稀释至刻度，混匀。各自相当于汞浓度 1.00ng/mL、2.00ng/mL、4.00ng/mL、8.00ng/mL、10.00ng/mL。此标准系列适用于一般试样测定。

b）高浓度标准系列：分别吸取 500 ng/mL 汞标准使用液 0.25mL、0.50mL、1.00mL、1.50mL、2.00mL 于 25mL 容量瓶中，用硝酸溶液（1+9）稀释至刻度，混匀。各自相当于汞浓度 5.00ng/mL、10.00ng/mL、20.00ng/mL、30.00ng/mL、40.00ng/mL。此标准系列适用于鱼及含汞量偏高的试样测定。

（3）测定

a）仪器参考条件：光电倍增管负高压：240 V；汞空心阴极灯电流：30mA；原子化器：温度：300℃，高度 8.0mm；氩气流速：载气 500mL/min，屏蔽气 1000mL/min；测量方式：标准曲线法；读数方式：峰面积；读数延迟时间：1.0s；读数时间：10.0s；硼氢化钾溶液加液时间：8.0s；标液或样液加液体积：2mL。

注：AFS 系列原子荧光仪如：230，230a，2202，2202a，2201 等仪器属于全自动或断序流动的仪器，都附有本仪器的操作软件，仪器分析条件应设置本仪器所提示的分析条件，仪器稳定后，测标准系列，至标准曲线的相关系数 $r > 0.999$ 后测试样。试样前处理可适用任何型号的原子荧光仪。

b）测定方法：根据情况任选以下一种方法。

ⅰ）浓度测定方式测量：设定好仪器最佳条件，逐步将炉温升至所需温度后，稳定 10min～20min 后开始测量。连续用硝酸溶液（1+9）进样，待读数稳定之后，转入标准系列测量，绘制标准曲线。转入试样测量，先用硝酸溶液（1+9）进样，使读数基本回零，再分别测定试样空白和试样消化液，每测不同的试样前都应清洗进样器。

ⅱ）仪器自动计算结果方式测量：设定好仪器最佳条件，在试样参数画面输入以下参数：试样质量（g 或 mL），稀释体积（mL），并选择结果的浓度单位，逐步将炉温升至所需温度，稳定后测量。连续用硝酸溶液（1+9）进样，待读数稳定之后，转入标准系列测量，绘制标准曲线。在转入试样测定之前，再进入空白值测量状态，用试样空白消化液进样，让仪器取其均值作为扣底的空白值。随后即可依法测定试样。测定完毕后，选择"打印报告"，即可将测定结果自动打印。

5. 结果计算

试样中汞的含量按式（6-14）进行计算。

$$X = \frac{(c - c_0) \times V \times 1000}{m \times 1000 \times 1000} \quad \cdots\cdots\cdots\cdots\cdots\cdots\cdots (6-14)$$

式中：X——试样中汞的含量，mg/kg（mg/L）；

c——试样消化液中汞的含量，ng/mL；

c_0——试剂空白液中汞的含量，ng/mL；

V——试样消化液总体积，mL；

m——试样质量或体积，g（mL）。

计算结果保留三位有效数字。

6. 精密度

在重复性条件下获得的两次独立测定结果的绝对差值不得超过算术平均值的10%。

(二)冷原子吸收光谱法

原理:汞蒸气对波长253.7nm的共振线具有强烈的吸收作用。试样经过酸消解或催化酸消解使汞转为离子状态,在强酸性介质中以氯化亚锡还原成元素汞,以氮气或干燥空气作为载体,将元素汞吹入汞测定仪,进行冷原子吸收测定,在一定浓度范围其吸收值与汞含量成正比,与标准系列比较定量。本方法检出限:压力消解法为$0.4\mu g/kg$,其他消解法为$10\mu g/kg$。

压力消解法

1. 试剂

(1)硝酸。

(2)盐酸。

(3)过氧化氢(30%)。

(4)硝酸(0.5+99.5):取0.5mL硝酸慢慢加入50mL水中,然后加水稀释至100mL。

(5)高锰酸钾溶液(50g/L):称取5.0g高锰酸钾置于100mL棕色瓶中,以水溶解稀释至100mL。

(6)硝酸-重铬酸钾溶液:称取0.05g重铬酸钾溶于水中,加入5mL硝酸,用水稀释至100mL。

(7)氯化亚锡溶液(100g/L):称取10g氯化亚锡溶于20mL盐酸中,以水稀释至100mL,临用时现配。

(8)无水氯化钙。

(9)汞标准储备液:准确称取0.1354g经干燥器干燥过的二氧化汞溶于硝酸-重铬酸钾溶液中,移入100mL容量瓶中,以硝酸-重铬酸钾溶液稀释至刻度。混匀。此溶液每毫升含1.0mg汞。

(10)汞标准使用液:由1.0mg/mL汞标准储备液经硝酸-重铬酸钾溶液稀释成2.0ng/mL、4.0ng/mL、6.0ng/mL、8.0ng/mL、10.0ng/mL的汞标准使用液。临用时现配。

2. 仪器

所用玻璃仪器均需以硝酸(1+5)浸泡过夜,用水反复冲洗,最后用去离子水冲洗干净。

(1)双光束测汞仪(附气体循环泵、气体干燥装置、汞蒸气发生装置及汞蒸气吸收瓶)。

(2)恒温干燥箱。

(3)压力消解器、压力消解罐或压力溶弹。

3. 分析步骤

(1)试样预处理

a)在采样和制备过程中,应注意不使试样污染。

b)粮食、豆类去杂质后,磨碎,过20目筛,储于塑料瓶中,保存备用。

c)蔬菜、水果、鱼类、肉类及蛋类等水分含量高的鲜样用食品加工机或匀浆机打成匀浆,储于塑料瓶中,保存备用。

(2)试样消解(可根据化验室条件选用以下任何一种方法消解)

压力消解罐消解法:称取 1.00g～3.00g 试样(干样、含脂肪高的试样＜1.00g,鲜样＜3.00g 或按压力消解罐使用说明书称取试样)于聚四氟乙烯内罐,加硝酸 2mL～4mL,浸泡过夜。再加过氧化氢(30％)2mL～3mL(总量不能超过罐容积的三分之一)。盖好内盖,旋紧不锈钢外套,放入恒温干燥箱,120℃～140℃保持 3h～4h,在箱内自然冷却至室温,用滴管将消化液洗入或过滤入(视消化后试样的盐分而定)10.0mL 容量瓶中,用水少量多次洗涤罐,洗液合并于容量瓶中并定容至刻度,混匀备用;同时作试剂空白。

(3)测定

a)仪器条件:打开测汞仪,预热 1h～2h,并将仪器性能调至最佳状态。

b)标准曲线绘制:吸取上面配制的汞标准使用液 2.0ng/mL、4.0ng/mL、6.0ng/mL、8.0ng/mL、10.0ng/mL 各 5.0mL(相当于 10.0ng、20.0ng、30.0ng、40.0ng、50.0ng)置于测汞仪的汞蒸气发生器的还原瓶中,分别加入 1.0mL 还原剂氯化亚锡(100g/L)迅速盖紧瓶塞,随后有气泡产生,从仪器读数显示的最高点测得其吸收值,然后,打开吸收瓶上的三通阀将产生的汞蒸气吸收于高锰酸钾溶液(50g/L)中,待测汞仪上的读数达到零点时进行下一次测定并求得吸光值与汞质量关系的一元线性回归方程。

c)试样测定:分别吸取样液和试剂空白液各 5.0mL 置于测汞仪的汞蒸气发生器的还原瓶中,以下按 b)中自"分别加入 1.0mL 还原剂氯化亚锡……"起进行。将所测得其吸收值,代入标准系列的一元线性回归方程中求得样液中汞含量。

4. 结果计算

试样中汞含量按式(6-15)进行计算

$$X = \frac{(A_1 - A_2) \times (V_1/V_2) \times 1000}{m \times 1000} \quad \cdots\cdots\cdots\cdots\cdots\cdots\cdots (6-15)$$

式中:X——试样中汞含量,$\mu g/kg(g/L)$;

A_1——测定试样消化液中汞质量,ng;

A_2——试剂空白液中汞质量,ng;

V_1——试样消化液总体积,mL;

V_2——测定用试样消化液体积,mL;

m——试样质量或体积,g(mL)。

计算结果保留两位有效数字。

5. 精密度

在重复性条件下获得的两次独立测定结果的绝对差值不得超过算术平均值的 20％。

其他消化法

1. 试剂

(1)硝酸。

(2)硫酸。

(3)氯化亚锡溶液(300g/L):称取 30g 氯化亚锡($SnCl_2 \cdot 2H_2O$),加少量水,并加 2mL 硫酸使溶解后,(加水稀释至 100mL,放置冰箱保存。

（4）无水氯化钙：干燥用。

（5）混合酸（1＋1＋8）量取 10mL 硫酸，再加入 10mL 硝酸，慢慢倒入 50mL 水中，冷后加水稀释至 100mL。

（6）五氧化二钒。

（7）高锰酸钾溶液（50g/L）；配好后煮沸 10min，静置过夜，过滤，贮于棕色瓶中。

（8）盐酸羟胺溶液（200g/L）。

（9）汞标准储备溶液：准确称取 0.1354g 于干燥器干燥过的二氯化汞，加混合酸（1＋1＋8）溶解后移入 100mL 容量瓶中，并稀释至刻度，混匀，此溶液每毫升相当于 1.0mg 汞。

（10）汞标准使用液：吸取 1.0mL 汞标准储备溶液，置于 100mL 容量瓶中，加混合酸（1＋1＋8）稀释至刻度，此溶液每毫升相当于 10.0μg 汞。再吸取此液 1.0mL 置 100mL 容量瓶中，加混合酸（1＋1＋8）稀释至刻度，此溶液每毫升相当于 0.10μg 汞，临用时现配。

2. 仪器

（1）消化装置。

（2）测汞仪，附气体干燥和抽气装置。

（3）汞蒸气发生器，见图 6 - 2。

3. 分析步骤

（1）试样消化

a）回流消化法

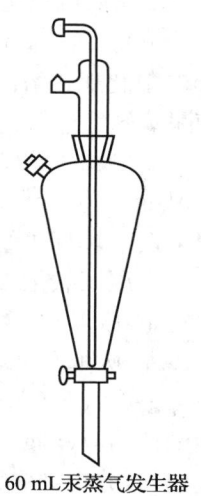

60 mL汞蒸气发生器

图 6 - 2

ⅰ）粮食或水分少的食品：称取 10.00g 试样，置于消化装置锥形瓶中，加玻璃珠数粒，加 45mL 硝酸，10mL 硫酸，转动锥形瓶防止局部炭化。装上冷凝管后，小火加热，待开始发泡即停止加热，发泡停止后，加热回流 2h。如加热过程中溶液变棕色，再加 5mL 硝酸，继续回流 2h，放冷后从冷凝管上端小心加 20mL 水，继续加热回流 10min，放冷，用适量水冲洗冷凝管，洗液并入消化液中，将消化液经玻璃棉过滤于 100mL 容量瓶内，用少量水洗锥形瓶，滤器，洗液并入容量瓶内，加水至刻度，混匀。按同一方法做试剂空白试验。

ⅱ）植物油及动物油脂：称取 5.00g 试样，置于消化装置锥形瓶中，加玻璃珠数粒，加入 7mL 硫酸，小心混匀至溶液颜色变为棕色，然后加 40mL 硝酸，装上冷凝管后，以下按ⅰ）自"小火加热……"起依法操作。

ⅲ）薯类、豆制品：称取 20.00g 捣碎混匀的试样（薯类须预先洗净晾干），置于消化装置锥形瓶中，加玻璃珠数粒及 30mL 硝酸，5mL 硫酸，转动锥形瓶防止局部炭化。装上冷凝管后，以下按ⅰ）自"小火加热……"起依法操作。

ⅳ）肉、蛋类：称取 10.00g 捣碎混匀的试样，置于消化装置锥形瓶中，加玻璃珠数粒及 30mL 硝酸、5mL 硫酸，转动锥形瓶防止局部炭化。装上冷凝管后，以下按ⅰ）自"小火加热……"起依法操作。

ⅴ）牛乳及乳制品：称取 20.00g 牛乳或酸牛乳，或相当于 20.00g 牛乳的乳制品（2.4g 全脂乳粉、8g 甜炼乳、5g 淡炼乳），置于消化装置锥形瓶中，加玻璃珠数粒及 30mL 硝酸，牛乳或酸牛乳加 10mL 硫酸，乳制品加 5mL 硫酸，转动锥形瓶防止局部炭化。装上冷凝管后，以下按ⅰ)自"小火加热……"起依法操作。

b)五氧化二钒消化法

本法适用于水产品、蔬菜、水果。

取可食部分，洗净，晾干，切碎，混匀。取 2.50g 水产品或 10.00g 蔬菜、水果，置于 50mL～100mL 锥形瓶中，加 50mg 五氧化二钒粉末，再加 8mL 硝酸，振摇，放置 4h，加 5mL 硫酸，混匀，然后移至 140℃砂浴上加热，开始作用较猛烈，以后渐渐缓慢，待瓶口基本上无棕色气体逸出时，用少量水冲洗瓶口，再加热 5min，放冷，加 5mL 高锰酸钾溶液(50g/L)，放置 4h(或过夜)，滴加盐酸羟胺溶液(200g/L)使紫色褪去，振摇，放置数分钟，移入容量瓶中，并稀释至刻度。蔬菜、水果为 25mL，水产品为 100mL。

按同一方法进行试剂空白试验。

(2)测定

a)用回流消化法制备的试样消化液

ⅰ)吸取 10.0mL 试样消化液，置于汞蒸气发生器内，连接抽气装置，沿壁迅速加入 3mL 氯化亚锡溶液(300g/L)，立即通过流速为 1.0 L/min 的氮气或经活性炭处理的空气，使汞蒸气经过氯化钙干燥管进入测汞仪中，读取测汞仪上最大读数，同时做试剂空白试验。

ⅱ)吸取 0mL、0.10mL、0.20mL、0.30mL、0.40mL、0.50mL 汞标准使用液(相当 0μg、0.01μg、0.02μg、0.03μg、0.04μg、0.05μg 汞)，置于试管中，各加 10mL 混合酸(1+1+8)，以下按ⅰ)中自"置于汞蒸气发生器内……"起依法操作，绘制标准曲线。

b)用五氧化二钒消化法制备的试样消化液

ⅰ)吸取 10.0mL 试样消化液，以下按 a)中ⅰ)的方法操作。

ⅱ)吸取 0mL、1.0mL、2.0mL、3.0mL、4.0mL、5.0mL 汞标准使用液(相当 0μg、0.1μg、0.2μg、0.3μg、0.4μg、0.5μg 汞)，置于 6 个 50mL 容量瓶中，各加 1mL 硫酸(1+1)，1mL 高锰酸钾溶液(50g/L)，加 20mL 水，混匀，滴加盐酸羟胺溶液(200g/L)使紫色褪去，加水至刻度混匀，分别吸取 10.0mL(相当 0μg、0.02μg、0.04μg、0.06μg、0.08μg、0.10μg 汞)，以下按 a)中ⅰ)自"置于汞蒸气发生器内……"起依法操作，绘制标准曲线。

4. 结果计算

试样中汞的含量按式(6-16)进行计算。

$$X = \frac{(A_1 - A_2) \times 1000}{m \times (V_2/V_1) \times 1000} \quad \cdots\cdots\cdots\cdots\cdots\cdots\cdots\cdots (6-16)$$

式中：X——试样中汞的含量，mg/kg；

　　A_1——测定用试样消化液中汞的质量，μg；

　　A_2——试剂空白液中汞的质量，μg；

　　m——试样质量，g；

　　V_1——试样消化液总体积，mL；

　　V_2——测定用试样消化液体积，mL。

计算结果保留两位有效数字。

5. 精密度

在重复性条件下获得的两次独立测定结果的绝对差值不得超过算术平均值的 15%。

(三)二硫腙比色法

1. 原理

试样经消化后,汞离子在酸性溶液中可与二硫腙生成橙红色络合物,溶于三氯甲烷,与标准系列比较定量。本方法检出限为 $25\mu g/kg$。

2. 试剂

(1)硝酸。

(2)硫酸。

(3)氨水。

(4)三氯甲烷:不应含有氧化物。

(5)硫酸(1+35):量取 5mL 硫酸,缓缓倒入 150mL 水中,冷后加水至 180mL。

(6)硫酸(1+19),量取 5mL 硫酸,缓缓倒入水中,冷后加水至 100mL。

(7)盐酸羟胺溶液(200g/L):吹清洁空气,除去溶液中含有的微量汞。

(8)溴麝香草酚蓝-乙醇指示液(1g/L)。

(9)二硫腙-三氯甲烷溶液(0.5g/L),保存冰箱中,必要时用下述方法纯化。

称取 0.5g 研细的二硫腙,溶于 50mL 三氯甲烷中,如不全溶,可用滤纸过滤于 250mL 分液漏斗中,用氨水(1+99)提取三次,每次 100mL,将提取液用棉花过滤至 500mL 分液漏斗中,用盐酸(1+1)调至酸性,将沉淀出的二硫腙用三氯甲烷提取 2 次~3 次,每次 20mL,合并三氯甲烷层,用等量水洗涤两次,弃去洗涤液,在 50℃水浴上蒸去三氯甲烷。精制的二硫腙置硫酸干燥器中,干燥备用,或将沉淀出的二硫腙用 200,200,100mL 三氯甲烷提取三次,合并三氯甲烷层为二硫腙溶液。

(10)二硫腙使用液:吸取 1.0mL 二硫腙溶液,加三氯甲烷至 10mL,混匀。用 1cm 比色杯,以三氯甲烷调节零点,于波长 510nm 处测吸光度(A),用式(6-17)算出配制 100mL 二硫腙使用液(70%透光率)所需二硫腙溶液的毫升数(V)。

$$V=\frac{10(2-\lg70)}{A}=\frac{1.55}{A} \quad\cdots\cdots\cdots\cdots\cdots\cdots\cdots(6-17)$$

(11)汞标准溶液:准确称取 0.1354g 经干燥器干燥过的二氯化汞,加硫酸(1+35)使其溶解后,移入 100mL 容量瓶中,并稀释至刻度,此溶液每毫升相当于 1.0mg 汞。

(12)汞标准使用液:吸取 1.0mL 汞标准溶液,置于 100mL 容量瓶中,加硫酸(1+35)稀释至刻度,此溶液每毫升相当于 $10.0\mu g$ 汞。再吸取此液 5.0mL 于 50mL 容量瓶中,加硫酸(1+35)稀释至刻度,此溶液每毫升相当于 $1.0\mu g$ 汞。

3. 仪器

(1)消化装置。

(2)可见分光光度计。

4. 分析步骤

(1)试样消化

a)粮食或水分少的食品:称取 20.00g 试样,置于消化装置锥形瓶中,加玻璃珠数粒及 80mL 硝酸、15mL 硫酸,转动锥形瓶,防止局部炭化。装上冷凝管后,小火加热,待开始发泡即停止加热,发泡停止后加热回流 2h。如加热过程中溶液变棕色,再加 5mL 硝酸,继续回流 2h,放冷,用适量水洗涤冷凝管,洗液并入消化液中,取下锥形瓶,加水至总体积为 150mL。按同一方法做试剂空白试验。

b)植物油及动物油脂:称取 10.00g 试样,置于消化装置锥形瓶中,加玻璃珠数粒及 15mL 硫酸,小心混匀至溶液变棕色,然后加入 45mL 硝酸,装上冷凝管后,以下按 a)中自 "小火加热……"起依法操作。

c)蔬菜、水果、薯类、豆制品:称取 50.00g 捣碎、混匀的试样(豆制品直接取样,其他试样 取可食部分洗净、晾干),置于消化装置锥形瓶中,加玻璃珠数粒及 45mL 硝酸、15mL 硫酸, 转动锥形瓶,防止局部炭化。装上冷凝管后,以下按 a)中自"小火加热……"起依法操作。

d)肉、蛋、水产品:称取 20.00g 捣碎混匀试样,置于消化装置锥形瓶中,加玻璃珠数粒及 45mL 硝酸、15mL 硫酸,装上冷凝管后,以下按 a)中自"小火加热……"起依法操作。

e)牛乳及乳制品:称取 50.00g 牛乳、酸牛乳,或相当于 50.00g 牛乳的乳制品(6g 全脂 乳粉,20g 甜炼乳,12.5g 淡炼乳),置于消化装置锥形瓶中,加玻璃珠数粒及 45mL 硝酸,牛 乳、酸牛乳加 15mL 硫酸,乳制品加 10mL 硫酸,装上冷凝管,以下按 a)中自"小火加热……" 起依法操作。

(2)测定

a)取 21.1.1~21.1.5 消化液(全量),加 20mL 水,在电炉上煮沸 10min,除去二氧化氮 等,放冷。

b)于试样消化液及试剂空白液中各加高锰酸钾溶液(50g/L)至溶液呈紫色,然后再加 盐酸羟胺溶液(200g/L)使紫色褪去,加 2 滴麝香草酚蓝指示液,用氨水调节 pH,使橙红色 变为橙黄色(pH1~2)。定量转移至 125mL 分液漏斗中。

c)吸取 0μL、0.5μL、1.0μL、2.0μL、3.0μL、4.0μL、5.0μL、6.0 μL 汞标准使用液(相当 于 0μg、0.5μg、1.0μg、2.0μg、3.0μg、4.0μg、5.0μg、6.0μg 汞),分别置于 125mL 分液漏斗 中,加 10mL 硫酸(1+19),再加水至 40mL,混匀。再各加 1mL 盐酸羟胺溶液(200g/L),放 置 20min,并时时振摇。

d)于试样消化液、试剂空白液及标准液振摇放冷后的分液漏斗中加 5.0mL 二硫腙使用 液,剧烈振摇 2min,静置分层后,经脱脂棉将三氯甲烷层滤入 1cm 比色杯中,以三氯甲烷调 节零点,在波长 490nm 处测吸光度,标准管吸光度减去零管吸光度,绘制标准曲线。

5. 结果计算

试样中汞的含量按式(6-18)进行计算。

$$X = \frac{(A_1 - A_2) \times 1000}{m \times 1000} \qquad \cdots\cdots\cdots\cdots\cdots\cdots (6-18)$$

式中:X——试样中汞的含量,mg/kg;

A_1——试样消化液中汞的质量,μg;

A_2——试剂空白液中汞的质量,μg;

m——试样质量,g。

计算结果保留两位有效数字。

6. 精密度

在重复性条件下获得的两次独立测定结果的绝对差值不得超过算术平均值的 10%。

二、甲基汞的测定

（一）气相色谱法

1. 原理

试样中的甲基汞,用氯化钠研磨后加入含有 Cu^{2+} 的盐酸(1+11),(Cu^{2+} 与组织中结合的 CH_3Hg 交换)完全萃取后,经离心或过滤,将上清液调试至一定的酸度,用巯基棉吸附,再用盐酸(1+5)洗脱,最后以苯萃取甲基汞,用带电子捕获鉴定器的气相色谱仪分析。

2. 试剂

(1)氯化钠。

(2)苯:色谱上无杂峰,否则应重蒸馏纯化。

(3)无水硫酸钠:用苯提取,浓缩液在色谱上无杂峰。

(4)盐酸(1+5):取优级纯盐酸,加等体积水,恒沸蒸馏,蒸出盐酸为(1+1),稀释配制。

(5)氯化铜溶液(42.5g/L)。

(6)氢氧化钠溶液(40g/L):称取 40g 氢氧化钠加水稀释至 1000mL。

(7)盐酸(1+11):取 83.3mL 盐酸(优级纯)加水稀释至 1000mL。

(8)淋洗液(pH3.0~3.5):用盐酸(1+11)调节水的 pH 为 3.0~3.5。

(9)巯基棉:在 250mL 具塞锥形瓶中依次加入 35mL 乙酸酐,16mL 冰乙酸、50mL 硫代乙醇酸、0.15mL 硫酸、5mL 水,混匀,冷却后,加入 14g 脱脂棉,不断翻压,使棉花完全浸透,将塞盖好,置于恒温培养箱中,在(37±0.5)℃保温 4 天(注意切勿超过 40℃),取出后用水洗至近中性,除去水分后平铺于瓷盘中,再在(37±0.5)℃恒温箱中烘干,成品放入棕色瓶中,放置冰箱保存备用(使用前,应先测定巯基棉对甲基汞的吸附效率为 95% 以上方可使用)。

注:所有试剂用苯萃取,萃取液不应在气相色谱上出现甲基汞的峰。

(10)甲基汞标准溶液:准确称取 0.1252g 氯化甲基汞,用苯溶解于 100mL 容量瓶中,加苯稀释至刻度,此溶液每毫升相当于 1.0mg 甲基汞。放置冰箱保存。

(11)甲基汞标准使用液:吸取 1.0mL 甲基汞标准溶液,置于 100mL 容量瓶中,用苯稀释至刻度。此溶液每毫升相当于 $10\mu g$ 甲基汞。取此溶液 1.0mL,置于 100mL 容量瓶中,用盐酸(1+5)稀释至刻度,此溶液每毫升相当于 $0.10\mu g$ 甲基汞,临用时新配。

(12)甲基橙指示液(1g/L)。

3. 仪器

(1)气相色谱仪:附[63]Ni 电子捕获鉴定器或氖源电子捕获检定器。

(2)酸度计。

(3)离心机:带 50mL~80mL 离心管。

(4)巯基棉管:用内径 6mm、长度 20cm,一端拉细(内径 2mm)的玻璃滴管内装 0.1g~0.15g 巯基棉,均匀填塞,临用现装。

(5)玻璃仪器:均用硝酸(1+20)浸泡一昼夜,用水冲洗干净。

4. 分析步骤

(1)气相色谱参考条件

a)[63]Ni 电子捕获鉴定器:柱温 185℃,鉴定器温度为 260℃,汽化室温度 215℃。

b）氪源电子捕获鉴定器：柱温 185℃，鉴定器温度为 190℃，汽化室温度 185℃。

c）载气：高纯氮，流量为 60mL/min（选择仪器的最佳条件）。

d）色谱柱：内径 3mm，长 1.5m 的玻璃柱，内装涂有质量分数为 7％的丁二酸乙二醇聚酯（PEGS）或涂质量分数为 1.5％的 OV－17 和 1.95％QF－1 或质量分数为 5％的丁二乙酸二乙二醇酯（DEGS）固定液的 60 目～80 目 chromosorb WAWDMCS。

（2）测定

a）称取 1.00g～2.00g 去皮去刺绞碎混匀的鱼肉（称取 5g 虾仁，研碎），加入等量氯化钠，在乳钵中研成糊状，加入 0.5mL 氯化铜溶液（42.5g/L），轻轻研匀，用 30mL 盐酸（1＋11）分次完全转入 100mL，带塞锥形瓶中，剧烈振摇 5min，放置 30min（也可用振荡器振摇 30min），样液全部转入 50mL 离心管中，用 5mL 盐酸（1＋11）淋洗锥形瓶，洗液与样液合并，离心 10min（转速为 2000r/min），将上清液全部转入 100mL 分液漏斗中，于残渣中再加 10mL 盐酸（1＋11），用玻璃棒搅拌均匀后再离心，合并两份离心溶液。

b）加入与盐酸（1＋11）等量的氢氧化钠溶液（40g/L）中和，加 1 滴～2 滴甲基橙指示液，再调至溶液变黄色，然后滴加盐酸（1＋11）至溶液从黄色变橙色，此溶液的 pH 在 3.0～3.5 范围内（可用 pH 计校正）。

c）将塞有巯基棉的玻璃滴管接在分液漏斗下面，控制流速约为 4mL/min～5mL/min；然后用 pH3.0～3.5 的淋洗液冲洗漏斗和玻璃管，取下玻璃管，用玻璃棒压紧巯基棉，用洗耳球将水尽量吹尽，然后加入 1mL 盐酸（1＋5）分别洗脱一次，用洗耳球将洗脱液吹尽，收集于 10mL 具塞比色管中。

d）另取二支 10mL 具塞比色管，各加入 2.0mL 甲基汞标准使用液（0.10μg/mL）。向含有试样及甲基汞标准使用液的具塞比色管中各加入 1.0mL 苯，提取振摇 2min，分层后吸出苯液，加少许无水硫酸钠，摇匀，静置，吸取一定量进行气相色谱测定，记录峰高，与标准峰高比较定量。

5. 结果计算

试样中甲基汞的含量按式（6-19）进行计算

$$X=\frac{m_1 \times h_1 \times V_1 \times 1000}{V_2 \times h_2 \times m_2 \times 1000} \quad\cdots\cdots\cdots\cdots\cdots(6-19)$$

式中：X——试样中甲基汞的含量，mg/kg；

m_1——甲基汞标准量，μg；

h_1——试样峰高，mm；

V_1——试样苯萃取溶剂的总体积，μL；

V_2——测定用试样的体积，μL；

h_2——甲基汞标准峰高，mm；

m_2——试样质量，g。

计算结果保留两位有效数字。

6. 精密度

在重复性条件下获得的两次独立测定结果的绝对差值不得超过算术平均值的 20％。

(二)冷原子吸收法

1. 原理

同气相色谱法(酸提取巯基棉法),但在碱性介质中用测汞仪测定,与标准系列比较定量。

2. 试剂

(1)氯化亚锡溶液(300g/L):称取 60g 氯化亚锡($SnCl_2 \cdot 2H_2O$),加少量水,再加 10mL 硫酸,加水稀释至 200mL,放置冰箱保存。

(2)铜离子稀溶液:称取 50g 氯化钠,加水溶解,加 5mL 氯化铜溶液(42.5g/L),加 50mL 盐酸(1+1),加水稀释至 500mL。

(3)氢氧化钠溶液(400g/L)

(4)甲基汞标准液:准确称取 0.1252g 氯化甲基汞,置于 100mL 容量瓶中,用少量乙醇溶解,用水稀释至刻度,此溶液每毫升相当于 1.0mg 甲基汞,放置冰箱保存。

(5)甲基汞标准使用溶液:吸取 1.0mL 甲基汞标准溶液,置于 100mL 容量瓶中,加少量乙醇,用水稀释至刻度,此溶液每毫升相当于 10μg 甲基汞,再吸取此溶液 1.0mL,置于 100mL 容量瓶中,用水稀释至刻度。此溶液每毫升相当于 0.10μg 甲基汞,临用时新配。

(6)其余试剂同气相色谱法(酸提取巯基棉法)。

3. 仪器

(1)测汞仪。

(2)pH 计。

(3)离心机:带 50mL～80mL 离心管。

(4)巯基棉管:用内径 6mm、长度 20cm,一端拉细(内径 2mm)的玻璃滴管内装 0.1g～0.15g 巯基棉,均匀填塞,临用现装。

(5)玻璃仪器:均用硝酸(1+20)浸泡一昼夜,用水冲洗干净。

4. 分析步骤

(1)称取 1.00g～2.00g 去皮去刺绞碎混匀的鱼肉(称取 5g 虾仁,研碎),加入等量氯化钠,在乳钵中研成糊状,加入 0.5mL 氯化铜溶液(42.5g/L),轻轻研匀,用 30mL 盐酸(1+11)分次完全转入 100mL,带塞锥形瓶中,剧烈振摇 5min,放置 30min(也可用振荡器振摇 30min),样液全部转入 50mL 离心管中,用 5mL 盐酸(1+11)淋洗锥形瓶,洗液与样液合并,离心 10min(转速为 2000r/min),将上清液全部转入 100mL 分液漏斗中,于残渣中再加 10mL 盐酸(1+11),用玻璃棒搅拌均匀后再离心,合并两份离心溶液。

(2)加入与盐酸(1+11)等量的氢氧化钠溶液(40g/L)中和,加 1 滴～2 滴甲基橙指示液,再调至溶液变黄色,然后滴加盐酸(1+11)至溶液从黄色变橙色,此溶液的 pH 在 3.0～3.5 范围内(可用 pH 计校正)。

(3)将塞有巯基棉的玻璃滴管接在分液漏斗下面,控制流速约为 4mL/min～5mL/min;然后用 pH 3.0～3.5 的淋洗液冲洗漏斗和玻璃管,取下玻璃管,用玻璃棒压紧巯基棉,用洗耳球将水尽量吹尽,然后加入 1mL 盐酸(1+5)分别洗脱一次,用洗耳球将洗脱液吹尽,收集于 10mL 具塞比色管中。

(4)洗脱液收集在 10mL 具塞比色管后,补加铜离子稀溶液至 10mL。再吸取 2.0mL 此溶

221

液,加铜离子稀溶液至 10mL。另取 12 支 10mL 具塞比色管,分别加入 5mL 铜离子稀溶液,然后加入 0mL、0.20mL、0.40mL、0.60mL、0.80mL、1.0mL 甲基汞标准使用液各两管,各补加铜离子稀溶液至 10mL(相当于 0μg、0.020μg、0.040μg、0.060μg、0.080μg、0.10μg 甲基汞)。将试样及汞标准溶液分别依次倒入汞蒸气发生器中,加 2mL 氢氧化钠溶液(400g/L),15mL 氯化亚锡溶液(300g/L),通气后,记录峰高或记录最大读数,绘制标准曲线比较。

5. 结果计算

试样中甲基汞的含量按式(6-20)进行计算。

$$X=\frac{m_1\times1000}{\frac{2}{10}\times m_2\times1000} \quad\cdots\cdots(6-20)$$

式中:X——试样中甲基汞的含量,mg/kg;

m_1——测定用试样中甲基汞的质量,μg;

m_2——试样质量,g。

计算结果保留两位有效数字。

6. 精密度

在重复性条件下获得的两次独立测定结果的绝对差值不得超过算术平均值的 20%。

第四节 食品中总砷及无机砷的测定

砷是非金属元素,在自然界主要以氧化物存在。砷的各种化合物的应用很广泛,如五氧化二砷被用做杀菌剂,砷酸盐与亚砷酸盐衍生物被用做除草剂,砷酸被用于木材防腐,砷在颜料、制药工业等行业也被广泛应用。元素砷毒性很低,而砷化合物均有毒性。砷能使人与动物的中枢神经系统中毒,使推动细胞代谢作用的酶系失去作用,还发现它具有致癌作用。急性砷中毒主要是胃肠炎症状,严重者可致中枢神经系统麻痹而死亡。一般来说,三价砷的毒性较五价砷的毒性高。砒霜是最常见的砷化合物,口服 50mg 即可引起急性中毒症状,口服 60~600mg 可引起死亡。食品中的砷主要来源于环境污染、含砷农药的使用、食品原料等。我国食品卫生标准对砷的限量见表 6-8。

表 6-8

食 品	限量(MLs)/(mg/kg)	
	总砷	无机砷
大米 面粉 杂粮	— — —	0.15 0.1 0.2
蔬菜	—	0.05
水果	—	0.05
畜禽肉类	—	0.05
蛋类	—	0.05

续表 6 - 8

食品	限量(MLs)/(mg/kg)	
	总砷	无机砷
乳粉	—	0.25
鲜乳	—	0.05
豆类	—	0.1
酒类	—	0.05
鱼	—	0.1
藻类(干重计)		1.5
贝类及虾蟹类(鲜重计)		0.5
贝类及虾蟹类(干重计)		1.0
其他水产食品(鲜重计)		0.5
食用油脂	0.1	—
果汁及果浆	0.2	—
可可脂及巧克力	0.5	—
其他可可制品	1.0	—
食糖	0.5	—

一、总砷的测定

(一)氢化物原子荧光光度法

1. 原理

食品试样经湿消解或干灰化后,加入硫脲使五价砷预还原为三价砷,再加入硼氢化钠或硼氢化钾使还原生成砷化氢,由氩气载入石英原子化器中分解为原子态砷,在特制砷空心阴极灯的发射光激发下产生原子荧光,其荧光强度在固定条件下与被测液中的砷浓度成正比,与标准系列比较定量。本方法检出限:0.01mg/kg,线性范围为0ng/mL～200ng/mL。

2. 试剂

(1)氢氧化钠溶液(2g/L)。

(2)硼氢化钠($NaBH_4$)溶液(10g/L):称取硼氢化钠 10.0g,溶于 2g/L 氢氧化钠溶液 1000mL 中,混匀。此液于冰箱可保存 10 天,取出后应当日使用(也可称取 14g 硼氢化钾代替 10g 硼氢化钠)。

(3)硫脲溶液(50g/L)。

(4)硫酸溶液(1+9):量取硫酸 100mL,小心倒入 900mL 水中,混匀。

(5)氢氧化钠溶液(100g/L)(供配制砷标准溶液用,少量即够)。

(6)砷标准溶液。

a)砷标准储备液:含砷 0.1mg/mL。精确称取于 100℃ 干燥 2h 以上的三氧化二砷 (As_2O_3)0.1320g,加 100g/L 氢氧化钠 10mL 溶解,用适量水转入 1000mL 容量瓶中,加

(1+9)硫酸 25mL,用水定容至刻度。

　　b)砷使用标准液:含砷 1μg/mL。吸取 1.00mL 砷标准储备液于 100mL 容量瓶中,用水稀释至刻度。此液应当日配制使用。

　　(7)湿消解试剂:硝酸、硫酸、高氯酸。

　　(8)干灰化试剂:六水硝酸镁(150g/L)、氯化镁、盐酸(1+1)。

3. 仪器

原子荧光光度计。

4. 分析步骤

(1)试样消解

　　a)湿消解:固体试样称样 1g~2.5g,液体试样称样 5g~10g(或 mL)(精确至小数点后第二位),置入 50mL~100mL 锥形瓶中,同时做两份试剂空白。加硝酸20mL~40mL,硫酸1.25mL,摇匀后放置过夜,置于电热板上加热消解。若消解液处理至 10mL 左右时仍有未分解物质或色泽变深,取下放冷,补加硝酸5mL~10mL,再消解至 10mL 左右观察,如此反复两三次,注意避免炭化。如仍不能消解完全,则加入高氯酸 1mL~2mL,继续加热至消解完全后,再持续蒸发至高氯酸的白烟散尽,硫酸的白烟开始冒出。冷却,加水 25mL,再蒸发至冒硫酸白烟。冷却,用水将内容物转入 25mL 容量瓶或比色管中,加入 50g/L 硫脲2.5mL,补水至刻度并混匀,备测。

　　b)干灰化:一般应用于固体试样。称取 1g~2.5g(精确至小数点后第二位)于 50mL~100mL 坩埚中,同时做两份试剂空白。加 150g/L 硝酸镁 10mL 混匀,低热蒸干,将氧化镁1g 仔细覆盖在干渣上,于电炉上炭化至无黑烟,移入 550℃高温炉灰化 4h。取出放冷,小心加入(1+1)盐酸 10mL 以中和氧化镁并溶解灰分,转入 25mL 容量瓶或比色管中,向容量瓶或比色管中加入 50g/L 硫脲 2.5mL,另用(1+9)硫酸分次涮洗坩埚后转出合并,直至25mL刻度,混匀备测。

　　(2)标准系列制备

　　取 25mL 容量瓶或比色管 6 支,依次准确加入 1μg/mL 砷使用标准液 0mL、0.05mL、0.2mL、0.5mL、2.0mL、5.0mL(各相当于砷浓度 0ng/mL、2.0ng/mL、8.0ng/mL、20.0ng/mL、80.0ng/mL、200.0ng/mL)各加(1+9)硫酸 12.5mL,50g/L 硫脲 2.5mL,补加水至刻度,混匀备测。

　　(3)测定

　　a)仪器参考条件:光电倍增管电压:400 V;砷空心阴极灯电流:35mA;原子化器:温度820℃~850℃;高度 7mm;氩气流速:载气 600mL/min;测量方式:荧光强度或浓度直读;读数方式:峰面积;读数延迟时间:1s;读数时间:15s;硼氢化钠溶液加入时间:5s;标液或样液加入体积:2mL。

　　b)浓度方式测量:如直接测荧光强度,则在开机并设定好仪器条件后,预热稳定约20min。按"B"键进入空白值测量状态,连续用标准系列的"0"管进样,待读数稳定后,按空档键记录下空白值(即让仪器自动扣底)即可开始测量,先依次测标准系列(可不再测"0"管)。标准系列测完后应仔细清洗进样器(或更换一支),并再用"0"管测试使读数基本回零后,才能测试剂空白和试样,每测不同的试样前都应清洗进样器,记录(或打印)下测量数据。

c)仪器自动方式:利用仪器提供的软件功能可进行浓度直读测定,为此在开机、设定条件和预热后,还需输入必要的参数,即:试样量(g 或 mL);稀释体积(mL);进样体积(mL);结果的浓度单位;标准系列各点的重复测量次数;标准系列的点数(不计零点),及各点的浓度值。首先进入空白值测量状态,连续用标准系列的"0"管进样以获得稳定的空白值并执行自动扣底后,再依次测标准系列(此时"0"管需再测一次)在测样液前,需再进入空白值测量状态,先用标准系列"0"管测试使读数复原并稳定后,再用两个试剂空白各进一次样,让仪器取其均值作为扣底的空白值,随后即可依次测试样。测定完毕后退回主菜单,选择"打印报告"即可将测定结果打出。

5. 结果计算

如果采用荧光强度测量方式,则需先对标准系列的结果进行回归运算(由于测量时"0"管强制为 0,故零点值应该输入以占据一个点位),然后根据回归方程求出试剂空白液和试样被测液的砷浓度,再按式(6-21)计算试样的砷含量:

$$X = \frac{c_1 - c_0}{m} \times \frac{25}{1000} \quad \cdots\cdots\cdots\cdots\cdots\cdots\cdots\cdots\cdots (6-21)$$

式中:X——试样的砷含量,mg/kg(mg/L);

　　　c_1——试样被测液的浓度,ng/mL;

　　　c_2——试剂空白液的浓度,ng/mL;

　　　m——试样的质量或体积,g(mL)。

计算结果保留两位有效数字。

6. 精密度

湿消解法在重复性条件下获得的两次独立测定结果的绝对差值不得超过算术平均值的10%。干灰化法在重复性条件下获得的两次独立测定结果的绝对差值不得超过算术平均值的15%。

7. 准确度

湿消解法测定的回收率为 90%～100%;干灰化法测定的回收率为 85%～100%。

(二)银盐法

1. 原理

试样经消化后,以碘化钾,氯化亚锡将高价砷还原为三价砷,然后与锌粒和酸产生的新生态氢生成砷化氢,经银盐溶液吸收后,形成红色胶态物,与标准系列比较定量。本方法检出限:0.2mg/kg。

2. 试剂

(1)硝酸。

(2)硫酸。

(3)盐酸。

(4)氧化镁。

(5)无砷锌粒。

(6)硝酸-高氯酸混合溶液(4+1):量取 80mL 硝酸,加 20mL 高氯酸,混匀。

(7)硝酸镁溶液(150g/L):称取 15g 硝酸镁[$Mg(NO_3)_2 \cdot 6H_2O$]溶于水中,并稀释

至 100mL。

(8)碘化钾溶液(150g/L):贮存于棕色瓶中。

(9)酸性氯化亚锡溶液:称取 40g 氯化亚锡(SnCl$_2$ · 2H$_2$O),加盐酸溶解并稀释至 100mL,加入数颗金属锡粒。

(10)盐酸(1+1):量取 50mL 盐酸加水稀释至 100mL。

(11)乙酸铅溶液(100g/L)。

(12)乙酸铅棉花:用乙酸铅溶液(100g/L)浸透脱脂棉后,压除多余溶液,并使疏松,在 100℃以下干燥后,贮存于玻璃瓶中。

(13)氢氧化钠溶液(200g/L)。

(14)硫酸(6+94):量取 6.0mL 硫酸加于 80mL 水中,冷后再加水稀释至 100mL。

(15)二乙基二硫代氨基甲酸银-三乙醇胺-三氯甲烷溶液:称取 0.25g 二乙基二硫代氨基甲酸银[(C$_2$H$_5$)$_2$NCS$_2$Ag]置于乳钵中,加少量三氯甲烷研磨,移入 100mL 量筒中,加入 1.8mL 三乙醇胺,再用三氯甲烷分次洗涤乳钵,洗液一并移入量筒中,再用三氯甲烷稀释至 100mL,放置过夜。滤入棕色瓶中贮存。

(16)砷标准储备液:准确称取 0.1320g 在硫酸干燥器中干燥过的或在 100℃干燥 2h 的三氧化二砷,加 5mL 氢氧化钠溶液(200g/L),溶解后加 25mL 硫酸(6+94),移入 1000mL 容量瓶中,加新煮沸冷却的水稀释至刻度,贮存于棕色玻塞瓶中。此溶液每毫升相当于 0.10mg 砷。

(17)砷标准使用液:吸取 1.0mL 砷标准储备液,置于 100mL 容量瓶中,加 1mL 硫酸(6+94),加水稀释至刻度,此溶液每毫升相当于 1.0μg 砷。

3. 仪器

(1)分光光度计。

(2)测砷装置:见图 6-3。

a)100mL～150mL 锥形瓶:19 号标准口。

b)导气管:管口 19 号标准口或经碱处理后洗净的橡皮塞与锥形瓶密合时不应漏气,管的另一端管径为 1.0mm。

c)吸收管:10mL 刻度离心管作吸收管用。

4. 试样处理

(1) 硝酸-高氯酸-硫酸法

a) 粮食、粉丝、粉条、豆干制品、糕点、茶叶等及其他含水分少的固体食品:称取 5.00g 或 10.00g 的粉碎试样,置于 250mL～500mL 定氮瓶中,先加水少许使湿润,加数粒玻璃珠,10mL～15mL 硝酸-高氯酸混合液,放置片刻,小火缓缓加热,待作用缓和,放冷。沿瓶壁加入 5mL 或 10mL 硫酸,再加热,至瓶中液体开始变成棕色时,不断沿瓶壁滴加硝酸-高氯酸混合液至有机质分解完全。加大火力,至产生白烟,待瓶口白烟冒净后,瓶内液体再产生白烟为消化完全,该溶液应澄明无色或微带黄色,放冷。(在操作过程中应注意防止爆沸或爆炸)加 20mL 水煮沸,除去残余的硝酸至产生白烟为止,如此处理两次,放冷。将冷后的溶液移入 50mL 或 100mL 容量瓶中,用水洗涤定氮瓶,洗液并入容量瓶中,放冷,加水至刻度,混匀。定容后的溶液每 10mL 相当于 1g 试样,相当加入硫酸量 1mL。取与消化试样相同量的硝酸—高氯酸混合液和硫酸,按同一方法做试剂空白试验。

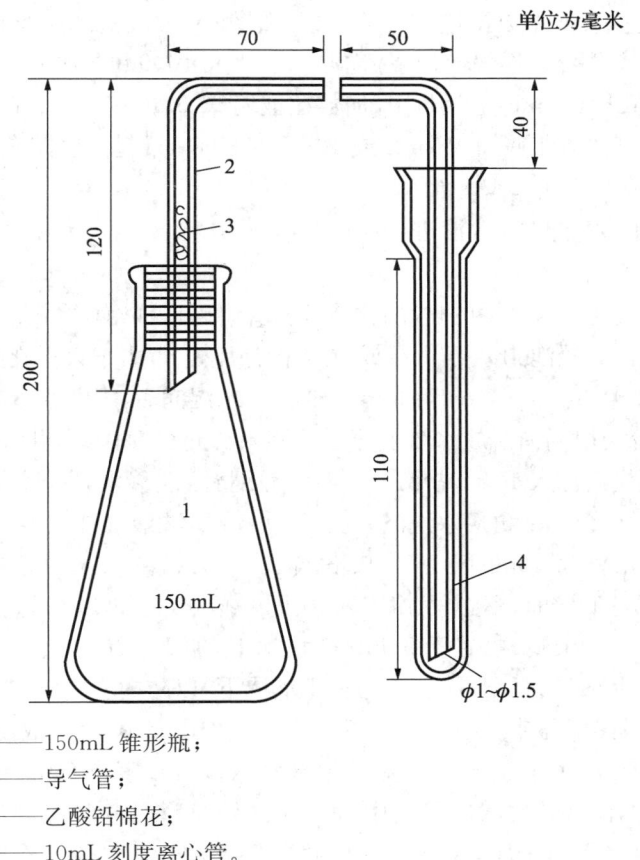

单位为毫米

1——150mL 锥形瓶；

2——导气管；

3——乙酸铅棉花；

4——10mL 刻度离心管。

图 6-3

　　b)蔬菜、水果:称取 25.00g 或 50.00g 洗净打成匀浆的试样,置于 250mL～500mL 定氮瓶中,加数粒玻璃珠,10mL～15mL 硝酸-高氯酸混合液,以下按 a)中自"放置片刻……"起依法操作,但定容后的溶液每 10mL 相当于 5g 试样,相当加入硫酸 1mL。

　　c)酱、酱油、醋、冷饮、豆腐、腐乳、酱腌菜等:称取 10.00g 或 20.00g 试样(或吸取 10.0mL 或 20.0mL 液体试样),置于 250mL～500mL 定氮瓶中,加数粒玻璃珠,5mL～15mL 硝酸-高氯酸混合液。以下按 a)中自"放置片刻……"起依法操作,但定容后的溶液每 10mL 相当于 2g 或 2mL 试样。

　　d)含酒精性饮料或含二氧化碳饮料:吸取 10.00mL 或 20.00mL 试样,置于 250mL～500mL 定氮瓶中,加数粒玻璃珠,先用小火加热除去乙醇或二氧化碳,再加 5mL～10mL 硝酸-高氯酸混合液,混匀后,以下按 a)中自"放置片刻……"起依法操作,但定容后的溶液每 10mL 相当于 2mL 试样。

　　e)含糖量高的食品:称取 5.00g 或 10.0g 试样,置于 250mL～500mL 定氮瓶中,先加少许水使湿润,加数粒玻璃珠,5mL～10mL 硝酸-高氯酸混合后,摇匀。缓缓加入 5mL 或 10mL 硫酸,待作用缓和停止起泡沫后,先用小火缓缓加热(糖分易炭化),不断沿瓶壁补加硝酸-高氯酸混合液,待泡沫全部消失后,再加大火力,至有机质分解完全,发生白烟,溶液应澄明无色或微带黄色,放冷。以下按 a)中自"放置片刻⋯⋯"起依法操作。

f)水产品:取可食部分试样捣成匀浆,称取 5.00g 或 10.0g(海产藻类,贝类可适当减少取样量),置于 250mL～500mL 定氮瓶中,加数粒玻璃珠,5mL～10mL 硝酸-高氯酸混合液,混匀后,以下按 a)中自"沿瓶壁加入 5mL 或 10mL 硫酸⋯⋯"起依法操作。

(2)硝酸-硫酸法

以硝酸代替硝酸-高氯酸混合液进行操作。

(3)灰化法

a)粮食,茶叶及其他含水分少的食品:称取 5.00g 磨碎试样,置于坩埚中,加 1g 氧化镁及 10mL 硝酸镁溶液,混匀,浸泡 4h。于低温或置水浴锅上蒸干,用小火炭化至无烟后移入马弗炉中加热至 550℃,灼烧 3h～4h,冷却后取出. 加 5mL 水湿润后,用细玻棒搅拌,再用少量水洗下玻棒上附着的灰分至坩埚内。放水浴上蒸干后移入马弗炉 550℃灰化 2h,冷却后取出。加 5mL 水湿润灰分,再慢慢加入 10mL 盐酸(1+1),然后将溶液移入 50mL 容量瓶中,坩埚用盐酸(1+1)洗涤 3 次,每次 5mL,再用水洗涤 3 次,每次 5mL,洗液均并入容量瓶中,再加水至刻度,混匀。定容后的溶液每 10mL 相当于 1g 试样,其加入盐酸量不少于(中和需要量除外)1.5mL。全量供银盐法测定时,不必再加盐酸。按同一操作方法做试剂空白试验。

b)植物油:称取 5.00g 试样,置于 50mL 瓷坩埚中,加 10g 硝酸镁,再在上面覆盖 2g 氧化镁,将坩埚置小火上加热,至刚冒烟,立即将坩埚取下,以防内容物溢出,待烟小后,再加热至炭化完全. 将坩埚移至马弗炉中,550℃以下灼烧至灰化完全,冷后取出。加 5mL 水湿润灰分,再缓缓加入 15mL 盐酸(1+1),然后将溶液移入 50mL 容量瓶中,坩埚用盐酸(1+1)洗涤 5 次,每次 5mL,洗液均并入容量瓶中,加盐酸(1+1)至刻度,混匀。定容后的溶液每 10mL 相当于 1g 试样,相当于加入盐酸量(中和需要量除外)1.5mL。按同一操作方法做试剂空白试验。

c)水产品:取可食部分试样捣成匀浆,称取 5.00g,置于坩埚中,加 1g 氧化镁及 10mL 硝酸镁溶液,混匀,浸泡 4h。以下按 a)中自"于低温或置水浴锅上蒸干⋯⋯"起依法操作。

5. 分析步骤

吸取一定量的消化后的定容溶液(相当于 5g 试样)及同量的试剂空白液,分别置于 150mL 锥形瓶中,补加硫酸至总量为 5mL,加水至 50mL～55mL。

(1)标准曲线的绘制

吸取 0mL、2.0mL、4.0mL、6.0mL、8.0mL、10.0mL 砷标准使用液(相当 0μg、2.0μg、4.0μg、6.0μg、8.0μg、10.0μg 砷),分别置于 150mL 锥形瓶中,加水至 40mL,再加 10mL 硫酸(1+1)。

(2)用湿法消化液

于试样消化液、试剂空白液及砷标准溶液中各加 3mL 碘化钾溶液(150g/L),0.5mL 酸性氯化亚锡溶液,混匀,静置 15min。各加入 3g 锌粒,立即分别塞上装有乙酸铅棉花的导气管,并使管尖端插入盛有 4mL 银盐溶液的离心管中的液面下,在常温下反应 45min 后,取下离心管,加三氯甲烷补足 4mL。用 1cm 比色杯,以零管调节零点,于波长 520nm 处测吸光度,绘制标准曲线。

(3)用灰化法消化液

取灰化法消化液及试剂空白液分别置于 150mL 锥形瓶中．吸取 0mL、2.0mL、4.0mL、6.0mL、8.0mL、10.0mL 砷标准使用液（相当 $0\mu g$、$2.0\mu g$、$4.0\mu g$、$6.0\mu g$、$8.0\mu g$、$10.0\mu g$ 砷），分别置于 150mL 锥形瓶中，加水至 43.5mL，再加 6.5mL 盐酸．以下按(2)中自"于试样消化液……"起依法操作。

6. 结果计算

试样中砷的含量按式(6-22)计算

$$X=\frac{(A_1-A_2)\times 1000}{m\times V_2/V_1\times 1000}\quad\cdots\cdots\cdots\cdots\cdots(6-22)$$

式中：X——试样中砷的含量，mg/kg(mg/L)；

A_1——测定用试样消化液中砷的质量，μg；

A_2——试剂空白液中砷的质量，μg。

m——试样质量或体积，g(mL)；

V_1——试样消化液的总体积，mL；

V_2——测定用试样消化液的体积，mL。

计算结果保留两位有效数字。

7. 精密度

在重复性条件下获得的两次独立测定结果的绝对差值不得超过算术平均值的 10%。

(三)砷斑法

1. 原理

试样经消化后，以碘化钾、氯化亚锡将高价砷还原为三价砷，然后与锌粒和酸产生的新生态氢生成砷化氢，再与溴化汞试纸生成黄色至橙色的色斑，与标准砷斑比较定量。本方法检出限：砷斑法：0.25mg/kg。

2. 试剂

(1)硝酸。

(2)硫酸。

(3)盐酸。

(4)氧化镁。

(5)无砷锌粒。

(6)硝酸-高氯酸混合溶液(4+1)：量取 80mL 硝酸，加 20mL 高氯酸，混匀。

(7)硝酸镁溶液(150g/L)：称取 15g 硝酸镁[$Mg(NO_3)_2\cdot 6H_2O$]溶于水中，并稀释至 100mL。

(8)碘化钾溶液(150g/L)：贮存于棕色瓶中。

(9)酸性氯化亚锡溶液：称取 40g 氯化亚锡($SnCl_2\cdot 2H_2O$)，加盐酸溶解并稀释至 100mL，加入数颗金属锡粒。

(10)盐酸(1+1)：量取 50mL 盐酸加水稀释至 100mL。

(11)乙酸铅溶液(100g/L)。

(12)乙酸铅棉花：用乙酸铅溶液(100g/L)浸透脱脂棉后，压除多余溶液，并使疏松，在

100℃以下干燥后,贮存于玻璃瓶中。

(13)氢氧化钠溶液(200g/L)。

(14)硫酸(6+94):量取 6.0mL 硫酸加于 80mL 水中,冷后再加水稀释至 100mL。

(15)砷标准储备液:准确称取 0.1320g 在硫酸干燥器中干燥过的或在 100℃ 干燥 2h 的三氧化二砷,加 5mL 氢氧化钠溶液(200g/L),溶解后加 25mL 硫酸(6+94),移入 1000mL 容量瓶中,加新煮沸冷却的水稀释至刻度,贮存于棕色玻塞瓶中。此溶液每毫升相当于 0.10mg 砷。

(16)砷标准使用液:吸取 1.0mL 砷标准储备液,置于 100mL 容量瓶中,加 1mL 硫酸(6 +94),加水稀释至刻度,此溶液每毫升相当于 1.0μg 砷。

(17)溴化汞-乙醇溶液(50g/L):称取 25g 溴化汞用少量乙醇溶解后,再定容至 500mL。

(18)溴化汞试纸:将剪成直径 2cm 的圆形滤纸片,在溴化汞乙醇溶液(50g/L)中浸渍 1h 以上,保存于冰箱中,临用前取出置暗处阴干备用。

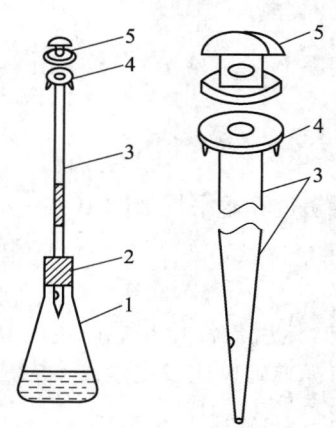

1——锥形瓶;

2——橡皮塞;

3——测砷管;

4——管口;

5——玻璃帽。

图 6-4

3. 仪器

测砷装置见图 6-4。

(1)100mL 锥形瓶。

(2)橡皮塞:中间有一孔。

(3)玻璃测砷管:全长 18cm,上粗下细,自管口向下至 14cm 一段的内径为 6.5mm,自此以下逐渐狭细,末端内径约为 1mm～3mm,近末端 1cm 处有一孔,直径 2mm,狭细部分紧密插入橡皮塞中,使下部伸出至小孔恰在橡皮塞下面。上部较粗部分装放乙酸铅棉花,长 5cm～6cm,上端至管口处至少 3cm,测砷管顶端为圆形扁平的管口上面磨平,下面两侧各有一钩,为固定玻璃帽用。

(4)玻璃帽:下面磨平,上面有弯月形凹槽,中央有圆孔,直径 6.5mm。使用时将玻璃帽盖在测砷管的管口,使圆孔互相吻合,中间夹一溴化汞试纸光面向下,用橡皮圈或其他适宜的方法将玻璃帽与测砷管固定。

4. 试样消化

同银盐法。

5. 分析步骤

吸取一定量试样消化后定容的溶液(相当于 2g 粮食,4g 蔬菜,水果,4mL 冷饮,5g 植物油,其他试样参照此量)及同量的试剂空白液分别置于测砷瓶中,加 5mL 碘化钾溶液(150g/L),5 滴酸性氯化亚锡溶液及 5mL 盐酸(试样如用硝酸-高氯酸-硫酸或硝酸-硫酸消化液,则要减去试样中硫酸毫升数;如用灰化法消化液,则要减去试样中盐酸毫升数),再加适量水至 35mL(植物油不再加水)。吸取 0mL、0.5mL、1.0mL、2.0mL 砷标准使用液(相当 0μg、0.5μg、1.0μg、2.0μg 砷),分别置于测砷瓶中,各加 5mL 碘化钾溶液(150g/L),5 滴酸性氯化亚锡溶液及 5mL 盐酸,各加水至 35mL(测定植物油时加水至 60mL)。于盛试样消化液、试剂空白液及砷标准溶液的测砷瓶中各加 3g 锌粒,立即塞上预先装有乙酸铅棉花及溴化汞试纸的测砷管,于 25℃ 放置 1h,取出试样及试剂空白的溴化汞试纸与标准砷斑比较。

6. 结果计算

试样中砷的含量按式(6-23)计算

$$X=\frac{(A_1-A_2)\times 1000}{m\times V_2/V_1\times 1000} \quad\cdots\cdots\cdots\cdots\cdots\cdots\cdots(6-23)$$

式中:X——试样中砷的含量,mg/kg(mg/L);

A_1——测定用试样消化液中砷的质量,μg;

A_2——试剂空白液中砷的质量,μg;

m——试样质量或体积,g(mL);

V_1——试样消化液的总体积,mL;

V_2——测定用试样消化液的体积,mL。

计算结果保留两位有效数字。

7. 精密度

在重复性条件下获得的两次独立测定结果的绝对差值不得超过算术平均值的 20%。

(四)硼氢化物还原比色法

1. 原理

试样经消化,其中砷以五价形式存在。当溶液氢离子浓度大于 1.0mol/L 时,加入碘化钾-硫脲并结合加热,能将五价砷还原为三价砷。在酸性条件下,硼氢化钾将三价砷还原为负三价,形成砷化氢气体,导入吸收液中呈黄色,黄色深浅与溶液中砷含量成正比。与标准系列比较定量。本方法检出限:硼氢化物还原比色法:0.05mg/kg。

2. 试剂

(1)碘化钾(500g/L)+硫脲溶液(50g/L)(1+1)。

(2)氢氧化钠溶液(400g/L)和氢氧化钠溶液(100g/L)。

(3)硫酸(1+1)。

(4)吸收液。

a)硝酸银溶液(8g/L):称取 4.0g 硝酸银于 500mL 烧杯中,加入适量水溶解后加入 30mL 硝酸,加水至 500mL,贮于棕色瓶中。

b)聚乙烯醇溶液(4g/L):称取 0.4g 聚乙烯醇(聚合度 1500~1800)于小烧杯中,加入 100mL 水,沸水浴中加热,搅拌至溶解,保温 10min,取出放冷备用。

c)吸收液:取 a)和 b)各一份,加入两份体积的乙醇(95%),混匀作为吸收液。使用时现配。

(5)硼氢化钾片:将硼氢化钾与氯化钠按 1:4 质量比混合磨细,充分混匀后在压片机上制成直径 10mm,厚 4mm 的片剂,每片为 0.5g。避免在潮湿天气时压片。

(6)乙酸铅(100g/L)棉花:将脱脂棉泡于乙酸铅溶液(100g/L)中,数分钟后挤去多余溶液,摊开棉花,80℃ 烘干后贮于广口玻璃瓶中。

(7)柠檬酸(1.0mol/L)-柠檬酸铵(1.0mol/L):称取 192g 柠檬酸,243g 柠檬酸铵,加水溶解后稀释至 1000mL。

(8)砷标准储备液:称取经 105℃ 干燥 1h 并置干燥器中冷却至室温的三氧化二砷(As$_2$O$_3$)0.1320g 于 100mL 烧杯中,加入 10mL 氢氧化钠溶液(2.5mol/L),待溶解后加入

5mL 高氯酸、5mL 硫酸，置电热板上加热至冒白烟，冷却后，转入 1000mL 容量瓶中，并用水稀释定容至刻度。此溶液每毫升含砷(五价)0.100mg。

(9)砷标准应用液:吸取 1.00mL 砷标准储备液于 100mL 容量瓶中，加水稀释至刻度。此溶液每毫升含砷(五价)1.00μg。

(10)甲基红指示剂(2g/L):称取 0.1g 甲基红溶解于 50mL 乙醇(95%)中。

3. 仪器

(1)分光光度计。

(2)砷化氢发生装置，见图 6-5。

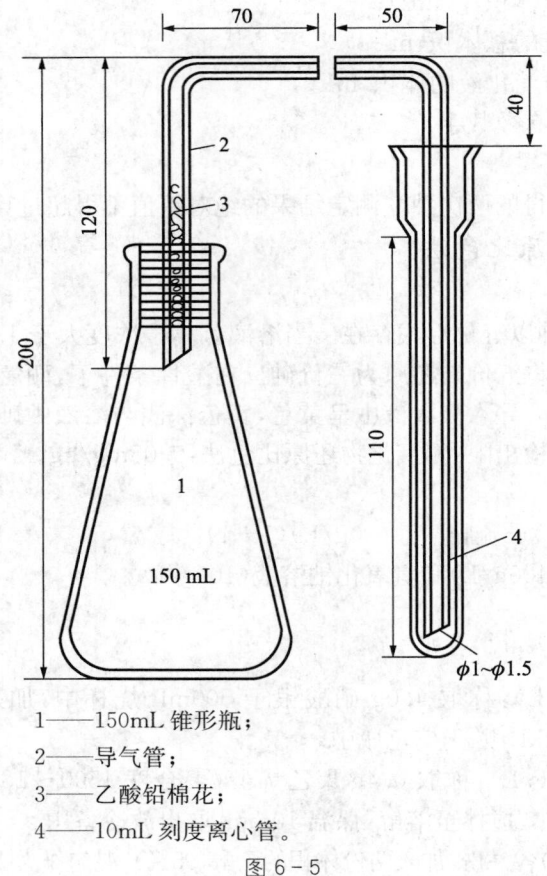

1——150mL 锥形瓶;

2——导气管;

3——乙酸铅棉花;

4——10mL 刻度离心管。

图 6-5

4. 分析步骤

(1)试样处理

a)粮食类食品:称取 5.00g 试样于 250mL 三角烧瓶中，加入 5.0mL 高氯酸，20mL 硝酸,2.5mL 硫酸(1+1)，放置数小时后(或过夜)，置电热板上加热，若溶液变为棕色，应补加硝酸使有机物分解完全，取下放冷，加 15mL 水，再加热至冒白烟，取下，以 20mL 水分数次将消化液定量转入 100mL 砷化氢发生瓶中。同时作试剂空白。

b)蔬菜、水果类:称取 10.00g~20.00g 试样于 250mL 三角烧瓶中，加入 3mL 高氯酸，

20mL 硝酸,2.5mL 硫酸(1+1).以下按 a)操作。

c)动物性食品(海产品除外):称取 5.00g～10.00g 试样于 250mL 三角烧瓶中,以下按 a)操作。

d)海产品:称取 0.100g～1.00g 试样于 250mL 三角烧瓶中,加入 2mL 高氯酸,10mL 硝酸,2.5mL 硫酸(1+1),以下按 a)操作。

e)含乙醇或二氧化碳的饮料:吸取 10.0mL 试样于 250mL 三角烧瓶中,低温加热除去乙醇或二氧化碳后加入 2mL 高氯酸,10mL 硝酸,2.5mL 硫酸(1+1),以下按 a)操作。

f)酱油类食品:吸取 5.0mL～10.0mL 代表性试样于 250mL 三角烧瓶中,加入 5mL 高氯酸,20mL 硝酸,2.5mL 硫酸(1+1),以下按 a)操作。

(2)标准系列的制备

于 6 支 100mL 砷化氢发生瓶中,依次加入砷标准应用液 0mL、0.25mL、0.5mL、1.0mL、2.0mL、3.0mL(相当于砷 0μg、0.25μg、0.5μg、1.0μg、2.0μg、3.0μg),分别加水至 3mL,再加 2.0mL 硫酸(1+1)。

(3)试样及标准的测定

于试样及标准砷化氢发生瓶中,分别加入 0.1g 抗坏血酸,2.0mL 碘化钾(500g/L)-硫脲溶液(50g/L),置沸水浴中加热 5min(此时瓶内温度不得超过 800℃),取出放冷,加入甲基红指示剂(2g/L)1 滴,加入约 3.5mL 氢氧化钠溶液(400g/L),以氢氧化钠溶液(100g/L)调至溶液刚呈黄色,加入 1.5mL 柠檬酸(1.0mol/L)-柠檬酸铵溶液(1.0mol/L),加水至 40mL,加入一粒硼氢化钾片剂,立即通过塞有乙酸铅棉花的导管与盛有 4.0mL 吸收液的吸收管相连接,不时摇动砷化氢发生瓶,反应 5min 后再加入一粒硼氢化钾片剂,继续反应 5min。取下吸收管,用 1cm 比色杯,在 400nm 波长,以标准管零管调吸光度为零,测定各管吸光度。将标准系列各管砷含量对吸光度绘制标准曲线或计算回归方程。

5. 结果计算

试样中砷的含量按式(6-24)进行计算。

$$X = \frac{A \times 1000}{m \times 1000} \qquad\qquad\cdots\cdots\cdots\cdots\cdots\cdots(6-24)$$

式中:X——试样中砷的含量,mg/kg(mg/L);

　　A——测定用消化液从标准曲线查得的质量,μg;

　　m——试样质量或体积,g(mL)。

计算结果保留两位有效数字。

6. 精密度

在重复性条件下获得的两次独立测定结果的绝对差值不得超过算术平均值的 15%。

二、无机砷的测定

(一)氢化物原子荧光光度法

1. 原理

食品中的砷可能以不同的化学形式存在,包括无机砷和有机砷。在 6mol/L 盐酸水浴条件下,无机砷以氯化物形式被提取,实现无机砷和有机砷的分离。在 2mol/L 盐酸条件下测定总无机砷。本方法检出限:固体试样 0.04mg/kg,液体试样 0.004mg/L。

2. 试剂

(1)盐酸溶液(1+1):量取 250mL 盐酸,慢慢倒入 250mL 水中,混匀。

(2)氢氧化钾溶液(2g/L):称取氢氧化钾 2g 溶于水中,稀释至 1000mL。

(3)硼氢化钾溶液(7g/L):称取硼氢化钾 3.5g 溶于 500mL 2g/L 氢氧化钾溶液中。

(4)碘化钾(100g/L)-硫脲混合溶液(50g/L):称取碘化钾 10g,硫脲 5g 溶于水中,并稀释至 100mL 混匀。

(5)三价砷(AS^{3+})标准液:准确称取三氧化二砷 0.1320g,加 100g/L 氢氧化钾 1mL,和少量亚沸蒸馏水溶解,转入 100mL 容量瓶中定容。此标准溶液含三价砷(As^{3+})1mg/mL。使用时用水逐级稀释至标准使用液浓度为三价砷(As^{3+})1μg/mL。冰箱保存可使用 7 天。

3. 仪器

玻璃仪器使用前经 15% 硝酸浸泡 24h。

(1)原子荧光光度计。

(2)恒温水浴锅。

4. 分析步骤

(1)试样处理

固体试样:称取经粉碎过 80 目筛的干样 2.50g(称样量依据试样含量酌情增减)于 25mL 具塞刻度试管中,加盐酸(1+1)溶液 20mL,混匀,或称取鲜样 5.00g(试样应先打成匀浆)于 25mL 具塞刻度试管中,加 5mL 盐酸,并用盐酸(1+1)溶液稀释至刻度,混匀。置于 60℃ 水浴锅 18h,其间多次振摇使试样充分浸提。取出冷却,脱脂棉过滤,取 4mL 滤液于 10mL 容量瓶中,加碘化钾-硫脲混合溶液 1mL,正辛醇(消泡剂)8 滴,加水定容。放置 10min 后测试样中无机砷。如浑浊,再次过滤后测定。同时做试剂空白试验。

注:试样浸提冷却后,过滤前用盐酸(1+1)溶液定容至 25mL。

液体试样:取 4mL 试样于 10mL 容量瓶中,加盐酸(1+1)溶液 4mL,碘化钾-硫脲混合溶液 1mL,正辛醇 8 滴.定容混匀,测定试样中总无机砷。同时做试剂空白试验。

(2)仪器参考操作条件

光电倍增管(PMT)负高压:340 V;砷空心阴极灯电流:40mA;原子化器高度:9mm;载气流速:600mL/min;读数延迟时间:2s;读数时间:12s;读数方式:峰面积;标液或试样加入体积:0.5mL。

(3)标准系列

无机砷测定标准系列:分别准确吸取 1μg/mL 三价砷(As^{3+})标准使用液 0mL、0.05mL、0.1mL、0.25mL、0.5mL、1.0mL 于 10mL 容量瓶中,分别加盐酸(1+1)溶液 4mL,碘化钾-硫脲混合溶液 1mL,正辛醇 8 滴,定容[各相当于含三价砷(As^{3+})浓度 0ng/mL、5.0ng/mL、10.0ng/mL、25.0ng/mL、50.0ng/mL、100.0ng/mL]。

5. 结果计算

试样中无机砷含量按式(6-25)进行计算。

$$X = \frac{(C_1 - C_2)F}{m} \times \frac{1000}{1000 \times 1000} \quad \cdots\cdots\cdots\cdots\cdots\cdots (6-25)$$

式中：X——试样中无机砷含量，mg/kg(mg/L)；

　　　C_1——试样测定液中无机砷浓度，ng/mL；

　　　C_2——试剂空白浓度，ng/mL；

　　　m——试样质量或体积，g(mL)；

　　　F——固体试样：F＝10mL×25mL/4mL；

　　　　　液体试样：F＝10mL。

(二)银盐法

1. 原理

试样在 6mol/L 盐酸溶液中，经 70℃ 水浴加热后，无机砷以氯化物的形式被提取，经碘化钾，氯化亚锡还原为三价砷，然后与锌粒和酸产生的新生态氢生成砷化氢，经银盐溶液吸收后，形成红色胶态物，与标准系列比较定量。本方法检出限：0.1mg/kg，线性范围：1.0μg～10.0μg。

2. 试剂

(1)盐酸。

(2)三氯甲烷。

(3)辛醇。

(4)盐酸溶液(1＋1)：量取 100mL 盐酸加水稀释至 200mL，混匀。

(5)碘化钾溶液(150g/L)：称取 15g 碘化钾，加水溶解至 100mL，混匀，临用时现配。

(6)酸性氯化亚锡溶液：称取 40g 氯化亚锡($SnCl_2\cdot 2H_2O$)，加盐酸溶解并稀释至 100mL，加入数颗金属锡粒。

(7)乙酸铅溶液(100g/L)：称取 10g 乙酸铅，加水溶解至 100mL，混匀。

(8)乙酸铅棉花：用乙酸铅溶液(100g/L)浸透脱脂棉后，压除多余溶液，并使疏松，在 100℃ 以下干燥后，贮存于玻璃瓶中。

(9)银盐溶液：称取 0.25g 二乙基二硫代胺基甲酸银$[(C_2H_5)_2NCS_2Ag]$，用少量三氯甲烷溶解，加入 1.8mL 三乙醇胺，再用三氯甲烷稀释至 100mL，放置过夜，滤入棕色瓶中冰箱保存。

(10)砷标准储备液(1.00mg/mL)：GBW(E)080385。

(11)砷标准使用液(1.00μg/mL)：精确吸取砷标准储备液，用水逐级稀释至 1.00μg/mL。

3. 仪器

(1)分光光度计。

(2)恒温水浴箱。

(3)测砷装置。

4. 分析步骤

(1)试样处理

a)固体干试样：称取 1.00g～10.00g 经研磨或粉碎的试样，置于 100mL 具塞锥形瓶中，加入 20mL～40mL 盐酸溶液(1＋1)，以浸没试样为宜，置 70℃ 水浴保温 1h，取出冷却后，用脱脂棉或单层纱布过滤,用 20mL～30mL 水洗涤锥形瓶及滤渣,合并滤液于测砷锥形瓶中,使总体积约为 50mL 左右。

b)蔬菜、水果:称取 1.00g～10.00g 打成匀浆或剁成碎末的试样,置 100mL 具塞锥形瓶中加入等量的浓盐酸,再加入 10mL～20mL 盐酸溶液,以下按 a)自"置 70℃水浴……"起依法操作。

c)肉类及水产品:称取 1.00g～10.00g 试样,加入少量盐酸溶液(1+1),在研钵中研磨成糊状,用 30mL 盐酸溶液(1+1)分次转入 100mL 具塞锥形瓶中,以下按 a)自"置 70℃水浴……"起依法操作。

d)液体食品:吸取 10.0mL 试样置测砷瓶中,加入 30mL 水,20mL 盐酸溶液(1+1)。

（2）标准系列制备

吸取 0mL、1.0mL、3.0mL、5.0mL、7.0mL、9.0mL 砷标准使用液(相当 0μg、1.0μg、3.0μg、5.0μg、7.0μg、9.0μg 砷),分别置于测砷瓶中,加水至 40mL,加入 8mL 盐酸溶液(1+1)。

（3）测定

试样液及砷标准溶液中各加 3mL 碘化钾溶液(150g/L),酸性氯化亚锡溶液 0.5mL,混匀,静置 15min。向试样溶液中加入 5 滴～10 滴辛醇后,于试样液及砷标准溶液中各加入 3g 锌粒,立即分别塞上装有乙酸铅棉花的导气管,并使管尖端插入盛有 5mL 银盐溶液的刻度试管中的液面下,在常温下反应 45min 后,取下试管,加三氯甲烷补足至 5mL。用 1cm 比色杯,以零管调节零点,于波长 520nm 处测吸收光度,绘制标准曲线。

5. 结果计算

试样中无机砷的含量按式(6-26)进行计算。

$$X = \frac{(m_1 - m_2)}{m_3 \times 1000} \times 1000 \quad\cdots\cdots\cdots\cdots\cdots\cdots (6-26)$$

式中:X——试样中无机砷的含量,mg/kg(mg/L);

m_1——测定用试样溶液中砷的质量,μg;

m_2——试剂空白中砷的质量,μg;

m_3——试样质量或体积,g(mL)。

计算结果保留两位有效数字。

6. 精密度

在重复性条件下获得的两次独立测定结果的绝对差值不得超过算术平均值的 10%。

第五节　食品中铜的测定方法

自然界中铜主要以硫化矿物和氧化矿物形式存在,铜是生命必需元素,但浓度过高则会产生中毒。铜污染源主要是铜冶冻厂和铜矿开采以及镀铜工业的"三废"排放。此外,过量施用铜肥和含铜农药,也是造成铜污染的重要污染来源。食品卫生标准中对铜的限量规定见表 6-9。

表6-9

食品	限量(以铜计)/(mg/kg)	食品	限量(以铜计)/(mg/kg)
粮食	≤10	肉类	≤10
豆类	≤20	水产类	≤50
蔬菜	≤10	蛋类	≤5
水果	≤10		

铜的检测方法有以下几种：

(一)原子吸收光谱法

1. 原理

样品处理后,导入原子吸收分光光度计中,原子化以后,吸收324.8nm共振线,其吸收量与铜含量成比,与标准系列比较定量。最低检出浓度:火焰原子化为1.0mg/kg;石墨炉原子化法为0.1mg/kg。

2. 试剂

本实验用水均为为去离子水,试剂为分析纯。

(1)硝酸。

(2)石油醚。

(3)硝酸(10%):取出10mL硝酸置于适量水中,再稀释至于100mL。

(4)硝酸(0.5%):取0.5mL硝酸置于适量水中,再稀释至于100mL。

(5)硝酸(1+4)。

(6)硝酸(4+6):量取40mL硝酸置于适量水中,再稀释至于100mL。

(7)铜标准溶液:准确称取1.0000g金属铜(99.99%),分次加入硝酸(4+6)溶解,总量不超过37mL,移入1000mL容量瓶中,用水稀释至刻度。此溶液毫升相当于1.0mg铜。

(8)铜标准使用液Ⅰ:吸取10.0mL铜标准溶液,置于100mL容量瓶中,用0.5%硝酸溶液稀释至刻度,摇匀,如此多次稀释至每毫升相当于1.0μg铜。

(9)铜标准使用液Ⅱ:按Ⅰ方式,稀释至每毫升相当于0.10μg铜。

3. 仪器

所用玻璃仪器均以硝酸(10%)浸泡24h以上,用水反复冲洗,最后用去离子水冲洗晾干后,方可使用。

(1)捣碎机。

(2)马弗炉。

(3)原子吸收分光光度计。

4. 分析步骤

(1)样品处理

a)谷类(除去外壳)、茶叶、咖啡等磨碎,过20目筛,混匀。蔬菜、水果等样品取可食部分,切碎、捣成匀浆。称取1.00g～5.00g样品,置于石英或瓷坩埚中,加5mL硝酸,放置0.5h,小火蒸干,继续加热炭化,移入马弗炉中,500±25℃灰化1h,取出放冷,再加1mL硝酸浸灰分,小火蒸干。再移入马弗炉中,500℃灰分 0.5h,冷却后取出,以 1mL 硝酸(1+4)溶解 4 次,移入 1.0mL 容量瓶中,用水稀释至刻度,备用。取与消化样品相同量的硝酸,按同一方法做试剂空白试验。

b)水产类:取可食部分捣成匀浆。称取 1.00g～5.00g,以下按 a)自"置于石英或瓷坩埚中……"起依法操作。

c)乳、炼乳、乳粉:称取 2.00g 混匀样品,按 a)自"置于石英或瓷坩埚中………"起依法操作。

d)油脂类:称取 2.00g 混匀样品,固体油脂先加热融成液体,置于 100mL 分液漏斗中,加 10mL 石油醚,用硝酸(10%)提取 2 次,每次 5mL,振摇 1min,合并硝酸液于 50mL 容量瓶中,加水稀释至刻,混匀,备用。并同时试剂空白试验。

e)饮料、酒、醋、酱油等液体样品,可直接取样测定,固形物较多时或仪器灵敏度不足时,可把上述样品浓缩按 a)操作。

(2)测定

a)吸取 0mL、1.0mL、2.0mL、4.0mL、6.0mL、8.0mL、10.0mL 铜标准使用液 I(1mL=1.0μg),分别置于 10mL 容量瓶中,加硝酸(0.5%)稀释至刻度,混匀。容量瓶中每毫升分别相当于 0μg、0.10μg、0.20μg、0.40μg、0.60μg、0.80μg、1.00μg 铜。

将处理后的样液、试剂空白液和各容量瓶中铜标准液分别导入调至最佳条件火焰原子化器进行测定。参考条件:灯电流 3～6mA,波长 324.8nm,光谱通带 0.5nm,空气流量 9L/min,乙炔流量 2L/min,灯头高度 6mm,氘灯背景校正。以铜标准溶液含量和对应吸收度,绘制标准曲线或计算直线回归方程,样品吸收值与曲线比较或代入方程求得含量。

b) 吸取 0mL、1.0mL、2.0mL、4.0mL、6.0mL、8.0mL、10.0mL 铜标准使用液 II(1mL=0.10μg),分别置于 10mL 容量瓶中,加硝酸(0.5%)稀释至刻度,混匀。容量瓶中每毫升相,当于 0μg、0.01μg、0.02μg、0.04μg、0.06μg、0.08μg、0.10μg 铜。

将处理后的样液、试剂空白液和各容量瓶中铜标准液 10～20 μL 分别导入调至最佳条件石墨炉原子化器进行测定。参考条件:灯电流 3～6mA,波长 324.8nm,光谱通带 0.5nm,保护气体 1.5L/min(原子化阶段停气)。操作参数:干燥 90℃,20s;灰化,20s;升到 800℃,20s;原子化 2300℃,4s。以铜标准溶液 II 系列含量和对应吸收度,绘制标准曲线或计算直线回归方程,样品吸收值与曲线比较或代入方程求得含量。

c)氯化钠或其他物质干扰时,可在进样前用硝酸铵(1mg/mL)或磷酸二氢铵稀释或进样后(石墨炉)再入与样品等量上述物质作为基体改进剂。

5. 计算

(1)火焰法

计算公式见式(6-27)。

$$X=\frac{(A_1-A_2)\times V\times 1000}{m\times 1000} \quad \cdots\cdots\cdots\cdots\cdots\cdots\cdots(6-27)$$

式中:X——样品中铜的含量,mg/kg(mg/L);

A_1——测定用样品中铜的含量,μg/mL;

A_2——试剂空白液中铜的含量,μg/mL;

V——样品处理后的总体积,mL;

m——样品质量或体积,g/mL。

(2)石墨炉法

计算公式见式(6-28)。

$$X=\frac{(A_1-A_2)\times 1000}{m\times (V_1/V_2)\times 1000}$$ ......(6-28)

式中:X——样品中铜的含量,mg/kg(mg/L);

A_1——测定用样品消化液中铜的含量,μg;

A_2——试剂空白液中铜的含量,μg;

m——样品质量(体积),g(mL);

V_1——样品消化液的总体积,mL;

V_2——测定用样品消化液体积,mL。

计算结果保留二位有效数字,样品含量超过10mg/kg时结果保留三位有效数字。

6. 精密度

在重复性条件下获得的两次独立测定结果的绝对差值不得超过算术平均值的10%。

(二)二乙基二硫代氨基甲酸钠法

1. 原理

样品经消化后,在碱性溶液中铜离子与二乙基二硫代氨基甲酸钠生成棕黄色络合物,溶于四氯化碳,与标准系列比较定量。最低检出浓度为2.5mg/kg。

2. 试剂

(1)四氯化碳。

(2)柠檬酸铵-乙二胺四乙酸二钠溶液:称取20g柠檬酸铵及5g乙二胺四乙酸二钠溶于水中,加水稀释至100mL。

(3)硫酸(1+17):量取20mL硫酸,倒入300mL水中,冷后再加水稀释至360mL。

(4)氨水(1+1)。

(5)酚红指示液(1g/L):称取0.1g酚红,用乙醇溶解至100mL。

(6)铜试剂溶液:二乙基二硫代氨基甲酸钠[$(C_2H_5)_2NOS_2Na\cdot 3H_2O$]溶液(1g/L),必要时可过滤,贮存于冰箱中。

(7)硝酸(3+8):量取60mL硝酸,加水稀释至160mL。

(8)铜标准溶液:准确称取1.0000g金属铜(99.99%),分次加入硝酸(4+6)溶解,总量不超过37mL,移入1000mL容量瓶中,用水稀释至刻度。此溶液毫升相当于1.0mg铜。

(9)铜标准使用液:吸取10.0mL铜标准溶液,置于100mL容量瓶中,用0.5%硝酸溶液稀释至刻度,摇匀,如此多次稀释至每毫升相当于1.0μg铜。

3. 仪器

分光光度计。

4. 分析步骤

(1)样品消化

同砷测定银盐法中4(1)。

（2）测定

吸取定容后的 10.0mL 溶液和同量的试剂空白液，分别置于 125mL 分液漏斗中，加水稀释至 20mL。

吸取 0mL、0.50mL、1.00mL、1.50mL、2.00mL、2.50mL 铜标准使用液（相当 0μg、5.0μg、10.0μg、15.0μg、20.0μg、25.0μg 铜），分别置于 125mL 分液漏斗中，各加硫酸（1＋17）至 20mL。

于样品消化液、试剂空白液和铜标准液中，各加 5mL 柠檬酸铵，乙二胺四乙酸二钠溶液和 3 滴酚红指示液，混匀，用氨水（1＋1）调至红色。各加 2mL 铜试剂溶液和 10.0mL 四氯化碳，剧烈振摇 2min，静置分层后，四氯化碳层经脱脂棉滤入 2cm 比色杯中，以四氯化碳调节零点，于波长 440nm 处测吸光度，标准点吸光值减去零管吸光值后，绘制标准曲线或计算直线回归方程，样品吸光值与曲线比较，或代入方程求得含量。

5. 计算

计算公式见式（6-29）。

$$X=\frac{(A_1-A_2)\times 1000}{m\times(V_1/V_2)\times 1000} \quad\cdots\cdots(6-29)$$

式中：X——样品中铜的含量，mg/kg(mg/L)；

A_1——测定用样品消化液中铜的含量，μg；

A_2——试剂空白液中铜的含量，μg；

m——样品质量（体积），g(mL)；

V_1——样品消化液的总体积，mL；

V_2——测定用样品消化液体积，mL。

计算结果保留二位有效数字，样品含量超过 10mg/kg 时结果保留三位有效数字。

6. 精密度

在重复性条件下获得的两次独立测定结果的绝对差值不得超过算术平均值的 10%。

第六节　食品中黄曲霉毒素 B₁ 的测定

黄曲霉毒素是由黄曲霉和寄生曲霉产生的一类代谢产物，具有极强的毒性和致癌性。黄曲霉毒素分子量为 312～346，难溶于水、乙醚、石油醚及己烷中，易溶于油和甲醇、丙酮、氯仿、苯等有机溶剂中。黄曲霉毒素是一组性质比较稳定的化合物，其对光、热、酸较稳定，而对碱和氧化剂则不稳定。黄曲霉毒素污染食品相当普遍，不仅在我国，在世界上其他国家农产品污染也相当严重，在许多食品中都能检出，污染最严重的是花生和玉米。目前已分离鉴定出 20 余种、两大类即 B 类和 G 类，其基本结构相似，均有二呋喃环和氧杂萘邻酮（香豆素），其结构中最有意义的是二呋喃末端有双键者是决定毒性的基团，与毒性、致癌性有密切关系，如黄曲霉毒素 B₁、黄曲霉毒素 G₁、黄曲霉毒素 M₁。其中黄曲霉毒素 B₁ 毒性及危害性最大，在食品卫生监测中常以黄曲霉毒素 B₁ 为污染指标。黄曲霉毒素 B₁ 在食品中的限量见表 6-10。

表 6-10

食　品	限量(MLs)/(μg/kg)
玉米、花生及其制品	20
大米、植物油(除玉米油、花生油)	10
其他粮食、豆类、发酵食品	5
婴幼儿配方食品	5

黄曲霉毒素 B_1 的检测方法有以下几种:

(一)薄层色谱法

1. 原理

试样中黄曲霉毒素 B_1 经提取、浓缩、薄层分离后,在波长 365nm 紫外光下产生蓝紫色荧光,根据其在薄层上显示荧光的最低检出量来测定含量。本方法黄曲霉毒素 B_1 的检出限为 $5\mu g/kg$。

2. 试剂

(1)三氯甲烷。

(2)正己烷或石油醚(沸程 30℃～60℃或 60℃～90℃)。

(3)甲醇。

(4)苯。

(5)乙睛。

(6)无水乙醚或乙醚经无水硫酸钠脱水。

(7)丙酮。

以上试剂在试验时先进行一次试剂空白试验,如不干扰测定即可使用,否则需逐一进行重蒸。

(8)硅胶 G:薄层色谱用。

(9)三氟乙酸。

(10)无水硫酸钠。

(11)氯化钠。

(12)苯-乙睛混合液:量取 98mL 苯,加 2mL 乙睛,混匀。

(13)甲醇水溶液:55+45。

(14)黄曲霉毒索 B_1 标准溶液。

a)仪器校正:测定重铬酸钾溶液的摩尔消光系数,以求出使用仪器的校正因素。准确称取 25mg 经干燥的重铬酸钾(基准级),用硫酸(0.5+1000)溶解后并准确稀释至 200mL,相当于 $[c(K_2Cr_2O_7)=0.0004mol/L]$。再吸取 25mL 此稀释液于 50mL 容量瓶中,加硫酸(0.5+1000)稀释至刻度,相当于 0.0002mol/L 溶液。再吸取 25mL 此稀释液于 50mL 容量瓶中,加硫酸(0.5+1000)稀释至刻度,相当于 0.0001mol/L 溶液。用 1cm 石英杯,在最大吸收峰的波长(接近 350nm 处)用硫酸(0.5+1000)作空白,测得以上三种不同浓度的摩尔溶液的吸光度,并按式(6-30)计算出以上三种浓度的摩尔消光系数的平均值。

$$E_1 = \frac{A}{c} \qquad \cdots\cdots\cdots\cdots\cdots\cdots\cdots\cdots\cdots (6-30)$$

式中：E_1——重铬酸钾溶液的摩尔消光系数；

　　　A——测得重铬酸钾溶液的吸光度；

　　　c——重铬酸钾溶液的摩尔浓度。

再以此平均值与重铬酸钾的摩尔消光系数值 3160 比较，即求出使用仪器的校正因素，按式(6-31)进行计算。

$$f = \frac{3\,160}{E} \qquad \cdots\cdots\cdots\cdots\cdots\cdots\cdots\cdots\cdots (6-31)$$

式中：f——使用仪器的校正因素；

　　　E——测得的重铬酸钾摩尔消光系数平均值。

若 f 大于 0.95 或小于 1.05，则使用仪器的校正因素可略而不计。

b) 黄曲霉毒素 B_1 标准溶液的制备：准确称取 1mg～1.2mg 黄曲霉毒素 B_1 标准品，先加入 2mL 乙腈溶解后，再用苯稀释至 100mL，避光，置于 4℃冰箱保存。该标准溶液约为 10μg/mL。用紫外分光光度计测此标准溶液的最大吸收峰的波长及该波长的吸光度值。

结果计算：黄曲霉毒素 B_1 标准溶液的浓度按式(6-32)进行计算。

$$X = \frac{A \times M \times 1000 \times f}{E_2} \qquad \cdots\cdots\cdots\cdots\cdots\cdots (6-32)$$

式中：X——黄曲霉毒素 B_1 标准溶液的浓度，μg/mL；

　　　A——测得的吸光度值；

　　　f——使用仪器的校正因素；

　　　M——黄曲霉毒素 B_1 的相对分子质量 312；

　　　E_2——黄曲霉毒素 B_1 在苯-乙腈混合液中的摩尔消光系数 19800。

根据计算，用苯-乙腈混合液调到标准溶液浓度恰为 10.0μg/mL，并用分光光度计核对其浓度。

c) 纯度的测定：取 5 μL 浓度为 10μg/mL 黄曲霉毒素 B_1 标准溶液，滴加于涂层厚度 0.25 的硅胶 G 薄层板上，用甲醇-三氯甲烷(4+96)与丙酮-三氯甲烷(8+92)展开剂展开，在紫外光灯下观察荧光的产生，应符合以下条件：

——在展开后，只有单一的荧光点，无其他杂质荧光点。

——原点上没有任何残留的荧光物质。

(15)黄曲霉毒素 B_1 标准使用液：准确吸取 1mL 标准溶液(10μg/mL)于 10mL 容量瓶中，加苯-乙腈混合液至刻度，混匀。此溶液每毫升相当于 1.0μg 黄曲霉毒素 B_1。吸取 1.0mL 此稀释液，置于 5mL 容量瓶中，加苯-乙腈混合液稀释至刻度，此溶液每毫升相当于 0.2μg 黄曲霉毒素 B_1。再吸取黄曲霉毒素 B_1 标准溶液(0.2μg/mL)1.0mL 置于 5mL 容量瓶中，加苯-乙腈混合液稀释至刻度。此溶液每毫升相当于 0.04μg 黄曲霉毒素 B_1。

(16)次氯酸钠溶液(消毒用)：取 100g 漂白粉，加入 500mL 水，搅拌均匀。另将 80g 工业用碳酸钠($Na_2CO_3 \cdot 10H_2O$)溶于 500mL 温水中，再将两液混合、搅拌，澄清后过滤。此滤液含次氯酸浓度约为 25g/L。若用漂粉精制备，则碳酸钠的量可以加倍。所得溶液的浓度约为 50g/L。污染的玻璃仪器用 10g/L 次氯酸钠溶液浸泡半天或用 50g/L 次氯酸钠溶液浸泡片刻后,即可达到去毒效果。

3. 仪器

(1)小型粉碎机。

(2)样筛。

(3)电动振荡器。

(4)全玻璃浓缩器。

(5)玻璃板:5cm × 20cm。

(6)薄层板涂布器。

(7)展开槽:内长 25cm、宽 6cm、高 4cm。

(8)紫外光灯:100W~125W,带有波长 365nm 滤光片。

(9)微量注射器或血色素吸管。

4. 分析步骤

(1)取样

试样中污染黄曲霉毒素高的霉粒一粒可以左右测定结果,而且有毒霉粒的比例小,同时分布不均匀。为避免取样带来的误差,应大量取样,并将该大量试样粉碎,混合均匀,才有可能得到确能代表一批试样的相对可靠的结果,因此采样应注意以下几点。

a)根据规定采取有代表性试样。

b)对局部发霉变质的试样检验时,应单独取样。

c)每份分析测定用的试样应从大样经粗碎与连续多次用四分法缩减至 0.5kg~1kg,然后全部粉碎。粮食试样全部通过 20 目筛,混匀。花生试样全部通过 10 目筛,混匀。或将好、坏分别测定,再计算其含量。花生油和花生酱等试样不需制备,但取样时应搅拌均匀。必要时,每批试样可采取 3 份大样作试样制备及分析测定用,以观察所采试样是否具有一定的代表性。

(2)提取

a)玉米、大米、麦类、面粉、薯干、豆类、花生、花生酱等

ⅰ)甲法:称取 20.00g 粉碎过筛试样(面粉、花生酱不需粉碎),置于 250mL 具塞锥形瓶中,加 30mL 正己烷或石油醚和 100mL 甲醇水溶液,在瓶塞上涂上一层水,盖严防漏。振荡 30min,静置片刻,以叠成折叠式的快速定性滤纸过滤于分液漏斗中,待下层甲醇水溶液分清后,放出甲醇水溶液于另一具塞锥形瓶内。取 20.00mL 甲醇水溶液(相当于 4g 试样)置于另一 125mL 分液漏斗中,加 20mL 三氯甲烷,振摇 2min,静置分层,如出现乳化现象可滴加甲醇促使分层。放出三氯甲烷层,经盛有约 10g 预先用三氯甲烷湿润的无水硫酸钠的定量慢速滤纸过滤于 50mL 蒸发皿中,再加 5mL 三氯甲烷于分液漏斗中,重复振摇提取,三氯甲烷层一并滤于蒸发皿中,最后用少量三氯甲烷洗过滤器,洗液并于蒸发皿中。将蒸发皿放在通风柜于 65℃ 水浴上通风挥干,然后放在冰盒上冷却 2min~3min 后,准确加入 1mL 苯-乙睛混合液(或将三抓甲烷用浓缩蒸馏器减压吹气蒸干后,准确加入 1mL 苯-乙睛混合液)。用带橡皮头的滴管的管尖将残渣充分混合,若有苯的结晶析出,将蒸发皿从冰盒上取出,继续溶解、混合,晶体即消失,再用此滴管吸取上清液转移于 2mL 具塞试管中。

ⅱ)乙法(限于玉米、大米、小麦及其制品):称取 20.00g 粉碎过筛试样于 250mL 具塞锥

形瓶中,用滴管滴加约 6mL 水,使试样湿润,准确加入 60mL 三氯甲烷,振荡 30min,加 12g 无水硫酸钠,振摇后,静置 30min,用叠成折叠式的快速定性滤纸过滤于 100mL 具塞锥形瓶中。取 12mL 滤液(相当 4g 试样)于蒸发皿中,在 65℃水浴上通风挥干,准确加入 1mL 苯-乙睛混合液,以下按 ⅰ)中自"用带橡皮头的滴管的管尖将残渣充分混合……"起依法操作。

b)花生油、香油、菜油等

称取 4.00g 试样置于小烧杯中,用 20mL 正己烷或石油醚将试样移于 125mL 分液漏斗中。用 20mL 甲醇水溶液分次洗烧杯,洗液一并移入分液漏斗中,振摇 2min,静置分层后,将下层甲醇水溶液移入第二个分液漏斗中,再用 5mL 甲醇水溶液重复振摇提取一次,提取液一并移入第二个分液漏斗中,在第二个分液漏斗中加入 20mL 三氯甲烷,以下按 a)中 ⅰ)自"振摇 2min,静置分层……"起依法操作。

c)酱油、醋

称取 10.00g 试样于小烧杯中,为防止提取时乳化,加 0.4g 氯化钠,移入分液漏斗中,用 15mL 三氯甲烷分次洗涤烧杯,洗液并入分液漏斗中。以下按 a)中 ⅰ)自"振摇 2min,静置分层……"起依法操作,最后加入 2.5mL 苯-乙睛混合液,此溶液每毫升相当于 4g 试样。

或称取 10.00g 试样,置于分液漏斗中,再加 12mL 甲醇(以酱油体积代替水,故甲醇与水的体积比仍约为 55+45),用 20mL 三氯甲烷提取,以下按 a)中 ⅰ)自"振摇 2min,静置分层……"起依法操作。最后加入 2.5mL 苯-乙睛混合液。此溶液每毫升相当于 4g 试样。

d)干酱类(包括豆豉、腐乳制品)

称取 20.00g 研磨均匀的试样,置于 250mL 具塞锥形瓶中,加入 20mL 正己烷或石油醚与 50mL 甲醇水溶液振荡 30min,静置片刻,以叠成折叠式快速定性滤纸过滤,滤液静置分层后,取 24mL 甲醇水层(相当 8g 试样,其中包括 8g 干酱类本身约含有 4mL 水的体积在内)置于分液漏斗中,加入 20mL 三氯甲烷,以下按 a)中 ⅰ)自"振摇 2min,静置分层……"起依法操作。最后加入 2mL 苯-乙睛混合液。此溶液每毫升相当子 4g 试样。

e)发酵酒类

同 c)处理方法,但不加氯化钠。

(3)测定

a)单向展开法

——薄层板的制备:称取约 3g 硅胶 G,加相当于硅胶量 2 倍~3 倍左右的水,用力研磨 1min~2min 至成糊状后立即倒于涂布器内,推成 5cm×20cm,厚度约 0.25mm 的薄层板三块。在空气中干燥约 15min 后,在 100℃活化 2h,取出,放干燥器中保存。一般可保存 2 天~3 天,若放置时间较长,可再活化后使用。

——点样:将薄层板边缘附着的吸附剂刮净,在距薄层板下端 3cm 的基线上用微量注射器或血色素吸管滴加样液。一块板可滴加 4 个点,点距边缘和点间距约为 1cm,点直径约 3mm。在同一块板滴加点的大小应一致,滴加时可用吹风机用冷风边吹边加。滴加样式如下:

第一点:10μL 黄曲霉毒素 B₁ 标准使用液(0.04μg/mL)

第二点:20μL 样液。

第三点:20μL 样液+10μL 浓度为 0.04μg/mL 黄曲霉毒素 B₁ 标准使用液。

第四点:20μL 样液＋10μL 浓度为 0.2μg/mL 黄曲霉毒素 B_1 标准使用液。

——展开与观察:在展开槽内加 10mL 无水乙醚预展 12cm,取出挥干。再于另一展开槽内加 10mL 丙酮-三氯甲烷(8＋92),展开 10cm~12cm,取出。在紫外光下观察结果,方法如下。

——由于样液点上加滴黄曲霉毒素 B1 标准使用液,可使黄曲霉毒素 B_1 标准点与样液中的黄曲霉毒素 B_1 荧光点重叠。如样液为阴性,薄层板上的第三点中黄曲霉毒素 B_1 为 0.0004μg,可用作检查在样液内黄曲霉毒素 B_1 最低检出量是否正常出现;如为阳性,则起定性作用。薄层板上的第四点中黄曲霉毒素 B_1 为 0.002μg,主要起定位作用。

——若第二点在与黄曲霉毒素 B_1 标准点的相应位置上无蓝紫色荧光点,表示试样中黄曲霉毒素 B_1 含量在 5μg/kg 以下;如在相应位置上有蓝紫色荧光点,则需进行确证试验。

——确证试验:为了证实薄层板上样液荧光系由黄曲霉毒素 B_1 产生的,加滴三氟乙酸,产生黄曲霉毒素 B_1 的衍生物,展开后此衍生物的比移值约在 0.1 左右。于薄层板左边依次滴加两个点。

第一点:0.04μg/mL,黄曲霉毒素 B_1 标准使用液 10μL。

第二点:20μL 样液。

于以上两点各加一小滴三氟乙酸盖于其上,反应 5min 后,用吹风机吹热风 2min 后,使热风吹到薄层板上的温度不高于 40℃,再于薄层板上滴加以下两个点。

第三点:0.04μg/mL 黄曲霉毒素 B_1 标准使用液 10μL。

第四点:20μL 样液。

再展开(同 4.(3)),在紫外光灯下观察样液是否产生与黄曲霉毒素残标准点相同的衍生物。未加三氟乙酸的三、四两点,可依次作为样液与标准的衍生物空白对照。

——稀释定量:样液中的黄曲霉毒素 B_1 荧光点的荧光强度如与黄曲霉毒素 B_1 标准点的最低检出量(0.0004μg)的荧光强度一致,则试样中黄曲霉毒素 B_1 含量即为 5μg/kg。如样液中荧光强度比最低检出量强,则根据其强度估计减少滴加微升数或将样液稀释后再滴加不同微升数,直至样液点的荧光强度与最低检出量的荧光强度一致为止。滴加式样如下:

第一点:10μL 黄曲霉毒素 B_1 标准使用液(0.04μg/mL)。

第二点:根据情况滴加 10μL 样液。

第三点:根据情况滴加 15μL 样液。

第四点:根据情况滴加 20μL 样液。

——结果计算:试样中黄曲霉毒素 B_1 的含量按式(6-33)进行计算。

$$X=0.0004\times\frac{V_1\times D}{V_2}\times\frac{1000}{m} \quad\cdots\cdots(6-33)$$

式中:X——试样中黄曲霉毒素 B_1 的含量,μg/kg;

　　V_1——加入苯-乙睛棍合液的体积,mL;

　　V_2——出现最低荧光时滴加样液的体积,mL;

　　D——样液的总稀释倍数;

　　m——加入苯-乙睛混合液溶解时相当试样的质量,g;

0.0004——黄曲霉毒素 B_1 的最低检出量,μg。

结果表示到测定值的整数位。

b)双向展开法

如用单向展开法展开后,薄层色谱由于杂质干扰掩盖了黄曲霉毒素 B_1 的荧光强度,需采用双向展开法。薄层板先用无水乙醚作横向展开,将干扰的杂质展至样液点的一边而黄曲霉毒素 B1 不动,然后再用丙酮-三氯甲烷(8+92)作纵向展开,试样在黄曲霉毒素 B_1 相应处的杂质底色大量减少,因而提高了方法灵敏度。如用双向展开中滴加两点法展开仍有杂质干扰时,则可改用滴加一点法。

滴加两点法

ⅰ)点样:取薄层板三块,在距下端 3cm 基线上滴加黄曲霉素 B_1 标准使用液与样液。即在三块板的距左边缘 0.8cm~1cm 处各滴加 $10\mu L$ 黄曲霉毒素 B_1 标准使用液(0.04μg/mL),在距左边缘 2.8cm~3cm 处各滴加 $20\mu L$ 样液,然后在第二块板的样液点上加滴 $10\mu L$ 黄曲霉毒素 B1 标准使用液(0.04μg/mL),在第三块板的样液点上加滴 $10\mu L$ 浓度为 0.2μg/mL 黄曲霉毒素 B_1 标准使用液。

ⅱ)展开

——横向展开:在展开槽内的长边置一玻璃支架,加 10mL 无水乙醇,将上述点好的薄层板靠标准点的长边置于展开槽内展开,展至板端后,取出挥干,或根据情况需要时可再重复展开 1 次~2 次。

——纵向展开:挥干的薄层板以丙酮-三氯甲烷(8+92)展开至 10cm~12cm 为止。丙酮与三氯甲烷的比例根据不同条件自行调节。

ⅲ)观察及评定结果

——在紫外光灯下观察第一、二板,若第二板的第二点在黄曲霉毒素 B_1 标准点的相应处出现最低检出量,而第一板在与第二板的相同位置上未出现荧光点,则试样中黄曲霉毒素 B_1 含量在 5μg/kg 以下。

——若第一板在与第二板的相同位置上出现荧光点,则将第一板与第三板比较,看第三板上第二点与第一板上第二点的相同位置上的荧光点是否与黄曲霉毒素 B_1 标准点重叠,如果重叠,再进行确证试验。在具体测定中,第一、二、三板可以同时做,也可按照顺序做。如按顺序做,当在第一板出现阴性时,第三板可以省略,如第一板为阳性,则第二板可以省略,直接作第三板。

ⅳ)确证试验

另取薄层板两块,于第四、第五两板距左边缘 0.8cm~1cm 处各滴加 $10\mu L$ 黄曲霉毒素 B_1 标准使用液(0.04μg/mL)及 1 小滴三氟乙酸;在距左边缘 2.8cm~3cm 处,于第四板滴加 $20\mu L$ 样液及 1 小滴三氟乙酸;于第五板滴加 $20\mu L$ 样液、$10\mu L$ 黄曲霉毒素 B_1 标准使用液(0.04μg/mL)及 1 小滴三氟乙酸,反应 5min 后,用吹风机吹热风 2min,使热风吹到薄层板上的温度不高于 40℃。再用双向展开法展开后,观察样液是否产生与黄曲霉毒素 B_1 标准点重叠的衍生物。观察时,可将第一板作为样液的衍生物空白板。如样液黄曲霉毒素 B_1 含量高时,则将样液稀释后,做确证试验。

ⅴ）稀释定量

如样液黄曲霉毒素 B₁ 含量高时，稀释定量操作。如黄曲霉毒素 B₁ 含量低，稀释倍数小，在定量的纵向展开板上仍有杂质干扰，影响结果的判断，可将样液再做双向展开法测定，以确定含量。

ⅵ）结果计算

同式（6－33）。

滴加一点法

ⅰ）点样：取薄层板三块，在距下端 3cm 基线上滴加黄曲霉毒素 B1 标准使用液与样液。即在三块板距左边缘 0.8cm～1cm 处各滴加 $20\mu L$ 样液，在第二板的点上加滴 $10\mu L$ 黄曲霉毒素 B₁ 标准使用液（$0.04\mu g/mL$），在第三板的点上加滴 $10\mu L$ 黄曲霉毒素 B₁ 标准溶（$0.2\mu g/mL$）。

ⅱ）展开：同 4（3）中 b）中 ⅱ）的横向展开与纵向展开。

ⅲ）观察及评定结果：在紫外光灯下观察第一、二板，如第二板出现最低检出量的黄曲霉毒素 B₁ 标准点，而第一板与其相同位置上未出现荧光点，试样中黄曲霉毒素 B₁ 含量在 $5\mu g/kg$ 以下。如第一板在与第二板黄曲霉毒素 B₁ 相同位置上出现荧光点，则将第一板与第三板比较，看第三板上与第一板相同位置的荧光点是否与黄曲霉毒素 B₁ 标准点重叠，如果重叠再进行以下确证试验。

ⅳ）确证试验：另取两板，于距左边缘 0.8cm～1cm 处，第四板滴加 $20\mu L$ 样液、1 滴三氟乙酸；第五板滴加 $20\mu L$ 样液、$10\mu L$ 浓度为 $0.04\mu g/mL$ 黄曲霉毒素 B₁ 标准使用液及 1 滴三氟乙酸。产生衍生物及展开方法同 4.（3）。再将以上二板在紫外光灯下观察，以确定样液点是否产生与黄曲霉毒素 B₁ 标准点重叠的衍生物，观察时可将第一板作为样液的衍生物空白板。经过以上确证试验定为阳性后，再进行稀释定量，如含黄曲霉毒素 B₁ 低，不需稀释或稀释倍数小，杂质荧光仍有严重干扰，可根据样液中黄曲霉毒素 B₁ 荧光的强弱，直接用双向展开法定量。

ⅴ）结果计算，同式（6－33）。

（二）酶联免疫法

1. 原理

试样中的黄曲霉毒素 B₁ 经提取、脱脂、浓缩后与定量特异性抗体反应，多余的游离抗体则与酶标板内的包被抗原结合，加入酶标记物和底物后显色，与标准比较测定含量。本方法黄曲霉毒素 B₁ 的检出限为 $0.01\mu g/kg$

2. 试剂

（1）抗黄曲霉毒素 B₁ 单克隆抗体，由卫生部食品卫生监督检验所进行质量控制。

（2）人工抗原：AFB₁-牛血清白蛋白结合物。

（3）黄曲霉毒素 B₁ 标准溶液：用甲醇将黄曲霉毒素 B₁ 配制成 1mg/mL 溶液，再用甲醇－PBS 溶液（20＋80）稀释至约 $10\mu g/mL$，紫外分光光度计测定此溶液最大吸收峰的光密度值，代入式（6－34）计算：

$$X=\frac{A\times M\times 1000\times f}{E}$$ ....(6-34)

式中：X——该溶液中黄曲霉毒素 B_1 的浓度，$\mu g/mL$；

　　A——测得的光密度值；

　　M——黄曲霉毒素 B_1 的相对分子质量，312；

　　E——摩尔消光系数，21800；

　　f——使用仪器的校正因素。

根据计算将该溶液配制成 $10\mu g/mL$ 标准溶液，检测时，用甲醇-PBS溶液将该标准溶液稀释至所需浓度。

(4)三氯甲烷。

(5)甲醇。

(6)石油醚。

(7)牛血清白蛋白(BSA).

(8)邻苯二胺(OPD)。

(9)辣根过氧化物酶(HRP)标记羊抗鼠 IgG，

(10)碳酸钠。

(11)碳酸氢钠。

(12)磷酸二氢钾。

(13)磷酸氢二钠。

(14)氯化钠。

(15)氯化钾。

(16)过氧化氢(H_2O_2)。

(17)硫酸。

(18)ELISA缓冲液如下：

a)包被缓冲液(pH9.6碳酸盐缓冲液)的制备：

Na_2CO_3 1.59g

$NaHCO_3$ 2.93g

加蒸馏水至 1000mL。

b)磷酸盐缓冲液(pH7.4 PBS)的制备：

KH_2PO_4 0.2g

$Na_2HPO_4\cdot 12H_2O$ 2.9g

NaCl 8.0g

KCl 0.2g

加蒸馏水至 1000mL。

c)洗液(PBS-T)的制备：PBS加体积分数为 0.05% 的吐温-20。

d)抗体稀释液的制备：BSA 1.0g 加 PBS-T 至 1000mL。

e)底物缓冲液的制备如下：

——A液(0.1mol/L柠檬酸水溶液)：柠檬酸($C_6H_8O_7\cdot H_2O$)21.01g，加蒸馏水至

1000mL。

——B 液（0.2mol/L 磷酸氢二钠水溶液）：$Na_2HPO_4 \cdot 12H_2O$ 71.6g，加蒸馏水至 1000mL。

——用前按 A 液＋B 液＋蒸馏水为 24.3＋25.7＋50 的比例（体积比）配制。

f)封闭液的制备：同抗体稀释液。

3. 仪器

(1)小型粉碎机。

(2)电动振荡器。

(3)酶标仪，内置 490nm 滤光片。

(4)恒温水浴锅。

(5)恒温培养箱。

(6)酶标微孔板。

(7)微量加样器及配套吸头。

4. 分析步骤

(1)取样

试样中污染黄曲霉毒素高的霉粒一粒可以左右测定结果，而且有毒霉粒的比例小，同时分布不均匀。为避免取样带来的误差，应大量取样，并将该大量试样粉碎，混合均匀，才有可能得到确能代表一批试样的相对可靠的结果，因此采样应注意以下几点。

a)根据规定采取有代表性试样。

b)对局部发霉变质的试样检验时，应单独取样。

c)每份分析测定用的试样应从大样经粗碎与连续多次用四分法缩减至 0.5kg～1kg，然后全部粉碎。粮食试样全部通过 20 目筛，混匀。花生试样全部通过 10 目筛，混匀。或将好、坏分别测定，再计算其含量。花生油和花生酱等试样不需制备，但取样时应搅拌均匀。必要时，每批试样可采取 3 份大样作试样制备及分析测定用，以观察所采试样是否具有一定的代表性。

(2)提取

a)大米和小米(脂肪含量＜3.0％)的提取。

试样粉碎后过 20 目筛，称取 20.0g，加入 250mL 具塞锥形瓶中。准确加入 60mL 三氯甲烷，盖塞后滴水封严。150r/min 振荡 30min。静置后，用快速定性滤纸过滤于 50mL 烧杯中。立即取 12mL 滤液(相当 4.0g 试样)于 75mL 蒸发皿中，65℃水浴通风挥干。用 2.0mL 20％甲醇-PBS 分三次(0.8mL，0.7mL，0.5mL)溶解并彻底冲洗蒸发皿中凝结物，移至小试管，加盖振荡后静置待测。此液每毫升相当 2.0g 试样。

b)玉米的提取(脂肪含量 3.0％～5.0％)

试样粉碎后过 20 目筛，称取 20.0g，加入 250mL 具塞锥形瓶中，准确加入 50.0mL 甲醇-水(80＋20)溶液和 15.0mL 石油醚，盖塞后滴水封严。150r/min 振荡 30min。用快速定性滤纸过滤于 125mL 分液漏斗中。待分层后，放出下层甲醇-水溶液于 50mL 烧杯中，从中取 10.0mL(相当于 4.0g 试样)于 75mL 蒸发皿中。以下按 a)中自"65℃水浴通风挥干……"起依法操作。

c)花生的提取(脂肪含量15.0%~45.0%)

试样去壳去皮粉碎后称取20.0g,加入250mL具塞锥形瓶中,准确加入100.0mL甲醇-水(55+45)溶液和30mL石油醚,盖塞后滴水封严。150r/min振荡30min。静置15min后用快速定性滤纸过滤于125mL分液漏斗中。待分层后,放出下层甲醇-水溶液于100mL烧杯中,从中取20.0mL(相当于4.0g试样)置于另一125mL分液漏斗中,加入20.0mL三氯甲烷,振摇2min,静置分层(如有乳化现象可滴加甲醇促使分层),放出三氯甲烷于75mL蒸发皿中。再加5.0mL三氯甲烷于分液漏斗中重复振摇提取后,放出三氯甲烷一并于蒸发皿中,以下按a)自"65℃水浴通风挥干……"起依法操作。

d)植物油的提取

用小烧杯称取4.0g试样,用20.0mL石油醚,将试样移于125mL分液漏斗中,用20.0mL甲醇-水(55+45)溶液分次洗烧杯,溶液一并移于分液漏斗中(精炼油4.0g样为4.525mL,直接用移液器加入分液漏斗,再加溶剂后振摇),振摇2min。静置分层后,放出下层甲醇-水溶液于75mL蒸发皿中,再用5.0mL甲醇-水溶液重复振摇提取一次,提取液一并加入蒸发皿中,以下按a)自"65℃水浴通风挥干……"起依法操作。

e) 其他食品的提取

可按a)中操作至"将蒸发皿于65℃水浴上通风挥干",起,依法操作。

(3)间接竞争性酶联免疫吸附测定(ELISA)

a)包被微孔板:用AFB_1-BSA人工抗原包被酶标板,150μL/孔,4℃过夜。

b)抗体抗原反应:将黄曲霉毒素B_1纯化单克隆抗体稀释后分别。

ⅰ)与等量不同浓度的黄曲霉毒素B_1标准溶液用2mL试管混合振荡后,4℃静置。此液用于制作黄曲霉毒素B_1标准抑制曲线。

ⅱ)与等量试样提取液用2mL试管混合振荡后,4℃静置。此液用于测定试样中黄曲霉毒素B1含量。

c)封闭:已包被的酶标板用洗液洗3次,每次3min后,加封闭液封闭,250μL/孔,置37℃下1h。

d)测定:酶标板洗3×3min后,加抗体抗原反应液(在酶标板的适当孔位加抗体稀释液或Sp2/0培养上清液作为阴性对照)130μL/孔,37℃,2h。酶标板洗3×3min,加酶标二抗[1:200(体积分数)]100μL/孔,1h,酶标板用洗液洗5×3min。加底物溶液(10mgOPD)加25mL底物缓冲液加37μL 30% H_2O_2,100μL/孔,37℃,15min,然后加2mol/L H_2SO_4,40μL/孔,以终止显色反应,酶标仪490nm测出OD值。

5. 结果计算

黄曲霉毒素B_1的浓度按式(6-35)进行计算。

$$黄曲霉毒素B_1浓度(ng/g)=c\times\frac{V_1}{V_2}\times D\times\frac{1}{m} \quad\cdots\cdots(6-35)$$

式中:c——黄曲霉毒素B_1含量,ng,对应标准曲线按数值插入法求;

V_1——试样提取液的体积,mL;

V_2——滴加样液的体积,mL;

D——稀释倍数；

m——试样质量，g。

由于按标准曲线直接求得的黄曲霉毒素 B_1 浓度（c_1）的单位为纳克每毫升，而测孔中加入的试样提取的体积为 0.065mL，所以上式中

$c = 0.065mL \times c_1$

而 $V_1 = 2mL$，$V_2 = 0.065mL$，$D = 2$，$m = 4g$　　代入上式，则

黄曲霉毒素 B_1 浓度（ng/g）$= 0.065 \times c_1 \times \dfrac{2}{0.065} \times 2 \times \dfrac{1}{4} = c_1$（ng/g）

所以，在对试样提取完全按本方法进行时，从标准曲线直接求得的数值 c_1 即为所测试样中黄曲霉毒素 B1 的浓度（ng/g）。

第七节　食品中六六六、滴滴涕残留量的测定

六六六分子式为 $C_6H_6Cl_6$，化学名为六氯环己烷，六氯化苯，有多种异构体。六六六为白色或淡黄色固体，纯品为无色无臭晶体，工业品有霉臭气味，在土壤中半衰期为 2 年，不溶于水，易溶于脂肪及丙酮、乙醚、石油醚及环己烷等有机溶剂。六六六对光、热、空气、强酸均很稳定，但对碱不稳定（β—六六六除外），遇碱能分解（脱去 HCl）。滴滴涕分子式为 $C_{14}H_9Cl_{15}$，学名为 2,2-双（对氯苯基）- 1,1,1 -三氯乙烷，英文简称 DDT，也有多种异构体。DDT 产品为白色或淡黄色固体，纯品 DDT 为白色结晶，熔点 108.5℃～109℃，在土壤中半衰期 3～10 年，（在土壤中消失 95% 需 16～33 年）。不溶于水，易溶于脂肪及丙酮、CCl_4、苯、氯苯、乙醚等有机溶剂。DDT 对光、酸均很稳定，对热亦较稳定，但温度高于本身的熔点时，DDT 会脱去 HCl 而生成毒性小的 DDE，对碱不稳定，遇碱亦会脱去 HCl。六六六、滴滴涕在中毒会引起神经系统疾病和肝脏脂肪样病变。六六六、滴滴涕在食品中残留量规定见表 6-11。

表 6-11

食　品	六六六/（mg/kg）	滴滴涕/（mg/kg）
原粮	≤0.05	≤0.05
豆类	≤0.05	≤0.05
薯类	≤0.05	≤0.05
蔬菜	≤0.05	≤0.05
水果	≤0.05	≤0.05
茶叶	≤0.2	≤0.2
肉及其制品 脂肪含量10%以下（以原样计） 脂肪含量10%及以上（以脂肪计）	≤0.1 ≤1	≤0.2 ≤2
水产品	≤0.1	≤0.5

续表 6 - 11

食　品	六六六/(mg/kg)	滴滴涕/(mg/kg)
蛋品	≤0.1	≤0.1
牛乳	≤0.02	≤0.02
乳制品 脂肪含量 2% 以下(以原样计) 脂肪含量 2% 及以上(以脂肪计)	≤0.01 ≤0.5	≤0.01 ≤0.5

六六六、滴滴涕的检测方法有以下两种：

(一)气相色谱法

1. 原理

样品中六六六、滴滴涕经提取、净化后用气相色谱法测定,与标准比较定量。电子捕获检测器对于负电极强的化合物具有极高的灵敏度,利用这一特点,可分别测出痕量的六六六和滴滴涕。不同异构体和代谢物可同时分别测定。出峰顺序:α - HCH、γ - HCH、β - HCH、δ - HCH、ρ, ρ' - DDE、o, ρ' - DDT、ρ, ρ' - DDD、ρ, ρ' - DDT。本方法检测限:α - HCH、β - HCH、γ - HCH、δ - HCH 依次为 0.038μg/kg、0.16μg/kg、0.047μg/kg、0.070μg/kg。ρ, ρ' - DDE、o, ρ' - DDT、ρ, ρ' - DDD、ρ, ρ' - DDT 依次为 0.23μg/kg、0.50μg/kg、1.8μg/kg、2.1μg/kg。

2. 试剂

(1)丙酮。

(2)正己烷。

(3)石油醚:沸程 30～60℃。

(4)苯。

(5)硫酸。

(6)无水硫酸钠。

(7)硫酸钠溶液(20g/L)。

(8)农药标准品:六六六(α - HCH、β - HCH、γ - HCH 和 δ - HCH)纯度＞99％;滴滴涕(ρ, ρ' - DDE、o, ρ' - DDT、ρ, ρ' - DDD、ρ, ρ' - DDT)纯度＞99％

(9)农药标准储备液:精密称取 α - HCH、γ - HCH、β - HCH、δ - HCH、ρ, ρ' - DDE、o, ρ' - DDT、ρ, ρ' - DDD、ρ, ρ' - DDT 各 10.0mg 溶于苯,分别移于100mL 容量瓶中,加苯稀释至刻度,混匀,浓度为 100mg/L,贮存于冰箱中。

(10)农药混和标准工作液:分别量取上述各标准储备液于同一容量瓶中,以正己烷稀释至刻度,α - HCH、γ - HCH、δ - HCH 的浓度为 0.005mg/L, β - HCH、ρ, ρ' - DDE 浓度为 0.01mg/L, o, ρ' - DDT 浓度为 0.05mg/L, ρ, ρ' - DDD 浓度为 0.02mg/L, ρ, ρ' - DDT 浓度为 0.1mg/L。

3. 仪器

(1)气相色谱仪,具有电子捕获检测器(ECD)和微处理机。

(2)旋转蒸发器。

（3）N-蒸发器

（4）匀浆机。

（5）调速多用振荡器。

（6）离心机。

（7）植物样本粉碎机。

4. 分析步骤

（1）试样制备

谷类制成粉末，其制品制成匀浆；蔬菜、水果及其制品制成匀浆；蛋品去壳制成匀浆；肉品去皮、筋后，切成小块，制成肉糜；鲜乳混匀待用；食用油混匀待用。

（2）提取

a）称取具有代表性的各类食品试样匀浆 20g，加水 5mL（视其水分含量加水，使总水量约 20mL），加丙酮 40mL，振荡 30min，加氯化钠 6g，摇匀。加石油醚 30mL，再振荡 30min，静置分层。取上清液 35mL 经无水硫酸钠脱水，于旋转蒸发器中浓缩至近干，以石油醚定容至 5mL，加浓硫酸 0.5mL 净化，振摇 0.5min，于 3000 转离心 15min。取上清液进行 GC 分析。

b）称取具有代表性的 2g 粉末试样，加石油醚 20mL，振荡 30min，过滤，浓缩，定容至 5mL，加 0.5mL 浓硫酸净化，振摇 0.5min，于 3000 转离心 15min。取上清液进行 GC 分析。

c）称取具有代表性的食用油试样 0.5g，以石油醚溶解于 10mL 刻度试管中，定容至刻度，加 1.0mL 浓硫酸净化，振摇 0.5min，于 3000r/min 离心 15min。取上清液进行 GC 分析。

（3）气相色谱测定

填充柱气相色谱参考条件：色谱柱：内径 3mm，长 2m 的玻璃柱，内装涂以 15%OV-17 和 2%QF-1 混合固定液的 80～100 目硅藻土。

载气：高纯氮，流速 110mL/min。柱温：185℃；检测器温度：225℃；进样口温度：195℃。进样量为 1μL～10μL。外标法定量。

（4）色谱图

色谱图见图 6-6。

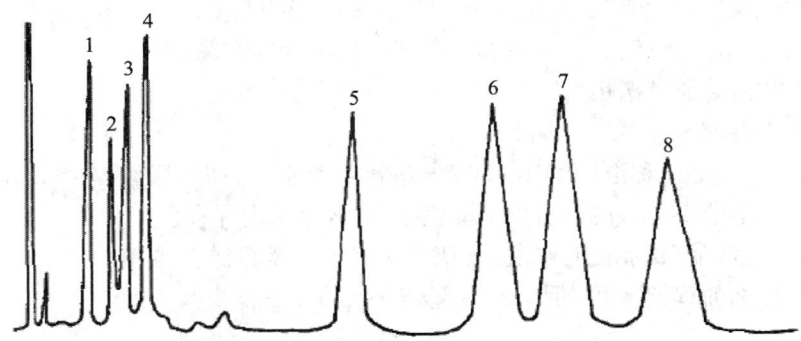

注：8 种农药的色谱图出峰顺序：1、2、3、4 为 α-666、β-666、γ-666、δ-666，5、6、7、8 为 ρ,ρ'-DDE、o, ρ'-DDT、ρ,ρ'-DDD、ρ,ρ'-DDT

图 6-6

5. 结果计算

试样中六六六、滴滴涕及异构体或代谢物含量按式(6-36)计算

$$X = \frac{A_1}{A_2} \times \frac{m_1}{m_2} \times \frac{V_1}{V_2} \times \frac{1000}{1000} \quad \cdots\cdots\cdots\cdots\cdots\cdots\cdots (6-36)$$

式中:X——样品中六六六、滴滴涕及其异构体或代谢物的单一含量,mg/kg;

A_1——被测试样各组分的峰值(峰高或面积)

A_2——各农药组分标准的峰值(峰高或面积)

m_1——单一农药标准溶液的含量,ng

m_2——被测试样的取样量,g

V_1——被测试样的稀释体积,mL;

V_2——被测试样的进样体积,μL;

6. 精密度

在重复性条件下获得的两次独立测定结果的绝对差值不得超过算术平均值的15%。

(二)薄层色谱法

1. 原理

样品中六六六、滴滴涕经有机溶剂提取,并经硫酸处理,除去干扰物质,浓缩,点样展开后,用硝酸银显色,经紫外线照射生成棕黑色斑点,与标准比较,可概略定量。本方法最低检测量为 0.02μg,适宜范围为 0.02μg~0.20μg。

2. 试剂

(1)丙酮。

(2)正己烷。

(3)石油醚:沸程 30℃~60℃。

(4)苯。

(5)硫酸。

(6)无水硫酸钠。

(7)硫酸钠溶液(20g/L)。

(8)农药标准品:六六六(α-HCH、β-HCH、γ-HCH 和 δ-HCH)纯度>99%;滴滴涕(ρ,ρ'-DDE、o,ρ'-DDT、ρ,ρ'-DDD、ρ,ρ'-DDT)纯度>99%

(9)氧化铝 G:薄层色谱用。

(10)硝酸银溶液(10g/L)。

(11)硝酸银显色液:称取硝酸银 0.050g 溶于数滴水中,加苯氧乙醇 10mL,加体积分数30%的过氧化氢溶液 10μL,混合后贮于棕色瓶中,放冰箱内保存。

(12)六六六、滴滴涕标准工作液:各吸取六六六、滴滴涕标准溶液 2.0mL,分别移入10mL 容量瓶中,各加苯至刻度,混匀。每毫升含农药 20μg。

3. 仪器

(1)旋转蒸发器。

(2)N-蒸发器

(3)匀浆机。

(4)调速多用振荡器。

(5)离心机。

(6)植物样本粉碎机。

(7)薄层板涂布器。

(8)玻璃板:5cm×20cm。

(9)展开槽:内长25cm,宽6cm,高4cm。

(10)玻璃喷雾器。

(11)紫外线杀菌灯:15 W。

(12)微量注射器或血色素吸管。

4. 分析步骤

(1)提取

a)称取具有代表性的各类食品试样匀浆20g,加水5mL(视其水分含量加水,使总水量约20mL),加丙酮40mL,振荡30min,加氯化钠6g,摇匀。加石油醚30mL,再振荡30min,静置分层。取上清液35mL经无水硫酸钠脱水,于旋转蒸发器中浓缩至近干,以石油醚定容至5mL,加浓硫酸0.5mL净化,振摇0.5min,于3000转离心15min。

b) 称取具有代表性的2g粉末试样,加石油醚20mL,振荡30min,过滤,浓缩,定容至5mL,加0.5mL浓硫酸净化,振摇0.5min,于3000转离心15min。

c) 称取具有代表性的食用油试样0.5g,以石油醚溶解于10mL刻度试管中,定容至刻度,加1.0mL浓硫酸净化,振摇0.5min,于3000r/min离心15min。

(2)净化

10mL提取液浓缩于1mL,加0.1mL浓硫酸,盖上试管塞振摇数下,打开塞子放气,再振摇0.5min,于1600r/min,离心15min。上层清液供薄层谱分析。

(3)测定

a)薄层板的制备　称取氧化铝G 4.5g,加1mL硝酸银溶液(10g/L)及6mL水,研磨至糊状,立即涂在三块5cm×20cm的薄层板上,涂层厚度0.25mm,于100℃烘0.5h,置于干燥器中,避光保存。

b)点样　离薄层板底端2cm处,用针划一标记。在薄层板上点1~10μL,试样液和六六六、滴滴涕标准溶液,一块板可点3~4个。中间点标准溶液,两边点样品溶液。也可用滤纸移样法点样。

c)在展开槽中预先倒入10mL丙酮-己烷(1+99)或丙酮-石油醚(1+99)。将经过点样的薄层板放入槽内。当溶剂前沿距离原点10~12cm时取出,自然挥干。

d)显色　将展开后的薄层板喷以10mL硝酸银显色液,干燥后距紫外灯8cm处照10~20min,六六六、滴滴涕等全部显现棕黑色斑点。以比移值大小,斑点出现的顺序为:ρ,ρ'-DDE、o,ρ'-DDT、ρ,ρ'-DDT、α-HCH、ρ,ρ'-DDD、γ-HCH、β-HCH、δ-HCH

5. 计算

样品中六六六、滴滴涕及其异构体或代谢物的单一含量按式(6-37)计算:

$$X=\frac{A\times1000}{m\times(V_2/V_1)\times1000} \quad\cdots\cdots\cdots\cdots\cdots\cdots(6-37)$$

式中:X——样品中六六六、滴滴涕及其异构体或代谢物的单一含量,mg/kg;

A——被测定用样液中六六六或滴滴涕及其异构体或代谢物的单一含量,ng;

V_1——样品浓缩液总体积,mL;

V_2——点板样液体积,μL;

m——样品质量,g。

6. 精密度

在重复性条件下获得的两次独立测定结果的绝对差值不得超过算术平均值的 20%。

第八节 食品中有机磷农药残留量的测定

有机磷农药,是用于防治植物病、虫、害的含有机磷农药的有机化合物。有机磷农药大多呈油状或结晶状,工业品呈淡黄色至棕色,除敌百虫和敌敌畏之外,大多是有蒜臭味。一般不溶于水,易溶于有机溶剂如苯、丙酮、乙醚、三氯甲烷及油类,对光、热、氧均较稳定,遇碱易分解破坏,敌百虫例外,敌百虫为白色结晶,能溶于水,遇碱可转变为毒性较大的敌敌畏。有机磷农药可经消化道、呼吸道及完整的皮肤和粘膜进入人体。有机磷农药残留测定方法如下。

1. 原理

含有机磷的试样在富氢焰上燃烧,以 HPO 碎片的形式,放射出波长 526nm 的特性光;这种光通过滤光片选择后,由光电倍增管接收,转换成电信号,经微电流放大器放大后被记录下来。试样的峰面积或峰高与标准品的峰面积或峰高进行比较定量。

2. 试剂和材料

(1)丙酮。

(2)二氯甲烷。

(3)氯化钠。

(4)无水硫酸钠。

(5)助滤剂 Celite545。

(6)农药标准品如下:

a)敌敌畏(DDVP):纯度≥99%。

b)速灭磷(mevinphos):顺式纯度≥60%,反式纯度≥40%。

c)久效磷(monoctotophos):纯度≥99%。

d)甲拌磷(phorate):纯度≥98%。

e)巴胺磷(propetumphos):纯度≥99%。

f)二嗪磷(diazincm):纯度≥98%。

g)乙嘧硫磷(etHmfos):纯度≥97%。

h)甲基嘧啶磷(pirimiphos-methyl):纯度≥99%。

i)甲基对硫磷(parathion-methyl):纯度≥99%。

j)稻瘟净(kitazine):纯度≥99%。

k)水胺硫磷(isocairbophos):纯度≥99%。

l)氧化喹硫鳞(po‑quinalphos):纯度≥99%。

m)稻丰散(phenthoate):纯度≥99.6%。

n)甲喹硫磷(methdathion):纯度≥99.6%。

o)克线磷(phenamiphos):纯度≥99.9%。

p)乙硫磷(ethion):纯度≥95%。

q)乐果(dimethoate):纯度≥99.0%。

r)喹硫磷(quinaphos):纯度≥98.2%。

s)对硫憐(parathion):纯度≥99.0%。

t)杀螟硫磷(fenitrothion):纯度≥98.5%。

(7)农药标准溶液的配制:分别准确称取 2(6)中的农药标准品,用二氯甲烷为溶剂,分别配制成 1.0mg/mL 的标准储备液,贮于冰箱(4℃)中,使用时根据各农药品种的仪器响应情况,吸取不同量的标准储备液,用二氯甲烷稀释成混合标准使用液。

3. 仪器

(1)组织捣碎机。

(2)粉碎机。

(3)旋转蒸发仪。

(4)气相色谱仪:附有火焰光度检测器(FPD)。

4. 试样的制备

取粮食试样经粉碎机粉碎,过 20 目筛制成粮食试样;水果、蔬菜试样去掉非可食部分后制成待分析试样。

5. 分析步骤

(1)提取

a)水果、蔬菜

称取 50.00g 试样,置于 300mL 烧杯中,加入 50mL 水和 100mL 丙酮(提取液总体积为 150mL),用组织捣碎机提取 1min～2min。匀浆液经铺有两层滤纸和约 10gCelite545 的布氏漏斗减压抽滤。取滤液 100mL 移至 500mL 分液漏斗中。

b)谷物

称取 25.00g 试样,置于 300mL 烧杯中,加入 50mL 水和 100mL 丙酮,以下步骤同 a)。

(2)净化

向 5(1)的滤液中加入 10g～15g 氯化钠使溶液处于饱和状态。猛烈振摇 2min～3min,静置 10min,使丙酮与水相分层,水相用 50mL 二氯甲烷振摇 2min,再静置分层。

将丙酮与二氯甲烷提取液合并经装有 20g～30g 无水硫酸钠的玻璃漏斗脱水滤入 250mL 圆底烧瓶中,再以约 40mL 二氯甲烷分数次洗涤容器和无水硫酸钠。洗涤液也并入烧瓶中,用旋转蒸发器浓缩至约 2mL,浓缩液定量转移至 5mL～25mL 容量瓶中,加二氯甲烷定容至刻度。

(3)气相色谱测定

色谱柱

——玻璃柱 2.6m×3mm(i.d),填装涂有 4.5%DC‑200＋2.5%OV‑17 的 ChromosorbWAWDMCS(80 目~100 目)的担体。

——玻璃柱 2.6mX3mm(i.d),填装涂有质量分数为 1.5% 的 QF - 1 的 Chromosorb-WAWDMCS(60 目~80 目)。

气体速度:氮气 50mL/min、氢气 100mL/min、空气 50mL/min。

温度:柱箱 240℃、汽化室 260℃、检测器 270℃。

(4)测定

吸取 2μL~5μL 混合标准液及试样净化液注入色谱仪中,以保留时间定性。以试样的峰高或峰面积与标准比较定量。

6. 结果计算

i 组分有机磷农药的含量按式(6-47)进行计算。

$$X_i = \frac{A_i \times V_1 \times V_3 \times E_i \times 1000}{A_{si} \times V_2 \times V_4 \times m \times 1000}$$

$$\cdots\cdots\cdots\cdots (6-38)$$

X_i ——i 组分有机磷农药的含量,单位为毫克每千克(mg/kg);

A_i ——试样中 i 组分的峰面积,积分单位;

A_{si} ——混合标准液中 i 组分的峰面积,积分单位;

V_1 ——试样提取液的总体积,单位为毫升(mL);

V_2 ——净化用提取液的总体积,单位为毫升(mL);

V_3 ——浓缩后的定容体积,单位为毫升(mL);

V_4 ——进样体积,单位为微升(μL);

E_i ——注入色谱仪中的 i 标准组分的质量,单位为纳克(ng);

m ——试样的质量,单位为克(g)。

计算结果保留两位有效数字。

7. 精密度

在重复性条件下获得的两次独立测定结果的绝对差值不得超过算术平均值的 15%。

第九节　畜禽肉中 16 种磺胺类药物残留量的测定

磺胺类是合成的抑菌药,抗菌谱广,通过竞争性抑制叶酸代谢循环中的对氨基苯甲酸而抑制细菌性增殖,对大多数革兰氏阳性和许多革兰氏阴性细菌有效。因此广泛应用于畜禽养殖业,畜禽肉中往往存在残留。磺胺类药物残留量的测定方法如下。

1. 原理

畜禽肉中磺胺类药物残留用乙腈提取,离心后,上清液用旋转蒸发器浓缩近干,残渣用流动相溶解,并用正己烷脱脂后,样品溶液供液相色谱-串联质谱仪测定,外标法定量。

2. 试剂和材料

除另有说明外,所用试剂均为分析纯,水为 GB/T 6682 规定的一级水。

(1)乙腈:色谱纯。

(2)异丙醇。

(3)正己烷。

(4)乙酸铵。

(5)无水硫酸钠:经 650℃灼烧 4h,置于干燥器中备用。

(6)流动相:乙腈＋0.01mol/L 乙酸铵溶液(12＋88)。

(7)磺胺醋酰、磺胺甲噻二唑、磺胺二甲异噁唑、磺胺氯哒嗪、磺胺嘧啶、磺胺甲基异噁唑、磺胺噻唑、磺胺-6-甲氧嘧啶、磺胺甲基嘧啶、磺胺邻二甲氧嘧啶、磺胺吡啶、磺胺对甲氧嘧啶、磺胺甲氧哒嗪、磺胺二甲嘧啶、磺胺苯吡唑、磺胺间二甲氧嘧啶标准物质:纯度≥99％。

(8)16 种磺胺标准储备溶液:0.1mg/mL。准确称取适量的每种磺胺标准物质,用甲醇配成 0.1mg/mL 的标准储备溶液,该溶液在 4℃保存,可使用二个月。

(9)基质混合标准工作溶液:根据每种磺胺的灵敏度和仪器线性范围用空白样品提取液配成不同浓度(ng/mL)的基质混合标准工作溶液,基质混合标准工作溶液在 4℃保存,可使用一周。

(10)滤膜:0.2μm。

3. 仪器

(1)液相色谱-串联质谱仪:配有电喷雾离子源。

(2)匀质器。

(3)旋转蒸发器。

(4)液体混匀器。

(5)离心机。

(6)分析天平:感量 0.1mg,0.01g。

(7)移液器:1mL,2mL。

(8)鸡心瓶:100mL。

(9)样品瓶:2mL,带聚四氟乙烯旋盖。

4. 试样的制备与保存

(1)试样的制备

从全部样品中取出有代表性样品约 1kg,充分搅碎,混匀,均分成两份,分别装入洁净容器内。密封作为试样,标明标记。在抽样和制样的操作过程中,应防止样品受到污染或发生残留物含量的变化。

(2)试样保存

将试样于－18℃冷冻保存。

5. 测定步骤

(1)样品制备

称取 5g 试样,精确至 0.01g,置于 50mL 离心管中,加入 20g 无水硫酸钠和 20mL 乙腈,均质 2min,以 3000r/min 离心 3min。上清液倒入 100mL 鸡心瓶中,残渣再加入 20mL 乙腈,重复上述操作一次。合并提取液,向鸡心瓶中加入 10mL 异丙醇,用旋转蒸发器于 50℃水浴蒸干,准确加入 1mL 流动相和 1mL 正己烷溶解残渣。转移至 5mL 离心管中,涡旋 1min,以 3000r/min 离心 3min,吸取上层正己烷弃去,再加入 1mL 正己烷,重复上述步骤,直至下层水相变成透明液体。按上述操作步骤制备样品空白提取液。取下层清液,过

$0.2\mu m$ 滤膜后,用液相色谱-串联质谱仪测定。

(2)色谱测定

a)液相色谱条件

色谱柱:Lichrospher 100RP-18,5jum,250mm×4.6mm(内径)或相当者;

流动相:乙腈+0.01mol/L 乙酸铵溶液(12+88);

流速:0.8mL/min;

柱温:35℃;

进样量:40μL;

分流比:1:3。

b)质谱条件

离子源:电喷雾离子源;

扫描方式:正离子扫描;

检测方式:多反应监测;

电喷雾电压:5500V;

雾化气压力:0.076MPa;

气帘气压力:0.069MPa;

辅助气流速:6L/min;

离子源温度:350℃;

定性离子对、定量离子对、碰撞气能量和去簇电压见表6-12。

表6-12

中文名称	英文名称	定性离子对	定量离子对	碰撞气能量 /V	去簇电压 /V
磺胺醋酰	sulfacetamide	215/156 215/108	215/156	18 28	40 45
磺胺甲噻二唑	sulfamethizoie	271/156 271/107	271/156	20 32	50 50
磺胺二甲异n恶唑	sulfisoxazole	268/156 268/113	268/156	20 23	45 45
磺胺氯哒嗪	sulfachloropyridazine	285/156 285/108	285/156	23 35	50 50
磺胺嘧啶	sulfadiazine	251/156 251/185	251/156	23 27	55 50
磺胺甲基异噁唑	sulfamethoxazole	254/156 254/147	254/156	23 22	50 45

续表 6 - 12

中文名称	英文名称	定性离子对	定量离子对	碰撞气能量/V	去簇电压/V
磺胺噻唑	sulfathiazole	256/156 256/107	256/156	22 32	55 47
磺胺-6-甲氧嘧啶	sulfamonomethoxine	281/156 281/215	281/156	25 25	65 50
磺胺甲基嘧啶	sulfamerazine	265/156 265/172	265/156	25 24	50 60
磺胺邻二甲氧嘧啶	sulfadoxin	311/156 311/108	311/156	31 35	70 55
磺胺吡啶	sulfapyridine	250/156 250/184	250/156	25 25	50 60
磺胺对甲氧嘧啶	sulfameter	281/156 281/215	281/156	25 25	65 50
磺胺甲氧哒嗪	sulfamethoxypyridazine	281/156 281/215	281/156	25 25	65 50
磺胺二甲嘧啶	sulfamethazine	279/156 279/204	279/156	22 20	55 60
磺胺苯吡唑	sulfaphenazole	315/156 315/160	315/156	32 35	55 55
磺胺间二甲氧嘧啶	sulfadimethoxine	311/156 311/218	311/156	31 27	70 70

c)液相色谱-串联质谱测定

用混合标准工作溶液分别进样,以工作溶液浓度(ng/mL)为横坐标,峰面积为纵坐标,绘制标准工作曲线,用标准工作曲线对样品进行定量,样品溶液中 16 种磺胺的响应值均应在仪器测定的线性范围内。在上述色谱条件和质谱条件下,16 种磺胺的参考保留时间见表 6 - 13。

表 6 - 13

药物名称	保留时间/min	药物名称	保留时间/min
磺胺醋酰	2.61	磺胺甲基嘧啶	9.93
磺胺甲噻二唑	4.54	磺胺邻二甲氧嘧啶	11.29
磺胺二甲异噁唑	4.91	磺胺吡啶	11.62

续表 6 - 13

药物名称	保留时间/min	药物名称	保留时间/min
磺胺嘧啶	5.20	磺胺对甲氧嘧啶	12.66
磺胺氯哒嗪	6.54	磺胺甲氧哒嗪	17.28
磺胺甲基异噁唑	8.41	磺胺二甲嘧啶	17.95
磺胺,唑	9.13	磺胺苯吡唑	22.29
磺胺-6-甲氧嘧啶	9.48	磺胺间二甲氧嘧啶	28.97

（3）平行试验

按以上步骤，对同一试样进行平行试验测定。

（4）空白试验

除不称取样品外，均按上述步骤进行。

6. 结果计算

结果按式(6-39)计算：

$$X = C \times \frac{V}{m} \times \frac{1000}{1000} \quad \cdots\cdots\cdots\cdots\cdots\cdots\cdots\cdots (6-39)$$

式中：X——试样中被测组分残留量，单位为微克每千克(μg/kg)；

C——从标准工作曲线得到的被测组分溶液浓度，单位为纳克每毫升(ng/mL)；

V——试样溶液定容体积，单位为毫升(mL)；

m——试样溶液所代表试样的质量，单位为克(g)。

注：计算结果应扣除空白值。

7. 精密度

本方法的精密度数据是按照 GB/T 6379.1 和 GB/T 6379.2 的规定确定的，其重复性和再现性的值以 95％的可信度来计算。

（1）重复性

在重复性条件下，获得的两次独立测试结果的绝对差值不超过重复性限 r，畜禽肉中 16 种磺胺含量范围及重复性方程见表 6 - 14。

表 6 - 14

药物名称	含量范围	重复性限 r	再现性限 R
磺胺醋酰	5.0～100.0	$\lg r = 0.8332 \lg m - 0.8908$	$\lg R = 0.8867 \lg m - 0.4736$
磺胺甲噻二唑	2.5～50.0	$\lg r = 1.1482 \lg m - 1.2062$	$\lg R = 0.8720 \lg m - 0.6719$
磺胺二甲异噁	5.0～100.0	$\lg r = 0.9169 \lg m - 0.9498$	$\lg R = 0.9721 \lg m - 0.7648$
磺胺氯哒嗪	5.0～100.0	$\lg r = 1.0370 \lg m - 1.1040$	$\lg R = 0.7629 \lg m - 0.4811$
磺胺嘧啶	5.0～100.0	$\lg r = 1.0066 \lg m - 1.0967$	$\lg R = 0.8626 \lg m - 0.7077$
磺胺甲基异噁	5.0～100.0	$\lg r = 0.0039 \lg m - 1.1020$	$\lg R = 0.7669 \lg m - 0.4725$

续表 6 - 14

药物名称	含量范围	重复性限 r	再现性限 R
磺胺噻唑	10.0~200.0	$\lg r = 0.8958 \lg m - 0.8754$	$\lg R = 0.7792 \lg m - 0.5137$
磺胺-6_-甲氧嘧啶	5.0~100.0	$\lg r = 0.8156 \lg m - 0.7523$	$\lg R = 0.8422 \lg m - 0.6139$
磺胺甲基嘧啶	5.0~100.0	$\lg r = 1.2468 \lg m - 1.4415$	$\lg R = 0.9169 \lg m - 0.7024$
磺胺邻二甲氧嘧啶	5.0~100.0	$\lg r = 1.1848 \lg m - 1.4131$	$\lg R = 0.8869 \lg m - 0.6944$
磺胺吡啶	5.0~100.0	$\lg r = 0.9672 \lg m - 1.0260$	$\lg R = 0.8551 \lg m - 0.6716$
磺胺对甲氧嘧啶	20.0~400.0	$\lg r = 0.7789 \lg m - 0.5842$	$\lg R = 0.7880 \lg m - 0.4602$
磺胺甲氧哒嗪	10.0~200.0	$\lg r = 0.8173 \lg m - 0.8225$	$\lg R = 0.7385 \lg m - 0.4498$
磺胺二甲嘧啶	20.0~400.0	$\lg r = 0.9702 \lg m - 0.9970$	$\lg R = 0.8554 \lg m - 0.5892$
磺胺苯吡唑	30.0~600.0	$\lg r = 1.0839 \lg m - 1.1994$	$\lg R = 1.043 \lg m - 0.8233$
磺胺间二甲氧嘧啶	10.0~200.0	$\lg r = 1.0697 \lg m - 1.3020$	$\lg R = 0.7637 \lg m - 0.4218$

注:m 为两次测定值的算术平均值。

如果差值超过重复性限 r,应舍弃试验结果并重新完成两次单个试验的测定。

（2）再现性

在再现性条件下,获得的两次独立测试结果的绝对差值不超过再现性限畜禽肉中 16 种磺胺的含量范围及再现性方程见表 6 - 12。

第十节　水产品中喹乙醇代谢物残留量的测定

喹乙醇又称喹酰胺醇,商品名为倍育诺、快育灵,由于喹乙醇有中度至明显的蓄积毒性,对大多数动物有明显的致畸作用,对人也有潜在的三致性,即致畸形,致突变,致癌。因此喹乙醇在美国和欧盟都被禁止用作饲料添加剂。《中国兽药典》(2005 版)也有明确规定,喹乙醇被禁止用于家禽及水产养殖。喹乙醇代谢物残留量测定方法如下:

1. 原理

以乙酸乙酯提取样品中残留的喹乙醇代谢物 3—甲基喹恶啉—2—羧酸,用 pH8 的磷酸盐缓冲液萃取,萃取液用盐酸调至酸性,再用乙酸乙酯进行反萃取,萃取液浓缩至干后,残渣用流动相溶解,反相色谱柱分离,紫外检测器检测,外标法定量。

2. 试剂和材料

除有特殊说明外,所用试剂均为分析纯。

（1）拭验用水应符合 GB/T 6682 一级水的要求。

（2）甲醇:色谱纯。

（3）乙酸乙酯:色谱纯。

（4）盐酸。

（5）甲酸。

0.1mol/L磷酸盐缓冲液：称取12.0g磷酸二氢钠和14.2g磷酸氢二钠,加水溶解,用1mol/L氧化钠调pH至8.0,加水定容至1000mL。

(6) 1.0%甲酸水溶液：量取10mL甲酸并加水定容至1000mL。

(7) 3—甲基喹恶啉—2—羧酸：纯度≥98%。

(8) MQCA标准储备液：准确称取10mg的标准品,用甲醇醇溶解并定容至100mL棕色容量瓶中,配成标准储备液,浓度为100mg/L。避光冷藏保存,保存期为3个月。

(9) MQCA标准工作液：用流动相稀释成各质量浓度的标准溶液,现配现用。

3. 仪器

(1)高效液相色谱仪：配紫外检测器。

(2)天平：感量0.01g。

(3)分析天平：感量0.00001g。

(4)旋涡混合器

(5)离心机：最大转速14000r/min。

(6)氮吹仪

(7)高速组织捣碎机6

(8)分液漏斗150mL

4. 操作方法

(1)样品处理

试样制备按SC/T 3016的规定执行。

(2)提取

称取(5±0.02)g样品盥于50mL离心管中,加入15mL乙酸乙酯,匀浆5min,盖塞,旋涡混匀,4000r/min离心5min,取上清液转入150mL分液漏斗中。再用15mL乙酸乙酯重复提取一次,合并提收液于同一分液漏斗中。

往样品残渣中加入0.1mol/L磷酸盐缓冲液10mL,漩涡混匀,振荡30s,8000r/min离心10min,取上清液合并到分液漏斗中。手摇振荡分液漏斗30s,静置分层,收集下层溶液至25mL具塞离心管中。

加入盐酸200μL,混匀,再加入乙酸乙酯6mL,旋涡混匀,振荡30s,8000r/min离心10min,上层溶液转入玻璃试管中,再用6mL乙酸乙酯重复提取一次,合并上层溶液于同一玻璃试管,55℃氮气流下吹干,用1mL流动相溶解残渣,旋涡混匀,0.45μm微孔滤膜过滤,待测。

5. 样品测定

(1)色谱条件

a)色谱柱：ZORBAXSB － C18柱(250mm×4.6mm,5μm)；或性能相当者。

b)流动相：甲醇十1.0%甲酸水解液(40+60)。

c)流速：1.0L/min。

d)柱温：30℃

e)进样量：50μL。

f)检测波长：320nm。

(2)标准曲线制定

准确量取MQCA标准储备液,用流动相稀释成为0.005μg/mL、0.01μg/mL、0.05μg/mL,

$0.25\mu g/mL, 0.50\mu g/mL, 1.0\mu g/mL$ 系列标准工作液,供高效液相色谱分析。

(3)色谱分析

根据样品液中 MQCA 残留盘情况,选定峰而积相近的标准工作溶液进行定量。分别注入 $50\mu L$ MQCA 标准工作溶液及样品溶液于液相色谱仪中,按上述色谱条件进行分析,记录峰面积,响应值均应祚仪器检测的线性范围之内。根据 MQCA 标准品的保留时间定性,外标法定量。

6. 结果计算

样品中 MQCA 的残留置按公式(6-40)计算,计算结果需扣除空白值。结果保留 3 位有效数字。

$$X = \frac{C \times V}{m} \times 1000 \quad \cdots\cdots\cdots\cdots\cdots\cdots\cdots\cdots (6-40)$$

式中:X——试样中 MQCA 的含量,单位为微克每千克($\mu g/kg$);

$\quad C$——试样溶液中 MQCA 的含量,单位为微克每毫升($\mu g/mL$);

$\quad m$——试样质量,单位为克(g);

$\quad V$——试样溶液体积,单位为毫升(mL)。

7. 方法灵敏度、准确度和精密度

(1)灵敏度

本方法最低定量限为 $4\mu g/kg$。

(2)准确度

本方法添加浓度为 $4\mu g/kg \sim 200\mu g/kg$ 时,加标回收率为 $70\% \sim 120\%$。

(3)精密度

本方法批内相对标准偏差 $\leqslant 15\%$,批间相对标准偏差 $< 15\%$。

第十一节　水产品中孔雀石绿和结晶紫残留量的测定

孔雀石绿是有毒的三苯甲烷类化学物,既是染料,也是杀菌剂,可致癌,国家明令禁止添加的。但是由于其高效的染色性能以及对真菌 Saprolegnia 的高效性,目前仍然有不少商家暗地添加。孔雀石绿和结晶紫残留量的测定方法如下。

1. 原理

样品中残留的孔雀石绿或结晶紫用硼氢化钾还原为其相应的代谢产物隐色孔雀石绿或隐色结晶紫,乙腈-乙酸铵缓冲混合液提取,二氯甲烷液液萃取,固相萃取柱净化,反相色谱柱分离,荧光检测器检测,外标法定量。

2. 试剂

除另有规定外,所有试剂均为分析纯,试验用水应符合 GB/T 6682 一级水的标准。

(1)乙腈:色谱纯。

(2)二氯甲烷。

(3)酸性氧化招:分析纯,粒度 0.071mm～0.150mm。

(4)二甘醇。

(5)硼氢化钾。

(6)无水乙酸铵。

(7)冰乙酸。

(8)氨水。

(9)硼氢化钾溶液[0.03mol/L]：称取 0.405g 硼氢化钾于烧杯中，加 250mL 水溶解，现配现用。

(10)硼氢化钾溶液[0.2mol/L]：称取 0.54g 硼氢化钾于烧杯中，加 50mL 水溶解，现配现用。

(11)20%盐酸羟胺溶液：溶解 12.5g 盐酸羟胺在 50mL 水中。

(12)对-甲苯磺酸溶液[0.05mol/L]：称取 0.95g 对-甲苯磺酸，用水稀释至 100mL。

(13)乙酸铵缓冲溶液[0.1mol/L]：称取 7.71g 无水乙酸铵溶解于 1000mL 水中，氨水调 pH 到 10.0。

(14)乙酸铵缓冲溶液[0.125mol/L]：称取 9.64g 无水乙酸铵溶解于 1000mL 水中，冰乙酸调 pH 到 3.5。

(15)酸性氧化铝固相萃取柱：500mg，3mL。使用前用 5mL 乙腈活化。

(16)VarianPRS 柱或相当者：500mg，3mL。使用前用 5mL 乙腈活化。

(17)标准品：孔雀石绿(MG)分子式为$[(C_{23}H_{25}N_2)(C_2HO_4)]_2C_2H_2O_4$，结晶紫(GV)分子式为 $C_{23}H_{29}ClN_3$，纯度大于 98%。

(18)标准储备溶液：准确称取适量的孔雀石绿、结晶紫标准品，用乙腈分别配制成 $100\mu g/mL$ 的标准贮备液。

(19)混合标准中间液(1μg/mL)：分别准确吸取 1.00mL 孔雀石绿和结晶紫的标准储备溶液至 100mL 容量瓶中，用乙腈稀释至刻度，配制成 $1\mu g/mL$ 的混合标准中间溶液。－18℃避光保存。

(20)混合标准工作溶液：根据需要，临用时准确吸取一定量的混合标准中间溶液，加入硼氢化钾溶液 0.40mL，用乙腈准确稀释至 2.00mL，配制适当浓度的混合标准工作液。

3. 仪器与设备

(1)高效液相色谱仪：配荧光检测器。

(2)匀浆机。

(3)离心机：4000r/min。

(4)旋涡振荡器。

(5)固相萃取装置。

(6)旋转蒸发仪。

4. 样品制备

(1)取样

鱼去鳞、去皮，沿背脊取肌肉部分；虾去头、壳、肠腺，取肌肉部分；蟹、甲鱼等取可食部分。样品切为不大于 0.5cm×0.5cm×0.5cm 的小块后混合。

(2)提取

称取 5.00g 样品于 50mL 离心管内,加入 10mL 乙腈,10000r/min 匀浆提取 30s,加入 5g 酸性氧化招,振荡 2min,4000r/min 离心 10min,上清液转移至 125mL 分液漏斗中,在分液漏斗中加入 2mL 二甘醇,3mL 硼氢化钾溶液,振摇 2min。

另取 50mL 离心管加入 10mL 乙腈,洗涤匀浆机刀头 10s,洗涤液移入前一离心管中,加入 3mL 硼氢化钾溶液,用玻棒捣散离心管中的沉淀并搅匀,漩涡混匀器上振荡 1min,静置 20min,4000r/min 离心 10min,上清液并入 125mL 分液漏斗中。

在 50mL 离心管中继续加入 1.5mL 盐酸羟胺溶液、2.5mL 对-甲苯磺酸溶液、5.0mL 乙酸铵缓冲溶液,振荡 2min,再加入 10mL 乙腈,继续振荡 2min,4000r/min 离心 10min,上清液并入 125mL 分液漏斗中,重复上述操作一次。

在分液漏斗中加入 20mL 二氯甲烷,具塞,剧烈振摇 2min,静置分层,将下层溶液转移至 250mL 茄形瓶中,继续在分液漏斗中加入 5mL 乙腈、10mL 二氯甲烷,振摇 2min,把全部溶液转移至 50mL 离心管,4000r/min 离心 10min,下层溶液合并至 250mL 茄形瓶,45℃旋转蒸发至近干,用 2.5mL 乙腈溶解残渣。

(3)净化

将 PRS 柱安装在固相萃取装置上,上端连接酸性氧化铝固相萃取柱,用 5mL 乙腈活化,转移提取液到柱上,再用乙腈洗茄形瓶两次,每次 2.5mL,依次过柱,弃去酸性氧化铝柱,吹 FRS 柱近干,在不抽真空的情况下,加入 3mL 等体积混合的乙腈和乙酸铵溶液(4.13),收集洗脱液,乙腈定容至 3mL,过 0.45μm 滤膜,供液相色谱测定。

5. 测定

(1)色谱条件

色谱柱: $ODS-C_{18}$ 柱,250mm×4.6mm(内径),粒度 5μm。

流动相:乙腈＋乙酸铵缓冲溶液(0.125mol/L,pH4.5)＝80＋20。

流速:1.3mL/min。

柱温:35℃。

激发波长:265nm。

发射波长:360nm。

进样量:20μL

(2)色谱分析

分别注入 20μL 孔雀石绿和结晶紫混合标准工作溶液及样品提取液于液相色谱仪中,按上述色谱条件进行色谱分析,记录峰面积,响应值均应在仪器检测的线性范围之内。根据标准品的保留时间定性,外标法定量。

6. 结果

(1)计算

样品中孔雀石绿和结晶紫的残留量按式(6-41)计算。

$$X = \frac{A \times c_s \times V}{A_s \times m} \qquad \cdots\cdots\cdots\cdots\cdots\cdots\cdots(6-41)$$

式中:X——样品中待测组分残留量,单位为毫克每千克(mg/kg);

c_s——待测组分标准工作液的浓度,单位为微克每毫升(μg/mL);

　　A——样品中待测组分的峰面积；

A_s——待测组分标准工作液的峰面积；

　　V——样液最终定容体积，单位为毫升(mL)；

　　m——样品质量，单位为克(g)。

（2）线性范围

孔雀石绿和结晶紫混合标准溶液的线性范围：0.1ng/mL～600ng/mL。

（3）检出限

本方法孔雀石绿、结晶紫的检出限均为 0.5μg/kg。

（4）回收率

在样品中添加 0.4μg/kg～100μg/kg 孔雀石绿时，回收率为 70%～110%。在样品中添加 0.4μg/kg～100μg/kg 结晶紫时，回收率为 70%～110%。

（5）重复性

本方法的相对标准偏差≤15%。

第十二节　动物源产品中喹诺酮类残留量的测定

　　喹诺酮(quinolone)是一类人工合成的含 4-喹诺酮基本结构，对细菌 DNA 螺旋酶具有选择性抑制的抗菌剂。1962 年最早的喹诺酮类药物萘啶酸首先用于临床，由于其抗菌谱窄、口服吸收差、副作用高等原因现在已很少使用，当前应用的喹诺酮大多为含有氟原子的氟喹诺酮类。由于喹诺酮既不是微生物分泌物又不是微生物分泌物的类似物，所以严格来说其不是抗生素(Antibiotic)而只是人工合成的抗菌剂(Antibacterial)。动物源产品中喹诺酮类残留量的测定方法如下。

1. 原理

试样中喹诺酮类残留，采用甲酸-乙腈提取，提取液用正己烷净化。液相色谱-串联质谱仪测定，外标法定量。

2. 试剂和材料

（1）水：应符合 GB/T 6682 中一级水的规定。

（2）乙腈：液相色谱级。

（3）冰乙酸：液相色谱级。

（4）正己烷：液相色谱级。

（5）甲酸：优级纯。

（6）乙腈饱和的正己烷：量取正己烷溶液 80mL 于 100mL 分液漏斗中，加入适量乙腈后，剧烈振摇，待分配平衡后，弃去乙腈层既得。

（7）2%甲酸溶液：2mL 甲酸用水稀释至 1000mL，混匀。

（8）甲酸-乙腈溶液：98mL 乙腈中加入 2mL 甲酸，混匀。

（9）伊诺沙星、氧氟沙星、诺氟沙星、培氟沙星、环丙沙星、洛美沙星、丹诺沙星、恩诺沙星、沙拉沙星、双氟沙星、司帕沙星标准品：纯度≥99%。

（10）11 种喹诺酮类标准贮备溶液：0.1mg/mL。分别准确称取适量的每种喹诺酮标准品,用乙腈配制成 0.1mg/mL 的标准贮备溶液(4℃保存可使用 3 个月)。

(11)11 种喹喏酮类标准中间溶液:10μg/mL。分别准确量取适量的每种喹诺酮标准贮备溶液,用乙腈稀释成 10μg/mL 的标准中间溶液(4℃保存可使用 1 个月)。

(12)11 种喹诺酮类混合标准工作溶液:准确量取适量的喹喏酮类标准中间溶液,用甲酸-乙腈溶液配制成浓度系列为 5.0ng/mL、10.0ng/mL、25.0ng/mL、50.0ng/mL、100.0ng/mL、250.0ng/mL、500.0ng/mL 的喹诺酮类混合标准工作溶液(4℃保存可使用1周)。

(13)11 种喹诺酮类混合标准添加溶液:100ng/mL。准确量取适量的喹喏酮类标准中间溶液,用乙腈稀释成 100ng/mL 的喹喏酮类标准添加溶液(4℃保存可使用 1 周)。

3. 仪器

(1)液相色谱-串联质谱仪:配有电喷雾离子源。

(2)高速组织捣碎机。

(3)均质器。

(4)旋转蒸发仪。

(5)氮吹仪。

(6)涡流混匀器。

(7)离心机:转速 4000r/min。

(8)分析天平:感量 0.01mg 和 0.01g 各一台。

(9)移液器:200pL,lmL。

(10)棕色鸡心瓶:100mL。

(11)聚四氟乙烯离心管:50mL。

(12)分液漏斗:125mL。

(13)一次性注射式滤器:配有 0.45μm 微孔滤膜。

(14)样品瓶:2mL,带聚四氟乙烯旋盖。

4. 试样制备与保存

(1)试样制备

样品经高速组织捣碎机均匀捣碎,用四分法缩分出适量试样,均分成两份,装入清洁容器内,加封后作出标记。一份作为试样,一份作为留样。

(2)试样保存

试样应在−20℃条件下保存。

5. 测定步骤

(1)标准曲线制备

制备混合标准工作液(4.12),浓度系列分别为 5.0ng/mL、10.0ng/mL、25.0ng/mL、50.0ng/mL、100.0ng/mL、250.0ng/mL、500.0ng/mL(分别相当于测试样品含有 1.0μg/kg、2.0μg/kg、5.0μg/kg、10.0μg/kg、20.0μg/kg、50.0μg/kg、100.0μg/kg 目标化合物)。按7.4 的规定测定并制备标准曲线。

(2)提取

称取 5.0g 试样,置于50mL 聚四氟乙烯离心管中,加入 20mL 甲酸-乙腈溶液(4.8),用均质器均质 1min,然后,于离心机上以 4000r/min 的速率离心 5min,将上清液移入另一个 50mL 聚四氟乙烯离心管中。将离心残渣用 20mL 甲酸-乙腈溶液(4.8)再提取一次,合并上清液。

(3)净化

将上清液转移到 125mL 分液漏斗中,于上清液中加入 25mL 乙腈饱和的正己烷(4.6),振摇 2min,弃去上层溶液,将下层溶液移至 100mL 棕色鸡心瓶中,于 40℃水浴中旋转蒸发至近干,用氮气流吹干。准确加入 1.0mL 甲酸-乙腈溶液(4.8)溶解残渣,涡流混匀后,用一次性注射式滤器过滤至样品瓶中,供液相色谱-串联质谱仪测定。

(4)测定

a)液相色谱条件

色谱柱:C_{18} 柱(可用 IntersilODS-3,粒径 5μm,柱长 150mm,内径 4.6mm 或相当者);

流动相:乙腈+2%甲酸溶液(梯度洗脱见表 6-15);

表 6-15

时间/min	乙腈/(%)	2%甲酸溶液/(%)
0	15	85
20	17	83

流速:0.8mL/min;

进样量:20mU

b)质谱条件

离子源,电喷雾离子源;

扫描方式:正离子扫描;

检测方式:多反应监测;

电喷雾电压:5500V;

雾化气压力:0.413MPa;

气帘气压力 344MPa;

辅助气压力:0.586MPa;

离子源温度:500℃;

定性离子对、定量离子对、碰撞气能量和去簇电压,见表 6-16。

表 6-16

名 称	定性离子对/(m/z)(母离子/子离子)	定量离子对/(m/z)(母离子/子离子)	碰撞气能量/eV	去簇电压/V
伊诺沙星	320.9/303.0 320.9/234.0	320.9/303.0	30 33	93 76

续表 6-16

名　称	定性离子对/(m/z) (母离子/子离子)	定量离子对/(m/z) (母离子/子离子)	碰撞气能量/eV	去簇电压/V
氧氟沙星	361.9/318.0 361.9/261.0	361.9/318.0	29 41	89 104
诺氟沙星	320.0/302.0 320.0/233.0	320.0/302.0	33 36	92 77
培氟沙星	334.0/316.0 334.0/290.0	334.0/316.0	33 28	95 77
环丙沙星	332.0/314.0 332.0/230.9	332.0/314.0	32 53	92 92
洛美沙星	351.9/265.0 351.9/334.0	351.9/265.0	36 30	78 99
丹诺沙星	358.0/340.0 358.0/254.9	358.0/340.0	36 55	95 95
恩诺沙星	360.0/316.0 360.0/244.9	360.0/316.0	29 40	90 90
沙拉沙星	386.0/299.0 386.0/367.9	386.0/299.0	45 42	83 83
双氟沙星	400.0/356.0 400.0/382.0	400.0/356.0	30 35	90 100
司帕沙星	393.0/349.0 393.0/292.0	393.0/349.0	30 36	109 109

c)液相色谱-串联质谱测定

用混合标准工作溶液分别进样,以峰面积为纵坐标,工作溶液浓度(ng/mL)为横坐标。绘制标准工作曲线。用标准工作曲线对样品进行定量,样品溶液中 11 种目标化合物响应值均应在仪器测定的线性范围内。在上述色谱条件和质谱条件下,11 种目标化合物的参考保留时间见表6-17。

表6-17

名　称	保留时间/min	名　称	保留时间/min
伊诺沙星	6.20	丹诺沙星	10.02
氧氟沙星	7.26	恩诺沙星	11.03
诺氟沙星	7.35	沙拉沙星	16.36
培氟沙星	7.89	双氟沙星	17.22
环丙沙星	8.14	司帕沙星	17.99
洛美沙星	9.09		

6. 结果计算

试样中每种喹诺酮类残留量按式(6-42)计算：

$$X = C \times \frac{V}{m} \times \frac{1000}{1000} \qquad\qquad (6-42)$$

式中：X——试样中被测组分残留量,单位为微克每千克(μg/kg)；

C——从标准工作曲线得到的被测组分溶液浓度,单位为纳克每毫升(ng/mL)；

V——试样溶液定容体积,单位为毫升(mL)；

m——试样溶液所代表的质量,单位为克(g)。

注：计算结果应扣除空白值。

第十三节　动物源性食品中氯霉素类药物残留量的测定

氯霉素是世界上首种完全由合成方法大量制造的广谱抗生素,对很多不同种类的微生物均起著作用。它因价钱低廉的关系,现时仍然盛行于一些低收入国家；但在其他西方国家经已甚少使用,这是由于它的副作用的关系：会引致致命的再生不良性贫血。现时,氯霉素主要是用在医治细菌性结膜炎的眼药水或药膏上。

1. 原理

针对不同动物源性食品中氯霉素、甲砜霉素和氟甲砜霉素残留,分别采用乙腈、乙酸乙酯-乙醚或乙酸乙酯提取,提取液用固相萃取柱进行净化,液相色谱-质谱/质谱仪测定,氯霉素采用内标法定量,甲砜霉素和氟甲砜霉素采用外标法定量。

2. 试剂和材料

除非另有说明,在分析中仅使用确认为分析纯的试剂和二次去离子水或相当纯度的水。

(1)甲醇：液相色谱级。

(2)乙腈：液相色谱级。

(3)丙酮：液相色谱级。

(4)正丙醇：液相色谱级。

(5)正己烷:液相色谱级。

(6)乙酸乙酯:液相色谱级。

(7)乙醚。

(8)乙酸钠。

(9)乙酸铵。

(10)葡萄糖醛酸苷酶:约 40000 活性单位。

(11)乙腈饱和正己院:取 200mL 正己烷于 250mL 分液漏斗中,加入少量乙腈,剧烈振摇,静置分层后,弃去下层乙腈层即得。

(12)丙酮-正己烷(1+9):丙酮、正己烷按体积比 1:9 混匀。

(13)丙酮-正己烷(6+4):丙酮、正己烷按体积比 6:4 混匀。

(14)乙酸乙酯-乙醚(75+25):75mL 乙酸乙酯与 25mL 乙醚溶液混匀。

(15)乙酸钠缓冲液(0.1mol/L):称取乙酸钠 16g 于 1000mL 容量瓶中,加入 980mL 水溶解并混匀,用乙酸调 pH 到 5.0,定容至刻度混匀。

(16)乙酸铵溶液(10mmol/L):称取乙酸铵 0.77g 于 1000mL 容量瓶中,用水定容至刻度混匀。

(17)氯霉素、甲砜霉素和氟甲砜霉素标准物质:纯度≥99.0%。

(18)氯霉素氘代内标(氯霉素- D_5)物质:纯度≥99.9%。

(19)标准储备溶液:分别准确称取适量的氯霉素、甲砜霉素和氟甲砜霉素标准物质(精确到 0.1mg),用乙腈配成 500μg/mL 的标准储备溶液(4℃避光保存可使用 6 个月)。

(20)氯霉素、甲砜霉素和氟甲砜霉素标准中间溶液:分别准确移取适量的氯霉素、甲砜霉素和氟甲砜霉素标准储备溶液,用乙腈稀释成 50Mg/mL 的氯霉素、甲砜霉素和氟甲砜霉素标准中间溶液(4℃避光保存可使用 3 个月)。

(21)氯霉素、甲砜霉素和氟甲砜霉素混合标准工作溶液:分别准确移取适量的氯霉素、甲砜霉素和氟甲砜霉素标准中间溶液,用流动相稀释成合适的混合标准工作溶液(现用现配)。

(22)氯霉素氘代内标(氯霉素- D_5)储备溶液:准确称取适量的氯霉素- d5 标准物质(精确到 0.1mg),用乙腈配成 100μg/mL 的标准储备溶液(4℃避光保存可使用 12 个月)。

(23)氯霉素氘代内标(氯霉素- D_5)中间溶液:准确移取适量的氯霉素- D_5 储备溶液,用乙腈配成 1μg/mL 内标中间溶液(4℃:避光保存可使用 6 个月)。

(24)氯霉素氘代内标(氯霉素- D_5)工作溶液:准确移取适量的氯霉素- D_5 中间溶液,用乙腈配成 0.1μg/mL 内标工作溶液(4℃:避光保存可使用 2 周)。

(25)LC - Si 固相萃取柱或相当者:200mg,3mL。

(26)EN 固相萃取柱或相当者:200mg,3mL。

(27)一次性注射式滤器:配有 0.45μm 微孔滤膜。

3. 仪器和设备

(1)液相色谱-串联质谱仪:配有电喷雾离子源。

(2)高速组织捣碎机。

(3)均质器。

(4)旋转蒸发仪。

(5)分析天平。

(6)移液枪:200μL、1mL。

(7)心形瓶:100mL,棕色。

(8)分液漏斗:200mL。

(9)聚四氟乙烯离心管:50mL。

(10)离心机。

(11)涡旋混合器。

(12)固相萃取装置。

4. 试样制备与保存

(1)试样的制备

从原始样品中取出部分有代表性样品,经高速组织捣碎机均匀捣碎或混匀,用四分法缩分出适量试样,均分成两份,装入清洁容器内,加封后作出标记,一份作为试样,一份作为留样。

(2)试样的保存

试样应在-20℃条件下保存。

5. 测定步骤

(1)提取

a)动物组织(肝、肾除外)与水产品

称取试样5g(精确至0.01g),置于50mL离心管中,加入100μL氯霉素氘代内标(氯霉素-D_5)工作溶液和30mL乙腈,匀浆,离心5min。将上清液移入250mL分液漏斗中,加15mL乙腈饱和的正己烷,振荡5min,静置分层,转移乙腈层至100mL棕色心形瓶中。残渣中再加入30mL乙腈,振摇3min,离心5min,取上清液转移至同一分液漏斗,振荡5min,静置分层,转移乙腈层至同一棕色心形瓶中。向心形瓶中加入5mL正丙醇,于40℃水浴中旋转蒸发近干,用氮气吹干,加5mL丙酮-正己烷溶解残渣。

b)动物肝、肾组织

称取试样5g(精确至0.01g),置于50mL离心管中,加入30mL乙酸钠缓冲液,均质2min,加入300μLβ-葡萄糖醛酸苷酶,于37℃温育过夜。消解样品中加入100氯霉素氘代内标(氯霉素-D_5)工作溶液,20mL乙酸乙酯-乙醚,振摇2min,离心5min。取上层有机层加入心形瓶中,在40℃水浴中旋转蒸发近干,用氮气吹干,加5mL丙酮-正己烷溶解残渣。

c)蜂蜜

称取蜂蜜试样5g(精确至0.01g),置于50mL离心管中,加入100mL氯霉素氘代内标(氯霉素-D_5)工作溶液(2.24),5mL水,混匀,再加入20mL乙酸乙酯,振摇2min,离心5min,移取有机层到100mL棕色心形瓶中,于离心管中再加入20mL乙酸乙酯,振摇2min,离心5min,合并有机层于棕色心形瓶中,40℃水浴中旋转蒸发至干,3mL水溶解残渣,混匀。

(2)净化

a)动物组织与水产品

用5mL丙酮-正己烷淋洗LC-Si硅胶小柱,弃去淋洗液,将残渣溶解溶液转移到固相萃取小柱上,弃去流出液,用 5mL 丙酮-正己烷洗脱,收集洗脱液于心形瓶中,40℃水浴中旋转蒸发至近干,氮气吹干,用 1mL 水定容,定容液过 0.45μm 滤膜至进样瓶,待测定。

b)蜂蜜

分别用 5mL 甲醇,5mL 水活化 EN 固相萃取柱,将提取液转移上柱,用 5mL 水淋涤,用玻璃棒压干 1min,用 3mL 乙酸乙酯洗脱,洗脱液用氮气吹干,用 1mL 水定容,定容液通过 0.45μm 滤膜至进样瓶,待测定。

(3)液相色谱-质谱/质谱测定

a)液相色谱条件

色谱柱:$ZorbaxSB-C_{18}$,5μm,2.1mm×150mm,或与之相当者;

流动相:水-乙腈-10mmol/L 乙酸铵溶液,梯度洗脱程序参见表 6-18;

表 6-18

时间/min	水/%	乙腈/%	10mmol/L 乙酸铵溶液/%
0.00	70	25	5
2.00	25	70	5
3.00	25	70	5
8.00	70	25	5

流速:0.6mL/min;

进样量:20μL;

柱温:40℃

b)定性测定

按照上述条件测定样品和建立标准工作曲线,如果样品中化合物质量色谱峰的保留时间与标准溶液的保留时间相比在允许偏差±2.5%之内;待测化合物定性离子对的重构离子色谱峰的信噪比大于或等于 3(S/N≥3),定量离子对的重构离子色谱峰的信噪比大于或等于 10(S/N≥10);定性离子对的相对丰度与浓度相当的标准溶液相比,相对丰度偏差不超过表 6-19 的规定,则可判断样品中存在相应的目标化合物。

表 6-19

相对离子丰度/%	>50	>20~50	>10~20	≤10
允许的相对偏差/%	±20	±25	±30	±50

c)定量测定

氯霉素使用内标法定量;甲砜霉素和氟甲砜霉素使用外标法定量。

6. 结果计算

试样中目标化合物残留量使用仪器数据处理系统或氯霉素残留量按式(6-43)计算

$$X = \frac{c \times c_i \times A \times A_{si} \times V}{c_{si} \times A_i \times A_s \times W} \times \frac{1000}{1000} \quad \cdots\cdots\cdots\cdots (6-43)$$

甲砜霉素和氟甲砜霉素按式(6-44)计算：

$$X = \frac{c \times A \times V}{A_s \times W} \times \frac{1000}{1000} \quad \cdots\cdots\cdots\cdots\cdots\cdots\cdots (6-44)$$

式中：X——试样中待测组分残留量，单位为微克每千克($\mu g/kg$)；

    c——标准工作溶液的浓度，单位为纳克每毫升(ng/mL)；

    c_{si}——标准工作溶液中内标物的浓度，单位为纳克每毫升(ng/mL)；

    c_i——样液中内标物的浓度，单位为纳克每毫升(ng/mL)；

    A_s——标准工作溶液的峰面积；

    A——样液中待测目标物的峰面积；

    A_{si}——标准工作溶液中内标物的峰面积；

    A_i——样液中内标物的峰面积；

    V——试样定容体积，单位为毫升(mL)；

    W——样品称样量，单位为克(g)。

注：计算结果应扣除空白值。

7. 测定低限

液相色谱-质谱/质谱法对氯霉素测定低限为 $0.1\mu g/kg$；甲砜霉素和氟甲砜霉素为 $0.1\mu g/kg$。

第十四节　动物源性食品中硝基呋喃类药物代谢物残留量检测方法

硝基呋喃类药物(Nitrofurans)是一类合成的抗菌药物，它们作用于微生物酶系统，抑制乙酰辅酶 A，干扰微生物糖类的代谢，从而起抑菌作用。硝基呋喃类药物很不稳定，很容易生成代谢物，由于代谢物比较稳定也有致癌作用，所以在食品安全的检测中检测硝基呋喃代谢物。动物源性食品中硝基呋喃类药物代谢物残留量检测方法如下。

1. 原理

样品经盐酸水解，邻硝基笨甲醛过夜衍生，调 pH 值 7.4 后，用乙酸乙酯提取，正己烷净化。分析物采用高效液相色谱/串联质谱定性检测，采用稳定同位素内标法进行定量测定。

2. 试剂和材料

除非另有说明，所有试剂均为分析纯，水为 GB/T 6682 规定的一级水。

(1)甲醇：高效液相色谱级。

(2)乙腈：高效液相色谱级。

(3)乙酸乙酯：高效液相色谱级。

(4)正己烷：高效液相色谱级。

(5)浓盐酸。

(6)氢氧化钠。

(7)甲酸：高效液相色谱级。

(8)邻硝基苯甲醛。

(9)三水磷酸钾。

(10)乙酸铵。

(11)0.2mol/L 盐酸溶液:准确量取 17mL 浓盐酸用水定容至 1L。

(12)2.0mol/L 氢氧化钠溶液:准确称取 80g 氢氧化钠,用水溶解并定容至 1L。

(13)0.1mol/L 邻硝基苯甲醛溶液:准确称取 1.5g 邻硝基苯甲醛,用甲醇溶解并定容至 100mL。

(14)0.3mol/L 磷酸钾溶液:准确称取 79.893g 三水磷酸钾,用水溶解并定容至 1L。

(15)乙腈饱和的正己烷:量取正己烷 80mL 于 100mL 分液漏斗中,加入适量乙腈后,剧烈振摇,待分配平衡后,弃去乙腈层即得。

(16)0.1‰甲酸水溶液(含 0.0005mol/L 乙酸铵):准确进取 1mL 甲酸和称取 0.0386g 乙酸铵于 1L 容量瓶中,用水定容至 1L。

(17)标准物质:3-氨基-2-恶唑酮、5-吗啉甲基-3 氨基-恶唑烷基酮、1-氨基-乙内酰脲、氨基脲,纯度≥99%。

(18)内标物质:3-氨基-2 恶唑酮的内标物,D_4—AOZ;5-吗啉甲基-3 氧基-2-恶唑烷基酮的内标物,D_5—AMOZ;1-氨基-乙内酰脲的内标物,^{13}C-AHD;氨基脲的内标物,$^{13}C^{15}N$-SEM,纯度≥99%。

(19)标准储备液:分别准确称取适量标准品(精确至 0.0001g),用乙腈溶解,配制成浓度为 100mg/L 的标准储备溶液,-18℃冷冻避光保存,有效期 3 个月。

(20)混合中间标准溶液:准确移取标准储备液各 1mL 于 100mL 容量瓶中,用乙腈定容至刻度,配制成浓度为 1mg/L 的混合中间标准溶液,4℃冷藏避光保存,有效期 1 个月。

(21)混合标准工作溶液:准确移取 0.1mL 混合中间标准溶液于 10mL 容量瓶中,用乙腈走容至刻度,配制成浓度为 0.01mg/L 的混合标准工作溶液,4℃冷藏避光保存,有效期 1 周。

(22)内标储备液:准确称取适量内标物质(精确至 0.0001g),用乙腈溶解,配制成浓度为 100Mg/L 的标准储备溶液,-18℃冷冻避光保存,有效期 3 个月。

(23)中间内标标准浓液:准确移取 1mL 内标储铬液于 100mL 容量瓶中,用乙腈定容至刻度,配制成浓度为 1mg/L 的中间内标标准溶液,4℃冷藏避光保存,有效期 1 个月。

(24)混合内标标准溶液:准确移取中间内标标准溶液各 0.1mL 容量瓶中,用乙腈定容至刻度,配制成浓度为 0.1mg/L 的混合内标标准溶液,4℃冷藏避光保存,有效期 1 周。

(25)微孔滤膜:0.20μm,有机相。

(26)氮气:纯度≥99.999%。

(27)氩气:纯度≥99.999%。

3. 仪器和设备

(1)液相色谱/串联质谱仪:配备电喷雾离子源(ESI)。

(2)组织捣碎机。

(3)分析天平:感量 0.0001g,0.01g。

(4)均质器:10000r/min

(5)振荡器。

(6)恒温箱。

(7)pH 计:测量精度±0.02pH 单位。

(8)离心机:10000r/min。

(9)氮吹仪。

(10)旋涡混合器。

(11)容量瓶:1L,100mL,10mL。

(12)具塞塑料离心管:50mL。

(13)刻度试管:10mL。

(14)移液枪:5mL,1mL,100μL。

4. 试样制备与保存

(1)肌肉、内脏、鱼和虾

从原始样品取出有代表性样品约 500g,用组织捣碎机充分捣碎混匀,均分成两份,分别装入洁净容器作为试样,密封,并标明标记。将试样置于−18℃冷冻避光保存。

(2)肠衣

从原始样品取出有代表性样品约 100g,用剪刀剪成长<5mm 的方块,混匀后均分成两份,分别装入洁净容器作为试样,密封,并标明标记。将试样置于−18℃冷冻避光保存。

(3)蛋

从原始样品取出有代表性样品约 500g,去壳后用组织捣碎机掠拌充分混匀,均分成两份,分别装入洁净容器作为试样,密封,并标明标记,将试样置于4℃冷冻避光保存。

(4)奶和蜂蜜

从原始样品取出有代表性样品约 500g,用组织捣碎机充分混匀,均分成两份,分别装入洁净容器作为试样,密封,并标明标记。将试样置于 4℃冷冻避光保存。

注:在制样的操作过程中,应防止样品污染或残留物含量发生变化。

5. 样品处理

(1)水解和衍生化

a)肌肉、内脏、鱼、虾和肠衣

称取约 2g 试样(精确至 0.01g)于 50mL 塑料离心管中,加入 10mL 甲醇-水混合溶液(1+1, 体积比), 振荡 10min 后, 以 4000r/min 离心 5min, 弃去液体。残留物中加入 10mL0.2mol/L 盐酸,用均质器以 10000r/min 均质 1min 后,再依次加入混合内标标准溶液 100μL,邻硝基苯甲醛溶液 100μL,涡动混合 30s 后,再振荡 30min,置 37℃恒温箱中过夜(16h)反应。

b)蛋、奶和蜂蜜

称取约 2g 试样(精确至 0.01g)于 50mL 塑料离心管中,加入 10mL～20mL0.2mol/L 盐酸(以样品完全浸润为准),用均质器以 10000r/min 均质 1min 后,再依次加入混合内标准溶液 100μL,邻硝基苯甲醛溶液 100μL,涡动混合 30s 后,再振荡 30min,置 37℃恒温箱中过夜(16h)反应。

(2)提取和净化

取出样品,冷却至室温,加入 1mL～2mL0.3mol/L 磷酸钾(1mL 盐酸溶液加 0.1mL 磷酸钾溶液),用 2.0mol/L 氢氧化钠调 pH7.4(±0.2)后,再加入 10mL～20mL 乙酸乙酯(乙酸乙酯加入体积与盐酸溶液体积一致),振荡提取 10min 后,以 10000r/min 离心 10min,收集乙酸乙酯层。残留物用 10mL～20mL 乙酸乙酯再提取一次,合并乙酸乙酯层。收集液在40℃下用 N_2 吹干,残渣用 0.1%甲酸水溶液溶解,再用乙腈饱和的正己烷分两次液液分配,去除脂肪。下层水相过 0.2μm 微孔滤膜后,取 10μL 供仪器测定。

(3)混合基质标准溶液的制备

a)肌肉、内脏、鱼、虾和肠衣

称取 5 份约 2g 阴性试样(精确至 0.01g)于 50mL 塑料离心管中,加入 10 甲醇-水混合溶液〔1+1,体积比〕,振荡 10 分钟后,以 4000r/min 离心 5min,弃去液体,残留物中加入10mL0.2mol/L 盐酸,用均质器以 10000r/min 均质 1min 后,按照最终定容浓度:1、5、10、50、100ng/mL,分别加入混合中间标准溶液或混合标准工作溶液,再加入混合内标准溶液100μL,余下操作同 6(1)a)和 6(2)。

b)蛋、奶和蜂蜜

称取 5 份约 2g 的阴性试样(精确至 0.01g)于 50mL 塑料离心管中,加入 10mL～20ml,0.2mol/L 盐酸(以样品完生浸润为准),用均质器以 10000r/min 均质 1min 后按照最终定容浓度:1、5、10、50、100ng/mL,分别加入混合中间标准溶液或混合标准工作溶液,再加入混合内标准溶液 100μL,余下操作同 6(1)a)和 6(2)。

6. 测定

(1)液相色谱条件

色谱柱- XTerraMSC$_{18}$,150mm×2.1mm(内径),3.5μm,或相当者;

柱温:30℃;

流速:0.2mL/min;

进样量:10μL;

流动相及洗脱条件见表6-20。

表6-20

时间/min	流动相 A(乙腈)	流动相 B
0	10%	90%
7.00	90%	10%
10.00	90%	10%
10.01	10%	90%
20.00	10%	90

(2)液相色谱/串联质谱测定

a)定性测定

按用上述条件测定样品和混合基质标准溶液,如果样品的质量色谱峰保留时间与混合基质标准溶液一致；定性离子对的相对丰度与浓度相当的混合基质标准溶液的相对丰度一致，相对丰度偏差不超过表 6-21 的规定，则可判断样品中存在相应的被测物。

表 6-21

相对离子丰度/%	>50	>20~50	>10~20	≤10
允许的相对偏差/%	±20	±25	±30	±50

b)定量到定

按照内标法进行定量计算。

（3）平行试验

按照以上步骤对同一试样进行平行试验测定。

（4）空白试验

除不称取试样外，均按照以上步骤进行。

7. 结果计算

按式(6-45)进行计算

$$X=\frac{R\times c\times V}{R_s\times m} \quad\cdots\cdots\cdots\cdots\cdots\cdots\cdots\cdots\cdots(6-45)$$

式中：X——试样中分析物的含量，单位为微克每千克($\mu g/kg$)；

R——样液中的分析物与内标物峰面积比值；

c——混合基质标准溶液中分析物的浓度，单位为纳克每毫升(ng/mL)；

V——样液最终定容体积，单位为毫升(mL)；

R_s——混合基质标准溶液中的分析物与内标物峰面积比值；

m——试样的质量，单位为克(g)。

注：计算结果需将空白值扣除。

8. 测定低限(LOQ)

本方法的测定低限(LOQ)：AOZ、AMOZ、SEM、AHD，均为 $0.5\mu g/kg$。

第七章　食品微生物的检验

第一节　微生物基础知识

一、微生物基础知识

1. 微生物的定义

所谓微生物是指个体微小，必须借助于显微镜才能看清它们外形的一群低等的、原始的微小生物，如细菌。

2. 微生物的特点

(1)分布广，种类多(10万多种)；

(2)生长旺，繁殖快(大肠杆菌在它的适宜37℃～44℃之间，20min～30min繁殖一代)；

(3)适应性强，易变异；

(4)代谢强，转化快。

3. 微生物的分类

微生物的个体微小，形态构造简单。许多不同种类的微生物在形态上是有差异的。有些差异比较大，容易区分；有些差异非常微小，不易被人们所区分。特别是某些亲缘关系相近的细菌之间，单凭在形态上就难以鉴别。因此，微生物的分类，除了形态可以作为一个基本的依据外，还必须依靠微生物生理上的特性、抗原的特性和脱氧核糖核酸的碱基比例等综合起来进行鉴定。

分类依据：形态特征、生理特征、生活环境的适应特殊性、抗原构造的特异性、生活史、寄生的特异性、其他。

按照微生物适应生长的温度范围，可将微生物分为嗜冷性、嗜温性、嗜热性三个生理类群。

二、食品卫生与微生物

1. 食品中微生物的污染源

水、空气、土壤、人和动植物。

2. 食品中微生物污染途径

(1)通过水而污染(主要途径)；

(2)通过空气而污染；

(3)通过人及动物而污染(人的手、工作服)；

（4）通过用具及杂物而污染。

3. 与食品有关的微生物

细菌、放线菌、酵母菌、霉菌、食用菌、病毒等六大类。

4. 食品变质与微生物

食品中含有蛋白质，脂肪，碳水化合物，这些成份是微生物的生长基质，所以微生物在食品中能够生长繁殖。食品腐败变质的原因有物理学、化学、生物化学和微生物学方面的原因，但最普遍、最主要的因素是微生物。微生物分解食品中的蛋白质、碳水化合物、脂肪等，从而造成食品变质。

防止食品腐败变质最重要的措施是尽可能减少微生物污染和抑制微生物的生长繁殖，其次是对食品采取抑菌或灭菌的方法，控制食品腐败变质，其原理是改变食品的温度、水分、pH 值、渗透压及其他抑菌措施，将食品中微生物杀灭或减弱其生长繁殖的能力。

5. 食品被微生物污染后对人体的危害

自然界有许多微生物存在，其中有少数微生物对人类、动物或植物有病害作用，这类微生物就称为病原微生物，也可称它为致病微生物，或简称致病菌。引起人类病害的微生物有多种，其中一部分是因侵入消化道而引起疾病，与食品卫生有关的致病菌基本上就是这一类的病菌。在自然界中除了少数能引起人体病害的病原微生物存在外，还有大量的、种类繁多的、非致病的腐生微生物存在，其中一部分微生物在一定的条件下，可以引起食品变质。在引起食品变质的微生物中，有些还能产生对人体有毒害的物质，当人体误食含有大量腐生微生物的食品或含有微生物毒素的食品后，就会发生不同程度的中毒。能在食品中产生毒素的微生物，多见于细菌和霉菌。

食品被微生物污染后对人体的危害可分为三种：细菌性食物中毒（常见的食物中毒）、真菌性食物中毒、消化道传染病。

细菌性食物中毒是人们使用了含有致病菌或大量的条件致病菌及其所产生的毒素的食品后所引起的食物中毒。这类食物中毒最为常见，且发病率较高，但病死率较低，患者多表现为明显的胃肠炎症状，其中腹痛、腹泻最为常见。几种致病菌引起人类症状临床表现如下：

（1）沙门氏菌：主要有胃肠炎、类霍乱、类伤寒、类感冒和败血症等。

（2）金黄色葡萄球菌：侵入人体伤口会产生化脓性感染，恶心、多次呕吐、腹痛、血便等。

（3）志贺氏菌：主要有肠炎、痢疾等。

（4）致病性大肠杆菌：胃肠炎、痢疾、出血性肠炎等。

真菌性食物中毒是人们食用了被真菌及其毒素污染的食品引起的食物中的成为真菌性食物中毒。真菌毒素是某些真菌在食品中生长繁殖过程中产生的有毒代谢产物。真菌性食物中毒的发病率较高，病死率因真菌的种类不同而有所差别。

消化道传染病是传染病中的一大类疾病，是由于食用了被微生物或寄生虫污染了的食品而发生的传染性疾病。这种传染病的病原菌具有很强的致病力，仅少量病原菌即可引起疾病的发生，并且人与人之间可以直接传染。如细菌性痢疾、伤寒及副伤寒、霍乱等。

第二节　灭菌和消毒

消毒和灭菌两个词在实际使用中常被混用，其实它们的含义是有所不同的。消毒是指应用消毒剂等方法杀灭物体表面和内部的病原菌营养体的方法，而灭菌是指用物理和化学方法杀死物体表面和内部的所有微生物，使之呈无菌状态。

一、物理方法

1. 温度

利用温度进行灭菌、消毒或防腐，是最常用而又方便有效的方法。高温可使微生物细胞内的蛋白质和酶类发生变性而失活，从而起到灭菌作用，低温通常起抑菌作用。

（1）干热灭菌法

a）灼烧灭菌法：利用火焰直接把微生物烧死。此法彻底可靠，灭菌迅速，但易焚毁物品，所以使用范围有限，只适合于接种针、环、试管口及不能用的污染物品或实验动物的尸体等的灭菌。

b）干热空气灭菌法：这是化验室中常用的一种方法，即把待灭菌的物品均匀地放入烘箱中，升温至 160℃，恒温 2h 即可。此法适用于玻璃皿、金属用具等的灭菌。

（2）湿热灭菌法

在同样的温度下，湿热灭菌的效果比干热灭菌好，这是因为一方面细胞内蛋白质含水量高，容易变性。另一方面高温水蒸汽对蛋白质有高度的穿透力，从而加速蛋白质变性而迅速死亡。

a）巴氏消毒法：有些食物会因高温破坏营养成分或影响质量，如牛奶、酱油、啤酒等，所以只能用较低的温度来杀死其中的病原微生物，这样既保持食物的营养和风味，又进行了消毒，保证了食品卫生。该法一般在 62℃，30min 即可达到消毒目的。此法为法国微生物学家巴斯德首创，故名为巴氏消毒法。

b）煮沸消毒法：直接将要消毒的物品放入清水中，煮沸 15min，即可杀死细菌的全部营养和部分芽孢。若在清水中加入 1％碳酸钠或 2％的石碳酸，则效果更好。此法适用于注射器、毛巾及解剖用具的消毒。

c）间歇灭菌法：上述两种方法在常压下，只能起到消毒作用，很难做到完全无菌。若采用间歇灭菌的方法，就能杀灭物品中所有的微生物。具体做法是：将待灭菌的物品加热至 100℃，30min，杀死其中的营养体。然后冷却，放入 37℃恒温箱中 24h，让残留的芽孢萌发成营养体。第 2 天再重复上述步骤，反复三次，即可达到灭菌的目的。此法不需加压灭菌锅，适于推广，但操作麻烦，所需时间长。

d）加压蒸汽灭菌法：这是发酵工业、医疗保健、食品检测和微生物学化验室中最常用的一种灭菌方法。它适用于各种耐热、体积大的培养基的灭菌，也适用于玻璃器皿、工作服等物品的灭菌。

加压蒸汽灭菌是把待灭菌的物品放在一个可密闭的加压蒸汽灭菌锅中进行的，以大量蒸汽使其中压力升高。由于蒸汽压的上升，水的沸点也随之提高。在蒸汽压达到 1.055kg/

cm² 时,加压蒸汽灭菌锅内的温度可达到 121℃。在这种情况下,微生物(包括芽孢)在 15min~20min 便会被杀死,而达到灭菌目的。如灭菌的对象是砂土、石蜡油等面积大、含菌多、传热差的物品,则应适当延长灭菌时间。

在加压蒸汽灭菌中,要引起注意的一个问题是,在恒压之前,一定要排尽灭菌锅中的冷空气,否则表上的蒸汽压与蒸汽温度之间不具对应关系,这样会大大降低灭菌效果。

(3)影响灭菌的因素

a)不同的微生物或同种微生物的不同菌龄对高温的敏感性不同。多数微生物的营养体和病毒在 50℃~65℃,10min 就会被杀死;但各种孢子、特别是芽孢最能抗热,其中抗热性最强的是嗜热脂肪芽孢杆菌,要在 121℃,12min 才被杀死。对同种微生物来讲,幼龄菌比老龄菌对热更敏感。

b)微生物的数量多少显然会影响灭菌的效果,数量越多,热死时间越长。

c)培养基的成分与组成也会影响灭菌效果。一般讲,蛋白质、糖或脂肪存在,则提高抗热性,pH 在 7 附近,抗热性最强,偏向两极,则抗热能力下降,而不同的盐类可能对灭菌产生不同的影响;固体培养基要比液体培养基灭菌时间长。

(4)灭菌对培养基成分的影响

a)pH 值普遍下降。

b)产生浑浊或沉淀,这主要是由于一些离子发生化学反应而产生浑浊或沉淀。例如 Ca^{2+} 与 PO_4^{3-} 化合,就会产生磷酸钙沉淀。

c)不少培养基颜色加深。

d)体积和浓度有所变化。

e)营养成分有时受到破坏。

2. 辐射

利用辐射进行灭菌消毒,可以避免高温灭菌或化学药剂消毒的缺点,所以应用越来越广,目前主要应用在以下几个方面:

(1)无菌室、食品包装室要用紫外灯杀菌,在每次操作前后必须使用,通常在 $10m^2 \sim 15m^2$ 的空间内,采用 30W 紫外灯照射 5min~15min 即可。

(2)应用 β 射线作食品表面杀菌,γ 射线用于食品内部杀菌。经辐射后的食品,因大量微生物被杀灭,再用冷冻保藏,可使保存期延长。

3. 过滤

采用机械方法,设计一种滤孔比细菌还小的滤膜,做成各种过滤器。通过过滤,只让液体培养基从滤膜中流下,而把各种微生物菌体留在滤膜上面,从而达到除菌的目的。这种灭菌方法适用于一些对热不稳定的体积小的液体培养基的灭菌以及气体的灭菌。它的最大优点是不破坏培养基中各种物质的化学成分,此法常用于不宜作湿热灭菌的培养液的除菌。如抗生素、血清、疫苗等。但是比细菌还小的病毒仍然能留在液体培养基内,有时会给实验带来一定的麻烦。

二、化学方法

一般化学药剂无法杀死所有的微生物,而只能杀死其中的病原微生物,所以是起消毒剂的作用,而不是灭菌剂。

微生物生长繁殖的药物,称为防腐剂。但是一种化学药物是杀菌还是抑菌,常不易严格区分。消毒剂在低浓度时也能杀菌,由于消毒防腐剂没有选择性,因此对一切活细胞都有毒性,不仅能杀死或抑制病原微生物,而且对人体组织细胞也有损伤作用,所以只能用于体表、器械、排泄物和周围环境的消毒。常用的化学消毒剂有石碳酸、来苏水(甲醛溶液)、氯化汞、碘酒、酒精等。

第三节　培养基制备技术

一、玻璃器皿的清洗

在制备培养基的过程中,首先要使用一些玻璃器皿,如试管、三角瓶、培养皿、烧杯和吸管等。这些器皿在使用前都要根据不同的情况,经过一定的处理,洗刷干净。有的还要进行包装,经过灭菌等准备就绪后,才能使用。

1. 新购的玻璃器皿

除去包装沾染的污垢后,先用热肥皂水刷洗,流水冲净,再浸泡于 $1\%\sim2\%$ 的工业盐酸中数小时,使游离的碱性物质除去,再以流水冲净。对容量较大的器皿,如大烧瓶、量筒等,洗净后注入浓盐酸少许,转动容器使其内部表面均沾有盐酸,数分钟后倾去盐酸,再以流水冲净,倒置于洗涤架上将水空干,即可使用。

2. 用过的玻璃器皿

凡确无病原菌或未被带菌物污染的器皿,使用后可随时冲洗,吸取过化学试剂的吸管,可先浸泡于清水中,待到一定数量后再集中进行清洗。有可能被病原菌污染的器皿,必须经过适当消毒后,将污垢除去,用皂液洗刷,再用流水冲洗干净。若用皂液未能洗净的器皿,可用洗液浸泡适当时间后再用清水洗净。洗液的主要成分是重铬酸钾和浓流酸,其作用是将有机物氧化成可溶性物质,以便冲洗。洗液有很强的腐蚀作用,使用时应特别小心,避免溅到衣服、身体和其他物品上。

二、培养基的类型

在化验室中配制的适合微生物生长繁殖或累积代谢产物的任何营养基质,都叫做培养基。由于各类微生物对营养的要求不同,培养目的和检测需要不同,因而培养基的种类很多。我们可根据某种标准,将种类繁多的培养基划分为若干类型。

1. 根据培养基组成物质的化学成分来区分

可以将培养基分为天然培养基、合成培养基和半合成培养基。

(1)天然培养基:天然培养基是指利用各种动、植物或微生物的原料,其成分难以确切知道。用作这种培养基的主要原料有牛肉膏、麦芽汁、蛋白胨、酵母膏、玉米粉、麸皮、各种饼粉、马铃薯、牛奶、血清等。用这些物质配成的培养基虽然不能确切知道它的化学成分,但一般来讲,营养是比较丰富的,微生物生长旺盛,而且来源广泛,配制方便,所以较为常用,尤其适合于配制化验室常用的培养基。这种培养基的稳定性常受生产厂或批号等因素的影响。

（2）合成培养基：合成培养基是一类化学成分和数量完全知道的培养基，它是用已知化学成分的化学药品配制而成。这类培养基化学成分精确、重复性强，但价格昂贵，而微生物又生长缓慢，所以它只适用于做一些科学研究，例如营养、代谢的研究。

（3）半合成培养基：在合成培养基中，加入某种或几种天然成分；或者在天然培养基中，加入一种或几种已知成分的化学药品即成半合成培养基。例如马铃薯蔗糖培养基等。这种培养基在生产实践和化验室中使用最多。

2. 根据培养基的物理状态来区分

可以分为固体培养基、液体培养基和半固体培养基。

（1）液体培养基：所配制的培养基是液态的，其中的成分基本上溶于水，没有明显的固形物，液体培养基营养成分分布均匀，易于控制微生物的生长代谢状态。

（2）固体培养基：在液体培养基中加入适量的凝固剂即成固体培养基。常用作凝固剂的物质有琼脂、明胶、硅胶等，以琼脂最为常用。固体培养基在实际中用得十分广泛。在化验室中，它被用作微生物的分离、鉴定、检验杂菌、计数、保藏、生物测定等。

（3）半固体培养基：如果把少量的凝固剂加入到液体培养基中，就制成了半固体培养基。以琼脂为例，它的用量在 $0.2\% \sim 1\%$ 之间。这种培养基有时可用来观察微生物的动力，有时用来保藏菌种。

3. 根据培养基的用途来区分

可分为选择培养基、增殖培养基、鉴别培养基等。

（1）选择培养基：在培养基中加入某种物质以杀死或抑制不需要的菌种生长的培养基，称之为选择培养基。如链霉素、氯霉素等抑制原核微生物的生长；而制霉菌素、灰黄霉素等能抑制真核微生物的生长；结晶紫能抑制革兰氏阳性细菌的生长等。

（2）增殖培养基：在自然界中，不同种的微生物常生活在一起，为了分离我们所需要的微生物，在普通培养基中加入一些某种微生物特别喜欢的营养物质，以增加这种微生物的繁殖速度，逐渐淘汰其他微生物，这种培养基称为增殖培养基，这种培养基常用于菌种筛选和选择增菌中。在某种程度上讲，增殖培养基也是一种选择培养基。

（3）鉴别培养基：在培养基中加入某种试剂或化学药品，使难以区分的微生物经培养后呈现出明显差别，因而有助于快速鉴别某种微生物。这样的培养基称之为鉴别培养基。例如用以检查饮水和乳品中是否含有肠道致病菌的伊红美蓝培养基就是一种常用的鉴别性培养基。

有些培养基是具有选择和鉴别双重作用。例如食品检验中常用的麦康凯培养基是一例。它含有胆盐、乳糖和中性红。胆盐具有抑制肠道菌以外的细菌的作用（选择性），乳糖和中性红（指示剂）能帮助区别乳糖发酵肠道菌（如大肠杆菌）和不能发酵乳糖的肠道致病菌（如沙门氏菌和志贺氏菌）。

另外，根据培养基的营养成分是否"完全"，可以分为基本培养基、完全培养基和补充培养基，这类术语主要是用在微生物遗传学中。根据培养基用于生产的目的来区分，可以分为种子培养基和发酵培养基。还有专门用于培养病毒等寄生微生物的活组织培养基，如鸡胚等；专门用于培养自养微生物的无机盐培养基等。

三、培养基制备的基本方法和注意事项

1. 培养基配方的选定

同一种培养基的配方在不同著作中常会有某些差别。因此,除所用的是标准方法,应严格按其规定进行配制外,一般均应尽量收集有关资料,加以比较核对,再依据自己的使用目的,加以选用,记录其来源。

2. 培养基的制备记录

每次制备培养基均应有记录,包括培养基名称、配方及其来源、各种成分的牌号、最终pH 值、消毒的温度、制备的日期和制备者等,记录应复制一份,原记录保存备查,复制记录随制好的培养基一同存放、以防发生混乱。

3. 培养基成分的称取

培养基的各种成分必须精确称取并要注意防止错乱,最好一次完成,不要中断。可将配方置于旁侧,每称完一种成分即在配方面做出记号,并将所需称取的药品一次取齐,置于左侧,每种称取完毕后,即移放于右侧。完全称取完毕后,还应再检查一次。

4. 培养基各成分的混合和溶化

培养基所用化学药品均应是化学纯的。使用的蒸煮锅不得为铜锅或铁锅,以防有微量铜或铁混入培养基中,使细菌不易生长。最好使用不锈钢锅加热溶化,可放入大烧杯或大烧瓶中置高压蒸汽灭菌器或流动蒸汽消毒器中蒸煮溶化。在锅中溶化时,可先用温水加热并随时搅动,以防焦化,如发现有焦化现象,该培养基即不能使用,应重新制备。待大部分固体成分溶化后,再用较小火力使所有成分完全溶化,迄至煮沸。如为琼脂溶化,用另一部分水溶化其他成分,然后将两溶液充分混合。在加热溶化过程中,因蒸发而丢失的水分,最后必须加以补足。

5. 培养基 pH 的初步调正

因培养基在加热消毒过程中 pH 会有所变化,培养基各成分完全溶解后,应进行 pH 的初步调正。例如,牛肉浸液约可降低 pH0.2,而肠浸液 pH 却会有显著的升高。因此,对这个步骤,操作者应随时注意总结经验,以期能掌握培养基的最终 pH,保证培养基的质量。pH 调整后,还应将培养基煮沸数分钟,以利培养基沉淀物的析出。

6. 培养基的过滤澄清

液体培养基必须绝对澄清,琼脂培养基也应透明无显著沉淀,因此,需要采用过滤或其他澄清方法以达到此项要求。一般液体培养基可用滤纸过滤法,滤纸应折叠成折扇或漏斗形,以避免因液压不均匀而引起滤纸破裂。

琼脂培养基可用清洁的白色薄绒布趁热过滤。亦可用中间夹有薄层吸水棉的双层纱布过滤。新制肉、肝、血和土豆等浸液时,则须先用绒布将碎渣滤去,再用滤纸反复过滤。如过滤法不能达到澄清要求,则须用蛋清澄清法,即将冷却至 55℃～60℃ 的培养基放入大的三角烧瓶内,装入量不得超过烧瓶容量的 1/2,每 1000mL 培养基加入 1～2 个鸡蛋的蛋白,强力振摇 3min～5min,置高压蒸汽灭菌器中,121℃加热 20min,取出趁热以绒布过滤即可。

7. 培养基的分装

培养基的分装,应按使用的目的和要求,分装于试管、烧瓶等适当容器内。分装量不得

超过容器装盛量的 2/3。容器口可用垫有防湿纸的棉塞封堵,其外还需用防水纸包扎(现试管一般多有用螺旋盖者)。分装时最好能使用半自动或电动的定量分装器。分装琼脂斜面培养基时,分装量应以能形成 2/3 底层和 1/3 斜面的量为宜。分装容器应预先清洗干净并经干烤消毒,以利于培养基的彻底灭菌。每批培养基应另外分装 20mL 培养基于一小玻璃瓶中,随该批培养基同时灭菌,为测定该批培养基最终 pH 之用。

8. 培养基的灭菌

一般培养基可采用 121℃ 高压蒸汽灭菌 15min 的方法。在各种培养基制备方法中,如无特殊规定,即可用此法灭菌。

某些畏热成分,如糖类,应另行配成 20% 或更高的浓液,以过滤或间歇灭菌法消毒,以后再用无菌操作技术,定量加于培养基。明胶培养基亦应用较低温度灭菌。血液、体液和抗生素等则应以无菌操作技术抽取和加入于经冷却约 50℃ 左右的培养基中。

琼脂斜面培养基应在灭菌后立即取出,冷至 55℃～60℃ 时,摆置成适当斜面,待其自然凝固。

9. 培养基的质量测试

每批培养基制备好以后,应仔细检查一遍,如发现破裂、水分浸入、色泽异常、棉塞被培养基沾染等,均应挑出弃去。并测定其最终 pH。

将全部培养基放入(36±1)℃ 恒温箱培养过夜,如发现有菌生长,即弃去。

用有关的标准菌株接种 1～2 管或瓶培养基,培养 24h～48h,如无菌生长或生长不好。应追查原因并重复接种一次,如结果仍同前,则该批培养基即应弃去,不能使用。

10. 培养基的保存

培养基应存放于冷暗处,最好能放于普通冰箱内。放置时间不宜超过一周,倾注的平板培养基不宜超过 3 天。每批培养基均必须附有该批培养基制备记录副页或明显标签。

第四节　接种、分离纯化和培养技术

一、接种

将微生物接到适于它生长繁殖的人工培养基上或活的生物体内的过程叫做接种。

1. 接种工具(见图 7-1)**和方法**

在化验室或工厂实践中,用得最多的接种工具是接种环、接种针。由于接种要求或方法的不同,接种针的针尖部常做成不同的形状,有刀形、耙形等之分。有时滴管、吸管也可作为接种工具进行液体接种。在固体培养基表面要将菌液均匀涂布时,需要用到涂布棒。

常用的接种方法有以下几种:

(1)划线接种:这是最常用的接种方法。即在固体培养基表面作来回直线形的移动,就可达到接种的作用。常用的接种工具有接种环,接种针等。在斜面接种和平板划线中就常用此法。

(2)三点接种:在研究霉菌形态时常用此法。此法即把少量的微生物接种在平板表面上,成等边三角形的三点,让它各自独立形成菌落后,来观察、研究它们的形态。除三点外,

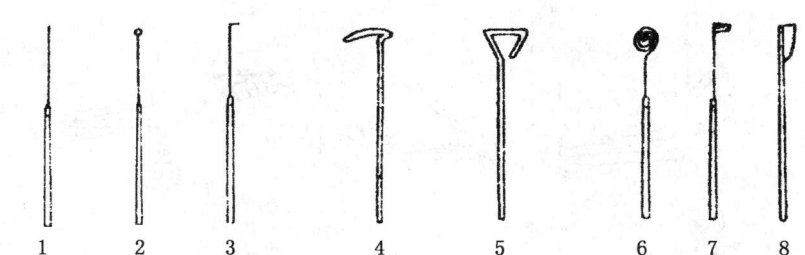

说明：

　　1——接种针；

　　2——接种环；

　　3——接种钩；

4,5——玻璃涂棒；

　　6——接种圈；

　　7——接种锄；

　　8——小解剖刀。

图 7 - 1

也有一点或多点进行接种的。

　　(3)穿刺接种:在保藏厌氧菌种或研究微生物的动力时常采用此法。做穿刺接种时,用的接种工具是接种针。用的培养基一般是半固体培养基。它的做法是:用接种针蘸取少量的菌种,沿半固体培养基中心向管底作直线穿刺,如某细菌具有鞭毛而能运动,则在穿刺线周围能够生长。

　　(4)浇混接种:该法是将待接的微生物先放入培养皿中,然后再倒入冷却至 45℃ 左右的固体培养基,迅速轻轻摇匀,这样菌液就达到稀释的目的。待平板凝固之后,置合适温度下培养,就可长出单个的微生物菌落。

　　(5)涂布接种:与浇混接种略有不同,就是先倒好平板,让其凝固,然后再将菌液倒入平板上面,迅速用涂布棒在表面作来回左右的涂布,让菌液均匀分布,就可长出单个的微生物的菌落。

　　(6)液体接种:从固体培养基中将菌洗下,倒入液体培养基中,或者从液体培养物中,用移液管将菌液接至液体培养基中,或从液体培养物中将菌液移至固体培养基中,都可称为液体接种。

　　(7)注射接种:该法是用注射的方法将待接的微生物转接至活的生物体内,如人或其他动物中,常见的疫苗预防接种,就是用注射接种,接入人体,来预防某些疾病。

　　(8)活体接种:活体接种是专门用于培养病毒或其他病原微生物的一种方法,因为病毒必须接种于活的生物体内才能生长繁殖。所用的活体可以是整个动物;也可以是某个离体活组织,例如猴肾等;也可以是发育的鸡胚。接种的方式是注射,也可以是拌料喂养。

　　2. 无菌操作(见图 7 - 2)

　　培养基经高压灭菌后,用经过灭菌的工具(如接种针和吸管等)在无菌条件下接种含菌

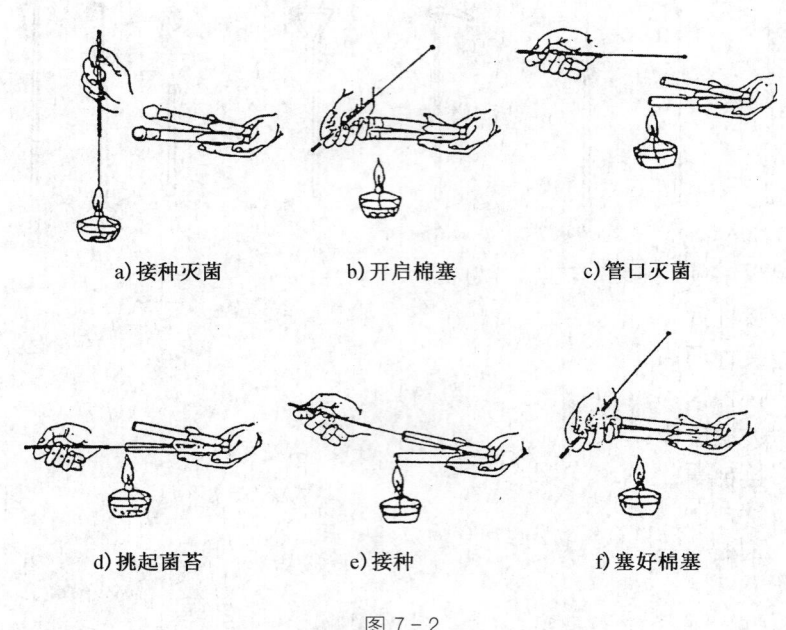

| a) 接种灭菌 | b) 开启棉塞 | c) 管口灭菌 |
| d) 挑起菌苔 | e) 接种 | f) 塞好棉塞 |

图 7 - 2

材料(如样品、菌苔或菌悬液等)于培养基上,这个过程叫做无菌接种操作。在化验室检验中的各种接种必须是无菌操作。

实验台面不论是什么材料,一律要求光滑、水平。光滑是便于用消毒剂擦洗;水平是倒琼脂培养基时利于培养皿内平板的厚度保持一致。在实验台上方,空气流动应缓慢,杂菌应尽量减少,其周围杂菌也应越少越好。为此,必须清扫室内,关闭化验室的门窗,并用消毒剂进行空气消毒处理,尽可能地减少杂菌的数量。

空气中的杂菌在气流小的情况下,随着灰尘落下,所以接种时,打开培养皿的时间应尽量短。用于接种的器具必须经干热或火焰等灭菌。接种环的火焰灭菌方法:通常接种环在火焰上充分烧红(接种柄,一边转动一边慢慢地来回通过火焰三次),冷却,先接触一下培养基,待接种环冷却到室温后,方可用它来挑取含菌材料或菌体,迅速地接种到新的培养基上。然后,将接种环从柄部至环端逐渐通过火焰灭菌,复原。不要直接烧环,以免残留在接种环上的菌体爆溅而污染空间。平板接种时,通常把平板的面倾斜,把培养皿的盖打开一小部分进行接种。在向培养皿内倒培养基或接种时,试管口或瓶壁外面不要接触底皿边,试管或瓶口应倾斜一下在火焰上通过。

二、分离纯化

含有一种以上的微生物培养物称为混和培养物(mixed culture)。如果在一个菌落中所有细胞均来自于一个亲代细胞,那么这个菌落称为纯培养(pure culture)。在进行菌种鉴定时,所用的微生物一般均要求为纯的培养物。得到纯培养的过程称为分离纯化,分离纯化的方法有许多种。

290

1. 倾注平板法（见图 7 - 3a)）

首先把微生物悬液通过一系列稀释,取一定量的稀释液与熔化好的保持在 40℃～50℃ 左右的营养琼脂培养基充分混合,然后把这混合液倾注到无菌的培养皿中,待凝固之后,把 这平板倒置在恒箱中培养。单一细胞经过多次增殖后形成一个菌落,取单个菌落制成悬液, 重复上述步骤数次,便可得到纯培养物。

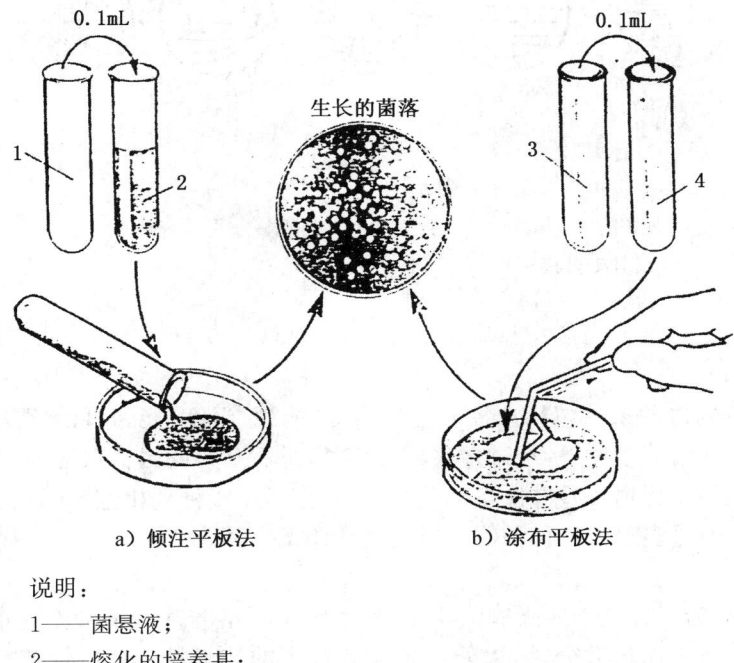

a）倾注平板法　　　　b）涂布平板法

说明:
1——菌悬液;
2——熔化的培养基;
3——培养物;
4——无菌水。

图 7 - 3

2. 涂布平板法（见图 7 - 3b)）

首先把微生物悬液通过适当的稀释,取一定量的稀释液放在无菌的已经凝固的营养琼 脂平板上,然后用无菌的玻璃刮刀把稀释液均匀地涂布在培养基表面上,经恒温培养便可以 得到单个菌落。

3. 平板划线法（见图 7 - 4)

最简单的分离微生物的方法是平板划线法。用无菌的接种环取培养物少许在平板上进 行划线。划线的方法很多,常见的比较容易出现单个菌落的划线方法有斜线法、曲线法、方 格法、放射法、四格法等。当接种环在培养基表面上往后移动时,接种环上的菌液逐渐稀释, 最后在所划的线上分散着单个细胞,经培养,每一个细胞长成一个菌落。

4. 富集培养法

富集培养法的方法和原理非常简单。我们可以创造一些条件只让所需的微生物生长, 在这些条件下,所需要的微生物能有效地与其他微生物进行竞争,在生长能力方面远远超过

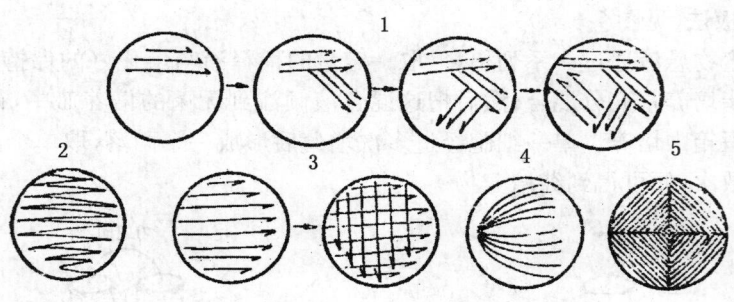

说明：

1——斜线法；

2——曲线法；

3——方格法；

4——放射法；

5——四格法。

图 7 - 4

其他微生物。所创造的条件包括选择最适的碳源、能源、温度、光、pH、渗透压和氢受体等。在相同的培养基和培养条件下，经过多次重复移种，最后富集的菌株很容易在固体培养基上长出单菌落。如果要分离一些专性寄生菌，就必须把样品接种到相应敏感宿主细胞群体中，使其大量生长。通过多次重复移种便可以得到纯的寄生菌。

5. 厌氧法

在化验室中，为了分离某些厌氧菌，可以利用装有原培养基的试管作为培养容器，把这支试管放在沸水浴中加热数分钟，以便逐出培养基中的溶解氧。然后快速冷却，并进行接种。接种后，加入无菌的石蜡于培养基表面，使培养基与空气隔绝。另一种方法是，在接种后，利用 N_2 或 CO_2 取代培养基中的气体，然后在火焰上把试管口密封。有时为了更有效地分离某些厌氧菌，可以把所分离的样品接种于培养基上，然后再把培养皿放在完全密封的厌氧培养装置中。

三、培养

微生物的生长，除了受本身的遗传特性决定外，还受到许多外界因素的影响，如营养物浓度、温度、水分、氧气、pH 等。微生物的种类不同，培养的方式和条件也不尽相同。

1. 影响微生物生长的因素

微生物的生长，除了受本身的遗传特性决定外，还受到外界许多因素的影响。影响微生物生长的因素很多，简要介绍如下：

（1）营养物浓度

细菌的生长率与营养物的浓度的关系为 $\mu = \mu_{max} \times C/(K+C)$。

营养物浓度与生长率的关系曲线是典型的双曲线。

K 值是细菌生长的基本特性常数。它的数值很小，表明细菌所需要的营养浓度非常之低，所以在自然界中，它们到处生长。营养太低时，细菌生长就会遇到困难，甚至还会死亡。

这是因为除了生长需要能量以外,细菌还需要能量来维持它的生存。这种能量称为维持能。另一方面,随着营养物浓度的增加,生长率愈接近最大值。

(2)温度

在一定的温度范围内,每种微生物都有自己的生长温度三基点:最低生长温度、最适生长温度和最高生长温度。在生长温度三基点内,微生物都能生长,但生长速率不一样。微生物只有处于最适生长温度时,生长速度才最快,代时最短。超过最低生长温度,微生物不会生长,温度太低,甚至会死亡。超过最高生长温度,微生物也要停止生长,温度过高。也会死亡。一般情况下,每种微生物的生长温度三基点是恒定的。但也常受其他环境条件的影响而发生变化。

根据微生物最适生长温度的不同,可将它们分为三个类型:

a)嗜冷微生物:其最适生长温度多数在-10℃~20℃之间;

b)中温微生物:其最适生长温度一般在20℃~45℃之间;

c)嗜热微生物:生长温度在45℃以上。

(3)水分

水分是微生物进行生长的必要条件。芽孢、孢子萌发,首先需要水分。微生物是不能脱离水而生存的。但是微生物只能在水溶液中生长,而不能生活在纯水中。各种微生物在不能生长发育的水分活性范围内,均具有狭小的适当的水分活性区域。

(4)氧气

按照微生物对氧气的需要情况,可将它们分为以下五个类型:

a)需氧微生物

这类微生物需要氧气供呼吸之用。没有氧气,便不能生长,但是高浓度的氧气对需氧微生物也是有毒的。很多需氧微生物不能在氧气浓度大于大气中氧气浓度的条件下生长。绝大多数微生物都属于这个类型。

b)兼性需氧微生物

这类微生物在有氧气存在或无氧气存在情况下,都能生长,只不过所进行的代谢途径不同罢了。在无氧气存在的条件下,它进行发酵作用,例如酵母菌的无氧乙醇发酵。

c)微量需氧微生物

这类菌是需要氧气的,但只在0.2MPa下生长最好。这可能是由于它们含有在强氧化条件下失活的酶,因而只有在低压下作用。

d)耐氧微生物

这类微生物在生长过程中,不需要氧气,但也不怕氧气存在,不会被氧气所杀死。

e)厌氧微生物

这类微生物在生长过程中,不需要分子氧。分子氧存在对它们生长产生毒害,不是被抑制,就是被杀死。

2. 培养方法的分类

(1)根据培养时是否需要氧气分

可分为好氧培养和厌氧培养两大类。

好氧培养也称"好气培养"。就是说这种微生物在培养时,需要有氧气加入,否则就不能生长良好。在化验室中,斜面培养是通过棉花塞从外界获得无菌的空气。三角烧瓶液体培养多数是通过摇床振荡,使外界的空气源源不断地进入瓶中。

厌氧培养也称"厌气培养"。这类微生物在培养时,不需要氧气参加。在厌氧微生物的培养过程中,最重要的一点就是要除去培养基中的氧气。一般可采用下列几种方法:

a)降低培养基中的氧化还原电位:常将还原剂如谷胱甘肽、硫基醋酸盐等,加入到培养基中,便可达到目的。有的将一些动物死的或活的组织如牛心、羊脑加入到培养基中,也可适合厌氧菌的生长。

b)化合去氧:这也有很多方法,主要有:用焦性没食子酸吸收氧气;用磷吸收氧气;用好氧菌与厌氧混合培养吸收氧气;用植物组织如发芽的种子吸收氧气;用产生氢气与氧化合的方法除氧。

c)隔绝阻氧:深层液体培养;用石蜡油封存;半固体穿刺培养。

d)替代驱氧:用二氧化碳驱代氧气;用氮气驱代氧气;用真空驱代氧气;用氢气驱代氧气;用混和气体驱代氧气。

(2)根据培养基的物理状态分

可分为固体培养和液体培养两大类。

固质培养:是将菌种接至疏松而富有营养的固体培养基中,在合适的条件下进行微生物培养的方法。

液体培养:在实验中,通过液体培养可以使微生物迅速繁殖,获得大量的培养物,在一定条件下,还是微生物选择增菌的有效方法。

第五节　染　色　技　术

由于微生物细胞含有大量水分(一般在 80%～90% 以上),对光线的吸收和反射与水溶液的差别不大,与周围背景没有明显的明暗差。所以,除了观察活体微生物细胞的运动性和直接计算菌数外,绝大多数情况下都必须经过染色后,才能在显微镜下进行观察。但是,任何一项技术都不是完美无缺的。染色后的微生物标本是死的,在染色过程中微生物的形态与结构均会发生一些变化,不能完全代表其生活细胞的真实情况,染色观察时必须注意。

一、染色的基本原理

微生物染色的基本原理,是借助物理因素和化学因素的作用而进行的。物理因素如细胞及细胞物质对染料的毛细现象、渗透、吸附作用等。化学因素则是根据细胞物质和染料的不同性质而发生各种化学反应。酸性物质对于碱性染料较易吸附,且吸附作用稳固;同样,碱性物质对酸性染料较易于吸附。如酸性物质细胞核对于碱性染料就有化学亲和力,易于吸附。但是,要使酸性物质染上酸性材料,必须把它们的物理形式加以改变(如改变 pH 值),才利于吸附作用的发生。相反,碱性物质(如细胞质)通常仅能染上酸性染料,若把它们变为适宜的物理形式,也同样能与碱性染料发生吸附作用。

细菌的等电点较低,pH 大约在 2～5 之间,故在中性、碱性或弱酸性溶液中,菌体蛋白质电离后带阴电荷;而碱性染料电离时染料离子带阳电。因此,带阴电的细菌常和带阳电的碱性染料进行结合。所以,在细菌学上常用碱性染料进行染色。

影响染色的其他因素,还有菌体细胞的构造和其外膜的通透性,如细胞膜的通透性、膜孔的大小和细胞结构完整与否,在染色上都起一定作用。此外,培养基的组成、菌令、染色液中的电介质含量和 pH、温度、药物的作用等,也能影响细菌的染色。

二、染料的种类和选择

染料分为天然染料和人工染料两种。天然染料有胭脂虫红、地衣素、石蕊和苏木素等,它们多从植物体中提取得到,其成分复杂,有些至今还未搞清楚。目前主要采用人工染料,也称煤焦油染料,多从煤焦油中提取获得,是苯的衍生物。多数染料为带色的有机酸或碱类,难溶于水,而易溶于有机溶剂中。为使它们易溶于水,通常制成盐类。

染料可按其电离后染料离子所带电荷的性质,分为酸性染料、碱性染料、中性(复合)染料和单纯染料四大类。

1. 酸性染料

这类染料电离后染料离子带负电,如伊红、刚果红、藻红、苯胺黑、苦味酸和酸性复红等,可与碱性物质结合成盐。当培养基因糖类分解产酸使 pH 值下降时,细菌所带的正电荷增加,这时选择酸性染料,易被染色。

2. 碱性染料

这类染料电离后染料离子带正电,可与酸性物质结合成盐。微生物化验室一般常用的碱性染料有美兰、甲基紫、结晶紫、碱性复红、中性红、孔雀绿和蕃红等,在一般的情况下,细菌易被碱性染料染色。

3. 中性(复合)染料

酸性染料与碱性染料的结合物叫做中性(复合)染料,如瑞脱氏(Wright)染料和基姆萨氏(Gimsa)染料等,后者常用于细胞核的染色。

4. 单纯染料

这类染料的化学亲和力低,不能和被染的物质生成盐,其染色能力视其是否溶于被染物而定,因为它们大多数都属于偶氮化合物,不溶于水,但溶于脂肪溶剂中,如紫丹类(Sudanb)的染料。

三、制片和染色的基本程序

微生物的染色方法很多,各种方法应用的染料也不尽相同,但是一般染色都要通过制片及一套染色操作程序。

1. 制片

在干净的载玻片上滴上一滴蒸馏水,用接种环进行无菌操作,挑取培养物少许,置载玻片的水滴中,与水混合做成悬液并涂成直径约 1cm 的薄层,为避免因菌数过多聚成集团,不利观察个体形态,可在载玻片之一侧再加一滴水,从已涂布的菌液中再取一环于此水滴中进行稀释,涂布成薄层,若材料为液体培养物或固体培养物中洗下制备的菌液,则直接涂布于载玻片上即可。

2. 自然干燥

涂片最好在室温下使其自然干燥,有时为了使之干得更快些,可将标本面向上,手持载玻片一端的两侧,小心地在酒精灯上高处微微加热,使水分蒸发,但切勿紧靠火焰或加热时间过长,以防标本烤枯而变形。

3. 固定

标本干燥后即进行固定,固定的目的有三个:

(1)杀死微生物,固定细胞结构。

(2)保证菌体能更牢的粘附在载玻片上,防止标本被水冲洗掉。

(3)改变染料对细胞的通透性,因为死的原生质比活的原生质易于染色。

固定常常利用高温,手执载玻片的一端(涂有标本的远端),标本向上,在酒精灯火焰外层尽快的来回通过 3 次～4 次,共约 2s～3s,并不时以载玻片背面加热触及皮肤,不觉过烫为宜(不超过 60℃),放置待冷后,进行染色。

以上这种固定法在微生物化验室中虽然应用较多普遍,但是应当指出,在研究微生物细胞结构时不适用,应采用化学固定法。化学固定法最常用的固定剂有酒精(95%)、酒精和醚各半的混合物、丙酮、1%～2%的锇酸等。锇酸能很快固定细胞但不改变其结构,故较常用。应用锇酸固定细胞的技术如下:在培养皿中放一玻璃,在玻璃上放置玻璃毛细管,在毛细管中注入少量的 1%～2%锇酸溶液,同时在玻璃上再放置湿标本涂片的载玻片,然后把培养皿盖上,经过 1min～2min 后把标本从培养皿中取出,并使之干燥。

4. 染色

标本固定后,滴加染色液。染色的时间各不相同,视标本与染料的性质而定,有时染色时还要加热。染料作用标本的时间平均约 1min～3min,而所有的染色时间内,整个涂片(或有标本的部分)应该浸在染料之中。

若作复合染色,在媒染处理时,媒染剂与染料形成不溶性化合物,可增加染料和细菌的亲和力。一般固定后媒染,但也可以结合固定或染色同时进行。

5. 脱色

用醇类或酸类处理染色的细胞,使之脱色。可检查染料与细胞结合的稳定程度,鉴别不同种类的细菌。常用的脱色剂是 95%酒精和 3%盐酸溶液。

6. 复染

脱色后再用一种染色剂进行染色,与不被脱色部位形成鲜明的对照,便于观察。革氏染色在酒精脱色后用蕃红,石碳酸复红最后进行染色,就是复染。

7. 水洗

染色到一定的时候,用细小的水流从标本的背面把多余的染料冲洗掉,被菌体吸附的染料则保留。

8. 干燥

着色标本洗净后,将标本晾干,或用吸水纸把多余的水吸去,然后晾干或微热烘干,用吸水纸时,切勿使载玻片翻转,以免将菌体擦掉。

9. 镜检

干燥后的标本可用显微镜观察。

综上所述,染色的基本程序为制片→固定→媒染→染色→脱色→复染→水洗→干燥→镜检。

四、染色方法

微生物染色方法一般分为单染色法和复染色法两种。前者用一种染料使微生物染色,但不能鉴别微生物。复染色法是用两种或两种以上染料,有协助鉴别微生物的作用。故亦称鉴别染色法。常用的复染色法有革兰氏染色法和抗酸性染色法,此外还有鉴别细胞各部分结构的(如芽胞、鞭毛、细胞核等)特殊染色法。食品微生物检验中常用的是单染色法和革兰氏染色法。

1. 单染色法

用一种染色剂对涂片进行染色,简便易行,适于进行微生物的形态观察。在一般情况下,细菌菌体多带负电荷,易于和带正电荷的碱性染料结合而被染色。因此,常用碱性染料进行单染色,如美兰、孔雀绿、碱性复红、结晶紫和中性红等。若使用酸性染料,多用刚果红、伊红、藻红和酸性品红等。使用酸性染料时,必须降低染液的 pH,使其呈现强酸性(低于细菌菌体等电点),让菌体带正电荷,才易于被酸性染料染色。

单染色一般要经过涂片、固定、染色、水洗和干燥五个步骤。

染色结果依染料不同而不同:

(1)石碳酸复红染色液:着色快,时间短,菌体呈红色。

(2)美兰染色液:着色慢,时间长,效果清晰,菌体呈兰色。

(3)草酸铵结晶染色液:染色迅速,着色深,菌体呈紫色。

2. 革兰氏染色法

革兰氏染色法是细菌学中广泛使用的一种鉴别染色法,1884 年由丹麦医师 Gram 创立。

细菌先经碱性染料结晶染色,经碘液媒染后,用酒精脱色,在一定条件下有的细菌此色不被脱去,有的可被脱去,因此可把细菌分为两大类,前者叫做革兰氏阳性菌(G^+),后者为革兰氏阴性菌(G^-)。为观察方便,脱色后再用一种红色染料如碱性蓄红等进行复染。阳性菌带紫色,阴性菌则被染上红色。有芽胞的杆菌和绝大多数和球菌,以及所有的放线菌和真菌都呈革兰氏正反应;弧菌、螺旋体和大多数致病性的无芽胞杆菌都呈现负反应。

革兰氏阳性菌和革兰氏阴性菌在化学组成和生理性质上有很多差别,染色反应不一样。现在一般认为革兰氏阳性菌体内含有特殊的核蛋白质镁盐与多糖的复合物,它与碘和结晶紫的复合物结合很牢,不易脱色,阴性菌复合物结合程度低,吸附染料差,易脱色,这是染色反应的主要依据。

另外,阳性菌菌体等电点较阴性菌为低,在相同 pH 条件下进行染色,阳性菌吸附碱性染料很多,因此不易脱去,阴性菌则相反。所以染色时的条件要严格控制。例如,在强碱的条件下进行染色,两类菌吸附碱性染料都多,都可呈正反应;pH 很低时,则可都呈负反应。此外,两类菌的细胞壁等对结晶紫-碘复合物的通透性也不一致,阳性菌透性小,故不易被脱色,阴性菌透性大,易脱色。所以脱色时间,脱色方法应严格控制。

革兰氏染色法一般包括初染、媒染、脱色、复染等四个步骤,具体操作方法是:

(1)涂片固定。

(2)草酸铵结晶紫染 1min。

(3)自来水冲洗。

(4)加碘液覆盖涂面染 1min。

(5)水洗,用吸水纸吸去水分。

(6)加 95%酒精数滴,并轻轻摇动进行脱色,30s 后水洗,吸去水分。

(7)蕃红染色液(稀)染 10s 后,自来水冲洗,干燥,镜检。

染色的结果,革兰氏正反应菌体都呈紫色,负反应菌体都呈红色。

第六节　显 微 技 术

显微技术是微生物检验技术中最常用的技术之一。显微镜的种类很多,在化验室中常用的有普通光学显微镜、暗视野显微镜、相差显微镜、荧光显微镜和电子显微镜等。而在食品微生物检验中最常用的还是普通光学显微镜。

一、普通光学显微镜的结构和基本原理

1. 结构(见图 7-5)

光学显微镜是由光学放大系统和机械装置两部分组成。光学系统一般包括目镜、物镜、聚光器、光源等;机械系统一般包括镜筒、物镜转换器、镜台、镜臂和底座等。

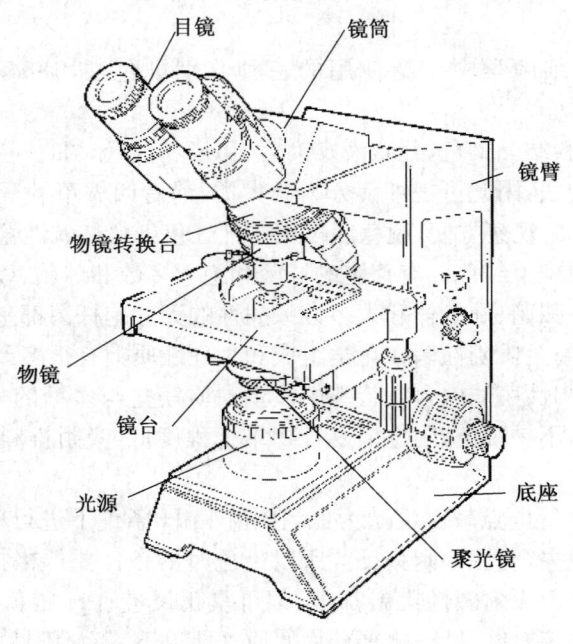

图 7-5

标本的放大主要由物镜完成,物镜放大倍数越大,它的焦距越短。焦距越小,物镜的透镜和玻片间距离(工作距离)也小。目镜只起放大作用,不能提高分辨率,标准目镜的放大倍数是10倍。聚光镜能使光线照射标本后进入物镜,形成一个大角度的锥形光柱,因而对提高物镜分辨率是很重要的。聚光镜可以上下移动,以调节光的明暗,可变光阑可以调节入射光束的大小。

显微镜用光源,自然光和灯光都可以,以灯光较好,因光色和强度都容易控制。一般的显微镜可用普通的灯光,质量高的显微镜要用显微镜灯,才能充分发挥其性能。有些需要很强照明,如暗视野照明、摄影等,常常使用卤素灯作为光源。

2. 原理

显微镜的放大效能(分辨率)是由所用光波长短和物镜数值口径决定,缩短使用的光波波长或增加数值口径可以提高分辨率,可见光的光波幅度比较窄,紫外光波长短可以提高分辨率,但不能用肉眼直接观察。所以利用减小光波长来提高光学显微镜分辨率是有限的,提高数值口径是提高分辨率的理想措施。要增加数值口径,可以提高介质折射率,当空气为介质时折射率为1,而香柏油的折射率为1.51,和载片玻璃的折射率(1.52)相近,这样光线可以不发生折射而直接通过载片、香柏油进入物镜,从而提高分辨率。显微镜总的放大倍数是目镜和物镜放大倍数的乘积,而物镜的放大倍数越高,分辨率越高。

二、普通显微镜的使用方法

1. 低倍镜观察

先将低倍物镜的位置固定好,然后放置标本片,转动反光镜,调好光线,将物镜提高,向下调至看到标本,再用细调对准焦距进行观察。除少数显微镜外,聚光镜的位置都要放在最高点。如果视野中出现外界物体的图像,可以将聚光镜稍微下降,图像就可以消失。聚光镜下的虹彩光圈应调到适当的大小,以控制射入光线的量,增加明暗差。

2. 高倍镜观察

显微镜的设计一般是共焦点的。低倍镜对准焦点后,转换到高倍镜基本上也对准焦点,只要稍微转动微调即可。有些简易的显微镜不是共焦点,或者是由于物镜的更换而达不到共焦点,就要采取将高倍物镜下移,再向上调准焦点的方法。虹彩光圈要放大,使之能形成足够的光锥角度。稍微上下移动聚光镜,观察图像是否清晰。

3. 油浸镜观察

油浸镜的工作距离很小,所以要防止载皮片和物镜上的透镜损坏。使用时,一般是经低倍、高倍到油浸镜。当高倍物镜对准标本后,再加油浸镜观察。载玻片标本也可以不经过低倍和高倍物镜,直接用油浸镜观察。显微镜有自动止降装置的,载玻片上加油以后,将油浸镜下移到油滴中,到停止下降为止,然后用微调向上调准焦点。没有自动止降装置的,对准焦点的方法是从显微镜的侧面观察,将油浸镜下移到与载玻片稍微接触为止,然后用微调向上提升调准焦点。

使用油浸镜时,镜台要保持水平,防止油流动。油浸镜所用的油要洁净,聚光镜要提高到最高点,并放大聚光镜下的虹彩光圈,否则会降低数值口径而影响分辨率。无论是油浸镜或高倍镜观察,都宜用可调节的显微镜灯作光源。

三、显微观察样品的制备

光学显微镜是微生物学研究的最常用工具,有活体直接观察和染色观察二种基本使用方法。

(1)活体直接观察

可采用压滴法、悬滴法及菌丝埋片法等在明视野、暗视野或相差显微镜下对微生物活体进行直接观察。其特点是可以避免一般染色制样时的固定作用对微生物细胞结构的破坏,并可用于专门研究微生物的运动能力、摄食特性及生长过程中的形态变化,如细胞分裂、芽孢萌发等动态过程。

1)压滴法:将菌悬液滴于载玻片上,加盖盖玻片后立即进行显微镜观察。

2)悬滴法:在盖玻片中央加一小滴菌悬液后反转置于特制的凹玻载片上后进行显微镜观察。为防止液滴蒸发变干,一般还应在盖玻片四周加封凡士林。

3)菌丝埋片法:将无菌小块玻璃纸铺于平板表面,涂布放线菌或霉菌孢子悬液,经培养,取下玻璃纸置于载玻片上,用显微镜对菌丝的形态进行观察。

(2)染色观察

一般微生物菌体小而无色透明,在光学显微镜下,细胞体液及结构的折光率与其背景相差很小,因此用压滴法或悬滴法进行观察时,只能看到其大体形态和运动情况。若要在光学显微镜下观察其细致形态和主要结构,一般都需要对它们进行染色,从而借助颜色的反衬作用提高观察样品不同部位的反差。

染色前必须先对涂在载玻片上的样品进行固定,其目的有二:一是杀死细菌并使菌体粘附于玻片上,二是增加其对染料的亲和力。常用酒精灯火焰加热和化学固定二种方法。固定时应注意尽量保持细胞原有形态,防止细胞膨胀和收缩。而染色则根据方法和染料等的不同可分为很多种类,如细菌的染色,可简单概括如图7-6。

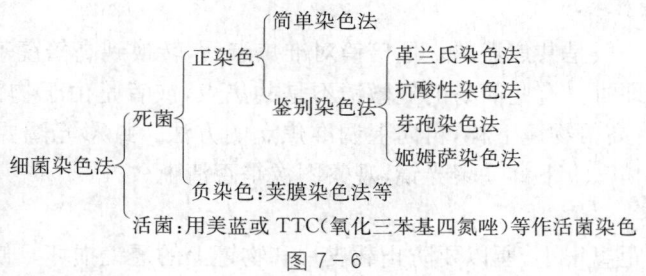

图7-6

四、普通显微镜的保养

显微镜是精密贵重的仪器,必须很好地保养。显微镜用完后要放回原来的镜箱或镜柜中,同时要注意下列事项:

(1)观察完后,移去观察的载玻片标本。

(2)用过油浸镜的,应先用擦镜纸将镜头上的油擦去,再用擦镜纸蘸着二甲苯擦拭2次~3次,最后再用擦镜纸将二甲苯擦去。

(3)转动物镜转换器,放在低倍镜的位置。

(4)将镜身下降到最低位置,调节好镜台上标本移动器的位置,罩上防尘套。

镜头的保护最为重要。镜头要保持清洁,只能用软而没有短绒毛的擦镜纸擦拭。擦镜纸要放在纸盒中,以防沾染灰尘。切勿用手绢或纱布等擦镜头。物镜在必要时可以用溶剂清洗,但要注意防止溶解固定透镜的胶固剂。根据不同的胶固剂,可选用不同的溶剂,如酒精、丙酮和二甲苯等,其中最安全的是二甲苯。方法是用脱脂棉花团蘸取少量的二甲苯,轻擦,并立即用擦镜纸将二甲苯擦去,然后用洗耳球吹去可能残留的短绒。目镜是否清洁可以在显微镜下检视。转动目镜,如果视野中可以看到污点随着转动,则说明目镜已沾有污物,可用擦镜纸擦拭接目镜。如果还不能除去,再擦拭下面的透镜,擦过后用洗耳球将短绒吹去。在擦拭目镜或由于其他原因需要取下目镜时,都要用擦镜纸将镜筒的口盖好,以防灰尘进入镜筒内,落在镜筒下面的物镜上。

第七节　微生物常规鉴定技术

一、形态结构和培养特性观察

微生物的形态结构观察主要是通过染色,在显微镜下对其形状、大小、排列方式、细胞结构(包括细胞壁、细胞膜、细胞核、鞭毛、芽孢等)及染色特性进行观察,直观地了解细菌在形态结构上特性,根据不同微生物在形态结构上的不同达到区别、鉴定微生物的目的。

细菌细胞在固体培养基表面形成的细胞群体叫菌落(colony)。不同微生物在某种培养基中生长繁殖,所形成的菌落特征有很大差异,而同一种的细菌在一定条件下,培养特征却有一定稳定性。以此可以对不同微生物加以区别鉴定。因此,微生物培养特性的观察也是微生物检验鉴别中的一项重要内容。

(1)细菌的培养特征包括以下内容:在固体培养基上,观察菌落大小、形态、颜色(色素是水溶性还是脂溶性)、光泽度、透明度、质地、隆起形状、边缘特征及迁移性等。在液体培养中的表面生长情况(菌膜、环)浑浊度及沉淀等。半固体培养基穿刺接种观察运动、扩散情况。(见图7-7)

(2)霉菌酵母菌的培养特征:大多数酵母菌没有丝状体,在固体培养基上形成的菌落和细菌菌落很相似,只是比细菌菌落大且厚。液体培养也和细菌相似,有均匀生长、沉淀或在液面形成菌膜。霉菌有分支的丝状体,菌丝粗长,在条件适宜的培养基里,菌丝无限伸长沿培养基表面蔓延。霉菌的基内菌丝、气生菌丝和孢子丝都常带有不同颜色,因而菌落边缘和中心,正面和背面颜色常常不同,如青霉菌:孢子青绿色,气生菌丝无色,基内菌丝褐色。霉菌在固体培养表面形成絮状、绒毛状和蜘蛛网状菌落。

二、生理生化试验

微生物生化反应是指用化学反应来测定微生物的代谢产物,生化反应常用来鉴别一些在形态和其他方面不易区别的微生物。因此微生物生化反应是微生物分类鉴定中的重要依据之一。微生物检验中常用的生化反应有:

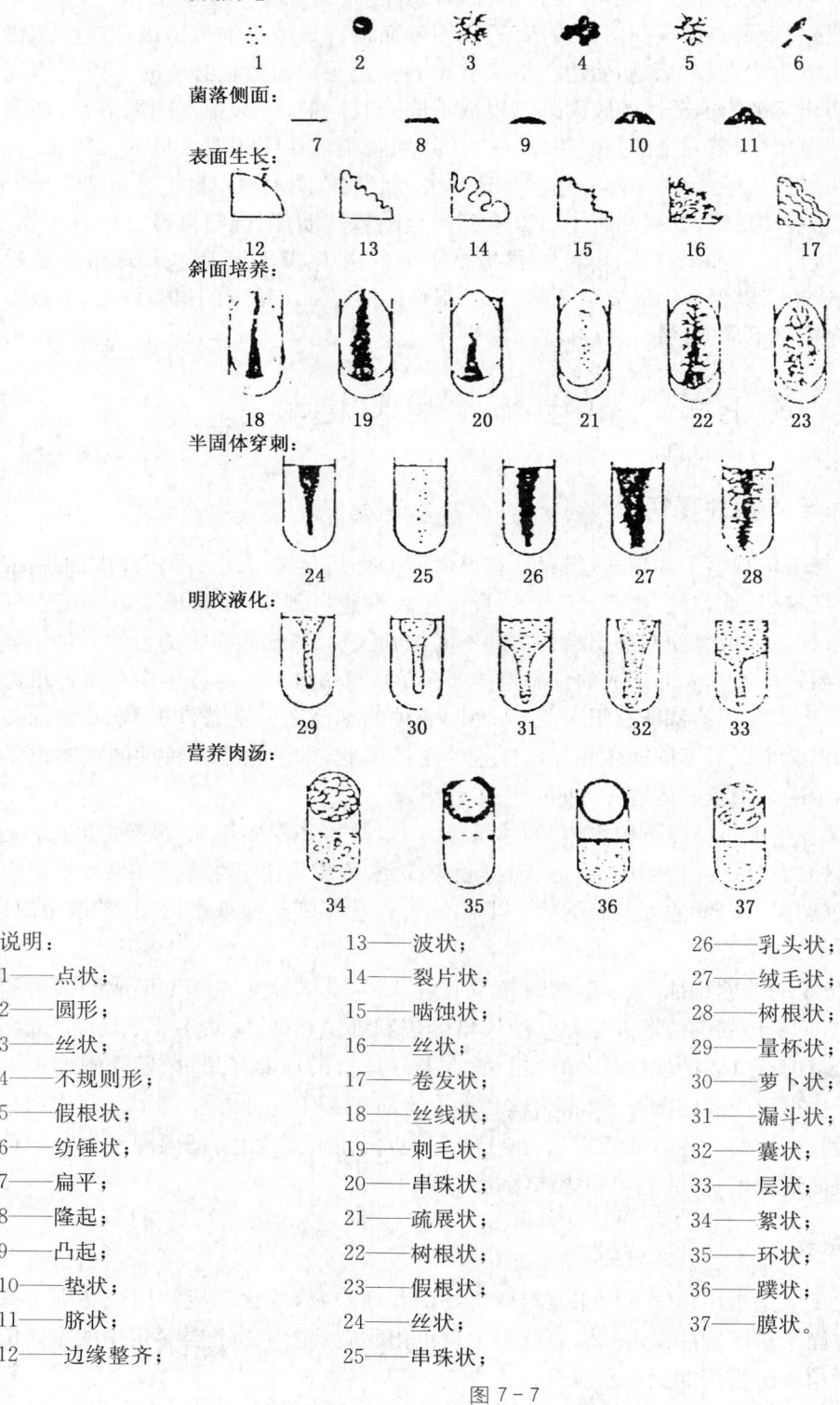

菌落形态:

菌落侧面:

表面生长:

斜面培养:

半固体穿刺:

明胶液化:

营养肉汤:

说明:

1——点状;

2——圆形;

3——丝状;

4——不规则形;

5——假根状;

6——纺锤状;

7——扁平;

8——隆起;

9——凸起;

10——垫状;

11——脐状;

12——边缘整齐;

13——波状;

14——裂片状;

15——啮蚀状;

16——丝状;

17——卷发状;

18——丝线状;

19——刺毛状;

20——串珠状;

21——疏展状;

22——树根状;

23——假根状;

24——丝状;

25——串珠状;

26——乳头状;

27——绒毛状;

28——树根状;

29——量杯状;

30——萝卜状;

31——漏斗状;

32——囊状;

33——层状;

34——絮状;

35——环状;

36——蹼状;

37——膜状。

图 7-7

1. 糖酵解试验

不同微生物分解利用糖类的能力有很大差异,或能利用或不能利用,能利用者,或产气或不产气。可用指示剂及发酵管检验。

试验方法:以无菌操作,用接种针或环移取纯培养物少许,接种于发酵液体培养基管,若为半固体培养基,则用接种针作穿刺接种。接种后,置(36±1.0)℃培养,每天观察结果,检视培养基颜色有无改变(产酸),小倒管中有无气泡,微小气泡亦为产气阳性,若为半固体培养基,则检视沿穿刺线和管壁及管底有无微小气泡,有时还可看出接种菌有无动力,若有动力、培养物可呈弥散生长。

本试验主要是检查细菌对各种糖、醇和糖苷等的发酵能力,从而进行各种细菌的鉴别,因而每次试验,常需同时接种多管。一般常用的指示剂为酚红、溴甲酚紫、溴百里蓝和An-drade指示剂。

2. 淀粉水解试验

某些细菌可以产生分解淀粉的酶,把淀粉水解为麦芽糖或葡萄糖。淀粉水解后,遇碘不再变蓝色。

试验方法:以18h～24h的纯培养物,涂布接种于淀粉琼脂斜面或平板(一个平板可分区接种,试验数种培养物)或直接移于淀粉肉汤中,于(36±1)℃培养24h～48h,或于20℃培养5天。然后将碘试剂直接滴浸于培养表面,若为液体培养物,则加数滴碘试剂于试管中。立即检视结果,阳性反应(淀粉被分解)为琼脂培养基呈深蓝色、菌落或培养物周围出现无色透明环或肉汤颜色无变化。阴性反应则无透明环或肉汤呈深蓝色。

淀粉水解系逐步进行的过程,因而试验结果与菌种产生淀粉酶的能力、培养时间,培养基含有淀粉量和pH等均有一定关系。培养基pH必须为中性或微酸性,以pH7.2最适。淀粉琼脂平板不宜保存于冰箱,因而以临用时制备为妥。

3. V-P试验

某些细菌在葡萄糖蛋白胨水培养基中能分解葡萄糖产生丙酮酸,丙酮酸缩合,脱羧成乙酰甲基甲醇,后者在强碱环境下,被空气中氧氧化为二乙酰,二乙酰与蛋白胨中的胍基生成红色化合物,称V-P(+)反应。

试验方法:

(1)O'Meara氏法:将试验菌接种于通用培养基,于(36±1)℃培养48h,培养液1mL加O'Meara试剂(加有0.3％肌酸Creatine或肌酸酐Creatinine的40％氢氧化钠水溶液)1mL,摇动试管1min～2min,静置于室温或(36±1)℃恒温箱,若4h内不呈现伊红,即判定为阴性。亦有主张在48℃～50℃水浴放置2h后判定结果者。

(2)Barritt氏法:将试验菌接种于通用培养基,于(36±1)℃培养4天,培养液2.5mL先加入5℃α萘酚(2-naphthol)纯酒精溶液0.6mL,再加40％氢氧化钾水溶液0.2mL,摇动2min～5min,阳性菌常立即呈现红色,若无红色出现,静置于室温或(36±1)℃恒温箱,如2h内仍不显现红色,可判定为阴性。

(3)快速法:将0.5％肌酸溶液2滴放于小试管中、挑取产酸反应的三糖铁琼脂斜面培养物一接种环,乳化接种于其中,加入5％α-萘酚3滴,40％氢氧化钠水溶液2滴,振动后放置5min,判定结果。不产酸的培养物不能使用。

本试验一般用于肠杆菌科各菌属的鉴别。在用于芽胞杆菌和葡萄球菌等其他细菌时，通用培养基中的磷酸盐可阻碍乙酰甲基醇的产生，故应省去或以氯化钠代替。

4. 甲基红（methyl red）试验

肠杆菌科各菌属都能发酵葡萄糖，在分解葡萄糖过程中产生丙酮酸，进一步分解中，由于糖代谢的途径不同，可产生乳酸、琥珀酸、醋酸和甲酸等大量酸性产物，可使培养基 pH 下降至 pH4.5 以下，使甲基红指示剂变红。

试验方法：挑取新的待试纯培养物少许，接种于通用培养基，培养于(36±1)℃或30℃（以 30℃较好）3 天～5 天，从第二天起，每日取培养液 1mL，加甲基红指示剂 1 滴～2 滴，阳性呈鲜红色，弱阳性呈淡红色，阴性为黄色。迄至发现阳性或至第 5 天仍为阴性，即可判定结果。

甲基红为酸性指示剂，pH 范围为 4.4～6.0，其 pK 值为 5.0。故在 pH5.0 以下，随酸度而增强黄色，在 pH5.0 以上，则随碱度而增强黄色，在 pH5.0 或上下接近时，可能变色不够明显，此时应延长培养时间，重复试验。

5. 靛基质（imdole）试验

某些细菌能分解蛋白胨中的色氨酸，生成吲哚。吲哚的存在可用显色反应表现出来。吲哚与对二甲基氨基苯醛结合，形成玫瑰吲哚，为红色化合物。

试验方法：将待试纯培养物小量接种于试验培养基管，于(36±1)℃培养 24h 时后，取约 2mL 培养液，加入 Kovacs 氏试剂 2 滴～3 滴，轻摇试管，呈红色为阳性，或先加少量乙醚或二甲苯，摇动试管以提取和浓缩靛基质，待其浮于培养液表面后，再沿试管壁徐缓加入 Kovacs 氏试剂数滴，在接触面呈红色，即为阳性。

实验证明靛基质试剂可与 17 种不同的靛基质化合物作用而产生阳性反应，若先用二甲苯或乙醚等进行提取，再加试剂，则只有靛基质或 5-甲基靛基质在溶剂中呈现红色，因而结果更为可靠。

6. 硝酸盐（nitrate）还原试验

有些细菌具有还原硝酸盐的能力，可将硝酸盐还原为亚硝酸盐、氨或氮气等。亚硝酸盐的存在可用硝酸试剂检验。

试验方法：临试前将试剂的 A（磺胺酸冰醋酸溶液）和 B（α-萘胺乙醇溶液）试液各 0.2mL 等量混合，取混合试剂约 0.1mL，加于液体培养物或琼脂斜面培养物表面，立即或于 10min 内呈现红色即为试验阳性，若无红色出现则为阴性。

用 α-萘胺进行试验时，阳性红色消退很快，故加入后应立即判定结果。进行试验时必须有未接种的培养基管作为阴性对照。α-萘胺具有致癌性，故使用时应加注意。

7. 明胶（gelatin）液化试验

有些细菌具有明胶酶（亦称类蛋白水解酶），能将明胶先水解为多肽，又进一步水解为氨基酸，失去凝胶性质而液化。

试验方法：挑取 18h～24h 待试菌培养物，以较大量穿刺接种于明胶高层约 2/3 深度或点种于平板培养基。于 20℃～22℃培养 7 天～14 天。明胶高层亦可培养于(36±1)℃。每天观察结果，若因培养温度高而使明胶本身液化时应不加摇动，静置冰箱中待其凝固后，再观察其是否被细菌液化，如确被液化，即为试验阳性。平板试验结果的观察为在培养基平板点种的菌落上滴加试剂,若为阳性,10min～20min后,菌落周围应出现清晰带环。否则为阴性。

8. 尿素酶(urease)试验

有些细菌能产生尿素酶,将尿素分解,产生 2 个分子的氨,使培养基变为碱性,酚红呈粉红色。尿素酶不是诱导酶,因为不论底物尿素是否存在,细菌均能合成此酶。其活性最适 pH 为 7.0。

试验方法:挑取 18h～24h 待试菌培养物大量接种于液体培养基管中,摇均,于(36 ± 1)℃培养 10min,60min 和 120min,分别观察结果。或涂布并穿刺接种于琼脂斜面,不要到达底部,留底部作变色对照。培养 2h,4h 和 24h,分别观察结果,如阴性应继续培养至 4 天,作最终判定,变为粉红色为阳性。

9. 氧化酶(oxidase)试验

氧化酶亦即细胞色素氧化酶,为细胞色素呼吸酶系统的终末呼吸酶,氧化酶先使细胞色素 C 氧化,然后此氧化型细胞色素 C 再使对苯二胺氧化,产生颜色反应。

试验方法:在琼脂斜面培养物上或血琼脂平板菌落上滴加试剂 1 滴～2 滴,阳性者 Kovacs 氏试剂呈粉红色～深紫色,Ewing 氏改进试剂呈蓝色。阴性者无颜色改变。应在数分钟内判定试验结果。

10. 硫化氢(H_2S)试验

有些细菌可分解培养基中含硫氨基酸或含硫化合物,而产生硫化氢气体,硫化氢遇铅盐或低铁盐可生成黑色沉淀物。

试验方法:在含有硫代硫酸钠等指示剂的培养基中,沿管壁穿刺接种,于(36 ± 1)℃培养 24h～28h,培养基呈黑色为阳性。阴性应继续培养至 6 天。也可用醋酸铅纸条法:将待试菌接种于一般营养肉汤,再将醋酸铅纸条悬挂于培养基上空,以不会被溅湿为适度;用管塞压住置(36 ± 1)℃培养 1 天～6 天。纸条变黑为阳性。

11. 三糖铁(TSI)琼脂试验

试验方法:以接种针挑取待试菌可疑菌落或纯培养物,穿刺接种并涂布于斜面,置(36 ± 1)℃培养 18h～24h,观察结果。

本试验可同时观察乳糖和蔗糖发酵产酸或产酸产气(变黄);产生硫化氢(变黑)。葡萄糖被分解产酸可使斜面先变黄,但因量少,生成的少量酸,因接触空气而氧化,加之细菌利用培养基中含氮物质,生成碱性产物,故使斜面后来又变红,底部由于是在厌氧状态下,酸类不被氧化,所以仍保持黄色。

12. 硫化氢-靛基质-动力(SIM)琼脂试验

试验方法:以接种针挑取菌落或纯养物穿刺接种约 1/2 深度,置(36 ± 1)℃培养 18h～24h,观察结果。培养物呈现黑色为硫化氢阳性,浑浊或沿穿刺线向外生长为有动力,然后加 Kovacs 氏试剂数滴于培养表面,静置 10min,若试剂呈红色为靛基质阳性。培养基未接种的下部,可作为对照。

本试验用于肠杆菌科细菌初步生化筛选,与三糖铁琼脂等联合使用可显著提高筛选功效。

三、血清学试验

血清学反应是指相应的抗原与抗体在体外一定条件下作用,可出现肉眼可见的沉淀、凝集现象。在食品微生物检验中,常用血清学反应来鉴定分离到的细菌,以最终确认检测结果。

血清学反应的一般特点:

(1)抗原体的结合具有特异性,当有共同抗原体存在时,会出现交叉反应。

(2)抗原体的结合是分子表面的结合,这种结合虽相当稳定,但是可逆的。

(3)抗原体的结合是按一定比例进行的,只有比例适当时,才能出现可见反应。

(4)血清学反应大体分为两个阶段进行,但其间无严格界限。第一阶段为抗原体特异性结合阶段,反应速度很快,只需几秒至几分钟反应即可完毕,但不出现肉眼可见现象。第二阶段为抗原体反应的可见阶段,表现为凝集、沉淀、补体结合反应等。反应速度慢,需几分、几十分以至更长时间。而且,在第二阶段反应中,电解质、pH、温度等环境因素的变化,都直接影响血清学反应的结果。

习惯上将经典的血清学反应分三种类别:凝集反应、沉淀反应和补体结合反应。

1. 凝集反应

颗粒性抗原(细菌、红细胞等)与相应抗体结合,在电解质参与下所形成的肉眼可见的凝集现象,称为凝集反应(agglutination reaction)。其中的抗原称为凝集原,抗体称为凝集素。在该反应中,因为单位体积抗体量大,做定量实验时,应稀释抗体。

(1)直接凝集反应

颗粒性抗原与相应抗体直接结合所出现的反应,称为直接凝集反应(direct agglution reaction)。

a)玻片凝集法。是一种常规的定性试验方法。原理是用已知抗体来检测未知抗原。常用于鉴定菌种、血型。如将含有痢疾杆菌抗体的血清与待检菌液各一滴,在玻片上混匀,数分钟后若出现肉眼可见的凝集块,即阳性反应,证明该菌是痢疾杆菌。此法快速、简便,但不能进行定量测定。

b)试管凝集法。是一种定量试验方法。多用已知抗原来检测血清中有无相应抗体及其含量。常用于协助诊断某些传染病及进行流行病学调查。如肥达氏反应就是诊断伤寒、付伤寒的试管凝集试验。因为要测定抗体的含量,故将待检查的血清用等渗盐水倍比稀释成不同浓度,然后加入等量抗原,37℃或56℃,2h～4h观察,血清最高稀释度仍有明显凝集现象的,为该抗血清的凝集效价。

(2)间接凝集反应

将可溶性抗原(抗体)先吸附在一种与免疫无关的、颗粒状微球表面,然后与相应抗体(抗原)作用,在有电解质存在的条件下,即可发生凝集,称为间接凝集反应(indirect agglutination)。由于载体增大了可溶性抗原的反应面积。当载体上有少量抗原与抗体结合。就出现肉眼可见的反应,敏感性很高。

2. 沉淀反应

可溶性抗原与相应抗体结合,在有适量电解质存在下,经过一定时间,形成肉眼可见的沉淀物,称为沉淀反应(precipitation)。反应中的抗原称为沉淀原,抗体为沉淀素。由于在单位体积内抗原量大,为了不使抗原过剩,故应稀释抗原,并以抗原的稀释度作为沉淀反应的效价。

(1)环状沉淀反应:是一种定性试验方法,可用已知抗体检测未知抗原。将已知抗体注入特制小试管中,然后沿管壁徐徐加入等量抗原,如抗原与抗体对应,则在两液界面出现白色的沉淀圆环。

(2)絮状沉淀反应:将已知抗原与抗体在试管(如凹玻片)内混匀,如抗原抗体对应,二者比例适当时,会出现肉眼可见的絮状沉淀,此为阳性反应。

(3)琼脂扩散试验:利用可溶性抗原抗体在半固体琼脂内扩散,若抗原抗体对应,且二者比例合适,在其扩散的某一部分就会出现白色的沉淀线。每对抗原抗体可形成一条沉淀线。有几对抗原抗体,就可分别形成几条沉淀线。琼脂扩散可分为单向扩散和双向扩散两种类型。单向扩散是一种定量试验。可用于免疫蛋白含量的测定。而双向扩散多用于定性试验。由于方法简便易行,常用于测定分析和鉴定复杂的抗原成分。

3. 补体结合反应

补体结合反应(complement fixation reaction)是在补体参与下,以绵羊红细胞和溶血素作为指示系统的抗原抗体反应。补体无特异性,能与任何一组抗原抗体复合物结合而引起反应。如果补体与绵羊红细胞、溶血素的复合物结合,就会出现溶血现象,如果与细菌及相应抗体复合物结合,就会出现溶菌现象。因此,整个试验需要有补体、待检系统(已知抗体或抗原、未知抗原或抗体)及指示系统(绵羊细胞和溶血素)五种成分参加。其试验原理是补体不单独和抗原或抗体结合。如果出现溶菌,是补体与待检系统结合的结果,说明抗原抗体是相对应的,如果出现溶血,说明抗原抗体不相对应。此反应操作复杂,敏感性高,特异性强,能测出少量抗原和抗体,所以应用范围较广。

第八节　菌落总数测定

一、菌落总数的概念和测定意义

菌落是指细菌在固体培养基上发育而形成的能被肉眼所识别的生长物,它是由数以万计的相同细菌聚集而成的,故又有细菌集落之称。

菌落总数是指在被检样品的单位质量(g)、容积(mL)或表面积(cm^2)内,所含能于某种特定培养基上,在一定条件下培养后所生成的细菌集落的总数。

菌落总数主要是作为判定食品被细菌污染程度的标记,也可以应用这一方法观察食品中细菌的性质以及细菌在食品中繁殖的动态,以便对被检样品进行卫生学评价时提供科学依据。

二、菌落总数测定的几项说明

(1)菌落总数的测定是以检样中的细菌细胞和平板计数琼脂培养基混合后,每个细菌细胞都能形成一个可见的单独菌落的假定为基础的。由于检验中采用37℃于有氧条件下培养(空气中含氧约 20％)，因而并不能测出每克或每毫升检样中实际的总活菌数,厌氧菌、微嗜氧菌和冷营菌在此条件下不生长,有特殊营养要求的一些细菌也受到了限制,因此所得结果,只包括一群能在普通营养琼脂中发育、嗜中温的、需氧和兼性厌氧的细菌菌落的总数。

(2)鉴于食品检样中的细菌细胞是以单个、成双、链状、葡萄状或成堆的形式存在,因而在平板计数琼脂平板上出现的菌落可以来源于细胞块,也可以来源于单个细胞,因此平板上所得需氧和兼性厌氧菌菌落的数字不应报告活菌数,而应以单位质量、容积或表面积内的菌落数或菌落形成单位数(colony forming units,CFU)报告之。

(3)每种细菌都有它一定的生理特性,培养时,应用不同的营养条件及其他生理条件(如温度、培养时间、pH、需氧性质等)去满足其要求,才能分别将各种细菌都培养出来。因此,要得到较全面的细菌菌落总数,应将检样接种到几种不同的非选择性培养基上,并培养在不同条件下,如温度、氧气供应等。但国家颁发的食品卫生标准对不同食品的菌落总数的规定,都是根据用平板计数琼脂培养基进行需氧培养所得的结果确定的,因此在食品的一般卫生学评价中并不要用几种不同的非选择性培养基培养。

三、菌落总数的测定

测定食品中菌落总数时,是将食品检样做成几个不同的 10 倍递增稀释液,然后从各个稀释液中分别取出一定量在平皿内与平板计数琼脂相混合,经培养后,按一定要求计算出皿内琼脂平板上所生成的细菌集落数,并再根据检样的稀释倍数,计算出每克或每毫升样品中所含细菌菌落的总数。

基本操作一般包括:样品的稀释——倾注平皿——培养 48h——计数报告。

国内外菌落总数测定方法基本一致,从检样处理、稀释、倾注平皿到计数报告无明显不同,只是在某些具体要求方面稍有差别,如有的国家在样品稀释和倾注培养时,对吸管内液体的流速、稀释液的振荡幅度、时间和次数以及放置时间等均作了比较具体的规定。

检验方法参见 GB 4789.2—2010《食品安全国家标准 食品微生物学检验 菌落总数测定》和 SN 0168—1992《出口食品平板菌落计数》。

四、菌落总数测定中的一些要求和规定

为了正确地反映食品中各种需氧和兼性厌氧菌存在的情况,检验时必须遵循以下一些要求和规定。

1. 所用器皿及稀释液

(1)检验中所用玻璃器皿,如培养皿、吸管、试管等必须是完全灭菌的,并在灭菌前彻底洗涤干净,不得残留有抑菌物质。

(2)用作样品稀释的液体,每批都要有空白对照。如果在琼脂对照平板上出现几个菌落时,要追加对照平板,以判定是空白稀释液用于倾注平皿的培养基,还是平皿吸管或空气可能存在的污染。

(3)检样的稀释液虽可用灭菌生理盐水或蒸馏水,但以用磷酸缓冲盐水特别是 0.1％蛋白胨水为合适,因蛋白胨水对细菌细胞有更好的保护作用,不会因为在稀释过程中而使食品检样中原已受损伤的细菌细胞导致死亡。如果对含盐量较高的食品(如酱品等)进行稀释,

则宜采用蒸馏水。

2. 检样稀释

（1）检样稀释时，应以无菌方式称取（或量取）有代表性的样品25g（或mL）剪碎放于含有225mL灭菌稀释液的玻璃瓶内（瓶内预置适当数量的玻璃珠），经充分振摇做成1：10的稀释液。如系肉、鱼等固体样品，最好剪细于灭菌乳钵内与稀释液研匀，或与稀释液同置于灭菌均质器杯中，以8000r/min～10000r/min速度搅拌1min～2min，做成均匀的1：10稀释液或放入盛有225mL稀释液的无菌均质袋中，用拍击式均质器拍打1min～2min，制成1：10的样品匀液。

（2）根据食品卫生标准要求或对标本污染情况的估计，将上述1：10的检样稀释液再做成几个适当的10倍递增稀释液。即取1：10稀释液1mL与9mL稀释液混和做成1：100的稀释液，然后依次递增稀释，做成1：1000，1：10000等稀释液。注意每递增稀释一次，必须另换1支1mL灭菌吸管，这样所得检样的稀释倍数方为准确。

（3）取出灭菌吸管时，不要将吸管尖端碰着其他仍留在容器内的吸管的外露部分；而且吸管在进出装有稀释液的玻璃瓶和试管时，也不要触及瓶口及试管口的外侧部分；因为这些部分都可能接触过手或其他沾污物。

（4）在作10倍递增稀释中，吸管插入检样稀释液内不能低于液面2.5cm；吸入液体时，应先高于吸管刻度，然后提起吸管尖端离开液面，将尖端贴于玻璃瓶或试管的内壁吸。管内液体调至所要求的刻度，这样取样较准确，而且在吸管从稀释液内取出时不会有多余的液体粘附于管外。

（5）当用吸管将检样稀释液加至另一装有9mL空白稀释液的试管内时，应小心沿管壁加入，不要触及管内稀释液，以防吸管尖端外侧部分粘附的检液也混入其中。

3. 平板接种与培养

（1）将稀释液加至灭菌平皿内时，应根据食品卫生标准要求或对标本污染情况的估计，选择2个～3个适宜稀释度，分别在作10倍递增稀释的同时，即以吸取该稀释度的吸管移1mL稀释液加入皿内（从皿侧加入，不要揭去皿盖），最后将吸管直立使液体流毕，并在皿底干燥处再擦一下吸管尖将余液排出，而不要吹出。每个稀释度应作2个平皿。

（2）用于倾注平皿的营养琼脂应预先加热使融化，并保温于（45±1）℃恒温水浴中待用。倾注平皿时，每皿内倾入约1.5mL，最后将琼脂底部带有沉淀的部分弃去。

（3）为了防止细菌增殖及产生片状菌落，在检液加入平皿后，应在20min内向皿内倾入琼脂，并立即使其与琼脂混和均匀。

（4）检样与琼脂混和时，可将皿底在平面上先向一个方向旋转，然后再向相反的方向旋转，以使充分混匀。旋转中应加小心，不要使混和物溅到皿边的上方。

（5）皿内琼脂凝固后，不要长久放置，然后始翻转培养；而应于琼脂凝固后，在数分钟内即应将平皿翻转予以培养，这样可避免菌落蔓延生长。必要时，可先将皿打开倒置（皿底向上）于温箱内经15min～60min使琼脂表面干燥后，再将皿底移至盖内倒置于温箱内培养。这样可以阻止运动性强的变形杆菌属、假单胞菌属和芽胞杆菌属中一些菌株在琼脂表面扩展生长。

（6）为了控制污染，在取样进行检验的同时，在工作台上打开一块琼脂平板，其暴露的时间,应与该检样从制备、稀释到加入平皿时所暴露的最长的时间相当,然后与加有检样的平皿一并置于温箱内培养,以了解检样在检验操作过程中有无受到来自空气的污染。

(7)培养温度,应根据食品种类而定。肉、乳、蛋类食品用37℃培养,水产用30℃培养。培养时间为(48±2)h。其他食品,如清凉饮料、调味品、糖果、糕点、果脯、酒类(主要为发酵酒)、豆制品和酱腌菜均系用37℃(24±2)h培养。培养温度和时间之所以有这种不同的区分,是因为在制定这些食品卫生标准中关于菌落总数的规定时,分别采用了不同的温度和培养时间所取得的数据之故。水产品因来自淡水或海水,水底温差较低,因而制定水产品细菌方面的卫生标准时,系用30℃作为培养的温度。

4. 对照试验

(1)加入平皿内的检样稀释液(特别是10^{-1}的稀释液),有时带有食品颗粒,在这种情况下,为了避免与细菌菌落发生混淆,可作一检样稀释液与琼脂混和的平皿,不经培养,而于4℃环境中放置,以便在计数检样菌落时用作对照。

(2)为了防止检样中食品颗粒与菌落混淆,也可在已溶化而保温于45℃水浴内的琼脂中,按每100mL加1mL 0.5%氯化三苯四氮唑(TTC)水溶液之量加入适量的TTC。培养后,如系食品颗粒,不见变化;如为细菌,则生成红色菌落。配好的TTC溶液,应先用来与不加TTC的作对照,以观察其对计数是否有不利的作用(TTC在一定浓度下对革兰氏阳性菌有抑制作用)。TTC溶液要放冷暗处保存,以防受热与光照而发生分解。无色的TTC是作为受氢体加入培养基中,如果有细菌存在,培养后,在细菌脱氢酶的作用下,TTC便接受氢而使菌落呈现红色。

5. 菌落计数

(1)从培养箱内取出平皿进行菌落计数时,应先分别观察同一稀释度的两个平皿和不同稀释度的几个平皿内平板上菌落生长情况。平行试验的2个平板与菌落数应该接近,不同稀释度的几个平板上菌落数则应与检样稀释倍数成反比,即检样稀释倍数越大,菌落数越低,稀释倍数越小,菌落数越高。

(2)可用肉眼观察,必要时用放大镜或菌落计数器,记录稀释倍数和相应的菌落数量。菌落计数以菌落形成单位(colony-forming units,CFU)表示。选取菌落数在30 CFU~300 CFU之间、无蔓延菌落生长的平板计数菌落总数。低于30 CFU的平板记录具体菌落数,大于300 CFU的可记录为多不可计。每个稀释度的菌落数应采用两个平板的平均数。

(3)菌落计数所得结果,可分别按以下几种不同情况作报告:

1)若只有一个稀释度平板上的菌落数在适宜计数范围内,计算两个平板菌落数的平均值,再将平均值乘以相应稀释倍数,作为每克(或每毫升)样品中菌落总数结果。

2)若有两个连续稀释度的平板菌落数在适宜计数范围内时,按式(7-1)计算:

$$N=\frac{\sum C}{(n_1+0.1n_2)d} \qquad\cdots\cdots\cdots\cdots\cdots\cdots\cdots\cdots\cdots(7-1)$$

式中:N——样品中菌落数;

　　$\sum C$——平板(含适宜范围菌落数的平板)菌落数之和;

　　n_1——第一稀释度(低稀释倍数)平板个数;

　　n_2——第二稀释度(高稀释倍数)平板个数;

d——稀释因子(第一稀释度)。

3)若所有稀释度的平板上菌落数均大于 300 CFU,则对稀释度最高的平板进行计数,其他平板可记录为多不可计,结果按平均菌落数乘以最高稀释倍数计算。

4)若所有稀释度的平板菌落数均小于 30 CFU,则应按稀释度最低的平均菌落数乘以稀释倍数计算。

5)若所有稀释度(包括液体样品原液)平板均无菌落生长,则以小于 1 乘以最低稀释倍数计算。

6) 若所有稀释度的平板菌落数均不在 30 CFU～300 CFU 之间,其中一部分小于 30 CFU 或大于 300CFU 时,则以最接近 30 CFU 或 300 CFU 的平均菌落数乘以稀释倍数计算。

(4)注意事项:

1)如果稀释度大的平板上菌落数反比稀释度小的平板上菌落数高,则系检验工作中发生的差错,属化验室事故。此外,也可能因抑菌剂混入样品中所致,均不可用作检样计数报告的依据。

2)如果平板上出现链状菌落,菌落之间没有明显的界限,这是在琼脂与检样混合时,一个细菌块被分散所造成。一条链作为一个菌落计,如有来源不同的几条链,每条链作为一个菌落计,不要把链上生长的各个菌落分开来数。此外,如皿内琼脂凝固后未及时进行培养而遭受昆虫侵入,在昆虫爬过的地方也会出现链状菌落,也不应分开来数。

3)若其中一个平板有较大片状菌落生长时,则不宜采用,而应以无片状菌落生长的平板作为该稀释度的菌落数;若片状菌落不到平板的一半,而其余一半中菌落分布又很均匀,即可计算半个平板后乘以 2,代表一个平板菌落数。其中一个平板有较大片状菌落生长时,则不宜采用,而应以无片状菌落生长的平板作为该稀释度的菌落数;若片状菌落不到平板的一半,而其余一半中菌落分布又很均匀,即可计算半个平板后乘以 2,代表一个平板菌落数。

4)如果所有平板上都有菌落密布,不要用多不可计作报告,而应在稀释度最大的平板上,任意数其中 2 平方厘米个,除 2 求出每平方厘米内平均菌落数乘以皿底面积 63.6cm^2,再乘其稀释倍数作报告。例如 10^{-1}～10^{-3} 稀释度的所有平板上均菌落密布,而在 10^{-3} 稀释的平板上任数 2 个平方厘米内的菌落数是 60 个,皿底直径为 9cm,则该检样每克(或每毫升)中"估计"菌落数为:60/2×63.6×1000＝1908000 或 $1.9×10^6$。63.6cm^2 系按皿底直径为 9cm 时计算而得,即$(9/2)^2×3.14＝63.6(cm^2)$;如所用平皿的皿底直径不是 9cm,则可按其直径的实际厘米数代入圆面积公式求出。

5)检样如系微生物类制剂(如酸牛乳、酵母制酸性饮料),则平板计数中应相应地将有关微生物(乳酸杆菌、酵母菌)排除,不可并入检样的菌落总数内作报告。一般在校正检样的pH 为 7.0 后,再进行稀释和培养,此类嗜酸性微生物往往不易生长。并可用革兰氏法染色鉴别。染色鉴别时,要用不校正 pH 的检样做成相同稀释度的稀释液培养所生成的菌落涂片染色作对照,以资辨别。酵母菌卵圆形,远比细菌大,大小为$(2～5)\mu m×(5～30)\mu m$,革兰氏阳性着色。乳酸杆菌在 24h 内,于普通营养琼脂平板上在有氧条件下培养,通常是不生长的。

6. 报告方式

(1)当检样的菌落数为 1~100 时,按实有数报告;大于 100 时,只记录左面头两位数字(用两位有效数字作报告,可避免产生虚假的精确概念),左面第三位数字则用四舍五入法计算,从第二位数字之后都记为 0,为了缩短数字后面的 0 数,也可用 10 的指数来表示,例如菌落数为 37750 时,即可写成 3.8×10^5。

(2)检样的菌落数如系从菌落密布的平板上按比例计算而求得,报告结果时,应在菌落数前加上"估计"二字。

(3)检样为固体,用重量法取样检验时,以克为单位报告其菌落数;检样为液体,用容量法取样检验时,以毫升为单位报告其菌落数;如检样为样品表面的涂擦液,则应以平方厘米为单位报告其菌落数。

(4)如检样为液体,在两个平皿内所加 1mL 未经稀释的检样(原液)培养中,均无细菌集落生成,则报告为 1mL 检样内未有菌落生长,或 1mL 检样内菌落数<1。

五、特殊的方法

1. 平板表面涂布法

将琼脂制成平板,经 50℃ 1h~2h 或 35℃ 18h~20h 干燥后,于其上滴加检样稀释液 0.2mL,用 L 棒涂布于整个平板的表面,放置片刻(约 10min),将平板翻转,移至(36±1)℃温箱内培养(24±2)h(水产品用 30℃ 培养(48±2)h),取出,按前述方式进行菌落计数,然后乘以 5(由 0.2mL 换算为 1mL),再乘以样品稀释的倍数,即得每克或每毫升检样所含菌落数。

此法较上述倾注法为优,因菌落生长在表面,便于识别和检查其形态,虽检样中带有食品颗粒也不会发生混淆,同时还可使细菌不必遭受融化琼脂的热力,不致因此而使菌细胞受到损伤而不生长,从而可避免由于检验操作中的不良因素而使检样中细菌菌落数降低。但是本法取样量较倾注法为少(仅倾注法的 1/5),代表性将受到一定的影响。

2. 平板表面点滴法

与涂布法相似,所不同者,只是用标定好的微量吸管或注射器针头按滴(使每滴相当于 0.025mL)将检样稀释液滴加于琼脂平板上固定的区域(预先在平板背面用标记笔划成四个区域),每个区域滴 1 滴,每个稀释度滴两个区域,作为平行试验。滴加后,将平板放平片刻(约 5min~10min),然后翻转平板,如前移入温箱内培养 6h~8h 后进行计数,将所得菌落数乘以 40(由 0.025mL 换算为 1mL),再乘以样品稀释的倍数,即得每克或每毫升检样所含菌落数。本法具有快速、节省人力物力,适于基层单位和食品厂内部测定细菌总数用。但此法取样量少,代表性可能受到影响。

第八章　非食用物质检测方法

第一节　食品中苏丹红的测定方法

苏丹红是一种亲脂性偶氮化合物,主要包括苏丹红Ⅰ、苏丹红Ⅱ、苏丹红Ⅲ和苏丹红Ⅳ四种类型。苏丹红Ⅰ:1-苯基偶氮-2-萘酚,苏丹红Ⅱ:1-[(2,4-二甲基苯)偶氮]-2-萘酚,苏丹红Ⅲ:1-[4-(苯基偶氮)苯基]偶氮-2-萘酚,苏丹红Ⅳ:1-2-甲基-4-[(2-甲基苯)偶氮]苯基偶氮-2-萘酚。苏丹红的化学成分中含有一种叫萘的化合物,该物质具有偶氮结构,由于这种化学结构的性质决定了它具有致癌性,对人体的肝肾器官具有明显的毒性作用。苏丹红为黄色粉末,溶于水,微溶于乙醇,易溶于油脂、矿物油、丙酮和苯。苏丹红是人工合成的染料,常作为工业染料被广泛用于如溶剂、油、蜡、汽油的增色以及鞋、地板等的增光。之所以将苏丹红添加到食品中,尤其将其使用到辣椒产品加工产业当中,一是,苏丹红用后不容易褪色,这样可以弥补辣椒放置久后变色的现象,保持辣椒鲜亮的色泽;二是,一些企业将玉米等植物粉末用苏丹红染色后,混在辣椒粉中,以降低成本牟取利益。

目前,食品中苏丹红染料的检测方法主要采用液相色谱法。

一、原理

样品经溶剂提取、固相萃取净化后,用反相高效液相色谱-紫外可见光检测器进行色谱分析,采用外标法定量。

二、试剂与标准品

(1)乙腈:色谱纯。

(2)丙酮:色谱纯、分析纯。

(3)甲酸:分析纯。

(4)乙醚:分析纯。

(5)正己烷:分析纯。

(6)无水硫酸钠:分析纯。

(7)层析柱管:1cm(内径)×5cm(高)的注射器管。

(8)层析用氧化铝(中性100目~200目):105℃干燥2h,于干燥器中冷至室温,每100g中加入2mL水降活,混匀后密封,放置12h后使用。

不同厂家和不同批号氧化铝的活度有差异,须根据具体购置的氧化铝产品略作调整,活度的调整采用标准溶液过柱,将1μg/mL的苏丹红的混合标准溶液1mL加到柱中,用5%丙酮正己烷溶液60mL完全洗脱为准,4种苏丹红在层析柱上的流出顺序为苏丹红Ⅱ、苏丹红Ⅳ、苏丹红Ⅰ、苏丹红Ⅲ。可根据每种苏丹红的回收率对氧化铝活性作判断,苏丹红Ⅱ、苏丹红Ⅳ的回收率较低表明氧化铝活性偏低,苏丹红Ⅲ的回收率偏低时表明活性偏高。

(9)氧化铝层析柱:在层析柱管底部塞入一薄层脱脂棉,干法装入处理过的氧化铝至3cm高,轻敲实后加一薄层脱脂棉,用10mL正己烷预淋洗,洗净柱中杂质后,备用。

(10)丙酮的正己烷液(5%):吸取50mL丙酮用正己烷定容至1L。

(11)标准物质:苏丹红Ⅰ、苏丹红Ⅱ、苏丹红Ⅲ、苏丹红Ⅳ;纯度≥95%。

(12)标准贮备液:分别称取苏丹红Ⅰ、苏丹红Ⅱ、苏丹红Ⅲ及苏丹红Ⅳ各10.0mg(按实际含量折算),用乙醚溶解后用正己烷定容至250mL。

三、仪器与设备

(1)高效液相色谱仪(配有紫外可见光检测器)。

(2)分析天平:感量0.1mg。

(3)旋转蒸发仪。

(4)均质机。

(5)离心机。

(6)有机滤膜(0.45μm)。

四、样品制备

将液体、浆状样品混合均匀,固体样品需磨细。

五、样品处理

1. 红辣椒粉等粉状样品

称取1g~5g(准确至0.001g)样品于三角瓶中,加入10mL~30mL正己烷,超声5min,过滤,用10mL正己烷洗涤残渣数次,至洗出液无色,合并正己烷液,用旋转蒸发仪浓缩至5mL以下,慢慢加入氧化铝层析柱中,为保证层析效果,在柱中保持正己烷液面为2mm左右时上样,在全程的层析过程中不应使柱干涸,用正己烷少量多次淋洗浓缩瓶,一并注入层析柱。控制氧化铝表层吸附的色素带宽宜小于0.5cm,待样液完全流出后,视样品中含油类杂质的多少用10mL~30mL正己烷洗柱,直至流出液无色,弃去全部正己烷淋洗液,用含5%丙酮的正己烷液60mL洗脱,收集、浓缩后,用丙酮转移并定容至5mL,经0.45μm有机滤膜过滤后待测。

2. 红辣椒油、火锅料、奶油等油状样品

称取0.5g~2g(准确至0.001g)样品于小烧杯中,加入适量正己烷溶解(约1mL~10mL),难溶解的样品可于正己烷中加温溶解。按"红辣椒粉等粉状样品"中"慢慢加入到氧化铝层析柱……过滤后待测"操作。

3. 辣椒酱、番茄沙司等含水量较大的样品

称取10g~20g(准确至0.01g)样品于离心管中,加10mL~20mL水将其分散成糊状,含增稠剂的样品多加水,加入30mL正己烷:丙酮=3:1,匀浆5min,3000rpm离心10min,吸出正己烷层,于下层再加入20mL×2次正己烷匀浆,离心,合并3次正己烷,加入无水硫酸

钠 5g 脱水,过滤后于旋转蒸发仪上蒸干并保持 5min,用 5mL 正己烷溶解残渣后,按"红辣椒粉等粉状样品"中"慢慢加入到氧化铝层析柱……过滤后待测"操作。

4. 香肠等肉制品

称取粉碎样品 10g～20g（准确至 0.01g）于三角瓶中,加入 60mL 正己烷充分匀浆 5min,滤出清液,再以 20mL×2 次正己烷匀浆,过滤。合并 3 次滤液,加入 5g 无水硫酸钠脱水,过滤后于旋转蒸发仪上蒸至 5mL 以下,按"红辣椒粉等粉状样品"中"慢慢加入到氧化铝层析柱……过滤后待测"操作。

六、色谱条件

（1）色谱柱:Zorbax SB－C18 3.5μm 4.6mm×150mm（或相当型号色谱柱）。

（2）流动相:

溶剂 A　0.1％甲酸的水溶液:乙腈＝85:15;

溶剂 B　0.1％甲酸的乙腈溶液:丙酮＝80:20。

（3）梯度洗脱:流速为 1mL/min;柱温为 30℃。检测波长:苏丹红Ⅰ 478nm;苏丹红Ⅱ、苏丹红Ⅲ、苏丹红Ⅳ 520nm;于苏丹红Ⅰ出峰后切换。进样量 10μL。

（4）标准曲线:

吸取标准储备液 0、0.1、0.2、0.4、0.8、1.6mL,用正己烷定容至 25mL,此标准系列浓度为 0、0.16、0.32、0.64、1.28、2.56μg/mL,绘制标准曲线。

（5）计算按式（8-1）计算苏丹红含量

$$R = C \times V / M \qquad\qquad\cdots\cdots\cdots\cdots\cdots(8-1)$$

式中:R——样品中苏丹红含量,单位为毫克每千克(mg/kg);

$\quad\quad C$——由标准曲线得出的样液中苏丹红的质量浓度,单位为微克每毫升(μg/mL);

$\quad\quad V$——样液定容体积,单位为毫升(mL);

$\quad\quad M$——样品质量,单位为克(g)。

七、方法检测限

方法最低检测限:苏丹红Ⅰ、苏丹红Ⅱ、苏丹红Ⅲ、苏丹红Ⅳ均为 10μg/kg。

第二节　食品中孔雀石绿的测定方法

孔雀石绿(Malachite Green)化学名称为四甲基代二氨基三苯甲烷,分子式 $C_{23}H_{25}ClN_2$,又名碱性绿、盐基块绿、孔雀绿。孔雀石绿是一种有毒的三苯甲烷类人工合成有机化合物,它既是杀真菌剂,又是染料。它为翠绿色有金属光泽的结晶,属于三苯甲烷类染料。易溶于水、乙醇和甲醇,水溶液呈蓝绿色。孔雀石绿过去常被用于制陶业、纺织业、皮革业、食品颜色剂和细胞化学染色剂,1933 年起作为驱虫剂、防腐剂在水产中使用,后曾被广泛用于预防与治疗各类水产动物的水霉病、腮霉病和小瓜虫病。

孔雀石绿在水生生物体中的主要代谢产物为隐色孔雀石绿(Leucomalachite Green),隐色孔雀石绿由于其不溶于水,残留毒性比孔雀石绿更强。从 20 世纪 90 年代开始,国内外学者陆续发现,孔雀石绿及其代谢物隐色孔雀石绿具有高毒素、高残留、高致癌和高致畸、致突变等副作用。它能引起鱼类的鳃和皮肤上皮细胞轻度炎症;使肾管腔有轻度扩张,肾小管壁细胞的胞核也扩大;更重要的是影响鱼肠中的酶,使酶的分泌量减小,从而影响鱼的摄食及生长。鉴于孔雀石绿的危害性,许多国家都将孔雀石绿列为水产养殖禁用药物。我国也于2002年5月将孔雀石绿列入《食品动物禁用的兽药及其化合物清单》中,禁止用于所有食品动物。

目前,国内外有关水产品中孔雀石绿及隐色孔雀石绿的测定方法主要采用液相色谱法和液相色谱串联质谱法。

一、高效液相色谱法

1. 原理

试样中的残留物用乙腈-乙酸盐缓冲混合液提取,乙腈再次提取后,液液分配到二氯甲烷层并浓缩,经酸性氧化铝柱净化后,高效液相色谱- PbO_2 柱后衍生测定,外标法定量。

2. 试剂和材料

(1)乙腈:液相色谱纯。

(2)二氯甲烷。

(3)甲醇:液相色谱纯。

(4)乙酸盐缓冲液:溶解 4.95g 无水乙酸钠及 0.95g 对-甲苯磺酸于 950mL 水中,用冰乙酸调节溶液 pH 到 4.5,最后用水稀释到 1L。

(5)盐酸羟胺溶液(20%)。

(6)对-甲苯磺酸(1.0mol/L):称取 17.2g 对-甲苯磺酸,并用水稀释至 100mL。

(7)乙酸铵缓冲溶液(50mmol/L):称取 3.85g 无水乙酸铵溶解于 1000mL 水中,冰乙酸调 pH 到 4.5。

(8)二甘醇。

(9)酸性氧化铝:80 目～120 目。

(10)二氧化铅。

(11)硅藻土 545:色谱层析级。

(12)标准品:孔雀石绿(MG)、隐色孔雀石绿(LMG),纯度大于 98%。

(13)标准溶液:准确称取适量的孔雀石绿、隐色孔雀石绿,用乙腈分别配制成 $100\mu g/mL$ 的标准贮备液,再用乙腈稀释配制 $1\mu g/mL$ 的标准溶液。-18℃避光保存。

(14)混合标准工作溶液:用乙腈稀释标准溶液,配制成每毫升含孔雀石绿、隐色孔雀石绿均为 20ng 的混合标准溶液。-18℃避光保存。

3. 仪器和设备

(1)高效液相色谱仪:配有紫外-可见光检测器。

(2)匀浆机。

(3)离心机:4000r/min。

(4)固相萃取装置。

(5)PbO_2 氧化柱(25%):不锈钢预柱管(5cm×4mmi. d.),两端附 $2\mu m$ 过滤板,抽真空

下,填装含有 25％PbO$_2$ 的硅藻土,添加数滴甲醇压实,旋紧。临用前用甲醇冲洗。并将 PbO$_2$ 氧化柱连接在紫外-可见光检测器与液相色谱柱之间。

(6)酸性氧化铝柱:1g/3mL,使用前用 5mL 乙腈活化。

4. 样品制备

(1)提取

称取 5.00g 样品于 50mL 离心管内,加入 1.5mL20％的盐酸羟胺溶液、2.5mL 1.0mol/L 的对-甲苯磺酸溶液、5.0mL 乙酸盐缓冲溶液,用匀浆机以 10000r/min 的速度均质 30s,加入 10mL 乙腈剧烈震摇 30s。加入 5g 酸性氧化铝,再次震荡 30s。3000r/min 离心 10min。把上清液转移至装有 10mL 水和 2mL 二甘醇的 100mL 离心管中。然后在 50mL 离心管中加入 10mL 乙腈,重复上述操作,合并乙腈层。

(2)净化

在离心管中加入 15mL 二氯甲烷,振荡 10s,3000r/min 离心 10min,将二氯甲烷层转移至 100mL 的梨形瓶中,再用 5mL 乙腈、10mL 二氯甲烷重复上述操作一次,合并二氯甲烷层于 100mL 梨形瓶中。45℃旋转蒸发至约 1mL,用 2.5mL 乙腈溶解残渣。将酸性氧化铝柱安装在固相萃取装置上,将梨形瓶中的溶液转移到柱上,再用乙腈洗涤瓶两次,每次 2.5mL,把洗涤液依次通过柱,控制流速不超过 0.6mL/min,收集全部流出液,45℃旋转蒸发至近干,残液准确用 0.5mL 乙腈溶解,过 0.45μm 滤膜,滤液供液相色谱测定。

5. 测定

(1)液相色谱条件

1)色谱柱:C18 柱,250mm×4.6mm(i.d.),粒度 5μm,在 C18 色谱柱和检测器之间连接 25％PbO$_2$ 氧化柱;

2)流动相:乙腈和乙酸铵缓冲溶液;

3)流速:1.0mL/min;

4)柱温:室温;

5)检测波长:618nm(孔雀石绿);

6)进样量:50μL。

(2)液相色谱测定

根据样液中被测孔雀石绿、隐色孔雀石绿含量情况,选定峰高相近的标准工作溶液。标准工作溶液和样液中孔雀石绿、隐色孔雀石绿响应值均应在仪器检测线性范围内。

(3)空白试验

除不加试样外,均按上述测定步骤进行。

6. 结果计算和表述

按式(8-2)计算样品中孔雀石绿、隐色孔雀石绿残留量。计算结果需扣除空白值。

$$X=\frac{C\times A\times V}{A_s\times W} \quad\cdots\cdots\cdots\cdots\cdots\cdots\cdots\cdots\cdots\cdots(8-2)$$

式中:X——样品中待测组分残留量,mg/kg;

　　　C——待测组分标准工作液的质量浓度,μg/mL;

　　　A——样品中待测组分的峰面积;

A_s——待测组分标准工作液的峰面积;

V——样液最终定容体积,mL;

W——最终样液所代表的试样量,g。

本方法孔雀石绿的残留量测定结果系指孔雀石绿和它的代谢物隐色孔雀石绿残留量之和,以孔雀石绿表示。

7. 方法检测限

本方法孔雀石绿、隐色孔雀石绿的检测限均为 $2.0\mu g/kg$。

二、液相色谱-串联质谱法

1. 原理

试样中的残留物用乙腈-乙酸铵缓冲溶液提取,乙腈再次提取后,液液分配到二氯甲烷层,经中性氧化铝和阳离子固相柱净化后用液相色谱-串联质谱法测定,内标法定量。

2. 试剂和材料

(1)乙腈:液相色谱纯。

(2)甲醇:液相色谱纯。

(3)二氯甲烷。

(4)无水乙酸铵。

(5)乙酸铵缓冲溶液(5mol/L):称取 38.5g 无水乙酸铵溶解于 90mL 水中,冰乙酸调 pH 到 7.0,用水定容至 100mL。

(6)乙酸铵缓冲溶液(0.1mol/L):称取 7.71g 无水乙酸铵溶解于 1000mL 水中,冰乙酸调 pH 到 4.5。

(7)乙酸铵缓冲溶液(5mmol/L):称取 0.385g 无水乙酸铵溶解于 1000mL 水中,冰乙酸调 pH 到 4.5,过 $0.2\mu m$ 滤膜。

(8)冰乙酸。

(9)盐酸羟铵溶液(0.25g/mL)。

(10)对-甲苯磺酸溶液(1.0mol/L):称取 17.2g 对-甲苯磺酸,用水溶解并定容至 100mL。

(11)甲酸溶液 2%(v/v)。

(12)乙酸铵甲醇溶液 5%(v/v):量取 5mL 乙酸铵缓冲溶液用甲醇定容至 100mL。

(13)阳离子交换柱:MCX,60mg/3mL,使用前依次用 3mL 乙腈、3mL2%甲酸溶液活化。

(14)中性氧化铝柱:1g/3mL,使用前用 5mL 乙腈活化。

(15)标准品:孔雀石绿(MG)、隐色孔雀石绿(LMG)、同位素内标氘代孔雀石绿(D5-MG)、同位素内标氘代隐色孔雀石绿(D6-LMG),纯度大于 98%。

(16)标准储备溶液:准确称取适量的孔雀石绿、隐色孔雀石绿、氘代孔雀石绿、氘代隐色孔雀石绿标准品,用乙腈分别配制成 $100\mu g/mL$ 的标准贮备液。

(17)混合标准储备溶液($1\mu g/mL$):分别准确吸取 1.00mL 孔雀石绿、隐色孔雀石绿的标准储备溶液至 100mL 容量瓶中,用乙腈稀释至刻度,1mL 该溶液分别含 $1\mu g$ 的孔雀石绿、隐色孔雀石绿。—18℃避光保存。

(18)混合标准储备溶液(100ng/mL)：用乙腈稀释混合标准储备溶液，配制成每毫升含孔雀石绿、隐色孔雀石绿均为 100ng 的混合标准储备溶液。—18℃避光保存。

(19)混合内标标准溶液：用乙腈稀释标准溶液，配制成每毫升含氘代孔雀石绿和氘代隐色孔雀石绿各 100ng 的内标混合溶液。—18℃避光保存。

(20)混合标准工作溶液：根据需要，临用时吸取一定量的混合标准储备溶液和混合内标标准溶液，用乙腈—5mmol/L 乙酸铵溶液(1+1)稀释配制适当浓度的混合标准工作液，每毫升该混合标准工作溶液含有氘代孔雀石绿和氘代隐色孔雀石绿各 2ng。

3. 仪器和设备

(1)高效液相色谱-串联质谱联用仪：配有电喷雾(ESI)离子源。

(2)匀浆机。

(3)离心机：4000r/min。

(4)超声波水浴。

(5)旋涡振荡器。

(6)KD 浓缩瓶，25mL。

(7)固相萃取装置。

(8)旋转蒸发仪。

4. 样品制备

(1)鲜活水产品

1)提取

称取 5.00g 已捣碎样品于 50mL 离心管中，加入 200μL 混合内标标准溶液，加入 11mL 乙腈，超声波振荡提取 2min，8000r/min 匀浆提取 30s，4000r/min 离心 5min，上清液转移至 25mL 比色管中；另取一 50mL 离心管加入 11mL 乙腈，洗涤匀浆刀头 10s，洗涤液移入前一离心管中，用玻棒捣碎离心管中的沉淀，旋涡振荡器上振荡 30s，超声波振荡 5min，4000r/min 离心 5min，上清液合并至 25mL 比色管中，用乙腈定容至 25.0mL，摇匀备用。

2)净化

移取 5.00mL 样品溶液加至已活化的中性氧化铝柱上，用 KD 浓缩瓶接收流出液，4mL 乙腈洗涤中性氧化铝柱，收集全部流出液，45℃旋转蒸发至约 1mL，残液用乙腈定容至 1.00mL，超声振荡 5min，加入 1.0mL 5mmol/L 乙酸铵，超声振荡 1min，样液经 0.2μm 滤膜过滤后供液相色谱-串联质谱测定。

(2)加工水产品

1)提取

称取 5.00g 已捣碎样品于 100mL 离心管中，加入 200μL 混合内标标准溶液，依次加入 1mL 盐酸羟胺、2mL 对-甲苯磺酸、2mL 乙酸铵缓冲溶液和 40mL 乙腈，匀浆 2min(10000r/min)，离心 3min(3000r/min)，将上清液转移到 250mL 分液漏斗中，用 20mL 乙腈重复提取残渣一次，合并上清液。于分液漏斗中加入 30mL 二氯甲烷、35mL 水，振摇 2min，静置分层，收集下层有机层于 150mL 梨形瓶中，再用 20mL 二氯甲烷萃取一次，合并二氯甲烷层，45℃旋转蒸发近干。

2）净化

将中性氧化铝柱串接在阳离子交换柱上方。用 6mL 乙腈分三次（每次 2mL），用旋涡振荡器涡旋溶解上述提取物，并依次过柱，控制阳离子交换柱流速不超过 0.6mL/min，再用 2mL 乙腈淋洗中性氧化铝柱后，弃去中性氧化铝柱。依次用 3mL2％(v/v)甲酸溶液、3mL 乙腈淋洗阳离子交换柱，弃去流出液。用 4mL5％(v/v)乙酸铵甲醇溶液洗脱，洗脱流速为 1mL/min，用 10mL 刻度试管收集洗脱液，用水定容至 10.0mL，样液经 0.2μm 滤膜过滤后供液相色谱-串联质谱测定。

5. 测定

（1）液相色谱-串联质谱条件

1）色谱柱：C18 柱，50mm×2.1mm(i.d.)，粒度 3μm；

2）流动相：乙腈＋5mmol/L 乙酸铵＝75＋25(v/v)；

3）流速：0.2mL/min；

4）柱温：35℃；

5）进样量：10μL；

6）离子源：电喷雾 ESI，正离子；

7）扫描方式：多反应监测 MRM；

8）雾化气、窗帘气、辅助加热气、碰撞气均为高纯氮气；使用前应调节各气体流量以使质谱灵敏度达到检测要求；

9）喷雾电压、去集簇电压、碰撞能等电压值应优化至最优灵敏度；

10）监测离子对：孔雀石绿 m/z 329/313（定量离子）、329/208；隐色孔雀石绿 m/z 331/316（定量离子）、331/239；氘代孔雀石绿 m/z 334/318（定量离子）；氘代隐色孔雀石绿 m/z 337/322（定量离子）。

（2）液相色谱-串联质谱测定

按照液相色谱-串联质谱条件测定样品和混合标准工作溶液，以色谱峰面积按内标法定量，孔雀石绿以氘代孔雀石绿为内标物计算，隐色孔雀石绿以氘代隐色孔雀石绿为内标物计算。

（3）液相色谱-串联质谱确证

按照液相色谱-串联质谱条件测定样品和标准工作溶液，分别计算样品和标准工作溶液中非定量离子对与定量离子对色谱峰面积的比值，仅当两者数值的相对偏差小于 25％时方可确定两者为同一物质。

6. 空白试验

除不加试样外，均按上述测定步骤进行。

7. 结果计算和表述

按式（8-3）计算样品中孔雀石绿、隐色孔雀石绿残留量。计算结果需扣除空白值。

$$X = \frac{C \times C_i \times A \times A_{si} \times V}{C_{si} \times A_i \times A_s \times W} \quad \cdots\cdots\cdots\cdots\cdots\cdots\cdots (8-3)$$

式中：X——样品中待测组分残留量，μg/kg；

C——孔雀石绿、隐色孔雀石绿标准工作溶液的浓度，μg/L；

C_{si}——标准工作溶液中内标物的浓度，$\mu g/L$；

C_i——样液中内标物的浓度，$\mu g/L$；

A_s——孔雀石绿、隐色孔雀石绿标准工作溶液的峰面积；

A——样液中孔雀石绿、隐色孔雀石绿的峰面积；

A_{si}——标准工作溶液中内标物的峰面积；

A_i——样液中内标物的峰面积；

V——样品定容体积，mL；

W——样品称样量，g。

本方法孔雀石绿的残留量测定结果系指孔雀石绿和它的代谢物隐色孔雀石绿残留量之和，以孔雀石绿表示。

8. 方法检测限

本方法孔雀石绿、隐色孔雀石绿的检测限均为 $0.5\mu g/kg$。

第三节 奶制品中三聚氰胺的测定方法

三聚氰胺(Melamine)，简称三胺，俗称蜜胺、蛋白精，又叫 2,4,6-三氨基-1,3,5-三嗪、1,3,5-三嗪-2,4,6-三胺、2,4,6-三氨基脲、三聚氰酰胺、氰脲三酰胺，分子式 $C_3N_6H_6$，分子量 126.12。其结构式为

三聚氰胺为纯白色单斜棱晶体，无味，是一种三嗪类含氮杂环有机化合物。常压熔点 354℃（分解）；加热快速升华，升华温度 300℃。在水中溶解度随温度升高而增大，在 20℃时，约为 3.3g/L，微溶于冷水，溶于热水，极微溶于热乙醇，不溶于醚、苯和四氯化碳，可溶于甲醇、甲醛、乙酸、热乙二醇、甘油、吡啶等。

三聚氰胺是一种用途广泛的基本有机化工中间产品，最主要的用途是作为生产三聚氰胺甲醛树脂(MF)的原料。该树脂硬度比脲醛树脂高，不易燃，耐水、耐热、耐老化、耐电弧、耐化学腐蚀、有良好的绝缘性能、光泽度和机械强度，广泛运用于木材、塑料、涂料、造纸、纺织、皮革、电气、医药等行业。三聚氰胺还可以作阻燃剂、减水剂、甲醛清洁剂等。

已经有报道称，三聚氰胺在人体的消化过程中，特别是在胃酸的作用下，自身即可能部分转化为三聚氰酸，而与未转化部分形成结晶。一般成年人身体会排出大部分的三聚氰胺，不过如果与三聚氰酸并用，会形成无法溶解的氰尿酸三聚氰胺，造成严重的肾结石。对于三聚氰胺形成肾结石的机理并不是很清楚，有研究认为，三聚氰胺常混合有结构类似的氰尿酸，在摄入人体进入肾细胞后，三聚氰胺会与氰尿酸结合形成结晶沉积，从而造成肾结石并堵塞肾小管，并有可能导致肾衰竭。由于三聚氰胺微溶于水，经常饮水的成年人体内不易形成三聚氰胺结石，但饮水较少且肾脏狭小的哺乳期婴儿体内，则较易形成结石。

三聚氰胺属于化工原料,不是食品原料,也不是食品添加剂,禁止人为添加到食品中。目前测定原料乳、乳制品以及含乳制品中三聚氰胺的方法主要有高效液相色谱法、液相色谱-质谱/质谱法。

一、高效液相色谱法

1. 原理

试样用三氯乙酸溶液-乙腈提取,经阳离子交换固相萃取柱净化后,用高效液相色谱测定,外标法定量。

2. 试剂与材料

(1)甲醇:色谱纯。

(2)乙腈:色谱纯。

(3)氨水:含量为 25%～28%。

(4)三氯乙酸。

(5)柠檬酸。

(6)辛烷磺酸钠:色谱纯。

(7)甲醇水溶液:准确量取 50mL 甲醇和 50mL 水,混匀后备用。

(8)三氯乙酸溶液(1%):准确称取 10g 三氯乙酸于 1L 容量瓶中,用水溶解并定容至刻度,混匀。

(9)氨化甲醇溶液(5%):准确量取 5mL 氨水和 95mL 甲醇,混匀后备用。

(10)离子对试剂缓冲液:准确称取 2.10g 柠檬酸和 2.16g 辛烷磺酸钠,加入约 980mL 水溶解,调节 pH 至 3.0 后,定容至 1L 备用。

(11)三聚氰胺标准品:CAS 108-78-01,纯度大于 99.0%。

(12)三聚氰胺标准储备液:准确称取 100mg(精确到 0.1mg)三聚氰胺标准品于 100mL 容量瓶中,用甲醇水溶液溶解并定容至刻度,配制成浓度 1mg/mL 的标准储备液,于 4℃避光保存。

(13)阳离子交换固相萃取柱:混合型阳离子交换固相萃取柱,基质为苯磺酸化的聚苯乙烯-二乙烯基苯高聚物,60mg,3mL,或相当者。使用前依次用 3mL 甲醇、5mL 水活化。

(14)定性滤纸。

(15)海砂:化学纯,粒度 0.65mm～0.85mm,二氧化硅(SiO_2)含量为 99%。

(16)微孔滤膜:0.2μm 有机相。

(17)氮气:纯度大于或等于 99.999%。

3. 仪器和设备

(1)高效液相色谱(HPLC)仪:配有紫外检测器或二极管阵列检测器。

(2)分析天平:感量为 0.0001g 和 0.01g。

(3)离心机:转速不低于 4000r/min。

(4)超声波水浴。

(5)固相萃取装置。

(6)氮气吹干仪。

(7)涡旋混合器。

(8)具塞塑料离心管:50mL。

(9)研钵。

4. 样品处理

(1)提取

1)液态奶、奶粉、酸奶、冰淇淋和奶糖等

称取 2g(精确至 0.01g)试样于 50mL 具塞塑料离心管中,加入 15mL 三氯乙酸溶液和 5mL 乙腈,超声提取 10min,再振荡提取 10min 后,以不低于 4000r/min 离心 10min。上清液经三氯乙酸溶液润湿的滤纸过滤后,用三氯乙酸溶液定容至 25mL,移取 5mL 滤液,加入 5mL 水混匀后做待净化液。

2)奶酪、奶油和巧克力等

称取 2g(精确至 0.01g)试样于研钵中,加入适量海砂(试样质量的 4 倍～6 倍)研磨成干粉状,转移至 50mL 具塞塑料离心管中,用 15mL 三氯乙酸溶液分数次清洗研钵,清洗液转入离心管中,再往离心管中加入 5mL 乙腈,余下操作同"液态奶、奶粉、酸奶、冰淇淋和奶糖等"中"超声提取 10min,……加入 5mL 水混匀后做待净化"。

若样品中脂肪含量较高,可以用三氯乙酸溶液饱和的正己烷液-液分配除脂后再用 SPE 柱净化。

(2)净化

将待净化液转移至固相萃取柱中。依次用 3mL 水和 3mL 甲醇洗涤,抽至近干后,用 6mL 氨化甲醇溶液洗脱。整个固相萃取过程流速不超过 1mL/min。洗脱液于 50℃下用氮气吹干,残留物(相当于 0.4g 样品)用 1mL 流动相定容,涡旋混合 1min,过微孔滤膜后,供 HPLC 测定。

5. 高效液相色谱测定

(1)液相色谱参考条件

1)色谱柱:C8 柱,250mm×4.6mm(i. d.),5μm,或相当者;
　　　　　C18 柱,250mm×4.6mm(i. d.),5μm,或相当者。

2)流动相:C8 柱,离子对试剂缓冲液-乙腈(85+15,体积比),混匀;
　　　　　C18 柱,离子对试剂缓冲液-乙腈(90+10,体积比),混匀。

3)流速:1.0mL/min。

4)柱温:40℃。

5)波长:240nm。

6)进样量:20μL。

(2)标准曲线的绘制

用流动相将三聚氰胺标准储备液逐级稀释得到的浓度为 0.8μg/mL、2μg/mL、20μg/mL、40μg/mL、80μg/mL 的标准工作液,浓度由低到高进样检测,以峰面积-浓度作图,得到标准曲线回归方程。

(3)定量测定

待测样液中三聚氰胺的响应值应在标准曲线线性范围内,超过线性范围则应稀释后再进样分析。

6. 结果计算

试样中三聚氰胺的含量由色谱数据处理软件或按式(8-4)计算获得：

$$X = \frac{A \times C \times V \times 1000}{A_s \times m \times 1000} \times f \quad\text{································(8-4)}$$

式中：X——试样中三聚氰胺的含量，单位为毫克每千克(mg/kg)；

A——样液中三聚氰胺的峰面积；

C——标准溶液中三聚氰胺的浓度，单位为微克每毫升(μg/mL)；

V——样液最终定容体积，单位为毫升(mL)；

A_s——标准溶液中三聚氰胺的峰面积；

m——试样的质量，单位为克(g)；

f——稀释倍数。

7. 说明及注意事项

(1)空白实验除不称取样品外，均按上述测定条件和步骤进行。

(2)本方法定量限为 2mg/kg。

(3)在添加浓度 2mg/kg～10mg/kg 浓度范围内，回收率在 80%～110% 之间，相对标准偏差小于 10%。

二、液相色谱-质谱/质谱法(LC-MS/MS)

1. 原理

试样用三氯乙酸溶液提取，经阳离子交换固相萃取柱净化后，用液相色谱-质谱/质谱法测定和确证，外标法定量。

2. 试剂与材料

除非另有说明，所有试剂均为分析纯，水为 GB/T6682 规定的一级水。

(1)乙酸。

(2)乙酸铵。

(3)乙酸铵溶液(10mmol/L)：准确称取 0.772g 乙酸铵于 1L 容量瓶中，用水溶解并定容至刻度，混匀后备用。

(4)其他同高效液相色谱法所使用的试剂与材料。

3. 仪器和设备

(1)液相色谱-质谱/质谱(LC-MS/MS)仪：配有电喷雾离子源(ESI)。

(2)其他同高效液相色谱法所使用的仪器和设备。

4. 样品处理

(1)提取

1)液态奶、奶粉、酸奶、冰淇淋和奶糖等

称取 1g(精确至 0.01g)试样于 50mL 具塞塑料离心管中，加入 8mL 三氯乙酸溶液和 2mL 乙腈，超声提取 10min，再振荡提取 10min 后，以不低于 4000r/min 离心 10min。上清液经三氯乙酸溶液润湿的滤纸过滤后，做待净化液。

2)奶酪、奶油和巧克力等

称取 1g(精确至 0.01g)试样于研钵中,加入适量海砂(试样质量的 4 倍~6 倍)研磨成干粉状,转移至 50mL 具塞塑料离心管中,加入 8mL 三氯乙酸溶液分数次清洗研钵,清洗液转入离心管中,再加入 2mL 乙腈,余下操作同"液态奶、奶粉、酸奶、冰淇淋和奶糖等"中"超声提取 10min,……做待净化液"。

注:若样品中脂肪含量较高,可以用三氯乙酸溶液饱和的正己烷液-液分配除脂后再用 SPE 柱净化。

（2）净化

将待净化液转移至固相萃取柱中。依次用 3mL 水和 3mL 甲醇洗涤,抽至近干后,用 6mL 氨化甲醇溶液洗脱。整个固相萃取过程流速不超过 1mL/min。洗脱液于 50℃ 下用氮气吹干,残留物(相当于 1g 试样)用 1mL 流动相定容,涡旋混合 1min,过微孔滤膜后,供 LC-MS/MS 测定。

5. 液相色谱-质谱/质谱测定

（1）液相色谱参考条件

1)色谱柱:强阳离子交换与反相 C18 混合填料,混合比例（1∶4）,150mm×2.0mm (i.d.),5μm,或相当者。

2)流动相:等体积的乙酸铵溶液和乙腈充分混合,用乙酸调节至 pH=3.0 后备用。

3)进样量:10μL。

4)柱温:40℃。

5)流速:0.2mL/min。

（2）MS/MS 参考条件

1)电离方式:电喷雾电离,正离子。

2)离子喷雾电压:4kV。

3)雾化气:氮气,40psi。

4)干燥气:氮气,流速 10L/min,温度 350℃。

5)碰撞气:氮气。

6)分辨率:Q1(单位)Q3(单位)。

7)扫描模式:多反应监测（MRM）,母离子 m/z 127,定量子离子 m/z 85,定性子离子 m/z 68。

8)停留时间:0.3s。

9)裂解电压:100V。

10)碰撞能量:m/z 127＞85 为 20V,m/z 127＞68 为 35V。

（3）标准曲线的绘制

取空白样品按照上述条件和步骤处理。用所得的样品溶液将三聚氰胺标准储备液逐级稀释得到的浓度为 0.01μg/mL、0.05μg/mL、0.1μg/mL、0.2μg/mL、0.5μg/mL 的标准工作液,浓度由低到高进样检测,以定量子离子峰面积-浓度作图,得到标准曲线回归方程。

（4）定量测定

待测样液中三聚氰胺的响应值应在标准曲线线性范围内,超过线性范围则应稀释后再进样分析。

（5）定性判定

按照上述条件测定试样和标准工作溶液,如果试样中的质量色谱峰保留时间与标准工作溶液一致(变化范围在±2.5%之内);样品中目标化合物的两个子离子的相对丰度与浓度相当标准溶液的相对丰度一致,相对丰度偏差不超过表8－1的规定,则可判断样品中存在三聚氰胺。

表8－1

相对离子丰度	＞50%	＞20%～50%	＞10%～20%	≤10%
允许的相对偏差	±20%	±25%	±30%	±50%

6. 结果计算

同高效液相色谱法所使用的结果计算方法。

7. 说明及注意事项

（1）空白实验除不称取样品外,均按上述测定条件和步骤进行。

（2）本方法定量限为 0.01mg/kg。

（3）在添加浓度 0.01mg/kg～0.5mg/kg 浓度范围内,回收率在 80%～110% 之间,相对标准偏差小于 10%。

第四节　牛奶中硫氰酸盐的测定方法

硫氰酸盐是硫氰酸根离子 SCN^- 所成的盐,常见的包括无色的硫氰酸钾、硫氰酸钠、硫氰酸铵和硫氰酸汞。硫氰酸酯指含有 SCN 官能团的有机化合物。硫氰酸盐是一种用于医药、印染等多种行业的化工原料,都为白色结晶或粉末。硫氰酸盐被当作生鲜乳保鲜剂使用时,一般以硫氰酸钠的形式添加,它易溶于水,口服易被吸收。硫氰酸盐在乳及乳制品中的应用,主要是防腐保鲜作用。在原料奶和奶制品中加入硫氰酸钠可以有效抑制细菌的生长,保鲜。硫氰酸盐属于有毒有害物质,过量摄入硫氰酸盐,可引起急性毒性,硫氰酸盐对人体的危害主要表现在和血液中的细胞色素氧化酶中的三价铁离子结合,抑制该酶的活性,使组织发生缺氧。尤其对胎儿和婴儿的智力和神经系统发育存在较大的风险。鉴于硫氰酸盐对人体的危害,2008 年 12 月国家卫生部发布的《食品中可能违法添加的非食用物质和易滥用的食品添加剂品种名单(第一批)》中明确规定乳及乳制品中硫氰酸钠属于违法添加物。

目前,牛奶及液态奶制品中硫氰酸盐的主要测定方法是离子色谱法。

一、原理

液态奶样品沉淀蛋白、去除脂肪后,用离子色谱分析,电导检测器检测,外标法定量。

二、试剂与材料

（1）试验用水均为超纯水。

（2）乙腈(色谱纯)。

（3）固相萃取小柱：OnGuardRP 柱（2.5cc），或相当者（如 C18），使用前依次用 5mL 甲醇和 10mL 水活化。

（4）硫氰酸标准品。

（5）硫氰酸标准储备液：将硫氰酸标准品于 80℃烘箱内烘干 2h。准确称取干燥后的硫氰化钾 1.6732g 于 1000mL 容量瓶中，定容，混匀。即得 1000ppm 硫氰根标准储备液。

（6）硫氰酸标准中间液：取硫氰酸标准储备溶液 1mL，置于 100mL 容量瓶中，加水至刻度。此溶液含硫氰酸 10mg/L。

（7）硫氰酸标准使用液：移取 0.1mL、0.2mL、0.5mL、1.0mL、2.0mL 硫氰酸标准中间液，用水定容于 10mL 容量瓶中，浓度分别为 0.1mg/L、0.2mg/L、0.5mg/L、1.0mg/L、2.0mg/L。

3. 仪器设备

（1）离子色谱仪：配备淋洗液发生器和电导检测器；

（2）离心机：冷冻离心机。

4. 样品处理

取 4mL 液体奶样品，加入 5mL 乙腈沉淀蛋白，取上清液稀释 10 倍，过 RP 柱（或经冷冻离心机）去除脂肪后上机。

5. 离子色谱参考条件

色谱柱：强亲水性阴离子交换柱。IonPacAS16，4.0×250mm 分析柱；IonPacAG16，4.0×50mm 保护柱；或其他相当者。

流动相：KOH 溶液，梯度淋洗。淋洗液由淋洗液在线发生器在线产生。

流速：1.0mL/min。

抑制器：ASRS－300 型抑制器，4mm。

抑制器抑制模式：外接水模式，抑制电流 175mA。

柱温：30℃。

进样体积：100μL。

6. 结果计算

液态奶中硫氰酸的含量按式（8－5）计算。

$$X=C\times9\times10/4 \quad\cdots\cdots\cdots\cdots\cdots（8-5）$$

式中：X——液态奶中硫氰酸的含量，单位为微克每毫升（μg/mL）；

　　C——由标准曲线得到试样溶液中硫氰酸的浓度，单位为微克每毫升（μg/mL）；

　　9——液态奶的体积与乙腈体积之和，单位为毫升（mL）；

　　4——液态奶的体积，单位为毫升（mL）；

　　10——稀释倍数。

计算结果保留两位有效数字。

7. 精密度

在重复性条件下，获得的硫氰酸的两次独立测试结果的绝对差值不大于其算术平均值的 5%。

第五节　食品中富马酸二甲酯的测定方法

富马酸二甲酯为白色鳞片状结晶体,稍有辛辣味,溶于醇、醚、氯仿等溶剂中,微溶于水。富马酸二甲酯的抑菌活性体为富马酸二甲酯的分子状态,处于分子状态的富马酸二甲酯能顺利穿透微生物的细胞膜,进入细胞中,从而发挥其抑菌作用,富马酸二甲酯通过接触和熏蒸双重途径有效地进入微生物体内,抑制微生物细胞的分裂,并通过对三羧酸循环(TCAC)磷酸已糖途径(HMP)和酵解途径(EMP)的酶活性的抑制来抑制微生物呼吸作用,从而使微生物的生长繁殖被有效控制。富马酸二甲酯对许多霉菌和真菌有特殊的抑制效果,具有高效、广谱抗菌、安全、化学稳定性好、作用时间长、适用的 pH 值范围宽等特点,能抑制多种霉菌、酵母菌及细菌,特别对肉毒梭菌和黄曲霉菌有很好的抑制作用。富马酸二甲酯的抗菌活性不受 pH 值的影响;并兼有杀虫活性,还具有触杀和熏蒸作用,广泛应用于食品、饮料、饲料、中药材、化妆品、鱼、肉、蔬菜、水果等防霉、防腐、防虫、保鲜。

目前,食品中富马酸二甲酯的主要测定方法是气相色谱法。适用于粮食、糕点、水果等食品中富马酸二甲酯残留量的测定。

一、原理

样品中富马酸二甲酯(DMF)经提取净化后,用附氢火焰离子检测器的气相色谱仪进行分离测定,与标准系列比较定量。

二、试剂和材料

(1)除非另有说明,所有试剂均为分析纯。

(2)水:GB/T 6682 规定的一级水。

(3)氯仿。

(4)无水硫酸钠。

(5)中性氧化铝(层析用 60 目~80 目)。

(6)标准溶液贮备液:0.1g 富马酸二甲酯(含量 99.9%),用少量氯仿溶解,转移到 100mL 容量瓶中,用氯仿稀释至刻度,该标准溶液含富马酸二甲酯 1mg/mL。

(7)标准溶液使用液:分别吸取标准溶液 5mL、10mL、15mL、20mL、25mL、30mL 于 100mL 容量瓶中,用氯仿稀释至刻度,富马酸二甲酯浓度分别为 $50\mu g/mL$、$100\mu g/mL$、$150\mu g/mL$、$200\mu g/mL$、$250\mu g/mL$、$300\mu g/mL$。

三、仪器与设备

(1)气相色谱仪,附氢火焰离子检测器。

(2)匀浆机。

(3)粉碎机。

四、分析步骤

1. 样品制备

（1）粮食、糕点及含水分少低脂类的固体食品

称取 5.0g 或 10.0g 粉碎样品，置于 250mL 具塞三角烧瓶中，加 30mL 氯仿，振摇 30min，用定性滤纸过滤，取 10mL 滤液，吹入氮气使浓缩至 1mL，备用。

（2）含脂肪较多的样品

称取粉碎样品 10.0g，加中性氧化铝 5g～10g（视脂肪多少而定），以下按"分析步骤"中的（1）"加 30mL 氯仿⋯"起，依法操作。

（3）水果类

将水果去皮，切成碎片，加等量蒸馏水于匀浆机中匀浆后，称取 20.0g 匀浆液（相当于 10g 样品），加氯仿 30mL，振摇 30min，用定性滤纸过滤于 125mL 分液漏斗中，待分层后，用无水硫酸钠过滤，取滤液 10mL，吹入氮气浓缩至 1mL，待测。

2. 测定

（1）色谱参考条件

a）色谱柱：玻璃柱（内径 3mm，长 2m），内装涂以 2%OV－101 和 6%OV－210 混合固定液的 60 目～80 目 ChromosorbW. AWDMCS（HP）。

b）气流速度：氮气 50mL/min；空气 500mL/min；氢气 35mL/min。

c）温度：气化室及检测器 200℃，柱温 155℃。

d）进样量：1μL。

（2）测定

注入 1uL 标准系列中各浓度标准使用液于气相色谱仪中，测得不同浓度富马酸二甲酯的峰高，以浓度为横坐标，相应的峰高值为纵坐标，绘制标准曲线。同时注射一定体积样品溶液，测得峰高与标准曲线比较定量。

（3）阳性样品的确证

按照上述条件测定试样和标准工作溶液，如果试样中的质量色谱峰保留时间与标准工作溶液一致（变化范围在±2.5%之内），可以确认阳性样品。条件许可可以通过 GC－MS 定性。

（4）空白实验

除不称取样品外，均按上述测定条件和步骤进行。

（5）允许差

在重复性条件下获得的两次独立测定结果的绝对差值不得超过算术平均值的 20%。

五、结果计算

样品中富马酸二甲酯残留量按式（8－6）计算。

$$X = \frac{A \times V_3 \times V_4}{m \times \frac{V_1}{V_2} \times V_5} \quad \cdots\cdots\cdots\cdots\cdots(8-6)$$

式中:X——样品中富马酸二甲酯残留量,mg/kg;

　A——测定样品液中富马酸二甲酯含量,ug/mL;

V_1——浓缩用样品提取液体积,mL;

V_2——样品氯仿提取液总体积,mL;

V_3——样品浓缩后的体积,mL;

V_4——标准溶液进样体积,μL;

V_5——样品溶液进样体积,μL;

　m——样品重量,g。

六、相关技术参数

方法最低检出限:25mg/kg。

回收率在 88.9%～94.2%范围内。

相对标准偏差在 4.32%～9.07%的范围内。

第六节　乳及乳制品中舒巴坦敏感
β-内酰胺酶类药物测定方法

β-内酰胺酶是一种由细菌产生的能水解 β-内酰胺类抗生素的酶。β-内酰胺酶是绝大多数致病菌产生青霉素类和头孢菌素类耐药性的主要原因。目前,已发现 200 多种 β-内酰胺酶。β-内酰胺酶分为 4 类,第一类为头孢菌素酶,第二类为青霉素酶和超广谱酶,第三类为金属酶,第四类为其他不能被克拉维酸完全抑制的青霉素酶。应用最广泛的为前两类。

奶牛在养殖过程中易患乳房炎。青霉素类抗生素是治疗奶牛乳房炎的主要药物。按照国家规定,奶牛使用抗生素药物后一定时间内的乳汁,不得作为供人食用的食品,有抗奶受到消费者抵制。β-内酰胺酶可选择性分解牛奶中残留的 β-内酰胺类抗生素,造成"假无抗奶"现象,提高乳制品的销售价格和原料乳的可发酵性。

β-内酰胺酶本身对人体并无危害。但 β-内酰胺酶添加到牛奶中的主要目的是分解牛奶中残留的 β-内酰胺类抗生素,允许其添加有变相鼓励抗生素滥用的可能。而抗生素滥用会造成人体产生药物耐药性等多种不良后果。因此,需要对其禁用。自 20 世纪 50 年代以来,国内外屡见 β-内酰胺酶类物质用作牛奶中抗生素分解剂的研究报道。2009 年,少数乳制品中检出含有该物质。当年,卫生部在《食品中可能违法添加的非食用物质名单(第二批)》中明确将 β-内酰胺酶列入非食用物质,进行全国性监控。

目前,乳及乳制品中舒巴坦敏感 β-内酰胺酶类药物主要测定方法为杯碟法。适用于乳及乳制品中舒巴坦敏感 β-内酰胺酶类物质的检验。

一、原理

该方法采用对青霉素类药物绝对敏感的标准菌株,利用舒巴坦特异性抑制 β-内酰胺酶的活性,并加入青霉素作为对照,通过比对加入 β-内酰胺酶抑制剂与未加入抑制剂的样品所产生的抑制圈的大小来间接测定样品是否含有 β-内酰胺酶类药物。

二、培养基和试剂

除另有规定外,所用试剂均为分析纯,水为 GB/T 6682 中规定的三级水。

(1)试验菌种:藤黄微球菌(Micrococcus luteus)CMCC(B) 28001,传代次数不得超过 14 次。

(2)磷酸盐缓冲溶液(pH6.0):无水磷酸二氢钾 8.0g,无水磷酸氢二钾 2.0g,蒸馏水加至 1000mL。

(3)生理盐水(8.5g/L):氯化钠 8.5g,蒸馏水 1000mL,121℃高压灭菌 15min。

(4)青霉素标准溶液:准确称取适量青霉素标准物质,用磷酸盐缓冲溶液溶解并定容为 0.1mg/mL 的标准溶液。当天配制,当天使用。

(5)β-内酰胺酶标准溶液:准确量取或称取适量 β-内酰胺酶标准物质,用磷酸盐缓冲溶液溶解并定容为 16000U/mL 的标准溶液。当天配制,当天使用。

(6)舒巴坦标准溶液:准确称取适量舒巴坦标准物质,用磷酸盐缓冲溶液溶解并定容为 1mg/mL 的标准溶液,分装后－20℃保存备用,不可反复冻融使用。

(7)营养琼脂培养基:蛋白胨 10g,牛肉膏 3g,氯化钠 5g,琼脂 15g～20g,蒸馏水 1000mL,将上述成分加入蒸馏水中,搅混均匀,分装试管每管约 5mL～8mL,120℃高压灭菌 15min,灭菌后摆放斜面。

(8)抗生素检测用培养基Ⅱ:蛋白胨 10g,牛肉浸膏 3g,氯化钠 5g,酵母膏 3g,葡萄糖 1g,琼脂 14g,蒸馏水 1000mL,将上述成分加入蒸馏水中,搅混均匀,120℃高压灭菌 15min,其最终 pH 值约为 6.6。

三、仪器设备

除微生物实验室常规灭菌及培养设备外,其他设备和材料如下:

(1)抑菌圈测量仪或测量尺。

(2)恒温培养箱:36℃±1℃。

(3)高压灭菌器。

(4)无菌培养皿:内径 90mm,底部平整光滑的玻璃皿,具陶瓦盖。

(5)无菌牛津杯:外径(8.0±0.1)mm,内径(6.0±0.1)mm,高度(10.0±0.1)mm。

(6)麦氏比浊仪或标准比浊管。

(7)pH 计。

(8)无菌吸管:1mL(0.01mL 刻度值),10mL(0.1mL 刻度值)。

(9)加样器:5μL～20μL,20μL～200μL 及配套吸头。

四、操作步骤

1. 菌悬液的制备

将藤黄微球菌接种于营养琼脂斜面上,经(36±1)℃培养 18h～24h,用生理盐水洗下菌苔即为菌悬液,测定菌悬液浓度,终浓度应大于 1×10^{10} CFU/mL,4℃保存,贮存期限 2 周。

2. 样品的制备

将待检样品充分混匀,取 1mL 待检样品于 1.5mL 离心管中共 4 管,分别标为:A、B、C、D,每个样品做三个平行,共 12 管,同时每次检验应取纯水 1mL 加入到 1.5mL 离心管中作为对照。如样品为乳粉,则将乳粉按 1∶10 的比例稀释。如样品为酸性乳制品,应调节 pH 至 6～7。

3. 检验用平板的制备

取 90mm 灭菌玻璃培养皿,底层加 10mL 灭菌的抗生素检测用培养基Ⅱ,凝固后上层加入 5mL 含有浓度为 $1×10^8$ CFU/mL 藤黄微球菌的抗生素检测用培养基Ⅱ,凝固后备用。

4. 样品的测定

按照下列顺序分别将青霉素标准溶液、β-内酰胺酶标准溶液、舒巴坦标准溶液加入到样品及纯水中:

a)青霉素 5μL。

b)舒巴坦 25μL、青霉素 5μL。

c)β-内酰胺酶 25μL、青霉素 G5μL。

d)β-内酰胺酶 25μL、舒巴坦 25μL、青霉素 5μL。

混匀后,将上述 a)～d)试样各 200μL 加入放置于检验用平板上的 4 个无菌牛津杯中,(36±1)℃培养培养 18h～22h,测量抑菌圈直径。每个样品,取三次平行试验平均值。

5. 结果报告

纯水样品结果应为:(a)、(b)、(d)均应产生抑菌圈;(a)的抑菌圈与(b)的抑菌圈相比,差异在 3mm 以内(含 3mm),且重复性良好;(c)的抑菌圈小于(d)的抑菌圈,差异在 3mm 以上(含 3mm),且重复性良好。如为此结果,则系统成立,可对样品结果进行如下判定:

(1)如果样品结果中(b)和(d)均产生抑菌圈,且(c)与(d)抑菌圈差异在 3mm 以上(含 3mm)时,原则判定结果如下:

1)(a)的抑菌圈小于(b)的抑菌圈差异在 3mm 以上(含 3mm),且重复性良好,应判定该试样添加有 β-内酰胺酶,报告 β-内酰胺酶类药物检验结果阳性。

2)(a)的抑菌圈同(b)的抑菌圈差异小于 3mm,且重复性良好,应判定该试样未添加有 β-内酰胺酶,报告 β-内酰胺酶类药物检验结果阴性。

(2)如果(a)和(b)均不产生抑菌圈,应将样品稀释后再进行检测。

第七节 火锅底料、调料中罂粟壳生物碱成分的测定方法

罂粟俗称大烟,罂粟科植物罂粟的干燥果壳。罂粟是一种两年生草本植物,其花色美艳无比,花谢后即长成一种瘦长灯笼形的绿色果实。制毒者在早晨用刀在果上划出浅切口,白色浆汁随即流出,经一天日晒,晚上变为棕黑色膏状物,这就是有名的毒品——生鸦片膏。鸦片中含有吗啡、可卡因、罂粟碱等 20 多种活性生物碱,其中吗啡含量高达 9.5％以上。割过鸦片汁的罂粟果,仍残留约 0.2％的吗啡,把它加入食物中,残存的吗啡等生物碱便开始溶解,并随食物进入人体。如果长期食用含有毒品的食物,就会出现发冷、出虚汗、乏力、面

黄肌瘦、犯困等症状,严重时可能对神经系统、消化系统造成损害,甚至会出现内分泌失调等症状。

目前,火锅底料、调料中罂粟壳生物碱成分的测定方法为液相色谱-串联质谱测定法。

一、色谱条件与系统适用性试验

以 ACQUITY UPLC BEH HILIC(1.7μm,2.1×100mm)为色谱柱,以 0.1% 甲酸的乙腈溶液为流动相 A 相,以 100mmol/L 甲酸铵水溶液-乙腈(1:1)(以甲酸调节 pH 至 3.0)为流动相 B 相,流速 0.3mL/min;以三重四极杆质谱仪作为检测器,电化学喷雾离子源,采集模式为正离子模式。

二、标准品溶液的制备

1. 空白基质溶液

分别称取与待测样品基质相同的、不含所测成分试样,按供试品溶液制备方法依法操作,制备空白基质溶液。

2. 标准储备溶液

分别称取罂粟碱、那可汀、吗啡、可卡因和蒂巴因标准品适量,用含 0.5% 甲酸的甲醇溶液配制成 0.5mg/mL 的溶液,作为标准储备液。

3. 标准系列溶液

分别吸取标准储备溶液适量,用空白基质稀释成浓度为 1ng/mL～20ng/mL 的系列标准工作液。

三、供试品溶液的制备

1. 提取

称取 2g 试样(精确至 0.01g),于 50mL 聚四氟乙烯具塞离心管中(预先称好 6g 无水硫酸镁,1.5g 无水醋酸钠的混合粉末,或用相当的市售商品代替),加入 5mL 水,涡旋 1min,加入 15mL 乙腈,用手剧烈振荡 1min(或者用旋涡混合器),放入离心机中,以 4000r/min 的转速离心 1min,取出后待净化。

2. 净化

(1)PSA 净化法

称取 50mg(±5mg)PSA,150mg(±5mg)无水硫酸镁置于 2mL 聚四氟乙烯具塞离心管中(或用相当的市售商品代替),用 1mL 微量移液器将上述的上清液 1mL 移入此离心管中,涡旋混合器涡旋 1min,放入离心机中,以 5000r/min 的转速离心 1min,移取上清液于进样小瓶中。

(2)C18 小柱净化法

吸取上述的上清液通过 C18 小柱(3mL),收集洗脱液适量至进样器小瓶中。

备注:实际操作时,根据样品中色素的含量选择不同的净化方式,每一净化方法对应各自的基质空白和加样样品。

四、测定

分别精密吸取上述对照品溶液和供试品溶液各 1μL,注入液相色谱仪,测定,按标准曲线法测定计算那可汀、罂粟碱、蒂巴因、可卡因、吗啡的含量,即得。

第八节　食品中甲醛次硫酸钠的测定方法

甲醛次硫酸钠(NaHSO$_2$·CH$_2$O·2H$_2$O),俗名吊白块,常温常压下稳定,呈白色结晶。易溶于水,难溶于无水乙醇、醚、苯。高温下具有极强的还原性,从而表现出较强的褪色性能。甲醛次硫酸钠高温下分解产生甲醛,硫化氢等有毒气体。遇稀酸即分解,其溶液呈中性。甲醛次硫酸钠是一种工业用漂白剂,主要用于染布漂白,国家明令禁止在食品加工中使用。但近年来,一些不法食品生产商贩非法使用甲醛次硫酸钠,以达到漂白增白食品,掩盖食品缺陷和改善食品外观的商业目的。

目前,食品中甲醛次硫酸钠的测定方法是化学比色法。

一、方法 1

1. 原理

在磷酸酸性条件下对样品进行蒸馏,用水吸收,吸收液中的甲醛与乙酰丙酮及铵离子反应生成黄色物质,与标准系列比较定量。

2. 仪器与试剂

(1)分光光度计。

(2)10%(V/V)磷酸溶液。

(3)液体石蜡。

(4)乙酰丙酮溶液:在 100mL 蒸馏水中加入醋酸铵 25g,冰醋酸 3mL 和乙酰丙酮 0.4mL,振摇促溶,储备于棕色瓶中。此液可保存 1 个月。

(5)甲醛标准储备液:取甲醛 1g 放入盛有 5mL 水的 100mL 容量瓶中精密称量后,加水至刻度。从该溶液中吸取 10.0mL 放入碘量瓶中加 0.1mol/L 碘溶液 50mL,1mol/LKOH 溶液 20mL,在室温放置 15min 后,加 10% H$_2$SO$_4$ 15mL,用 0.1mol/LNa$_2$S$_2$O$_3$ 滴定(以 1mL 新配制的淀粉溶液为指示剂)。另取水 10mL 同样操作进行空白实验。

(6)甲醛标准使用液:将标定后的甲醛标准储备液用水稀释至 5ug/mL。

3. 试验操作

(1)样品处理:称取经粉碎的样品 5g～10g 置于玻璃蒸馏瓶中,加蒸馏水 20mL,液体石蜡 2.5mL 和 10%(v/v)磷酸 10mL,立即通水蒸气蒸馏,冷凝管下口应事先插入盛入 10mL 蒸馏水且置于冰浴的容器中,准确收集蒸馏液 150mL,另做空白蒸馏。

(2)显色操作:视样品中吊白块含量高低,吸取样品蒸馏液 2mL～10mL,补充蒸馏水至 10mL,加入乙酰丙酮溶液 1mL 混匀,置沸水浴中 3min,取出冷却,然后以蒸馏水调"0",于波长 435nm 处,以 1cm 比色皿进行比色,记录吸光度,查标准曲线计算结果。

(3)标准曲线的制备:吸取甲醛标准应用液 0mL、0.50mL、1.00mL、3.00mL、5.00mL、

7.00mL,补充蒸馏水至 10mL,以下从加乙酰丙酮溶液起同样操作,减去 0 管吸光度后,制标准曲线。

4. 结果计算

吊白块的含量按式(8-7)计算。

$$吊白块含量 = \frac{V_1 \times W_1 \times 5.133}{W_2 \times V_2 / V_3} \quad \cdots\cdots\cdots\cdots\cdots\cdots (8-7)$$

式中:V_1——样品管相当于标准管的体积,mL;

$\quad W_1$——每毫升甲醛标准液含甲醛量,μg;

$\quad V_2$——显色操作取蒸馏液的体积,mL;

$\quad V_3$——蒸馏液的总体积,mL;

$\quad W_2$——样品重,g;

5.133——甲醛换算为吊白块的系数。

注:样品蒸馏液可用于二氧化硫含量的测定,可做为在甲醛存在下是否有吊白块的依据。

二、方法 2

1. 原理

甲醛与变色酸在硫酸溶液中呈等色化合物,其颜色深浅与甲醛含量成正比,与标准比较定量。

2. 试剂

(1)盐酸。

(2)盐酸(1+1)。

(3)氢氧化钠溶液(4g/L)。

(4)氢氧化钠溶液(40g/L)。

(5)硫酸(1+35)。

(6)硫酸(1+359)。

(7)淀粉溶液(10g/L)。

(8)碘标准滴定溶液【$c(1/2I_2)=0.1mol/L$】。

(9)硫代硫酸钠标准滴定液【$c(Na_2S_2O_3)=0.1mol/L$】。

(10)变色酸溶液:称取 0.5g 变色酸,溶于少许水中,移入 10mL 容量瓶中,加水至刻度,溶解后过滤,取 5mL 放入 100mL 容量瓶中,慢慢加硫酸至刻度,冷却后缓缓摇匀。

(11)甲醛标准溶液:吸取 10mL 甲醛(38%～40%)于 500mL 的容量瓶中,加入 0.5mL 硫酸(1+35),加水稀释至刻度,混匀,吸取 5mL,置于 250mL 的容量瓶中,加 40mL 碘标准滴定溶液【$c(1/2I_2)=0.1mol/L$】,15mL 氢氧化钠溶液(40g/L),放置 10min,加 3mL 盐酸(1+1)或 20mL 硫酸(1+35)酸化,再放置 10min～15min 加入 100mL 水,摇匀,用硫代硫酸钠标准滴定液【$c(Na_2S_2O_3)=0.1mol/L$】滴定至草黄色,加入 1mL 淀粉指示液,继续滴定至蓝色消失为终点,同时做试剂空白试验。

(12)甲醛标准使用液:根据上述计算的含量,将甲醛标准溶液稀释至每 mL 相当于 1.0μg 甲醛。

3. 仪器设备

可见分光光度计。

4. 分析步骤

（1）标准曲线的制备

吸取 0mL、2.0mL、4.0mL、8.0mL、12.0mL、16.0mL、20.0mL、30.0mL 甲醛标准使用液（相当于 0μg、2.0μg、4.0μg、8.0μg、12.0μg、16.0μg、20.0μg、30.0μg 甲醛），分别置于 200mL 容量瓶中各加水至刻度，摇匀，各吸取 10mL，分别放入 25mL 具塞比色管中，各加入 10mL 的变色酸溶液，显色，待冷却至室温，用 2cm 比色杯，以零管调节零点。于波长 575nm 处测吸光度，绘制标准曲线。

（2）测定

按"方法一"中"试验操作"下的（1）进行样品处理，按"方法一"中"试验操作"下的（2）进行比色。

5. 结果计算

甲醛标准液的浓度按式（8-8）计算。

$$X = (V_1 - V_2) \times c \times 15/5 \quad \cdots\cdots\cdots\cdots\cdots\cdots\cdots\cdots (8-8)$$

式中：X——甲醛标准液的浓度，mg/mL；

　　　V_1——试剂空白滴定消耗硫代硫酸钠标准滴定液的体积，mL；

　　　V_2——样品滴定消耗硫代硫酸钠标准滴定液的体积，mL；

　　　c——硫代硫酸钠标准滴定液的实际浓度，mol/L；

　　15——与 1.0mL 碘标准滴定溶液【$c(1/2I_2) = 0.1mol/L$】相当的甲醛质量，mg；

　　　5——标定用甲醛标准液的体积，mL。

第九节　进出口动物源性食品中乌洛托品的测定方法

乌洛托品，别名六次甲基四胺，白色具有光泽的结晶或结晶性粉末，味初甜后苦，对皮肤有刺激作用。加热易升华并分解，易燃，易溶于水，难溶于乙醚、芳香烃等。可治疗尿路感染，在尿液偏酸性（pH 约为 6.5）的条件下，可水解为马尿酸和甲醛。几乎所有细菌和真菌对本品水解后产生的甲醛的非特异性抗菌作用敏感。

乌洛托品被非法添加到食品中的作用和吊白块有些类似，主要是乌洛托品在弱酸的条件下会分解产生甲醛，部分违法者将其掺入腐竹、粉丝、水产品等食品中，会起到增白、保鲜、增加口感、防腐的效果。使用乌洛托品并配以酸性溶液如稀硫酸、盐酸等可以掩盖劣质食品的变质外观。

乌洛托品本身属低毒类，可作为药物服用。但其在酸性条件下，能分解出甲醛，甲醛易与体内多种化学结构的受体发生反应，如与氨基化合物可以发生缩合，与巯基化合物加成，使蛋白质变性。甲醛在体内还可还原为醇，故可表现出甲醇的毒理作用。对人体的肾、肝、中枢神经、免疫功能、消化系统等均有损害。全国打击违法添加非食用物质和滥用食品添加剂专项整治领导小组发布的第五批《食品中可能违法添加的非食用物质和易滥用的食品添加剂名单》中,禁止乌洛托品添加到食品当中或加工食品过程中使用。

目前,进出口动物源性食品中乌洛托品的测定方法是液相色谱-质谱/质谱法。适用于进出口鸡肉、鸡肝脏、鸡肾脏和猪肉中乌洛托品残留量的检测和确证。

一、原理

用乙腈提取试样中的乌洛托品残留,正己烷除去脂溶性杂质,阳离子交换固相萃取柱净化,洗脱液浓缩后残渣用碱性乙腈定溶,液相色谱-质谱/质谱仪测定,外标法定量。

二、试剂和材料

所有试剂除特殊注明外,所用试剂均为分析纯,水为 GB/T 6682 规定的一级水。

(1)乙腈:色谱纯。

(2)正己烷:色谱纯。

(3)甲醇:色谱纯。

(4)乙酸(99%)。

(5)氨水(25%)。

(6)盐酸(36%)。

(7)乙酸铵。

(8)0.1%乙酸溶液:量取 0.5mL 乙酸,用水稀释至 500mL。

(9)0.1mol/L 盐酸溶液:量取 4.2mL 盐酸,用水稀释至 500mL。

(10)20mmol/L 乙酸铵缓冲液(pH=4):准确称取 0.77g 乙酸铵溶于 500mL 水中,用乙酸溶液调 pH 至 4。

(11)5%氨水-甲醇(5+95,体积比)溶液:量取 5mL 氨水,用甲醇稀释至 100mL。

(12)0.1%乙酸-乙腈(2+8,体积比)溶液:量取 200mL 乙酸溶液,用乙腈稀释至 1000mL。

(13)乙腈饱和的正己烷溶液:20mL 乙腈中加入 100mL 正己烷,充分振荡后,静置分层,取上层正己烷层备用。

(14)无水硫酸钠:经 650℃灼烧 4h,冷却后在干燥器中储存备用。

(15)乌洛托品标准物质(Urotropine,分子式 $C_6H_{12}N_4$):纯度大于 99.0%。

(16)标准储备溶液:准确称取按其纯度折算为 100%质量的乌洛托品标准品 0.010g,用乙腈溶解并定容至 100mL,浓度相当于 100μg/mL。储备液在 0℃~4℃冰箱避光保存,可使用 6 个月。

(17)标准中间溶液:准确量取标准储备溶液 1.0mL,用乙酸-乙腈溶液溶解并定容至 100mL,浓度相当于 1.0μg/mL,在 0℃~4℃冰箱避光保存,使用前配制。

(18)标准工作溶液:根据需要用 1.0mL 适当浓度的标准工作溶液溶解空白样品浓缩残渣,配制成适当浓度的标准工作溶液,使用前配制。

(19)固相萃取柱(OasisMCX):60mg,3mL,或相当者。OasisMCX 固相萃取柱使用前分别用 3mL 甲醇、3mL 水、3mL 乙酸铵溶液预处理,并保持柱体湿润。

(20)微孔滤膜:0.22μm,有机相。

三、仪器和设备

(1)高效液相色谱-质谱/质谱仪:配电喷雾离子源(ESI)或相当者。

(2)分析天平:感量为 0.1mg,0.01g。

(3)固相萃取装置。

(4)pH 计:测量精度±0.02。

(5)旋转蒸发器。

(6)氮吹仪。

(7)旋涡混匀器。

(8)组织捣碎机。

(9)均质器(10000r/min)。

(10)离心机(4000r/min)。

(11)50mL 玻璃离心管。

四、试样的制备与保存

取样品中有代表性的约 200g,用组织捣碎机捣碎,混匀,均分成两份作为试样,分别装入洁净容器,密封并做好标识,于-18℃冰箱内保存。

在抽样和制样操作过程中,应防止样品受到污染或发生残留物含量的变化。

五、测定步骤

1. 提取

准确称取 5g 试样(精确到 0.01g)于 50mL 离心管中,加入 2g 无水硫酸钠、20mL 乙腈,用均质器以 10000r/min 均质 1min,以 4000r/min 离心 5min,上清液转移至 50mL 具塞离心管中,样品再用 10mL 乙腈重复上述提取、离心操作,合并两次提取的上清液,加入经乙腈饱和的正己烷溶液 10mL,用旋涡振荡器混匀 2min 后,以 4000r/min 离心 3min,弃去上清液,乙腈相过无水硫酸钠,转移至浓缩瓶,浓缩近干后待净化。

2. 净化

用 1.0mL20mmol/L 乙酸铵缓冲液溶解浓缩瓶中残渣,以 1mL/min~2mL/min 的速度过固相萃取柱,再用 2.0mL20mmol/L 乙酸铵溶液分两次洗涤浓缩瓶,过固相萃取柱,用 1.0mL 水、1.0mL 甲醇依次淋洗固相萃取柱,弃去流出液,在 15mmHg 以下减压抽 1min 使柱体干涸;用 3.0mL5% 氨水-甲醇溶液洗脱,洗脱液在 45℃下用氮吹仪浓缩至近干,用 1.0mL0.1% 乙酸-乙腈溶液溶解残渣,经 0.22μm 滤膜过滤,供液相色谱-质谱/质谱测定。

3. 测定

(1)液相色谱条件

a)色谱柱:WatersACQUITYUPLC^{R}HILIC2.1mm(内径)×50mm,粒径 1.7μm,或相当者;

b)流动相:0.1% 乙酸-乙腈(2+8,体积比);

c)流速:0.25mL/min 或根据仪器条件优化;

d)柱温:30℃;

e)进样量:5μL。

(2)质谱条件

a)离子源:电喷雾离子源;

b)扫描方式:正离子;

c)检测方式:多反应监测(MRM)。

(3)定量测定

根据样液中乌洛托品残留量浓度大小,选定峰高相近的标准工作溶液,标准工作溶液和样液中乌洛托品残留的响应值均应在仪器的检测线性范围内。对标准工作溶液和样液等体积参差进样测定,在上述色谱条件下,乌洛托品的参考保留时间约为3.06min。

(4)定性测定

在相同的实验条件下,样品与标准工作液中待测物质的质量色谱峰相对保留时间在2.5%以内,并且在扣除背景后的样品质量色谱图中,所选择的离子对均出现,同时与标准品的相对丰度允许偏差不超过表8-2规定的范围,则可判断样品中存在对应的被测物。

表8-2

相对离子丰度/%	>50	>20～50	>10～20	≤10
最大允许偏差/%	±20	±25	±30	±50

4. 空白试验

除不加试样外,均按上述操作步骤进行。

六、结果计算和表述

用数据处理软件中的外标法或绘制标准曲线,按式(8-9)计算样品中乌洛托品残留量。

$$X = \frac{c \times V}{m} \quad \cdots\cdots\cdots\cdots\cdots\cdots\cdots (8-9)$$

式中:X——试样中待测组分含量,单位为微克每千克(μg/kg);

c——由标准曲线而得的样液中待测组分的浓度,单位为纳克每毫升(ng/mL);

V——样液最终定容体积,单位为毫升(mL);

m——最终样液所代表的试样质量,单位为克(g)。

第十节　食品中碱性橙染料的测定方法

碱性橙Ⅱ,闪光棕红色结晶块或砂状,俗名"王金黄""块黄"等。红褐色结晶性粉末或带绿色光泽的黑色块状晶体。遇浓硫酸呈黄色,稀释后呈橙色。遇硝酸呈橙色。用于棉、麻、羊毛、腈纶、皮革、纸浆、烟草、纸张、羽毛、草(或木、竹)制品和蚕丝的染色,并用于制色淀。由于碱性橙Ⅱ易于在豆腐以及鲜海鱼上染色且不易褪色,因此一些不法商贩用碱性橙Ⅱ对豆腐皮、黄鱼进行染色,以次充好,以假冒真,欺骗消费者。根据美国卫生研究所(NIH)化学品健康与安全数据库资料表明:摄取、吸入以及皮肤接触碱性橙均会造成急性和慢性的中毒伤害。有确凿的动物实验数据表明,碱性橙为致癌物。因此,碱性橙禁止添加到食品中,卫生部第一批食品中可能添加的禁用物质名单里就有碱性橙染料。

GB/T 23496—2009《食品中禁用物质的检测　碱性橙染料　高效液相色谱法》规定了碱性橙染料的检测方法。

一、原理

样品经无水乙醇提取、浓缩、定容液定容后,用反相色谱柱分离、紫外检测器进行色谱分析测定。

二、试剂和溶液

除另有规定外,所有试剂均为分析纯,实验用水符合 GB/T 6682 中一级水要求。

(1)无水乙酸铵,优级纯。

(2)无水硫酸钠。

(3)正己烷。

(4)无水乙醇。

(5)甲醇,色谱纯。

(6)乙腈,色谱纯。

(7)20mmol/L 乙酸铵溶液:称取 1.54g 乙酸铵溶于 1000mL 水中。

(8)定容液:取 65mL 甲醇加入 35mL20mmol/L 乙酸铵溶液中,混匀。

(9)标准品:碱性橙 2、碱性橙 21、碱性橙 22,纯度≥95%。

(10)1.0mg/mL 碱性橙染料标准储备溶液:分别称取 100mg(精确至 0.1mg)碱性橙 2、碱性橙 21、碱性橙 22,置于 100mL 容量瓶中,加无水甲醇溶解并定容至刻度,混匀,该溶液在 4℃条件下避光保存,有效期为 1 个月。

(11)碱性橙染料标准工作溶液(使用时配制):

1)1mg/mL 碱性橙染料标准溶液 A:准确移取 10mL 碱性橙染料标准储备溶液于100mL 容量瓶中,用定容液定容至刻度,混匀。

2)分别移取碱性橙染料标准溶液 A1.00mL、2.00mL、5.00mL、10.00mL、20.00mL 于100mL 容量瓶中,用定容液定容至刻度,混匀。分别相当于 1.00μg/mL、2.00μg/mL、5.00μg/mL、10.00μg/mL、20.00μg/mL 浓度标准溶液。

三、仪器与设备

(1)高效液相色谱仪,附有紫外检测器。

(2)天平:感量 0.0001g 和 0.01g。

(3)超声波清洗仪。

(4)旋转蒸发仪

(5)离心机:3000r/min。

(6)氮吹仪。

(7)涡旋振荡器。

(8)电热板。

四、分析步骤

1. 样品处理

(1)固体样品(如辣椒粉、豆制品等)

将样品粉碎混匀,称取 20g(准确至 0.01g)样品,置于 50mL 离心管中,加 5g 无水硫酸钠,25mL 无水乙醇超声提取 30min,3000r/min,离心 10min,将上层提取液倾出置于离心管中,再次加入 10mL 无水乙醇,重复提取 3 次,合并提取液,3000r/min,离心 10min,将上层提取液倾倒于圆底烧瓶中,于 40℃减压浓缩至近干,用无水乙醇溶解并转移到刻度试管中,在 50℃条件下氮气吹干,用定容液溶解并定容至 2mL;经 0.45μm 滤膜过滤后待进样。

(2)液体样品

将样品混匀,称取 20g(准确至 0.01g)样品,置于 100mL 烧杯中,电热板上加热挥发至近干,用无水乙醇溶解并转移到刻度试管中,在 50℃条件下氮气吹干,用定容液溶解并定容至 2mL;经 0.45μm 滤膜过滤后待进样。

(3)含油样品

将样品混匀,称取 20g(准确至 0.01g)样品,置于 50mL 离心管中,加 5g 无水硫酸钠,25mL 无水乙醇超声提取 30min,3000r/min,离心 10min。将上层提取液倾出置于离心管中,再次加入 10mL 无水乙醇,重复提取 3 次,合并提取液,3000r/min,离心 10min,将上层提取清液倾倒于圆底烧瓶中,于 40℃减压浓缩至近干,用 15mL 乙腈溶解并转移到 25mL 刻度试管中,加入 2mL 正己烷,涡旋振荡萃取,弃去正己烷层,重复 3 次,将乙腈层倒入圆底烧瓶中,于 50℃减压浓缩至近干,用无水乙醇溶解并转移到刻度试管中,在 50℃条件下氮气吹干,用定容液溶解并定容至 2mL;经 0.45μm 滤膜过滤后待进样。

2. 高效液相色谱测定

(1)色谱条件

a)色谱柱:C18(4.6mm×250mm,5μm)(或相当型号色谱柱);

b)流动相:甲醇+20mmol/L 乙酸铵=65+35;

c)流速:1.0mL/min;

d)柱温:室温;

e)检测波长:碱性橙 2,449nm;碱性橙 21、碱性橙 22,485nm;

f)进样量:20μL。

(2)标准曲线绘制

用配制的碱性橙染料标准工作溶液绘制以峰面积为纵坐标、工作溶液浓度为横坐标的标准工作曲线。

(3)定量分析

待测样液中应在标准曲线线性范围内,超过线性范围则应稀释后再进样分析。

五、结果计算

试样中每种碱性橙染料的含量按式(8-10)分别计算。

$$X=\frac{C\times V\times 1000}{m\times 1000}\qquad\cdots\cdots\cdots\cdots\cdots\cdots\cdots\cdots(8-10)$$

式中：X——试样中每种碱性橙染料的含量，mg/kg；

　　C——由标准区县查处的试样中每种碱性橙染料的质量浓度，$\mu g/mL$；

　　V——样品最终定容体积，mL；

　　m——试样的质量，g。

计算结果保留小数点后一位数字。

六、精密度

在重复性条件下获得的两次独立测定结果的绝对误差值不得超过算术平均值的 10%。

第十一节　食品中硼酸的测定方法

硼砂为硼醋钠的俗称，为白色或无色结晶性粉末，因为毒性较高，世界各国多禁用为食品添加物，但我国自古就习惯使用硼砂于食品，硼砂添加入食品中起防腐、增加弹性和膨胀等作用。硼砂对人体健康的危害性是很大的，人体本来对少量的有毒物质可以自行分解排出体外，但是硼砂进入体内后经过胃酸作用就转变为硼酸，而硼酸在人体内有积存性，虽然每次的摄取量不多，但积少而成，连续摄取会在体内蓄积，妨害消化道的酶的作用，引起食欲减退、消化不良、抑制营养素的吸收，促进脂肪分解，因而使体重减轻，其急性中毒症状为呕吐、腹泻、红斑、循环系统障碍、休克、昏迷等所谓硼酸症。硼砂中的硼对细菌的 DNA 合成有抑制作用，但同时也对人体内的 DNA 产生伤害。硼是人体限量元素，人体若摄入过多的硼，会引发多脏器的蓄积性中毒。硼砂的成人中毒剂量为 1g～3g，成人致死量为 15g，婴儿致死量为 2g～3g。因此我国明令禁止硼砂作为食品添加剂使用。

GB/T 21918—2008《食品中硼酸的测定》规定了食品中硼酸的测定方法。

一、乙基己二醇三氯甲烷萃取姜黄比色法

1. 原理

通过乙基己二醇-三氯甲烷溶液对样品中的硼酸进行快速的富集、萃取，除去共存盐类的影响，利用浓硫酸与姜黄混合生成的质子化姜黄与硼酸反应生成红色产物。溶液颜色的深浅与样品中硼酸含量成正比，通过比色可以测定样品中硼酸的含量。在酸性条件下硼砂以硼酸形式存在，所以该方法也可以反映食品中添加硼砂的含量。

2. 试剂

所用试剂均为分析纯，水为蒸馏水或同等纯度的水。

(1)浓硫酸。

(2)硫酸(1+1)溶液。

(3)无水乙醇。

(4)亚铁氰化钾溶液：称取 106.0g 亚铁氰化钾[$K_4Fe(CN)_6\cdot 3H_2O$]，用水溶解，并稀释至 1000mL。

(5)乙酸锌溶液:称取 220.0g 乙酸锌[Zn(CH₃COO)₂·2H₂O],加 30mL 冰乙酸溶于水,并稀释至 1000mL。

(6)姜黄-冰乙酸溶液:称取姜黄色素 0.10g 溶于 100mL 冰乙酸中,此溶液保存于塑料容器中。

(7)乙基己二醇-三氯甲烷溶液(EHD-CHCl₃):取 2-乙基-1,3-己二醇 10mL,加三氯甲烷(CHCl₃)稀释至 100mL,此溶液保存于塑料容器中。

(8)硼酸标准储备液:准确称取在硫酸干燥器中干燥 5h 后的硼酸 0.5000g,溶于水并定容至 1000mL,保存于塑料容器中。此硼酸标准储备液的浓度为 500μg/mL。

(9)硼酸标准溶液:取硼酸标准储备液 10.00mL,加水定容至 1000mL,此溶液保存于塑料容器中。此硼酸标准使用溶液的浓度 5μg/mL。所配制溶液于 0℃～4℃冰箱中可储存 3 个月。

3. 仪器和设备

(1)试验中使用的容器均为塑料容器。

(2)分光光度计。

(3)高速捣碎机。

(4)100mL 塑料容量瓶。

(5)150mL 塑料烧杯。

(6)25mL、50mL 带盖塑料试管。

(7)涡旋振荡器。

4. 分析步骤

(1)标准曲线制备

准确量取硼酸标准溶液 0.00mL、1.00mL、2.00mL、3.00mL、4.00mL、5.00mL 于 25mL 塑料试管中,各加水至 5mL。加硫酸(1+1)溶液 1mL,振荡混匀。然后加 EHD-CHCl₃ 溶液 5.00mL,盖上盖子,涡旋振荡器振摇约 2min,静置分层,吸取下层的 EHD-CHCl₃ 溶液并通过 φ7cm 干燥快速滤纸过滤。

各取 1.00mL 过滤液于 50mL 塑料试管中,依次加入姜黄-冰乙酸溶液 1.0mL、浓硫酸 0.5mL,摇匀,静置 30min,加无水乙醇 25mL,静置 10min 后,于 550nm 处 1cm 比色皿测定吸光度。以标准系列的硼酸量(μg)为横坐标,以吸光度为纵坐标绘制标准曲线。

(2)测定

1)样品处理

固体样品:称取经高速捣碎机捣碎的样品 2.00g～10.00g(精确至 0.01g),加 40mL～60mL 水混匀,缓慢滴加 2mL 浓硫酸,超声 10min 促进溶解混合。加乙酸锌溶液 5mL、亚铁氰化钾溶液 5mL,加水定容至 100mL,过滤后作为样品溶液。根据样品含量取 1.00mL～3.00mL 样品溶液于 25mL 塑料试管中,加水至 5mL。加硫酸(1+1)溶液 1mL,振荡混匀。接着加 EHD-CHCl₃ 溶液 5.00mL,盖上盖子,涡旋振荡器摇约 2min,静置分层,吸取下层的 EHD-CHCl₃ 溶液并通过 φ7cm 干燥快速滤纸过滤。过滤液作为样品测试液。

液体样品:称取样品 2.00g～10.00g(精确至 0.01g),加水定容至 100mL,作为样品溶液。蛋白质或脂肪含量高的液体样品可加乙酸锌溶液 5mL、亚铁氰化钾溶液 5mL,加水定容至 100mL,过滤后作为样品溶液。根据样品含量取 1.00mL～3.00mL 样品溶液于 25mL 塑料试管中,加水至 5mL。加硫酸(1+1)溶液 1mL,振荡混匀。接着加 EHD‐CHCl₃ 溶液 5.00mL,盖上盖子,涡旋振荡器振摇约 2min,静置分层,吸取下层的 EHD‐CHCl₃ 溶液并 通过 ∅7cm 干燥快速滤纸过滤。过滤液作为样品测试液。

注:如果萃取过程出现乳化现象,可以用 3000r/min 离心 3min 或在测定体系中加入 1mL 无水甲醇以 避免乳化或沉淀现象(加水定容总体积为 5mL)。

2)样品测定

准确吸取样品测试液 1.00mL 于 50mL 塑料试管中,以下操作同"标准曲线制备"中显 色、比色步骤。以测定出的吸光度在标准曲线上查得试样液中的硼酸量。

(3)结果计算

试样中硼酸的含量按式(8‐11)进行计算:

$$X = \frac{m_1 \times 1000 \times V_1}{m \times 1000 \times V_2} \times F \quad\cdots\cdots\cdots\cdots\cdots(8\text{-}11)$$

式中:X——样品中硼酸的含量,mg/kg;

m_1——试样测定液中硼酸量,μg;

m——样品量,g;

V_1——试样定容体积,mL;

V_2——测定用试样体积,mL;

F——换算为硼砂的系数,硼酸系数为 1,硼砂系数为 1.54。

计算结果保留三位有效数字。

5. 精密度

在重复性条件下获得的两次独立测定结果的绝对差值不得超过算术平均值的 10%。

二、电感耦合等离子体原子发射光谱法和电感耦合等离子体质谱法

1. 原理

实验样品经酸解消化后,经样品溶液导入电感耦合等离子体原子发射光谱仪(ICP‐AES)或电感耦合等离子体质谱(ICP‐MS)中,与标准系列比较定量。

2. 试剂

除非另有说明,在分析中仅使用 GB/T 6682 实验室一级用水。

(1)硝酸:优级纯。

(2)硝酸(5%,体积分数):取 5mL 硝酸置于适量水中,再稀释至 100mL。

(3)高氯酸:优级纯。

(4)混合酸:硝酸+高氯酸(10+1)。取 10 份硝酸与 1 份高氯酸混合。

(5)30% 过氧化氢:优级纯。

(6)硼标准储备溶液(1000mg/L):称取在硫酸干燥器中干燥 5h 后的 0.5720g 硼酸(质量分数不小于 99.9%),用 30mL 水溶解,转移至 100mL 容量瓶中,加水至刻度,混匀。此标准溶液保存于塑料瓶中。

(7)钇标准储备溶液:100mg/L(作为 ICP‐AES 检测中的内标物)。

(8)钪标准储备溶液:100mg/L(作为 ICP‐AES 检测中的在线内标物,以校准仪器灵敏度)。

(9)硼标准工作液:10mg/L。

准确吸取 1.0mL 硼标准储备溶液到 100mL 的容量瓶中,用 5%硝酸溶液稀释定容至刻度,此标准储备液浓度相当于每毫升 10μg 硼。

所配制溶液应及时转移至塑料瓶中,于 0℃~4℃冰箱中可储存 3 个月。

(10)钪标准工作液:1.00mg/L。

吸取 1.00mL 钪标准储备液于 100mL 塑料容量瓶中,用 5%硝酸溶液稀释定容至刻度,容量瓶中每毫升相当于 1.00μg 钪。

所配制溶液应及时转移至塑料瓶中,于 0℃~4℃冰箱中可储存 3 个月。

(11)系列标准溶液的配制:分别吸取硼标准工作液 0.0mL、0.5mL、3.0mL、10.0mL、20.0mL 于 100mL 容量瓶中,再准确加入 1.00mL 钇标准储备溶液,用 5%溶液定容至刻度,容量瓶中溶液浓度相当于每毫升 0.00μg、0.05μg、0.30μg、1.00μg、2.00μg 硼。所配制溶液应及时移入塑料瓶中。

注:使用 ICP‐MS 检测的标准溶液不添加钇标准储备溶液。

当采用 ICP‐MS 进行测定时,采用钪标准工作液在线内标加入。

3. 仪器与设备

(1)试验中使用的容器均为塑料容器。

(2)超纯水制备系统。

(3)样品粉碎装置。

(4)微波消解系统。

(5)电感耦合等离子体发射光谱仪(ICP‐AES)和电感耦合等离子体质谱仪(ICP‐MS)。

所用容器全部经 20%的硝酸浸泡过夜。

4. 分析步骤

(1)样品的制备

微量元素的分析试样制备过程中应特别注意防止各种污染。所用设备如电磨、绞肉机、匀浆机、粉碎机等须为不锈钢制品。该实验过程中尽量避免使用玻璃器皿(以避免玻璃器皿中硼元素对样品的污染)。固体样品应采用粉碎机、匀浆机等设备进行粉碎、混匀,液体样品可均匀取样。

(2)样品的消解

1)微波消解

准确称取制备均匀的固体样品 0.500g~1.000g(液体样品 1.000g~2.000g)于微波消解罐中,加入 3mL 浓硝酸和 2mL 30%过氧化氢。设定合适的微波消解条件进行消解。消解完毕后,用水少量多次洗入 50mL 塑料容量瓶中,准确加入 0.5mL 钇标准储备液作为内标,用水定容至刻度,混匀备用。同时做试剂空白。

注:含油脂较多的样品可以适当减小称样量。

2)湿法消化

准确称取制备均匀的固体样品 1.000g(液体样品 5.000g)于 50mL 或 100mL 石英杯中,加入 10mL 的混合酸,盖上表面皿,静置过夜。次日,置于电热板上加热消化至冒白烟,再加入约 2mL 水,继续加热赶酸,直至烧杯中残留约 0.5mL 液体时,取下冷至室温。用水少量多次洗入 50mL 塑料容量瓶中,准确加入 0.5mL 钇标准溶液作为内标,用水定容至刻度,混匀备用。同时做试剂空白。

注1:使用 ICP-MS 检测样品时,可不添加钇标准溶液。

注2:含量较高的样品应适当稀释。

(3)测定

1)分别将系列标准溶液导入调至最佳条件的仪器雾化系统中进行测定。以硼元素的浓度为横坐标,以硼元素和内标元素的强度比为纵坐标绘制标准曲线或计算回归方程。

2)分别将处理后的样品溶液、试剂空白导入调至最佳条件的仪器雾化系统中进行测定。将硼元素和内标元素的强度比值与工作曲线比较或代入方程式求出含量。

注:由于检测过程中硼的记忆效应很强,检测前应彻底清洗进样和雾化系统。

5. 计算

食品中硼酸(或硼砂)的含量按式(8-12)进行计算。

$$X = \frac{(C_1 - C_2) \times V}{m} \times F \quad \cdots\cdots\cdots\cdots\cdots\cdots\cdots\cdots (8-12)$$

式中:

X——试样中硼酸(或硼砂)的含量,mg/kg;

C_1——测定用试样液中硼元素的含量,mg/L;

C_2——试剂空白液中硼元素的含量,mg/L;

V——试样处理液的总体积,mL;

m——试样质量,g;

F——硼换算为硼酸或硼砂的系数,硼酸系数为 5.72,硼砂系数为 8.83。

计算结果保留三位有效数字。

6. 精密度

在重复性条件下获得的两次独立测定结果的绝对差值不得超过算术平均值的 10%。

第十二节　进出口食品中罗丹明 B 的测定方法

罗丹明 B(RhodamineB)又称玫瑰红 B,或碱性玫瑰精,俗称花粉红,是一种具有鲜桃红色的人工合成的染料。经老鼠试验发现,罗丹明 B 会引致皮下组织生肉瘤,被怀疑是致癌物质。罗丹明 B 在溶液中有强烈的荧光,用作实验室中细胞荧光染色剂、有色玻璃、特色烟花爆竹等行业。曾经用作食品添加剂,但后来实验证明罗丹明 B 会致癌,现在已不允许用作食品染色。罗丹明 B 具有脂溶性,被用作调味品(主要是辣椒粉和辣椒油)染色剂。使用了被污染的调味品制作食品时会造成残留。

SN/T 2430—2010《进出口食品中罗丹明 B 的检测方法》规定了罗丹明 B 的检测方法。

一、原理

用乙酸乙酯-环己烷提取试样中的罗丹明 B,经凝胶色谱净化系统净化,用液相色谱荧光检测器或液相色谱-质谱/质谱仪测定和确证,外标峰面积法定量。

二、试剂和材料

除特殊注明外,所有试剂均为分析纯,水为二次蒸馏水。

(1)甲醇:高效液相色谱级。

(2)甲酸:高效液相色谱级。

(3)乙酸乙酯。

(4)环己烷。

(5)乙酸乙酯-环己烷(1∶1,体积比)溶液:将乙酸乙酯和环己烷等体积混合。

(6)0.2%甲酸:取 2.0mL 甲酸,用水定容至 1000mL。

(7)罗丹明 B 标准品:分子式 $C_{28}H_{31}ClN_2O_3$,CAS 编号:81 - 88 - 9,纯度大于或等于 99.0%。

(8)罗丹明 B 标准储备液:准确称取适量罗丹明 B 标准品,用甲醇配制成浓度为 $100\mu g/mL$ 的标准储备液。此溶液在 0℃~4℃避光保存。

(9)空白样品提取液:采用空白样品,按照"测定步骤"项下进行提取和净化后得到的溶液。

(10)标准工作溶液:根据需要用空白样品提取液将标准储备液稀释成 5.0ng/mL、10.0ng/mL、20.0ng/mL、50.0ng/mL、100.0ng/mL 的标准工作溶液。置于 0℃~4℃避光保存。

(11)0.22μm 微孔滤膜,有机系。

三、仪器和设备

(1)高效液相色谱仪配荧光检测器。

(2)高效液相色谱-质谱/质谱仪,配电喷雾离子源(ESI)。

(3)电子天平:感量为 0.01g 和 0.1mg。

(4)凝胶色谱净化系统(GPC)。

(5)组织捣碎机。

(6)超声波清洗器。

(7)旋涡混匀器。

(8)旋转蒸发仪。

(9)离心机:转速不低于 5000r/min。

(10)具塞塑料离心管:50mL。

四、试样的制备与保存

1. 试样制备

(1)腊鱼、腊肉、香肠、辣椒粉、葱头

取有代表性样约 500g,腊鱼、腊肉、香肠需去皮,用组织捣碎机捣碎,装入洁净容器作为试样,密封并做好标识,于－18℃下保存。

(2)果酱、辣椒油、饼干

取有代表性样品约 500g,搅拌均匀后装入洁净容器内密封并做好标识,于 0℃～4℃下保存。

(3)话梅

取可食部分约 500g,用组织捣碎机捣碎,装入洁净容器作为试样,密封并做好标识,于 0℃～4℃下保存。

(4)糖果

取约 500g 糖果,硬糖内层用滤纸,外层用塑料纸包好,然后用锤子捶碎;软糖用剪刀剪碎后,各自混合后装入洁净容器内密封并做好标识,于 0℃～4℃下保存。

(5)果汁饮料

取有代表性样约 500mL,混匀后装入洁净容器内密封并做好标识,于 0℃～4℃下保存。

2. 试样的保存

制样操作过程中应防止样品受到污染或发生残留物含量的变化。

五、测定步骤

1. 提取

(1)腊鱼、腊肉、香肠、果汁、果酱、葱头、糖果、话梅、辣椒粉及饼干

称取 2.0g 样品(精确至 0.01g)于 50mL 离心管中,准确加入 25mL 乙酸乙酯-环己烷溶液,于旋涡混匀器上混合提取 2min,再超声提取 15min 后,于 4000r/min 离心 5min,上清液过 0.22μm 微孔滤膜后作待净化液。

(2)辣椒油

称取 2.0g 样品(精确至 0.01g)于 25mL 容量瓶中,加入 20mL 乙酸乙酯-环己烷溶液,超声提取 15min 后,用乙酸乙酯-环己烷溶液定容。取 15mL 溶液过 2.00μm 微孔滤膜后作待净化液。

2. 净化

取 10mL 待净化液于 GPC 样品管中,用于 GPC 进行净化,收集洗脱液,于 40℃下旋转蒸发至干。残渣用 1.0mL 甲醇溶解后,过 0.22μm 微孔滤膜,供 HPLC 荧光测定,或用 1.0mL40%甲醇水定容,过 0.22μm 微孔滤膜,供 HPLC－MS/MS 测定或确证。

3. 测定

(1)液相色谱-荧光检测条件

a)色谱柱:C18 柱,2.1mm(内径)×150mm,5μm,或相当者;

b)流动相:甲醇-水;

c)流速:0.80ml/min;

d)柱温:35℃;

e)进样量:10μL;

f)激发波长(Ex)550nm,发射波长(Em)580nm。

（2）液相色谱-质谱/质谱条件

a) 色谱柱:C18 柱,2.1mm(内径)×100mm,1.7μm,或相当者;

b) 流动相:甲醇—0.2%甲酸;

c) 流速:0.20mL/min;

d) 柱温:35℃;

e) 进样量:10μL;

f) 离子源:电喷雾离子源;

g) 扫描方式:正离子;

h) 检测方式:多反应监测(MRM)。

（3）液相色谱测定

按照液相色谱-荧光检测条件对标准工作溶液及样液等体积参插进样测定,样品中待测物含量应在标准曲线范围之内,如果含量超出标准曲线范围,应进行适当稀释后测定。在该条件下,罗丹明 B 的保留时间约为 6.8min。

（4）液相色谱-质谱/质谱测定和确证

按照液相色谱-质谱/质谱条件测定样液和标准工作溶液,外标标准曲线法测定样液中的罗丹明 B 含量。样品中待测物含量应在标准曲线范围之内,如果含量超出标准曲线范围,应用空白样品提取液进行适当稀释。在上述色谱条件下,罗丹明 B 的质量色谱峰保留时间约为 4.3min。在相同试验条件下,样品与标准工作液中待测物质的质量色谱峰相对保留时间在 2.5%以内,并且在扣除背景后的样品质量色谱图中,所选择的离子对均出现,同时与标准品的相对丰度允许偏差不超过表 8-3 规定的范围,则可判断样品中存在对应的被测物。

表 8-3

相对丰度(基峰)/%	相对离子丰度最大允许误差/%
>50	±20
大于 20 至小于等于 50	±25
大于 10 至小于等于 20	±30
小于等于 10	±50

（5）空白试验

空白样品按上述测定步骤进行。

六、结果计算和表述

用数据处理软件中的外标法,或绘制标准曲线,按照式(8-13)计算试样中罗丹明 B 的含量。

$$X = \frac{(C - C_0) \times V}{m \times 1000} \quad \cdots\cdots\cdots\cdots(8-13)$$

式中:

X——试样中罗丹明 B 的含量,单位为毫克每千克(mg/kg);

C——由标准曲线得到的样液中罗丹明 B 的浓度,单位为纳克每毫升(ng/mL);

C_0——由标准曲线得到的空白试验中罗丹明 B 的浓度,单位为纳克每毫升(ng/mL);

V——样液最终定容体积,单位为毫升(mL);

m——最终样液所代表的试样质量,单位为克(g)。

七、测定低限

液相色谱-荧光法及液相色谱-质谱/质谱法的测定低限均为 0.005mg/kg。

第十三节　食品中碱性嫩黄的测定方法

碱性嫩黄是黄色均匀粉状物,溶于冷水,易溶于热水。主要用于麻、纸、皮革、草编织品、人造丝等的染色,也用于印染棉织品。其色淀用于制墙纸、色纸、油墨和油漆等。还可制备色淀,用于油墨。由于能起染色作用,一些不法商贩把碱性嫩黄加入到腐竹中。碱性嫩黄对皮肤黏膜有轻度刺激,可引起结膜炎、皮炎和上呼吸道刺激症状,人接触或者吸入碱性嫩黄都会引起中毒。

DBS22/008—2012《食品中酸性橙、碱性橙 2 和碱性嫩黄的测定　液相色谱-串联质谱法》规定了碱性嫩黄的检验方法。

一、原理

以含 50％甲醇、1％甲酸和 50mmol/L 乙酸铵水溶液作为提取溶液,用固相萃取柱对样品进行净化,液相色谱-串联质谱仪测定酸性橙、碱性橙 2、碱性嫩黄的含量。

二、试剂和材料

除另有规定外,所用试剂均为分析纯,水为 GB/T 6682 规定的一级水。

(1)甲酸:色谱纯。

(2)甲醇:色谱纯。

(3)乙酸铵。

(4)氨水:优级纯。

(5)提取溶液:50mmol/L 乙酸铵溶液＋甲醇＋甲酸(49＋50＋1,V/V)。

(6)固相萃取柱平衡溶液:50mmol/L 乙酸铵溶液＋甲酸(99＋1,V/V)。

(7)淋洗溶液:50mmol/L 乙酸铵溶液＋甲醇＋甲酸(94＋5＋1,V/V)。

(8)洗脱溶液:氨水-甲醇溶液(5＋95,V/V)。

(9)样品稀释液:5mmol/L 乙酸铵溶液＋甲醇＋甲酸(49.9＋50＋0.1,V/V)。

(10)标准品:酸性橙(OrangeII,CAS:633-96-5)标准品、碱性橙 2(Chrysoidine,CAS:532-82-1)标准品、碱性嫩黄(Auramine0,CAS:2465-27-2)。纯度均≥99％。

(11)标准储备液:准确称取 0.0100g 酸性橙、碱性橙 2 和碱性嫩黄标准品,用 50％甲醇水溶液溶解并定容至 10.0mL。−20℃以下保存。

(12)标准工作液:配制酸性橙、碱性橙 2 和碱性嫩黄混合标准系列,浓度(μg/mL)为:0.4,0.8,2.0,3.2,4.0。

(13)微孔滤膜:0.22μm,有机相。

(14)WAX 固相萃取柱(60mg,3mL)或其他等效柱。

三、仪器和设备

(1)液相色谱-质谱/质谱联用仪。

(2)电子分析天平:感量 0.1mg

(3)高速离心机(15000r/min)。

(4)振荡器。

(5)氮吹仪。

(6)固相萃取装置。

四、分析步骤

1. 试样制备与保存

取混合均匀后的供试样品,作为供试试样,取混合均匀后的空白样品,作为空白试样。

2. 提取

称取 1.0g 试样于 50mL 离心管中,加入 10.0mL 提取溶液,超声提取 30min,10000rpm 离心 10min,上清液转移至另一离心管中;残渣中加入 10.0mL 提取溶液再次提取,合并两次提取溶液。

3. 净化

取 5.0mL 样品提取液,用固相萃取柱平衡溶液稀释定容至 50.0mL,过 WAX 固相萃取柱(3mL 甲醇、3mL 水、3mL 固相萃取柱平衡溶液活化),用 2mL 淋洗液、2mL 水淋洗,5mL 洗脱液洗脱,收集洗脱液,氮气吹至近干,用样品稀释液定容至 1.0mL,过 0.22μm 滤膜后液相色谱-串联质谱测定。

4. 基质加标工作曲线的制备

称取 1.0g 空白样品基质于 50mL 离心管中,称取 6 份,分别加入标准系列溶液 100μL,按 6.2 和 6.3 进行操作,制备基质加标标准工作曲线,酸性橙、碱性橙 2 和碱性嫩黄浓度(ng/mL)为:10.0,20.0,50.0,80.0,100.0。

5. 测定

(1)色谱参考条件

a)色谱柱:C$_{18}$(2.1mm×50mm,1.7μm)或相当者;

b)柱温:40℃;

c)流动相:A 相:含 0.1‰甲酸的 5mmol/L 乙酸铵水溶液;B 相:乙腈;

d)进样量:5μL;

e)流速:0.3mL/min。

(2)质谱参考条件

a)离子化方式:碱性橙 2、碱性嫩黄,ESI(＋);酸性橙 ESI(－);

b)扫描方式：多反应监测 MRM；

c)毛细管电压：3.5kV；

d)源温度：110℃；

e)脱溶剂气温度：350℃；

f)脱溶剂气流量 650L/h。

（3）测定

在上述仪器条件下测定基质加标标准溶液及样品溶液。各检测目标化合物以保留时间和特征离子与定量离子所对应的液相色谱-串联质谱色谱峰面积相对丰度进行定性。要求被测试样中目标化合物的保留时间与标准溶液中目标化合物保留时间的相对偏差小于20%；样品特征离子的相对丰度与浓度相当混合标准溶液的相对丰度一致，相对丰度偏差不超过表 8-4 的规定，则可判断样品中存在相应的被测物。

表 8-4

相对离子丰度/%	＞50	20～50	10～20	＜10
允许的相对偏差/%	±20	±25	±30	±50

（4）空白试验

除不加试样外，采用完全相同的测定步骤进行平行操作。

五、结果计算

以标准溶液浓度对定量离子峰面积绘制标准曲线，外标法定量。

按式（8-14）计算，计算结果需将空白值扣除。

$$X = \frac{C \times V \times 1000}{m \times 1000} \qquad\qquad\qquad (8-14)$$

式中：

X——样品中目标化合物含量，单位为毫克每千克（μg/kg）；

C——测定浓度，单位为纳克每毫升（ng/mL）；

V——定容体积，单位为毫升（mL）；

m——最终样液代表的试样量，单位为克（g）。

第九章　快速检测方法

第一节　概　　述

一、快速检测的定义及特点

快速检测是相对于传统经典的化学检测、仪器检测而言的。包括样品制备在内,能够在短时间内出具检测结果的行为称之为快速检测。快速检测的特点主要有:检测速度快、灵敏度高;前处理简单、成本低;设备便携。

快速检测主要体现在3个方面:一是实验准备过程要简化,二是样品经简单或高效快速的前处理后即可进行测试,三是分析方法简单、快速、准确。快速检测的"快"没有明确的时间限制,但一般的共识是对于理化指标的检测,包括样品制备在内能够在两小时以内出具检测结果,如果方法能够应用于现场,30分钟内出具检测结果。微生物的快速检测方法与传统检测方法相比,能够缩短1/2或1/3的检测时间。

二、快速检测的意义

食品安全是关系国计民生的重大问题。近年来,环境污染、农兽残超标、添加剂及非食用物质的滥用等因素带来的食品安全问题受到了人们的广泛关注,一些传统的检测技术虽然准确、可靠,但存在着周期长、专业性强、费用高、工作量大等不足,难以满足对大量样品进行及时、快速监测的需求。目前,许多发达国家通行的做法是,用快速检测方法对样品进行筛检,对于阳性样品再送化验室用精密仪器进行进一步的确证和定量分析,从而大大减少人力和物力消耗。因此,快速检测技术在食品安全检测方面具有广泛的应用前景。

三、快速检测方法

常用的食品安全快速检测方法主要有以下几种。

(一)化学比色法

化学比色技术是利用迅速产生明显颜色的化学反应检测待测物质。将待测样品通过化学反应法,使待测成分与特定试剂发生特异性反应,通过与标准品比较颜色或在一定波长下与标准品比较吸光度得到最终的结果。

目前,常用的化学比色法包括各种检测试剂和试纸,随着技术不断发展,一些配套的微型检测设备也不断出现。化学比色法的优点是检测时间短、成本低、方便快捷。

化学比色技术在检测有机磷农药、亚硝酸盐、重金属等有害物质方面已得到广泛应用。

(二)酶联免疫法

酶联免疫法(ELISA)是将酶标记在抗体/抗原分子上,形成酶标抗体/酶标抗原,也称酶结合物,将抗体抗原反应信号放大,提高检测灵敏度,之后该酶结合物的酶作用于能呈现出颜色的底物。通过仪器或肉眼进行辨别。

酶联免疫法是目前应用最广泛的免疫分析方法,其优点是特异性和灵敏度都比较高。ELISA 方法常用的固相载体是 96 孔聚苯乙烯酶标板,常用的酶是辣根过氧化物酶,常用的底物是邻苯二胺和四甲基联苯胺等。

酶联免疫法已广泛应用于检测黄曲霉毒素、抗生素残留、有害微生物、农药残留、兽药残留等。

(三)生物传感器技术

生物传感器是由生物感应元件和与之紧密链接或组合的传感器所组成。是通过被测定分子与固定在生物接收器上的敏感材料发生特异性结合,并发生生物化学反应,产生热熔变化、pH 变化、离子强度变化等信号,这些信号经换能器转变成电信号后被放大,从而测定被测定分子的量。生物传感器具有高特异性、高灵敏度等特点。

生物传感器应用于抗氧化剂、亚硫酸盐、谷氨酸盐等物质的检测。还有实验表明酶免疫电流型生物传感器可检测食品中的沙门氏菌、大肠杆菌、金黄色葡萄球菌等。

(四)PCR 检测技术

聚合酶链反应(PCR)是利用 DNA 在体外 95 度时解旋,35 度时引物与单链按碱基互补配对结合,再调温度至 65 度左右 DNA 聚合酶沿着磷酸到五碳糖($5'-3'$)的方向合成互补链。PCR 技术用于放大特定的 DNA 片段,可看作生物体外的特殊 DNA 复制。

PCR 检测技术是近年来应用最广泛的分子生物学方法,在致病菌的快速检测中有重要意义。

(五)ATP 生物发光检测法

ATP 生物发光检测法是近年来发展较快的一种用于食品生产加工设备洁净度快速检测的方法。采用 ATP 与荧光素-荧光素酶复合物的生物发光反应来测定 ATP 的存在与否。反应期间荧光素被氧化并发出荧光,光子的数量可采用 ATP 荧光仪进行测量。食物残留物和微生物在表面存在的越多,对应的 ATP 含量就越高,因此发散出的光子也就越多。ATP 荧光仪对光子进行测量后以 RLU(相对光单位)数值的形式显示出来。

采用 ATP 生物发光检测技术可以使检测人员在数分钟甚至几十秒的时间内对洁净状况作出判断。如果设备经检测后被判定为清洁不合格,则可在开始准备或生产前迅速采取补救清洁措施。

(六)生物芯片技术

生物芯片包括基因芯片、免疫芯片和蛋白芯片等技术。生物芯片技术具有快速、准确、灵敏、高通量和适用范围广等特点。生物芯片检测法应用于食源性致病菌、转基因农产品、盐酸克伦特罗、链霉素等的检测。

(七)胶体金免疫层析快速检测技术

胶体金免疫层析技术是在胶体金标记技术和免疫层析技术发展的基础上,结合单克隆抗体技术和新材料技术,于 20 世纪 90 年代发展起来的一项新型体外诊断技术。它以胶体金为标记物,利用特异性抗原抗体反应,在层析反应过程中,通过带颜色的胶体金颗粒来放大免疫反应系统,使反应结果在固相载体上直接显示出来。

该技术的优点是检测时间仅需数分钟、无需附加试剂和设备、操作简单。该技术应用于预测鱼、虾、贝类等水产动物药物残留、饲料原料掺假、饲料添加剂的安全性快速评估等。

第二节　微生物的快速检测方法

本节内容以现行标准为依托主要介绍微生物的快速检验方法。所介绍的方法与传统方法相比,节省了许多时间,省去了大量辅助性工作。

一、进出口乳及乳制品中沙门氏菌快速检测方法实时荧光 PCR 法

1. 依据标准

SN/T 2415 - 2010 进出口乳及乳制品中沙门氏菌的实时荧光 PCR 检测方法。

2. 适用范围

适用于进出口乳及乳制品中沙门氏菌的快速检测。

3. 实验条件的一般要求

实验过程中的措施按照 SN/T1193 中的规定执行,以防止交叉污染。

4. 测定方法

(1)方法提要

乳及乳制品经增菌后,取增菌液 1mL 加到 1.5mL 无菌离心管中,8000g 离心 5min,尽量吸弃上清液;提取 DNA,取 DNA 模板进行荧光 PCR 扩增,观察荧光 PCR 仪的实时曲线,对乳及乳制品中的沙门氏菌进行快速检验。

(2)试剂和材料

除另有规定外,试剂为分析纯或生化试剂。实验用水应符合 GB/T 6682 中一级水的规格。所有试剂均用无 DNA 酶污染的容器分装。

1)检测用引物(对)序列

5′- GCGTTCTGAACCTTTGGTAATAA - 3′

5′- CGTTCGGGCAATTCATTA - 3′

引物(对)10μmol/L。

2)探针

5′- FAM - TGGCGGTGGGTTTTGTTGTCTTCT - TAMRA - 3′

10μmol/L。

3)TaqDNA 聚合酶。

4)dNTP:100mmol/L。

5)核酸裂解液:2% CTAB,100mmol/L Tris 盐酸(pH8.O),1.4mol/L 氯化钠,20mmol/L ED - TA(pH8.O)。

6) 10×PCR 缓冲液:100mmol/LTris 盐酸(pH8.3),500mmol/L 氯化钾,15mmol/L

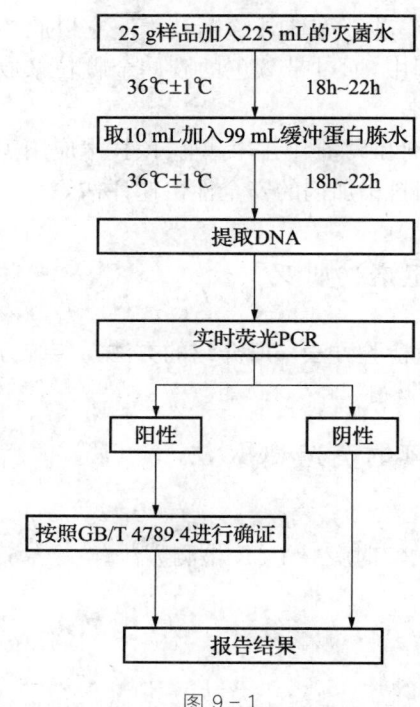

图 9-1

氯化镁。

（3）仪器和设备

1）实时荧光 PCR 仪。

2）离心机：最大离心力≥16000g。

3）微量移液器：10μL、100μL、200μL、1000μL。

4）恒温培养箱：36℃±1℃。

5）恒温水浴箱：80℃±0.5℃。

6）冰箱：2℃～8℃，－20℃。

7）高压灭菌器。

8）核酸蛋白分析仪或紫外分光光度计。

9）pH 计。

10）天平：感量 0.01g。

（4）检验程序

检测程序见图 9-1。

（5）步骤

1）取样和增菌

取样前消毒样品包装的开启处和取样工具，无菌称取样品 25g 加入装有 225mL 预热到 45℃ 的灭菌水的三角瓶中，使样品充分混匀，36℃±1℃ 培养 18h～22h。

分别移取培养 18h～22h 的悬液各 10mL 加入 90mL 缓冲蛋白胨水中，36℃±1℃ 培养 18h～22h。

2）模板 DNA 准备

每瓶培养的缓冲蛋白胨水分别取 1mL 加到 1.5mL 离心管中。13000g～16000g 离心 2min，去上清液。加入 600μL 核酸裂解液，重新悬浮起来。100℃ 水浴 5min 后，冷却至室温。13000g～16000g 离心 3min，将上清液移至干净的 1.5mL 离心管中。加入 0.8 倍体积的异丙醇，放入冰箱静置 1h 或过夜。13000g～16000g 离心 2min，去上清液，吸干。70% 乙醇轻柔倒置几次洗涤，13000g～16000g 离心 2min，小心去上清液。吸干，风干 10min～15min。100μL 双蒸水 4℃保存（如不能及时检验，放置－20℃保存）。

也可以使用经过评估的等效的细菌核酸提取试剂盒。

3）DNA 浓度和纯度的测定

取适量 DNA 溶液原液加双蒸水稀释一定倍数后，使用核酸蛋白分析仪或紫外分光光度计测 260nm 和 280nm 处的吸收值。DNA 的浓度按照式（9-1）计算。

$$C = A_{260} \times N \times 50 \quad\cdots\cdots\cdots\cdots\cdots\cdots\cdots (9-1)$$

式中：C——DNA 浓度，单位为微克每毫升（μg/mL）；

A_{260}——260nm 处的吸光值；

N——核酸稀释倍数。

当浓度为 10μg/mL～100μg/mL，A_{260}/A_{280} 比值在 1.7～1.9 之间时，适宜于实时荧光 PCR 扩增。

4)实时荧光 PCR 检测

反应体系总体积为 25μL,其中含:10×PCR 缓冲液 2.5μL,引物对（10μmol/L）各 1μL，dNTP（10μmol/L）1μL, TaqDNA 聚合酶（5U/μL）0.5μL，探针 1μL，水 16μL，模板 DNA 2μL（浓度约 10μg/mL～100μg/mL）。反应步骤一:94℃预变性 1min。反应步骤二:94℃变性 55,60℃退火延伸 20s,30 个循环。

检验过程中分别设阳性对照、阴性对照、空白对照。以沙门氏菌纯培养物提取的 DNA 为阳性对照,以大肠杆菌或其他非沙门氏菌属肠杆菌纯培养物提取的 DNA 为阴性对照,以灭菌水为空白对照。样品设 3 个重复,对照设 2 个重复,以 Ct 平均值作为最终结果。

5. 结果判断及报告

（1）PCR 体系有效性判定

空白对照:无荧光对数增长,相应的 $Ct>25.0$。

阴性对照:无荧光对数增长,相应的 $Ct>25.0$。

阳性对照:有荧光对数增长,且荧光通道出现典型的扩增曲线,相应的 $Ct<25.0$。

以上三条有一条不满足,实验视为无效。

（2）检测结果判定

在符合 6.1 的情况下,被检样品进行检测时:

如有荧光对数增长,且 $Ct≤25$,则判定为被检样品筛选阳性。

如无荧光对数增长,且 $Ct=30$,则判定为被检样品筛选阴性。

如 $25<Ct<30$,则重复一次。如再次扩增后 Ct 仍为 <30,则判定沙门氏菌筛选阳性;如再次扩增后无荧光对数增长,且 $Ct=30$,则判定沙门氏菌筛选阴性。

筛选阴性的被检样品报告未检出,筛选阳性的被检样品,按照传统检测方法 GB/T 4789.4 进行确证,报告以传统检测结果为准。

二、进出口食品中副溶血性弧菌快速鉴定检测方法

1. 依据标准

SN/T 2424－2010 进出口食品中副溶血性弧菌快速及鉴定检测方法实时荧光 PCR 方法。

2. 方法原理

采用 TaqMan 方法,在比对副溶血性弧菌 gyrase 基因的基础上,设计针对该基因的特异性引物和特异性的荧光双标记探针进行配对。探针 5′端标记了 FAM 荧光素为报告荧光基团（用 R 表示）,3′端标记了 TAMRA 荧光素为淬灭荧光基团（用 Q 表示）,它在近距离内能吸收 5′端荧光基团发出的荧光信号。PCR 反应进入退火阶段时,引物和探针同时与目的基因片段结合,此时探针上 R 基团发出的荧光信号被 Q 基团所吸收,仪器检测不到荧光信号;而反应进行到延伸阶段时,TaqDNA 聚合酶发挥其 5′→3′外切核酸酶功能,将探针降解。这样探针上的 R 基团游离出来,所发出的荧光不再为 Q 所吸收而被检测所接收。随着 PCR 反应的循环进行,PCR 产物与荧光信号的增长呈现对应关系。

3. 适用范围

用于各类食品和原料中副溶血弧菌的检测,以及突发事件应急检测需要。

4. 培养基和设备

(1)培养基和试剂

1) 130g/L 氯化钠稀释液。

2) 260g/L 氯化钠蛋白胨液。

3)单料氯化钠多粘菌素 B 肉汤。

4)灭菌双蒸水。

5)离心管:2mL、1.5mL、0.5mL、0.2mL。

6)吸管:1mL、10mL,分刻度 0.1mL。

7)成套试剂盒配置

a)试剂盒引物:

上游:5′- CGGTAGTAAACCCACTGTCAG - 3′

下游:5′- GTTTCAGGCTCACCATGACG - 3′

b)试剂盒探针:

Taqman 探针:5′- ATCCATCGTGGCGGTCATATCCAC - 3′

探针 5′端由 FAM 标记,3′端由 TAMRA 标记。

c) DNA 提取试剂(已配成成品)。

d) 10PCR 缓冲液:200mmol/LTris 盐酸(pH8.4),200mmol/L 氯化钾,15mmol/L 氯化镁。

(2)仪器和设备

1)全自动荧光定量 PCR 仪。

2)普通 PCR 仪。

3)微量荧光检测仪:上海棱光 DA620(或同类型产品)。

4)离心机:最大转速 13000r/min 以上。

5)恒温培养箱:30℃～60℃。

6)天平:量程 2kg,感量 0.1g。

7)低温冰箱:-20℃～4℃。

8)均质器。

9)制冰机。

10)恒温水浴箱:30℃～60℃。

11)灭菌样品处理器具:取样勺、剪刀、镊子。

12)样品稀释瓶:250mL、500mL。

13)可调移液器:5μL、10μL、100μL、1000μL。

5. 操作步骤

(1)样品的收集和处理

1)取样

样品按 GB/T 4789.1 方法收样,无菌操作均匀取样。如为冷冻样品,应于 2℃～5℃解冻,且不超过 18h;若不能及时检验,应置于-15℃保存。非冷冻的易腐样品应尽可能及时检验,若不能及时检验,应置于 4℃冰箱保存,在 24h 内检验。

无菌操作称取 50g 检样放于均质杯内,以灭菌剪刀充分剪碎。

2)增菌检测样品处理

新鲜样品:上述均质杯内加入 30g/L 氯化钠稀释液 450mL,均质混匀;取 1mL 样品稀释液接种到 10mL 单料氯化钠多粘菌素 B 肉汤,37℃18h～24h 进行选择性增菌培养。

经加热、辐射处理或冷藏、冻结的样品:在均质杯内加入 60g/L 氯化钠蛋白胨液 450mL,均质混匀;于 37℃18h～24h 增菌培养。

3)无需增菌直接检测样品处理

在均质杯内加入 30g/L 氯化钠稀释液 450mL,混合均匀后,直接进行模板 DNA 的提取。

(2)模板 DNA 的提取

从样品增菌液的表层(或样品稀释液管中)取 1mL 培养液加入到 1.5mL 无菌离心管中,8000r/min 离心 5min,尽量弃去上清液,加入 1mL 灭菌的双蒸水清洗 1 次后离心,同样尽量弃去上清液。加入 50μLDNA 提取液充分混匀,室温放置 10min 后,进行沸水浴 10min,13000r/min 离心 5min,将上清液转移至新管备用(提取的 DNA 应在 2h 内进行 PCR 扩增或放置于-70℃冰箱)。

(3)荧光定量 PCR 检验

1)检验准备

从试剂盒中取出 PCR 反应管,加入提取好的 DNA 模板 5μL。每次检验分别设置含有扩增片断的质粒为阳性对照,灭菌双蒸水为阴性对照,以及临界阳性对照。

2)全自动荧光定量 PCR 仪测试

全自动荧光定量 PCR 仪扩增反应参数设置:

——第一阶段,预变性 93℃,2min;

——第二阶段,93℃45s,55℃60s,10 个循环;

——第三阶段,93℃30s,55℃45s,30 个循环,荧光收集设置在第三阶段每次循环的退火延伸时进行。

荧光通道选择 FAM。

3)普通 PCR 仪合并微量荧光检测器测试

第一步:PCR 仪扩增反应条件设为预变性 93℃2min;93℃30s 变性;55℃1min 退火及延伸,10 个循环;暂停,33℃保温,迅速逐个将反应管放入荧光检测仪,读取并记录读数 A(初始荧光值)。第二步:PCR 仪扩增反应条件设为预变性 93℃2min;93℃30s 变性;55℃1min 退火及延伸,30 个循环;暂停,33℃保温,同样迅速逐个将扩增后的反应管放入荧光检测仪,读取并记录读数 A(终止荧光值)。

荧光检测器设定:荧光激发波长为 487nm,检测波长为 525nm。

6. 结果及判断

(1)全自动荧光定量 PCR 仪结果判断

1)阈值设定

直接读取检测结果。阈值设定原则根据仪器噪音情况进行调整,以阈值线刚好超过正常阴性样品扩增曲线的最高点为准。

2)质控标准

阴性质控品:扩增曲线不呈 S 型曲线或者 Ct 值=30.0。

阳性质控品:扩增曲线呈 S 型曲线,强阳性质控品定量参考值在 1.774×10^4 基因拷贝/mL~1.409×10^3 基因拷贝/mL 范围;临界阳性质控品定量参考值在 1.774×10^2 基因拷贝/mL~1.409×10^2 基因拷贝/mL 范围。

以上要求需在同一次实验中同时满足,否则,本次实验无效,需重新进行。

3)结果描述及判定

a)阴性

扩增曲线不呈 S 型曲线或 Ct 值等于 30,表示样品中无副溶血性弧菌,或者样品中副溶血性弧菌低于检测低限。

b)阳性

扩增曲线呈 S 型曲线且 Ct 值小于等于 27,表示样品中存在副溶血性弧菌。

c)实验灰度区

若 27<Ct 值<30,实验需要重新进行。若重做结果的 Ct 值小于 30,且扩增曲线呈 S 型曲线,则判为阳性;否则增菌后复检。

(2)普通 PCR 仪和荧光检测器结果判断

计算每个样品荧光检测器两步结果的差:$A_x = A_1 - A_0$。将阴性质控品管的 A_x 称为 N,临界阳性标准品的 A_x 二值称为 P_1,强阳性标准品的 A_x 称为 P_2。如:阴性质控品为阴性;阳性标准品为阳性;同时 P_2、P_1、N 应满足 $P_2 > P_1 > N$ 时,本次实验有效;否则,实验无效,应检查试剂、仪器、反应条件等方面的误差。

实验有效的前提下,样品 $A_x > N + 0.6 \times (P_1 - N)$ 判为阳性;如果 $N + 0.6 \times (P_1 - N) \geqslant A_x \geqslant N + 0.4 \times (P_1 - N)$ 则属于实验灰度区,需重复实验一次,若重复实验结果 A_x 值 $\geqslant N + 0.4 \times (P_1 - N)$ 判为阳性,否则判为阴性;如果 A_x 值 $< N + 0.4 \times (P_1 - N)$ 判为阴性。

(3)确证

检验筛选出阳性的样本,按 GB/T 4789.7 和 SN/T 0173 进行确证。

(4)计数

副溶血性弧菌的计数按 SN/T0173 进行。

(5)方法灵敏度

经 24h 培养增菌,样品的检测限为 10CFU/g;若不经过增菌,样品的检测限是 10^4CFU/g。

(6)检验程序

检验程序见图 9-2。

7. 防止污染和废弃物处理的措施

(1)检验过程中防止交叉污染的措施按照 SN/T1193 的规定执行。

(2)检验过程中的废弃物,收集后在焚烧炉中焚烧处理。

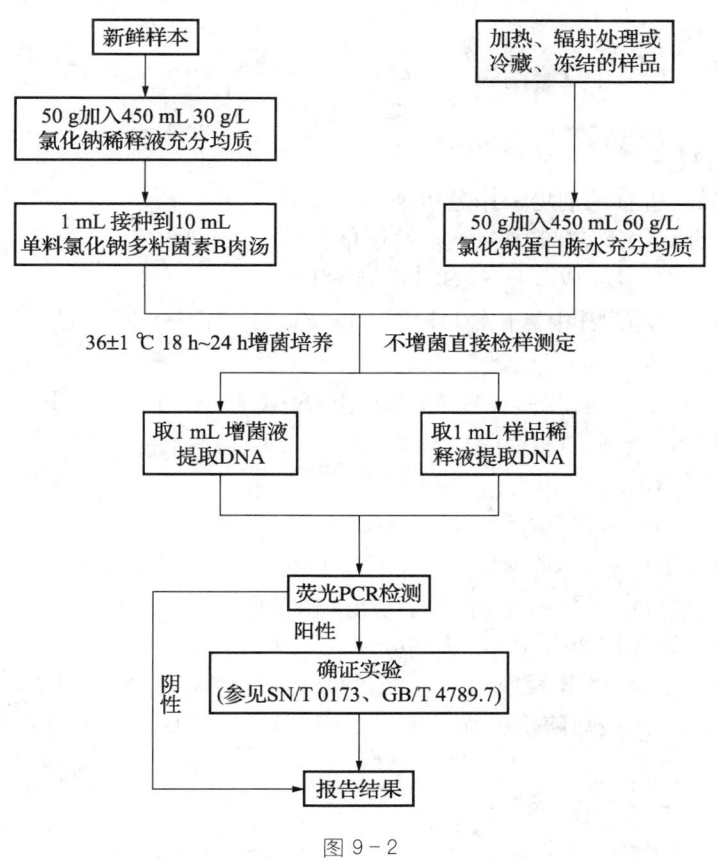

图 9-2

三、食品中多种致病菌快速检测方法-PCR 法

1. 依据标准

SN/T 1869—2007 食品中多种致病菌快速检测方法 PCR 法。

2. 适用范围

本标准规定了用普通 PCR 技术快速检测食品中沙门氏菌、志贺氏菌、金黄色葡萄球菌、小肠结肠炎耶尔森氏菌、单核细胞增生李斯特氏菌、空肠弯曲菌、肠出血性大肠埃希氏菌 O157：H7、副溶血性弧菌、霍乱弧菌和创伤弧菌的方法；用 BAX 全自动致病菌 PCR 检测系统检测食品中沙门氏菌、单核细胞增生李斯特氏菌、空肠弯曲菌、肠出血性大肠埃希氏菌 O157：H7 和阪崎肠杆菌的方法。

适用于食品中沙门氏菌、志贺氏菌、金黄色葡萄球菌、小肠结肠炎耶尔森氏菌、单核细胞增生李斯特氏菌、空肠弯曲菌、肠出血性大肠埃希氏菌 O157：H7、副溶血性弧菌、霍乱弧菌和创伤弧菌的检验。

3. 生物安全措施

为了保护化验室人员的安全，应由具备资格的工作人员检测沙门氏菌，所有培养物和废弃物应小心处置。并按 GB 19489 中的有关规定执行。

4. 防污染措施

参照标准《临床诊断中聚合酶链反应(PCR)技术的应用》(WS/T230)中第 6 章污染的预防和控制。

5. 试剂和材料

除另有规定外,所有试剂均采用分析纯。

(1)水:应符合 GB/T 6682 中一级水的规格。

(2)DNA 提取液:主要成分是 SDS,Tris,EDTA。

(3)10×PCR 缓冲液[其中氯化钾(KCl):500mmol/L;Tris - HCl(pH8.3):100mmol/L;明胶:0.1%]。

(4)PCR 反应液:含氯化镁($MgCl_2$)的 PCR 缓冲液、dATP、dTTP、dCTP、dGTP、dUTP、Taq 酶、UNG 酶。

(5)琼脂糖。

(6)10×上样缓冲液:含 0.25%溴酚蓝,0.25%二甲苯青 FF,30%甘油水溶液。

(7)50×TAE 缓冲液:称取 484gTris,量取 114.2mL 冰醋酸,200mL 0.5mol/L EDTA(pH:8.0),溶于水中,定容至 2L。分装后高压灭菌备用。

(8)DNA 分子量标记物(100bp~1000bp)。

(9)Eppendorf 管和 PCR 反应管。

(10)改良月桂基硫酸盐胰蛋白胨肉汤(mLST - Vm):阪崎肠杆菌检测用。

1)成分

胰酪胨	20.0g
氯化钠	34.22g
乳糖	5.0g
磷酸氢二钾	2.75g
磷酸二氢钾	2.75g
月桂基硫酸钠	0.1g
万古霉素	0.01g
蒸馏水	1000.0mL

2)制法

除万古霉素外将各成分加入蒸馏水中,加热溶解,调节 pH 至 6.8±0.2。121℃高压灭菌 15min。万古霉素配成 10mg/mL 的溶液,用 0.2μm 的滤膜过滤除菌。临用时,取 1mL 万古霉素溶液加到 1000mLmLST 中。

(11)BHI 肉汤:阪崎肠杆菌检测用,参见附录第 D.2 章。

1)成分

犊牛脑	200.0g
牛心	250.0g
多价蛋白胨	10.0g
葡萄糖	2.0g
氯化钠	5.0g

磷酸氢二钠　　　　　　2.5g

蒸馏水　　　　　　　　1000.0mL

2)制法

将除去结缔组织并绞碎的犊牛脑和牛心肌分别加水各500mL,搅拌,放入4℃左右冰箱过夜,次日取出,分别加热至60℃～70℃约30min,再煮沸约1h,搅拌并补充蒸发水分,防止沉渣烧焦。用纱布过滤,再将两液混合于同一容器,并补充水分至1000mL,加入其他成分,适当加热使完全溶解,调节pH至7.4±0.2。再适当加热后过滤,分装,121℃灭菌15min。

(12)常见致病菌(沙门氏菌、志贺氏菌、金黄色葡萄球菌、小肠结肠炎耶尔森氏菌、单核细胞增生李斯特氏菌、空肠弯曲菌、肠出血性大肠埃希氏菌O157:H7、副溶血性弧菌、霍乱弧菌和创伤弧菌)普通PCR检测试剂盒。

(13)BAX沙门氏菌的PCR检测试剂盒(Qualicon♯17710608),5℃±3℃放置。

(14)BAX单核细胞增生李斯特氏菌PCR检测试剂盒(Qualicon♯ 17710609),5℃±3℃放置。

(15)BAX弯曲菌的PCR检测试剂盒(Qualicon♯17720680),5℃±3℃放置。

(16)BAX系统肠出血性大肠杆菌O157:H7多重(MP)PCR筛选试剂盒(Qualicon♯17720673)。

(17)BAX系统肠出血性大肠杆菌O157:H7(MP)PCR快速检测增菌培养基(Qualicon♯17710678,17710679)。

(18)BAX阪崎肠杆菌的PCR检测试剂盒(Qualicon♯17720657),5℃±3℃放置。

6. 仪器和设备

(1)PCR仪。

(2)电泳装置。

(3)凝胶分析成像系统。

(4)PCR超净工作台。

(5)高速台式离心机(离心转速12000r/min以上),台式离心机(离心转速2000r/min)。

(6)微量可调移液器(2μL、10μL、100μL、1000μL)。

(7)BAX全自动致病菌检测系统(启动包)。

(一)普通PCR法

1. 检测程序

普通PCR方法检测程序见图9-3。

2. 操作步骤

(1)样品制备、增菌培养和分离

1)沙门氏菌按照GB/T 4789.4或SN 0170或ISO 6579或FDA/BAM Chapter5

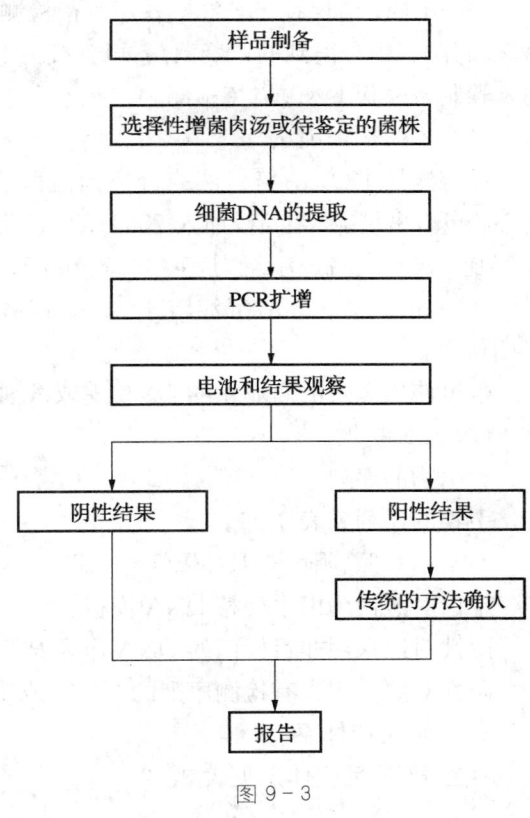

图9-3

或 USDA/FSISMLG4C.01 方法进行。

2)志贺氏菌按照 GB/T 4789.5 方法进行。

3)金黄色葡萄球菌可按照 GB/T 4789.10 或 SN 0172 方法进行。

4)小肠结肠炎耶尔森氏菌可按照 GB/T 4789.8 或 SN 0174 方法。

5)单核细胞增生李斯特氏菌可按照 GB/T 4789.30 或 SN 0184 或 ISO 11290 或 FDA/BAM Chapterl0 或 USDA/FSISMLG8A.01 方法进行。

6)空肠弯曲菌按照 GB/T 4789.9 或 SN 0175 方法进行。

7)肠出血性大肠埃希氏菌 O157∶H7 按照 GB/T 4789.6 或 SN/T 0973 或 lSO 16654 方法进行。

8)副溶血性弧菌按照 GB/T 4789.7 或 SN0173 或 FDA/BAM Chapter9 或 NMKLNo.156 方法进行。

9)霍乱弧菌按照 SN/T 1022 或 FDA/BAM Chapter9 或 NMKLNo.156 方法进行。

10)创伤弧菌按照 FDA/BAM Chapter9 或 NMKLNo.156 方法进行。

(2)细菌模板 DNA 的提取

1)直接提取法

对于上述方法培养的增菌液,可直接取该增菌液 1mL 加到 1.5mL 无菌离心管中,8000r/min 离心 5min,尽量吸弃上清;加入 50μLDNA 提取液,混匀后沸水浴 5min,12000r/min 离心 5min,取上清保存于 $-20℃$ 备用以待检测。$-70℃$ 可长期保存。对于"样品制备、增菌培养和分离"中分离到的可疑菌落,可直接挑取可疑菌落,加入 50μLDNA 提取液,再按照上述步骤制备模板 DNA 以待检测。

2)有机溶剂提纯法

取待测样本(增菌培养液或分离菌落菌悬液)1mL,加到 1.5mL 离心管中,8000r/min 离心 4min,尽量吸弃上清;加入 750μLDNA 提取液,沸水浴 5min,加酚∶三氯甲烷(1∶1,体积比)700μL,振荡混匀,13000r/min 离心 5min,去上清液,70％乙醇冲洗一次,13000r/min 离心 5min,沉淀溶于 20μL 核酸溶解液中。保存在 $-20℃$ 备用。$-70℃$ 可长期保存。

也可使用等效的商业化的 DNA 提取试剂盒并按其说明提取制备模板 DNA。

(3)PCR 扩增

1)引物的序列

引物的序列见表 9-1。

2)空白对照、阴性对照和阳性对照设置

空白对照设为以水代替 DNA 模板;

阴性对照采用非目标菌的 DNA 作为 PCR 反应的模板;

阳性对照采用含有检测序列的 DNA(或质粒)作为 PCR 反应的模板。

3)PCR 反应体系

普通 PCR 反应体系见表 9-2。

表9-1

致病菌	靶基因名称	引物序列	扩增片段长度	PCR 反应条件			
				预变性	扩增	循环数	后延伸
沙门氏菌	invA	5′-gtgaaattatcgccacgltcggggcaa－3′ 5′-tcatcgcaccgtcaaaggaacc－3′	284bp	95℃,5min	95℃,30s 64℃,30s 72℃,30s	35	72℃,5min
志贺氏菌	ipaH	5′-gttccttgaccgcctttccgatacegtc－3′ 5′-gccggtcagccaccctctgagagtac－3′	629bp	95℃,5min	95℃,15s 65℃,30s 72℃,30s	35	72℃,5min
金黄色葡萄球菌	femA	5′-aaaaaagcacattaacaagcg－3′ 5′-gataaagaagaaaccagcag－3′	132bp	94℃,5min	94℃,2min 57℃,2min 72℃,1min	35	72℃,7min
小肠结肠炎耶尔森氏菌	16s	5′-aataccgcataaagtcttg－3′ 5′-cttcttctgcggagtaacgte－3′	330bp	95℃,5min	95℃,30s 52℃,1min 72℃,1min	35	72℃,5min
单增李斯特氏菌	prfA	5′-gatacagaaacatcggttggc－3′ 5′-gtgtaatcttgatgccatcag－3′	274bp	95℃,5min	95℃,30s 55℃,30s 74℃,1min	35	72℃,5min
空肠弯曲杆菌	VS1	5′-gatatgtatgatttatctgc－3′ 5′-gaatgaaatttagaatgggg－3′	358bp	95℃,5min	95℃,30s 56℃,30s 72℃,30s	35	72℃,5min
肠出血性大肠埃希氏菌(O)157:H7	rfbE	5′-attgcgctgaagcclttg－3′ 5′-cgagtacattggcatcgtg－3′	499bp	95℃,5min	95℃,15s 55℃,30s 72℃,1min	35	72℃,5min
副溶血性弧菌	tlh	5′-aaagcggattatgcagaagcactg－3′ 5′-gctactttctagcattttctctgc－3′	450bp	95℃,5min	95℃,1min 60℃,1min 72℃,2min	35	72℃,5min
霍乱弧菌	ompW	5′-caccaagaaggtgactttat/grg－3′ 5′-gaacttataaccaccgcg－3′	588bp	95℃,5min	95℃,30s 64℃,30s 72℃,30s	35	72℃,5min
创伤弧菌	vvhA	5′-ccgcggtacaggttggcgca－3′ 5′-cgecaccacttcggggcc－3′	519bp	95℃,5min	95℃,1min 62℃,1min 72℃,1min	35	72℃,5min

注:PCR反应参数可根据靶基因的扩增型号的不同进行适当的调整。

365

表 9-2

试剂	贮备液浓度	25μL 反应体系中加样体积/μL
10×PCR 缓冲液		2.5
氯化镁(MgCl₂)	25mmol/L	3.0
dNTPs(含 dUTP)	各 2.5mmol/L	1.0
UNG 酶	1U/μL	0.06
上游引物	20pmol/μL	1.0
下游引物		1.0
Taq 酶	5U/μL	0.5
DNA 模板		2.0
双蒸水		补至 25

注1:反应体系中各试剂的量可根据具体情况或不同的反应总体积进行适当调整。
注2:每个反应体系应设置两个平行反应。

4)PCR 反应参数

PCR 反应参数见表 1。

5)PCR 扩增产物的电泳检测

用电泳缓冲液(1×TAE)制备 1.8%～2%琼脂糖凝胶(55℃～60℃时加入溴化乙锭至终浓度为 0.5μg/mL,也可在电泳后进行染色)。取 8μL～15μL PCR 扩增产物,分别和 2μL 上样缓冲液混合,进行点样,用 DNA 分子量标记物做参照。3V/cm～5V/cm 恒压电泳,电泳 20min～40min,电泳检测结果用凝胶成像分析系统记录并保存。

3. 结果判定和报告

在阴性对照未出现条带,阳性对照出现预期大小的扩增条带条件下,如待测样品未出现相应大小的扩增条带,则可报告该样品检验结果为阴性;如待测样品出现相应大小扩增条带则可判定该样品结果为假定阳性,则回到传统的检测步骤,进一步应按 2.1 中该致病菌对应的标准检测方法进行确认,最终结果以后者的检测结果为准。

如果阴性对照出现条带和/(或)阳性对照未出现预期大小的扩增条带,本次待测样品的结果无效,应重新做实验,并排除污染因素。

(二)BAX 全自动致病菌 PCR 检测方法

1. 适用范围

BAX 全自动致病菌 PCR 检测方法,包括食品中沙门氏菌、单核细胞增生李斯特氏菌、空肠弯曲菌、肠出血性大肠埃希氏菌 O157:H7 和阪崎肠杆菌的检测方法。

2. 原理

BAX 全自动致病菌检测系统是应用 PCR 技术检测食品中的致病菌的自动方法。

扩增反应开始,BAX 系统 PCR 片剂中的荧光染料就会与双链 DNA 结合,光照时发出荧光信号。扩增反应后,BAX 系统开始检测,接着自动化的 BAX 系统利用荧光检测来分析

PCR 产物,从而得到阳性或阴性结果。

3. 检验程序

(1)沙门氏菌、单核细胞增生李斯特氏菌、空肠弯曲菌、肠出血性大肠埃希氏菌 0157:H7 检测程序参见图 3(没有电泳步骤)。

(2)BAX 阪崎肠杆菌 PCR 方法检测程序见图 9-4。

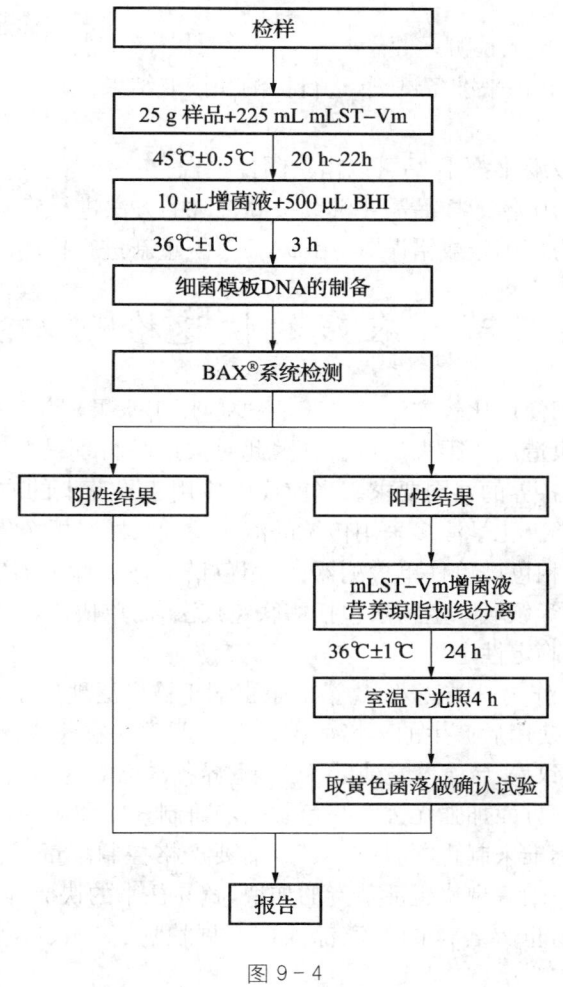

图 9-4

4. 操作步骤

(1)样品增菌

1)沙门氏菌、单核细胞增生李斯特氏菌、空肠弯曲菌的样品制备、增菌培养和分离见普通 PCR 法操作步骤。

2)肠出血性大肠埃希氏菌 O157:H7 增菌方法按照 BAX 系统 0157:H7 增菌培养基用户指导书进行。

3)阪崎肠杆菌增菌:以无菌操作称取 25g 样品,放入装有 225mLmLST-Vm 肉汤中,混匀,在 45℃±0.5℃培养箱内培养 20h～22h;取 10μL 上述增菌液加入 500μL 的 BHI 肉汤中,36℃±1℃培养 3h。

(2)细菌模板 DNA 的制备

沙门氏菌、单核细胞增生李斯特氏菌、空肠弯曲菌、肠出血性大肠杆菌 O157:H7 和阪崎肠杆菌增菌肉汤或菌落的细菌模板 DNA 的制备按各自 BAX 系统筛选的 PCR 分析试剂盒说明书进行。

(3)BAX 系统致病菌的检测

按照 BAX 用户指导书来准备试剂,进行检测和读取结果。

5. 结果说明

1)BAX 检测结果为阴性的样品可以出具阴性报告。

2)检测结果显示为阳性的样品需要继续按照传统的方法进行确认。

3)检测结果显示为不确定或错误时,用 BAX 系统重新进行检测。

第三节　农残的快速检测方法

有机氯农药是我国使用比较广泛的农药,主要应用于水果、蔬菜、棉花和粮食作物上,它们的残留对人们的健康造成了很大的危害。因此对农产品特别是新鲜蔬菜、水果实施农药残留检测,已成为社会各界的共同要求。当前我国应用于果蔬上的农药残留检测技术分为化学法和生物法两大类。化学法多采用传统的液-液萃取、柱层析净化和固相萃取进行净化和浓缩前处理技术,气相色谱单柱单检测器、气相色谱双柱双检测器定性定量,广泛应用于化工、食品、医药、环保等领域。生物法包括酶联免疫法,简单快速,易操作,但检测的果蔬和农药品种有限,难以准确定性定量。

有机磷农药(OPs)作为一类高效、广谱的杀虫剂正被广泛地用于农业的防害以及家庭、仓储等的杀虫,但大量使用后产生的环境危害也日益严重。农药残留通过食物链作用在人体累积而引起的致畸、致癌、致突变危害。为此,世界各国已对这一问题高度重视,投入大量的资金,人力和物力,一方面加强无公害绿色农药的研制开发和应用;另一方面,制定愈来愈严格的农药残留限量标准来制止"药从口入"。而要严格控制限量,就必须有高效、准确、灵敏的检测方法来保证。随着现代生活节奏的加快,贸易往来的快捷等,要求现场快速检测的样品量迅速增加,因此,世界各国的专家都加速开展快速、灵敏、准确、简便的检测方法的研究。

一、蔬菜上有机磷和氨基甲酸酯类农药残毒快速检测方法(农标)

1. 依据标准

NY/T 448—2001 蔬菜上有机磷和氨基甲酸酯类农药残毒快速检测方法

2. 适用范围

适用于叶菜类(除韭菜)、果菜类、豆菜类、瓜菜类、根菜类(除胡萝卜、茭白等)中甲胺磷、氧化乐果、对硫磷、甲拌磷、久效磷、倍硫磷、杀扑磷、敌敌畏、克百威、涕灭威、灭多威、抗蚜威、丁硫克百威、甲萘威、丙硫克百威、速灭威、残杀威、异丙威等的农药残毒快速检测。

3. 方法原理

有机磷和氨基甲酸酯类农药能抑制昆虫中枢和周围神经系统中乙酰胆碱酶的活性,造成神经传导介质乙酰胆碱的积累,影响正常传导,使昆虫中毒致死,根据这一昆虫毒理学原理,用在对农药残留的检测中。加入反应试剂后,用分光光度计测定吸光值随时间的变化值,计算出抑制率,判断蔬菜中含有机磷或氨基甲酸酯类农药的残毒情况。即:

乙酰胆碱酯酶十有机磷或氨基甲酸酯类农药→酶活性被抑制

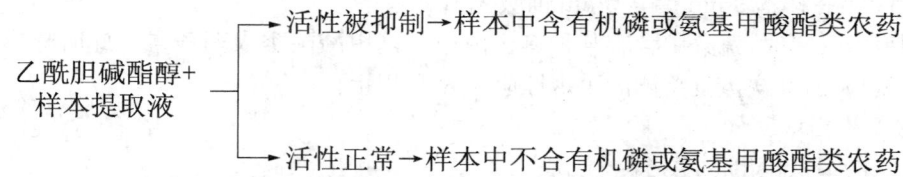

如以乙酰硫代胆碱(AsCh)为底物,在乙酰胆碱酯酶(AChE)的作用下乙酰硫代胆碱(AsCh)水解成硫代胆碱和乙酸,硫代胆碱和二硫双对硝基苯甲酸(DTNB)产生显色反应,使反应液呈黄色,在分光光度计410nm处有最大吸收峰,用分光光度计可测得酶活性被抑制程度(用抑制率表示)。

4. 试剂

1)pH8 磷酸缓冲液。

2)丁酰胆碱酯酶:根据酶活性情况按要求用缓冲液溶解,△A 值控制在 0.4~0.8 之间。

3)底物:碘化硫代丁酰胆碱(s-butyrylthiocholineiodide,即 BTCI),用缓冲液溶解。

4)显色剂:二硫代二硝基苯甲酸[5,5-dithiobis(nitrobenzoic acid),即 DTNB],用缓冲液溶解。

5. 仪器

1)波长为 410nm ± 3nm 专用速测仪,或可见光分光光度计。

2)电子天平(准确度 0.1g)。

3)微型样品混合器。

4)台式培养箱。

5)可调移液枪:(10~100μL,1~5mL)。

6)不锈钢取样器(内径 2cm)。

7)配套玻璃仪器及其他配件等。

6. 检测方法

(1)取样

用不锈钢管取样器取来自不同植株叶片(至少 8~10 片叶子)的样本;果菜从表皮至果肉 1~1.5cm 处取样。

(2)检测过程

取 2g 切碎的样本(非叶菜类取 4g),放入提取瓶内,加入 20mL 缓冲液,震荡 1~2min,倒出提取液,静止 3~5min;于小试管内分别加入 50μL 酶,3mL 样本提取液,50μL 显色剂,于 37~38℃ 下放置 30min 后再分别加入 50μL 底物,倒入比色杯中,用仪器进行测定。

(3)检测结果计算

检测结果按式 9-2 计算：

$$抑制率(\%) = \frac{\Delta A_C - \Delta A_S}{\Delta A_C} \times 100$$

....(9-2)

式中：ΔA_C——对照组 3min 后与 3min 前吸光值之差；

ΔA_S——样本 3min 后与 3min 前吸光值之差。

抑制率≥70%时，蔬菜中含有某种有机磷或氨基甲酸酯类农药残毒。此时样本要有 2 次以上重复检测，几次重复检测的重现性应在 80%以上。

7. 最低检出浓度

本方法的最低检出浓度见表 9-3。

表 9-3

农药中文名	英文通用名	毒性	最低检出质量浓度（溶液）/(mg/L)	最低检出质量分数（蔬菜）/(mg/kg)
甲胺磷	methamidophos	高毒	1~2	3~5
氧化乐果	omethoate	高毒	0.7~2	2~5
对硫磷	Parathion	高毒	0.7~1.5	2~4
甲拌磷	phorate	高毒	0.3~0.7	1~2
久效磷	monocroto-phos	高毒	0.3~0.7	1~2
倍硫磷	fenthion	高毒	2~2.5	6~7
杀扑磷	methidathion	高毒	2~2.5	6-7
敌敌畏	dichlorovos	中毒	0.1	0.3
克百威	carbofuran	高毒	0.3~0.7	1~2
涕灭威	aldicarb	高毒	0.3~0.7	1~2
灭多威	methomyl	高毒	0.3~0.7	1~2
抗蚜威	pirimicarb	高毒	0.5~1	1.5~3
丁硫克威	carbosulfan	中毒	0.7~1	2~3
甲萘威	carbaryt	中毒	0.3~0.7	1~2
丙硫克百威	benfuracarb	中毒	0.3~0.7	1~2
速灭威	MTMC	中毒	0.5~0.8	1.5~2.5
残杀威	propoxur	中毒	0.3~0.8	1.5~2.5
异丙威	isoprocarb	中毒	0.5~0.8	1.5~2.5

丁酰胆碱酯酶对甲基对硫磷、乐果、毒死蜱、二嗪磷等农药不太灵敏,检出浓度均在10mg/kg 以上。

二、蔬菜中有机磷和氨基甲酸酯类农药残留量的快速检测(国标)

(一)速测卡法(纸片法)

1. 依据标准

GB/T 5009.199—2003 蔬菜中有机磷和氨基甲酸酯类农药残留量的快速检测。

2. 适用范围

适用于蔬菜中有机磷和氨基甲酸酯类农药残留量的快速筛选测定。

3. 方法原理

胆碱酯酶可催化靛酚乙酸酯(红色)水解为乙酸与靛酚(蓝色),有机磷或氨基甲酸酯类农药对胆碱酯酶有抑制作用,使催化、水解、变色的过程发生改变,由此可判断出样品中是否有高剂量有机磷或氨基甲酸酯类农药的存在。

4. 试剂

1)固化有胆碱酯酶和靛酚乙酸酯试剂的纸片(速测卡)。

2)pH7.5 缓冲溶液:分别取 15.0g 磷酸氢二钠[$Na_2HPO_4 \cdot 12H_2O$]与 1.59g 无水磷酸二氢钾[KH_2PO_4],用 500mL 蒸馏水溶解。

5. 仪器

1)常量天平。

2)有条件时配备 37℃±2℃恒温装置。

6. 分析步骤

(1)整体测定法

1)选取有代表性的蔬菜样品,擦去表面泥土,剪成 1cm 左右见方碎片,取 5g 放入带盖瓶中,加入 10mL 缓冲溶液,振摇 50 次,静置 2min 以上．

2)取一片速测卡,用白色药片沾取提取液,放置 10min 以上进行预反应,有条件时在37℃恒温装置中放置 10min。预反应后的药片表面必须保持湿润。

3)将速测卡对折,用手捏 3min 或用恒温装笠恒温 3min,使红色药片与白色药片叠合发生反应。

4)每批测定应设一个缓冲液的空白对照卡。

(2)表面测定法(粗筛法)

1)擦去蔬菜表面泥土,滴 2 滴~3 滴缓冲溶液在蔬菜表面,用另一片蔬菜在滴液处轻轻摩擦。

2)取一片速测卡,将蔬菜上的液滴滴在白色药片上。

3)放置 10min 以上进行预反应,有条件时在 37℃恒温装置中放置 10min。预反应后的药片表面必须保持湿润。

4)将速测卡对折,用手捏 3min 或用恒温装置恒温 3min,使红色药片与白色药片叠合发生反应。

5)每批测定应设一个缓冲液的空白对照卡。

7. 结果判定

结果以酶被有机磷或氨基甲酸酯类农药抑制(为阳性)、未抑制(为阴性)表示。

与空白对照卡比较,白色药片不变色或略有浅蓝色均为阳性结果。白色药片变为天蓝色或与空白对照卡相同,为阴性结果。

对阳性结果的样品,可用其他分析方法进一步确定具体农药品种和含量。

8. 速测卡技术指标

(1)灵敏度指标:速测卡对部分农药的检出限见表9-4。

表9-4

农药名称	检出限/(mg/kg)	农药名称	检出限/(mg/kg)	农药名称	检出限/(mg/kg)
甲胺磷	1.7	乙酰甲胺磷	3.5	久效磷	2.5
对硫磷	1.7	敌敌畏	0.3	甲萘威	2.5
水胺硫磷	3.1	敌百虫	0.3	好年冬	1.0
马拉硫磷	2.0	乐果	1.3	呋喃丹	0.5
氧化乐果	2.3				

(2)符合率:在检出的30份以上阳性样品中,经气相色谱法验证,阳性结果的符合率应在80%以上。

9. 说明

(1)葱、蒜、萝卜、韭菜、芹菜、香菜、茭白、蘑菇及番茄汁液中,含有对酶有影响的植物次生物质,容易产生假阳性。处理这类样品时,可采取整株(体)蔬菜浸提或采用表面测定法。对一些含叶绿素较高的蔬菜,也可采取整株(体)蔬菜浸提的方法,减少色素的干扰。

(2)当温度条件低于37℃,酶反应的速度随之放慢,药片加液后放置反应的时间应相对延长,延长时间的确定,应以空白对照卡用手指(体温)捏3min时可以变蓝,即可往下操作。注意样品放置的时间应与空白对照卡放置的时间一致才有可比性。空白对照卡不变色的原因:一是药片表面缓冲溶液加的少、预反应后的药片表面不够湿润,二是温度太低。

(3)红色药片与白色药片叠合反应的时间以3min为准,3min后的蓝色会逐渐加深,24h后颜色会逐渐褪去。

(二)分光光度法

1. 依据标准

GB/T 5009.199—2003 蔬菜中有机磷和氨基甲酸酯类农药残留量的快速检测。

2. 适用范围

适用于蔬菜中有机磷和氨基甲酸酯类农药残留量的快速筛选测定。

3. 方法原理

在一定条件下,有机磷和氨基甲酸酯类农药对胆碱酯酶正常功能有抑制作用,其抑制率与农药的浓度呈正相关。正常情况下,酶催化神经传导代谢产物(乙酰胆碱)水解,其水解产物与显色剂反应,产生黄色物质,用分光光度计在 412nm 处测定吸光度随时间的变化值,计算出抑制率,通过抑制率可以判断出样品中是否有高剂量有机磷或氨基甲酸酯类农药的存在。

4. 试剂

(1)pH8.0 缓冲溶液:分别取 11.9g 无水磷酸氢二钾与 3.2g 磷酸二氢钾,用 1000mL 蒸馏水溶解。

(2)显色剂:分别取 160mg 二硫代二硝基苯甲酸(DTNB)和 15.6mg 碳酸氢钠,用 20mL 缓冲溶液溶解,4℃冰箱中保存。

(3)底物:取 25.0mg 硫代乙酰胆碱,加 3.0mL 蒸馏水溶解,摇匀后置 4℃冰箱中保存备用,保存期不超过两周。

(4)乙酰胆碱酯酶:根据酶的活性情况,用缓冲溶液溶解,3min 的吸光度变化 ΔA_0 值应控制在 0.3 以上。摇匀后置 4℃冰箱中保存备用,保存期不超过四天。

(5)可选用由以上试剂制备的试剂盒。乙酰胆碱酯酶的 ΔA_0 值应控制在 0.3 以上。

5. 仪器

(1)分光光度计或相应测定仪。

(2)常量天平。

(3)恒温水浴或恒温箱。

6. 分析步骤

(1)样品处理:选取有代表性的蔬菜样品,冲洗掉表面泥土,剪成 1cm 左右见方碎片,取样品 1g,放入烧杯或提取瓶中,加入 5mL 缓冲溶液,振荡 1min~2min. 倒出提取液,静置 3min~5min,待用。

(2)对照溶液测试:先于试管中加入 2.5mL 缓冲溶液,再加入 0.1mL 酶液、0.1mL 显色剂,摇匀后于 37℃放置 15min 以上(每批样品的控制时间应一致)。加入 0.1mL 底物摇匀,此时检液开始显色反应,应立即放入仪器比色池中,记录反应 3min 的吸光度变化值 ΔA_0。

(3)样品溶液测试:先于试管中加入 2.5mL 样品提取液,其他操作与对照溶液测试相同,记录反应 3min 的吸光度变化值 ΔA_0。

7. 结果的表述计算

(1)结果计算见式(7-3)

$$抑制率(\%) = [(\Delta A_0 - \Delta A_t)/\Delta A_0] \times 100 \cdots\cdots\cdots (9-3)$$

式中:ΔA_0——对照溶液反应 3min 吸光度的变化值。

　　　ΔA_t——样品溶液反应 3min 吸光度的变化值。

(2)结果判定

结果以酶被抑制的程度(抑制率)表示。

当蔬菜样品提取液对酶的抑制率≥50%时,表示蔬菜中有高剂量有机磷或氨基甲酸酯类农药存在,样品为阳性结果。阳性结果的样品需要重复检验 2 次以上。

对阳性结果的样品,可用其他方法进一步确定具体农药品种和含量。

8. 酶抑制率法技术指标

(1)灵敏度指标:酶抑制率法对部分农药的检出限见表 9-5。

表 9-5

农药名称	检出限/(mg/kg)	农药名称	检出限/(mg/kg)
敌敌畏	0.1	氧化乐果	0.8
对硫磷	1.0	甲基异柳磷	5.0
辛硫磷	0.3	灭多威	0.1
甲胺磷	2.0	丁硫克百威	0.05
马拉硫磷	4.0	敌百虫	0.2
乐果	3.0	呋喃丹	0.05

（2）符合率：在检出的抑制率≥50%的 30 份以上样品中，经气相色谱法验证，阳性结果的符合率应在 80%以上。

9. 说明

（1）葱、蒜、萝卜、韭菜、芹菜、香菜、茭白、蘑菇及番茄汁液中，含有对酶有影响的植物次生物质，容易产生假阳性。处理这类样品时，可采取整株（体）蔬菜浸提。对一些含叶绿素较高的蔬菜，也可采取整株（体）蔬菜浸提的方法，减少色素的干扰。

（2）当温度条件低于 37℃，酶反应的速度随之放慢，加入酶液和显色剂后放置反应的时间应相对延长，延长时间的确定，应以胆碱酯酶空白对照测试 3min 的吸光度变化 ΔA_0 值在 0.3 以上，即可往下操作。注意样品放置时间应与空白对照溶液放置时间一致才有可比性。胆碱酯酶空白对照溶液 3min 的吸光度变化 ΔA_0 值<0.3 的原因：一是酶的活性不够，二是温度太低。

第四节　理化快速检测方法

一、亚硝酸盐的快速检测

亚硝酸盐是一类无机化合物的总称。主要指亚硝酸钠，亚硝酸钠为白色至淡黄色粉末或颗粒状，味微咸，易溶于水。外观及滋味都与食盐相似，并在工业、建筑业中广为使用，肉类制品中也允许作为发色剂限量使用。由亚硝酸盐引起食物中毒的机率较高。食入 0.3～0.5 克的亚硝酸盐即可引起中毒甚至死亡。因此，亚硝酸盐含量是食品安全检测的重要项目。

1. 参考方法 CDC－1061

2. 原理

按照盐酸萘乙二胺显色原理做成的速测管，与标注色卡对比定量。又称格林试剂法。

3. 检测试材

含有格林试剂的速测管、天平与采样处理设备。

4. 操作方法

（1）食盐中亚硝酸盐的快速检测。用袋内附带的小勺取食盐 1 平勺（约 0.1g），加入到检测管中,加入蒸馏水或纯净水至 1mL 刻度处,盖上盖,将固体部分摇溶,10min 后与标准比色版对比,该色板上的数值乘上 10 即为食盐中的亚硝酸盐的含量(mg/kg)。当样品出现血红色且有沉淀产生或很快退色变成黄色时,可判定亚硝酸含量相当高,或样品本身就是亚硝酸盐。

(2)液体样品的检测。取 1～1.5mL 液体样品加入到检测管中,盖上盖,将试剂摇溶,10min 后与标准色版对比,找出颜色相同或接近的色阶,该色阶上的数值即为样品中亚硝酸盐(以 NaNO$_2$ 计)的含量(mg/L)(有颜色的液体样品可加入活性炭脱色过滤后测定)。液态奶属于乳浊液,具有将近 1 倍的折色特性,所得结果乘以 2 即为样品中亚硝酸盐的近似含量(mg/L)。

(3)固体半固体样品的检测

1)乳粉测定:取 1.0g 样品至 10mL 比色管中,加蒸馏水或纯净水至 10mL 刻度处,振摇后使乳粉溶解,取 1～1.5mL 加入到检测管中,盖上盖,将试剂摇溶,10min 后与标准色版对比,找出颜色相同或接近的色阶,该色阶上的数值乘上 10 后再乘以 2 即为样品中亚硝酸盐(以 NaNO$_2$ 计)的近似含量(mg/kg)。

2)其他样品测定:取均匀的样品 1.0g 或 1.0mL 至 10mL 比色管中,加蒸馏水或纯净水至 10mL 刻度处,充分振摇后放置,取沉淀后的上清液或过滤或离心后得到的上清液 1～1.5mL 加入到检测管中,盖上盖,将试剂摇溶,10min 后与标准色版对比,找出颜色相同或接近的色阶,该色阶上的数值乘上 10 即为样品中亚硝酸盐(以 NaNO$_2$ 计)的含量(mg/kg)。如果测试结果超出色板上的最高值,可从已稀释 10 倍的样品中再取 1.0mL 转入另一支 10mL 比色管中,加水至刻度,从中取 1.0mL 加入到检测管中测定,测试结果乘以 100 即为样品中亚硝酸盐的含量。

5. 注意事项

(1)亚硝酸亚含量较高时,试剂显红色不久会变为黄色,将黄色溶液再稀释放入另一新的速测管中又会显出红色,由此区分是亚硝酸盐还是食用盐。

(2)当样品反应后的颜色大于标准色板 2.00mg/L 色阶时,应将样品稀释后再测,计算结果时乘以稀释倍数。

(3)生活饮用水中常有亚硝酸盐存在,不宜作为测定用水。

二、甲醇的快速检测

甲醇是一种无色透明液体,属于有毒工业原料,具有神经毒性,可导致暂时性或永久性视力障碍或失明,而急性甲醇中毒则可致人死亡。

在酿酒发酵的化学反应过程中,会生成极微量的甲醇,只要符合国家和行业规范的标准,就是无害的。但近年来,一些不法分子采用工业酒精勾兑白酒从而导致甲醇含量超标,严重危害消费者健康。甲醇的快速检测有酒醇仪测定法和速测盒测定法。

1. 酒醇仪测定法(方法编号:CDC－1071)

(1)适用范围:本方法适用于蒸馏酒(又称白酒或烧酒)中甲醇急性中毒剂量的现场快速测定。既适用于 80 度以下蒸馏酒或配制酒中甲醇含量超过 1%(0%～60%范围内)或 2%(60%～80%范围内)时的快速测定。

(2)方法原理:在20℃时,水的折光率为1.3330,随着水中乙醇浓度的增加其折光率有规律地上升,当甲醇存在时,折光率会随着甲醇浓度的增加而降低,下降值与甲醇的含量成正比。按照这一现象而设计制造的酒醇含量速测仪,可快速显示出样品中酒醇的含量。当这一含量与玻璃浮计(酒精度计)测定出的酒醇含量出现差异时,其差值即为甲醇的含量。在20℃时,可直接定量;在非20℃时,采用与样品相当浓度的乙醇对照液进行对比定量。

(3)检测试材:酒醇含量速测仪、玻璃浮计、量筒,非20℃环境操作时需要乙醇对照液。

(4)在环境温度20℃时操作方法及结果计算

1)按仪器使用说明操作。

2)取酒样5~7滴放在检测仪棱镜面上,缓缓合上盖板。读取视场明暗分界线处所示读数,即为乙醇百分含量。重复操作几次,使读数稳定。

3)用精确度1%以上的玻璃浮计测定样品中的酒精百分度。即取1个洁净的100mL的量筒或透明的管筒,慢慢地将酒样倒入到容器中2/3处,慢慢地放入玻璃浮计(不得与容器壁和底接触),用手轻按玻璃浮计上方,使其在所测读数上下三个分度内移动,稳定后读取弯月面下酒精度示值。

4)结果计算

$$甲醇含量(\%)=玻璃浮计测定读数(\%)-酒醇仪测定读数(\%)$$

(5)在环境温度非20℃时操作方法及结果计算

1)首先用玻璃浮计测试样品的酒精度数后,可以根据酒精温度浓度换算表找到一个在20℃时配制成的与其相等的乙醇对照液,用玻璃浮计测试这一对照液是否与样品酒精度数相等或相近在±1度以内,如果超出±1度,改用临近度数的对照液再测,直至找到一个与样品酒精度数相等或相近在±1度以内的乙醇对照溶液。

2)用酒醇仪分别测试样品和选中的对照液的醇含量,如果样品读数低于对照液读数,其差值即为甲醇的百分含量(注意加减先前用玻璃浮计测试对照液时±1度以内的度数)。

(6)注意事项

1)当样品溶液的酒醇仪读数大于对照溶液酒醇仪读数时,可判定样品不是蒸馏酒,其甲醇含量可用甲醇速测盒来检测。

2)当样品溶液的酒醇仪读数小于对照溶液酒醇仪读数2%以上时,可判定样品中甲醇含量,读数差值较小难以判断时,可用甲醇速测盒来检测。

3)新配制的乙醇对照液,尤其是高浓度对照液化学结构不够稳定,溶液放置一周后可达相对稳定状态。

2. 速测盒测定法(方法编号:CDC-1081)

(1)适用范围:本方法适用于蒸馏酒中0.02%以上甲醇含量的现场快速测定,也适用于经过重新蒸馏的配制酒(以发酵酒、蒸馏酒或食用酒精,添加糖、色素、香料、果汁配成的酒,或以食用酒精浸泡植物的根、茎、叶、果实等配制的酒)中甲醇含量的快速测定。

(2)操作方法:将离心管插在速测盒盖上的圆孔中,用滴管取酒样6滴于离心管中,加入5滴A试剂,放置5min,加入4滴B试剂,将离心管盖盖后上下振摇20次以上使溶液充分混匀,打开盖子,等溶液完全退色,加入2滴C试剂,再加入15滴D试剂,3min后与比色卡对照图谱比对判断酒样中甲醇含量。

（3）注意事项

1）所用试剂为氧化还原及酸性溶液,操作时应戴防护眼镜;沾到皮肤上时,立即用清水冲洗。

2）对于甲醇含量超标的样品应重复测试,有条件时送化验室精确定量。

（4）试剂质量控制:组合试剂对酒中甲醇的最低检出浓度为 0.02％。

（5）速测盒配置

A、B、C、D试剂各 1 瓶,比色卡 1 张,塑料吸管、离心管各 20 支。

三、食品中甲醛的快速检测方法

甲醛是一种重要的有机原料,主要用于塑料工业、合成纤维、皮革工业、医药、染料等。曾经被检出甲醛含量过高的食品种类很多,如水发产品、豆制品、面制品等,使人们防不胜防。但甲醛的滥用主要是在水发产品上比较突出。这种违法行为之所以屡禁不止,一方面是为了防腐,另一方面是为了增加食品重量。长期食用含甲醛的食品,会出现头晕、头痛、乏力、嗜睡、食欲减退、视力下降等症状。DB44/T 519—2008 规定了食品中甲醛的快速检测方法。

1. 适用范围

适用于水产品、水发食品、米面制品、非发酵性豆制品中甲醛的快速检测,不适用于样品浸泡液对颜色判断有干扰的食品。

方法检出限为 5mg/kg。

2. 原理

在强碱性条件下,甲醛与间苯三酚发生显色反应,生成橙红色的络合物,通过颜色变化检测样品中甲醛含量。

3. 试剂

（1）12％氢氧化钠(NaOH)溶液:称取 12g 分析纯氢氧化钠固体,溶于 100mL 水中。置于聚乙烯塑料瓶中保存。

（2）1％间苯三酚溶液,称取 1g 分析纯间苯三酚,溶于 100mL12％氢氧化钠溶液中,临用时现配。

（3）甲醛检测管的制备:取 0.2mL1％间苯三酚溶液加到 1.5mL 带塞离心管中备用。

4. 仪器

（1）天平:感量 0.01g。

（2）100mL 比色管。

（3）水浴锅。

（4）温度计(100℃)。

5. 分析步骤

（1）试样处理

1）水发食品:取其浸泡液直接进行检测。

2）水产品、米面制品、非发酵性豆制品:称取 10g 切碎或研碎均匀的试样于 100mL 比色管中,加入适量蒸馏水,振摇均匀,50℃～70℃水浴浸泡 10min,冷却至室温,定容待测。

（2）检测

吸取 1.0mL 样品浸泡液于甲醛检测管中，摇匀，使浸泡液与检测管中的试剂充分反应，10min 内观察溶液颜色的变化。

在样品检测的同时，取 1.0mL 浸泡液于 1.5mL 离心管中做样品空白对照试验。

四、黄曲霉毒素 M_1 的快速检测方法

黄曲霉毒素（AFT）是一类化学结构类似的化合物，均为二氢呋喃香豆素的衍生物。黄曲霉毒素是主要由黄曲霉（aspergillus flavus）、寄生曲霉（a. parasiticus）产生的次生代谢产物，M_1 和 M_2 并不是黄曲霉菌产生的。B1、B2 和 G_1、G_2 是经常出现在农产品中的黄曲霉毒素的代表。B_1 和 B_2 被奶牛吃了之后，分别有一小部分会转化为 M_1 和 M_2 进入奶中。这就是牛奶中黄曲霉毒素的来源。NY/T 1664—2008《牛乳中黄曲霉毒素 M_1 的快速检测双流向酶联免疫法》规定了黄曲霉毒素 M_1 的快速测定方法。

1. 适用范围

本标准适用于生牛乳、巴氏杀菌乳、UHT 灭菌乳和乳粉中黄曲霉毒素 M_1 的测定。

本标准的方法检出限为 $0.5\mu g/kg$。

2. 原理

利用酶联免疫竞争原理，样品中残留的黄曲霉 M_1 与定量特异性抗体反应，多余的游离抗体则与酶标板内的包被抗原结合，加入酶标记物，通过流动洗涤，和底物显色后，与标准溶液比较定性。

3. 试剂和材料

（1）水：GB/T 6682，二级。

（2）黄曲霉毒素 M_1 双流向酶联免疫试剂盒。2～7℃保存。

1）黄曲霉毒素 M_1 系列标准溶液。

2）酶联免疫试剂颗粒。

a)抗黄曲霉毒素 M_1 抗体。

b)酶结合物。

3）底物。

4. 仪器和设备

（1）样品试管，带有密封盖，内置酶联免疫试剂颗粒。

（2）移液器（管），$450\mu L\pm50\mu L$

（3）酶联免疫检测加热器。

（4）酶联免疫检测读数仪。

5. 分析步骤

（1）将加热器预热到 45℃±5℃，并至少保持 15min。

（2）液体试样或乳粉试样复原后振摇混匀，移取 $450\mu L$ 至样品试管中，充分振摇，使其中的酶联免疫试剂颗粒完全溶解。

（3）将样品试管和酶联免疫检测试剂盒同时置于预热过的加热器内保温，保温时间 5min～6min。

（4）将样品试管内的全部内容物倒入试剂盒的样品池中，样品将流经"结果显示窗口"向绿色的激活环流去。

（5）当激活环的绿色开始消失变为白色时，立即用力按下激活环按键至底部。

（6）试剂盒继续放置在加热器中保温 4min，使呈色反应完成。

（7）将试剂盒取出，水平插入读数仪，按照触摸式屏幕的提示操作，立即执行检测结果判定程序。判定程序应在 10min 内完成。

6. 检测结果的判定

（1）目测判读结果

试样点的颜色深于质控点，或两者颜色相当，检测结果为阴性。

试样点的颜色浅于质控点，检测结果为阳性。

（2）酶联免疫检测读数仪判读结果

数值＜1.05，显示 Negative，检测结果为阴性。

数值＞1.05，显示 Positive，检测结果为阳性。

阳性样品需用定量检测方法进一步确认。

第五节　兽药的快速检测

一、喹诺酮类药物快速检测

喹诺酮类（4-quinolones），又称吡酮酸类或吡啶酮酸类，是一类较新的合成抗菌药。喹诺酮类以细菌的脱氧核糖核酸（DNA）为靶。妨碍 DNA 回旋酶，进一步造成细菌 DNA 的不可逆损害，达到抗菌效果。

喹诺酮类作为兽药和饲料添加剂而大量地用于动物，因而其残留在动物可食性产品中的可能性相对很大。这些残留物可直接对人造成危害外，更严重的是低浓度的残留药物可能会使致病菌产生耐药性，从而间接危害人类健康。农业部 1077 号公告-7-2008《水产品中恩诺沙星、诺氟沙星和环丙沙星残留的快速筛选测定胶体金免疫渗滤法》规定了快速检测恩诺沙星、诺氟沙星和环丙沙星的方法。

1. 原理

以磷酸盐缓冲液（或者水）、甲醇混合溶液提取样品中的喹诺酮类残留，利用胶体金免疫渗滤试剂盒进行快速筛选检测。当待测物的浓度高于检测限时，试剂盒的反应板表面会显现红色斑点，由此定性检测样品中恩诺沙星等三种喹诺酮类残留。

2. 试剂

（1）水：符合 GB/T 6682 一级水要求。

（2）甲醇：色谱纯。

（3）盐酸：取 8.3mL 浓盐酸，以水稀释至 1000mL。

（4）磷酸盐缓冲液（0.01mol/L，pH7.4）：称取 NaCl 8.0g，KCl 0.2g，$Na_2HPO_4 \cdot 12H_2O$ 2.9g，KH_2PO_4 2.0g，加入水溶解混匀，定容至 1000mL，用盐酸调节 pH 至 7.4

±0.1.

(5)鱼类样品的提取溶剂:取 50mL 磷酸盐缓冲液与 50mL 甲醇混匀,现用现配。

(6)其他水产品样品的提取溶剂:取 50mL 水与 50mL 甲醇混匀,现用现配。

(7)洗涤液:取 100μL 吐温-20 与 100mL 磷酸盐缓冲液混匀。

(8)胶体金免疫渗滤试剂盒:包含渗滤反应板、胶体金标记喹诺酮抗体等。

3. 仪器

(1)分析天平:感量 0.001g。

(2)漩涡混合器。

(3)高速冷冻离心机:最大转速 12000r/min。

(4)高速匀浆机。

(5)均质器。

(6)旋转蒸发器。

(7)具塞离心管:50mL。

(8)鸡心瓶:50mL。

(9)容量瓶:5mL、1000mL。

(10)移液枪:10μL、50μL、5000μL。

4. 测定步骤

(1)试样制备

按照 SC/T 3016 的规定执行。

(2)提取

称取样品(5±0.01g)于 50mL 具塞离心管中,加入 5mL 样品提取溶剂,均质 2min 后,2000r/min4℃离心 10min,上清液倒入另一 50mL 具塞离心管中。残渣中加入 5mL 样品提取液,按上述方法再提取一次,上清液合并于 50mL 离心管中。盛装上清液的离心管10000r/min 离心 10min,将上清液转至鸡心瓶,于 45℃水浴减压旋转蒸发至原体积的 1/3,剩余液转移至 5mL 离心管中,2000r/min4℃离心 5min,上清液转移至 5mL 容量瓶中,用磷酸盐缓冲液定容至 5mL,用孔径为 0.22μm 的针头滤器过滤备用。

(3)测定

1)取 5μL 试样提取液滴加到试剂盒小孔中央,室温下放置反应 15min。

2)滴加 5μL 胶体金标记抗体,待其渗入后反应 5min。

3)加入 30μL 洗涤液进行洗涤,共洗涤 3 次,然后在 10min 内观察结果。

4)空白对照:以磷酸盐缓冲液代替试样提取液作为空白对照组,按照"测定"项下的 1)～3)进行同步测定,膜表面应不呈现红色或者其他色泽,否则应更换试剂盒重新进行测定。

5. 结果判定

肉眼观察样品检测结果,并与空白组的显色结果对比,当硝酸纤维素膜片表面出现红色斑点时,判定存在以下三种结果中的任何一种,或者其中两种以上结果同时存在:恩诺沙星残留量≥10μg/kg;环丙沙星残留量≥10μg/kg;诺氟沙星残留量≥20μg/kg。

6. 灵敏度

本方法的最低检出限:恩诺沙星和环丙沙星均为 10μg/kg,诺氟沙星为 20μg/kg。

二、瘦肉精的快速检测

在中国,一般所说的"瘦肉精"是β-兴奋剂类的药物,通常指克伦特罗。盐酸克伦特罗是一种β-受体激动剂,家畜饲喂添加盐酸克伦特罗的饲料后在代谢过程中能促进蛋白质合成,加速脂肪的转化和分解,提高瘦肉率,由此得名"瘦肉精",曾在畜牧业上作为一种促长剂被大量使用。但是人如果食用了有盐酸克伦特罗残留的畜产品后可能会出现心律失常、心慌、心悸、甲状腺机能亢进等症状,尤其对心脏病患者的危害极大。如果长期食用还会诱发恶性肿瘤,危及人的生命。因此,我国在《禁止在饲料和动物饮用水中使用的药物品种目录》中明文规定禁止使用β-兴奋剂。莱克多巴胺和沙丁胺醇也是β-兴奋剂类的药物,而且莱克多巴胺属于非处方药,价格远低于克伦特罗,因此非法应用者不断增多。

1. 盐酸克伦特罗的快速检测方法

(1)参考方法:CDC-2083

(2)适用范围:适用于猪的肌肉组织中盐酸克伦特罗的快速筛查。对猪的肝脏、肺脏、肾脏组织,以及尿液中盐酸克伦特罗的快速筛查具有一定的参考价值。

(3)检测原理:盐酸克伦特罗快速检测卡是基于竞争法胶体金免疫层析技术,将检测液加入速测卡上的样品孔,检测液中的盐酸克伦特罗与试纸卡上的抗体结合形成复合物,若浓度低于灵敏度值,逐渐凝集成一条可见的 T 线;若浓度高于灵敏度值,则不会再形成可见 T 线而形成可见的 C 线。

(4)灵敏度:3ppb

(5)测试步骤

1)取 4g 剪碎或捣碎的样本(肉泥/去脂肪)于大离心管中,盖紧管盖。

2)将装有样品的离心管放入水浴锅中水浴加热 10min,或将装有样品的离心管放入杯子中,10min 内更换几次 90℃以上的热水,使组织样本析出液体。

3)如果析出的液体较清澈,可直接取上清液作为待测样液使用,如果析出的液体较混浊,可用吸管将液体移入小离心管中,静置或离心后取上清液作为待测样液。

4)取出测试卡平放于桌面,用测试卡袋中的滴管吸取待测样液,逐滴加入 3 滴样液于测试卡椭圆形孔中,如到 30s 时在长方形观测窗中无液体移行,可补加 1 滴样液,在 5min～10min 内判断结果。

(6)结果解释

1)阳性:C 线显色,T 线不显色,判为阳性。

2)阴性:C 线显色,T 线肉眼可见,无论颜色深浅均判为阴性。

3)无效:C 线不显色,无论 T 线是否显色,该试纸均判为无效。

(7)备注与注意事项

1)所有试纸启封后 1h 内使用。

2)试纸为一次性产品,请勿重复使用。

3)试纸为筛选试剂,任何可疑结果请用其他方法作进一步确认。

4)检测 $100\mu g/mL$ 莱克多巴胺、群勃龙醋酸酯、磺胺类、氯霉素类、大环内酯类、氨基糖苷类、β-内酰胺类、氟喹诺酮类和四环素类等药物,以及 $1\mu g/mL$ 的沙丁胺醇,结果均呈阴性。

2. 沙丁胺醇的快速检测方法

（1）参考方法：CDC－2085

（2）适用范围：适用于猪的肌肉组织中沙丁胺醇的快速筛查。对猪的肝脏、肺脏、肾脏组织，以及尿液中沙丁胺醇的快速筛查具有一定的参考价值。

（3）检测原理：沙丁胺醇快速检测卡是基于竞争法胶体金免疫层析技术，将检测液加入速测卡上的样品孔，检测液中的沙丁胺醇与试纸卡上的抗体结合形成复合物，若浓度低于灵敏度值，逐渐凝集成一条可见的 T 线；若浓度高于灵敏度值，则不会再形成可见 T 线而可见的 C 线。

（4）灵敏度：5ppb

（5）测试步骤

1）取 4g 剪碎或捣碎的样本（肉泥/去脂肪）于大离心管中，盖紧管盖。

2）将装有样品的离心管放入水浴锅中水浴加热 10min，或将装有样品的离心管放入杯子中，10min 内更换几次 90℃以上的热水，使组织样本析出液体。

3）如果析出的液体较清澈，可直接取上清液作为待测样液使用，如果析出的液体较混浊，可用吸管将液体移入小离心管中，静置或离心后取上清液作为待测样液。

4）取出测试卡平放于桌面，用测试卡袋中的滴管吸取待测样液，逐滴加入 3 滴样液于测试卡椭圆形孔中，如到 30s 时在长方形观测窗中无液体移行，可补加 1 滴样液，在 5min～10min 内判断结果。

（6）结果解释

1）阳性：C 线显色，T 线不显色，判为阳性。

2）阴性：C 线显色，T 线肉眼可见，无论颜色深浅均判为阴性。

3）无效：C 线不显色，无论 T 线是否显色，该试纸均判为无效。

（7）备注与注意事项

1）所有试纸启封后 1h 内使用。

2）试纸为一次性产品，请勿重复使用。

3）试纸为筛选试剂，任何可疑结果请用其他方法作进一步确认。

4）检测 $100\mu g/mL$ 莱克多巴胺、群勃龙醋酸酯、磺胺类、氯霉素类、大环内酯类、氨基糖苷类、β-内酰胺类、氟喹诺酮类和四环素类等药物，结果均呈阴性。检测 5ng/mL 以上的盐酸克仑特罗呈阳性。如果检测样品呈阳性时，建议进行克仑特罗的检测。

3. 莱克多巴胺的快速检测方法

（1）参考方法：CDC－2084

（2）适用范围：适用于猪的肌肉组织中莱克多巴胺的快速筛查。对猪的肝脏、肺脏、肾脏组织，以及尿液中莱克多巴胺的快速筛查具有一定的参考价值。

（3）检测原理：莱克多巴胺快速检测卡是基于竞争法胶体金免疫层析技术，将检测液加入速测卡上的样品孔，检测液中的莱克多巴胺与试纸卡上的抗体结合形成复合物，若浓度低于灵敏度值，逐渐凝集成一条可见的 T 线；若浓度高于灵敏度值，则不会再形成可见 T 线而形成可见的 C 线。

（4）灵敏度：5ppb

（5）测试步骤

1）取 4g 剪碎或捣碎的样本（肉泥/去脂肪）于大离心管中，盖紧管盖。

2）将装有样品的离心管放入水浴锅中水浴加热 10min，或将装有样品的离心管放入杯子中，10min 内更换几次 90℃以上的热水，使组织样本析出液体。

3）如果析出的液体较清澈，可直接取上清液作为待测样液使用，如果析出的液体较混浊，可用吸管将液体移入小离心管中，静置或离心后取上清液作为待测样液。

4）取出测试卡平放于桌面，用测试卡袋中的滴管吸取待测样液，逐滴加入 3 滴样液于测试卡椭圆形孔中，如到 30s 时在长方形观测窗中无液体移行，可补加 1 滴样液，在 5min～10min 内判断结果。

（6）结果解释

阳性：C 线显色，T 线不显色，判为阳性。

阴性：C 线显色，T 线肉眼可见，无论颜色深浅均判为阴性。

无效：C 线不显色，无论 T 线是否显色，该试纸均判为无效。

（7）备注与注意事项

1）所有试纸启封后 1h 内使用。

2）试纸为一次性产品，请勿重复使用。

3）试纸为筛选试剂，任何可疑结果请用其他方法作进一步确认。

4）检测 100μg/mL 盐酸克伦特罗、群勃龙醋酸酯、氯霉素类、大环内酯类、氨基糖苷类、β-内酰胺类、氟喹诺酮类和四环素类等药物，结果均呈阴性。检测 1μg/mL 沙丁胺醇，结果显示均呈阴性。